Karlheinz Lüdtke

Kontroversen im Werdegang wissenschaftlichen Wissens

Wie in der früheren Geschwulstforschung darum gestritten wurde, was ein „Krebsvirus" ist

PL ACADEMIC RESEARCH

Bibliografische Information der Deutschen Nationalbibliothek
Die Deutsche Nationalbibliothek verzeichnet diese Publikation in der Deutschen Nationalbibliografie; detaillierte bibliografische Daten sind im Internet über http://dnb.d-nb.de abrufbar.

ISBN 978-3-631-67869-5 (Print)
E-ISBN 978-3-653-07006-4 (E-Book)
E-ISBN 978-3-631-69527-2 (EPUB)
E-ISBN 978-3-631-69528-9 (MOBI)
DOI 10.3726/978-3-653-07006-4

PL Academic Research ist ein Imprint der Peter Lang GmbH.

Peter Lang – Frankfurt am Main · Bern · Bruxelles · New York · Oxford · Warszawa · Wien

Diese Publikation wurde begutachtet.

www.peterlang.com

Kontroversen im Werdegang wissenschaftlichen Wissens

Inhaltsverzeichnis

Einleitung

Es geht in dieser Schrift darum zu erkunden, was Auseinandersetzungen in Forscherkreisen für den Wandel wissenschaftlichen Wissens bedeuten. Sind Entstehung, Austragung und Bewältigung von Kontroversen etwas, das dem Werdegang wissenschaftlichen Wissens innewohnt? Zur Prüfung von Annahmen, die ich zu diesem Thema aufgestellt habe, wird ein der Geschichte der Krebsforschung entnommenes Fallbeispiel verwendet. "This field of research has yet to be subjected to historical and sociological analysis", wie T. van Helvoort meint.[1] Ähnlich äußert sich Lilian Kay: Die Entstehungsgeschichte der Krebsforschung mit ihren "intellectual trends and institutional imperatives [...] awaits writing."[2] Dazu etwas beizutragen empfiehlt sich, wenn einem daran gelegen ist, dem Verlauf wissenschaftlicher Kontroversen nachzuspüren, weil die Geschichte der Geschwulstforschung in dieser Hinsicht besonders ergiebig ist. "Few things, even in medicine, have ever been so tangled as the views which are held by different people on the origin and cause of cancer, and few subjects have suffered so much from extremes of opinion [...]", wie schon vor mehr als 100 Jahren die Lage dieser Forschungsrichtung von einem ihrer Betreiber dargetan wurde[3], eine Lage, die sich auch in den folgenden Dezennien immer wieder einstellte: Es „dürfte [...] schwierig sein, einen (mit der Geschwulstforschung – K.L.) vergleichbaren Fall in der Geschichte des wissenschaftlichen Fortschritts zu finden, die Entwicklung eines Forschungszweiges nämlich, dessen große Pioniere fast ausnahmslos gegen den entschiedenen Widerstand ihrer Fachgenossen ankämpfen mussten", so D.J.Kevles 1995.[4]

1 Helvoort, T. van: Research Styles in Virus Studies in the Twentieth Century: Controversies and the Formation of Consensus. (Dissertation) Maastricht: Rijksuniversiteit Limburg 1993, S. 211.

2 Kay, L.: Molecules, Cells, and Life: An Annotated Bibliography of Manuscript Sources on Physiology, Biochemistry, and Biophysics, 1900–1960, in the Library of the American Philosophical Society. Philadelphia: American Philosophical Society Library 1989, S. 30 f. Zitiert n. van Helvoort: Research Styles in Virus Studies in the Twentieth Century: Controversies and the Formation of Consensus, loc. cit., S. 211.

3 Plimmer, H.G.: The Parasitic Theory of Cancer. – In: The British Medical Journal (London). 2(1903)2241, 1511–1515, S. 1511.

4 Kevles, D.J.: Forschungen gegen den Strom: Eine Geschichte von Mut, Viren und Krebs. – In: Verborgene Geschichten der Wissenschaft. Hrsg. v. R.Silvers. Berlin: Berlin Verlag 1996, 73–109, S. 106.

Die Entwicklung dieses Gebietes ließ es zu einem Überfluss an Erklärungen des Krebsursprungs kommen, die sich im Weiteren immer wieder veränderten. Hier habe durchaus „kein Mangel“ bestanden, wie Karl Heinrich Bauer 1949, seinerzeit ein wichtiger Vertreter der Geschwulstforschung, feststellte.[5] Bereits in der frühen Geschichte dieses Gebietes hatte es eine Vielzahl von Erklärungen gegeben: „[...] in den Hunderten von Schriften und Schriftchen, die alljährlich erscheinen [...] über das Wesen [...] der Carcinome“, seien, so Hermann von Helmholtz in einer 1877 zur Feier des Stiftungstages der militärärztlichen Bildungsanstalten gehaltenen Rede, „gewiss schon längst alle zartesten Nüancierungen der möglichen Hypothesen erschöpft, und unter diesen müssen nothwendig viele Bruchstücke der richtigen Theorie sein. Wer sie nur zu finden wüsste!“[6] Jedes Mal seien die Forscher zumeist davon überzeugt gewesen, dass sie mit dem, wie sie die Tumorherkunft erklärten, eine endgültige Antwort auf wesentliche Fragen gefunden hätten, wie H.Rubin in einem 1983 formulierten Rückblick auf die Geschichte der Tumorforschung ausführt. Daten, die diese oder jene Antwort abstützen sollten, seien zunächst als beweiskräftig erschienen, doch dann hätten sie sich als unangemessen entpuppt, um einen Kausalzusammenhang zu begründen. Und immer seien die verschiedenen Erklärungen des Krebsursprunges mit heftigen Polemiken verknüpft gewesen.[7] Ein solches Urteil drängt sich einem auch bei der Betrachtung der jüngeren Geschichte dieses Forschungszweiges auf: Jeder Diskurs über Krebs sei etwas, das selber krebsartig wuchere, so P.Palladino in einem im Jahr 2000 gehaltenen Kongressbeitrag.[8]

Es wird die Geschichte eines Streites betrachtet, der in der Krebsforschung aufgekommen war, nachdem man zu Beginn des vorigen Jahrhunderts eine tumorinduzierende Substanz entdeckt hatte, eine Substanz, die sich mittels Filtrierung und anderer Verfahren von Geschwulstzellen abtrennen und von Organismus zu Organismus übertragen ließ. Dem seinerzeit verbreiteten Verständnis folgend,

---

5 Bauer, K.H.: Das Krebsproblem. Einführung in die allgemeine Geschwulstlehre für Studierende, Ärzte und Naturwissenschaftler. Berlin et al.: Springer 1949, S. 522.

6 Helmholtz, H. von: Das Denken in der Medicin. – In: Vorträge und Reden, 2. Band. Braunschweig: F. Vieweg und Sohn 1903 (5. Aufl.), 165–190, 384–386, S. 185.

7 Rubin, H.: Letter to the Editor. – In: Science (Washington). 219(1983)4587, 1170–1171, S. 1170. Zitiert n. Fujimura, J.H.: Crafting Science: A Sociohistory of the Quest for the Genetics of Cancer. Cambridge/Mass. - London: Harvard University Press 1996, S. 222.

8 Hinweis v. Bröer, R.: Bericht über einen internationalen medizinhistorischen Kongress im Deutschen Krebsforschungszentrum in Heidelberg, 18.-20. Februar 2000. – In: Berichte zur Wissenschaftsgeschichte (Weinheim). 24(2001)1, 53–54, S. 53 (ohne weitere Angaben zu diesem Beitrag).

dass Viren filtrierbare infektiöse Agenzien seien, nährte diese Entdeckung die Annahme, dass es sich bei dem Filtrat um ein tumorverursachendes Virus handeln könnte. Doch löste die Entdeckung sogleich mehrere Jahrzehnte andauernde Auseinandersetzungen in der wissenschaftlichen Öffentlichkeit aus. Zunächst ging es um die Frage, ob es so etwas überhaupt geben könne, und später bezog sich der Streit vor allem auf die Frage, wie deren Natur aufzufassen sei. Die Akteure traten mit ganz verschiedenen Ideen zur Erklärung der Natur des „Krebsvirus" in die Debatten ein, die gegeneinander geltend gemacht wurden, wobei Fortschritte in der empirischen Tätigkeit zunächst eher noch zu einer Verhärtung der Gegensätze denn zu deren Aufweichung beitrugen. Hauptsächlich ging es in den Auseinandersetzungen darum, ob das Virus als etwas Lebendiges oder als eine zellintern entstandene lösliche Substanz angesehen werden müsse. Mit dieser Kontroverse wurde ein Streit fortgeführt, der schon vorher in der Tumorforschung ausgetragen worden war und der sich in einem Aufeinanderprall mikrobentheoretisch und zellpathologisch ausgerichteter Vorstellungen zur Krebsentstehung zeigte. Zu einem Konsens in den Auffassungen, der dann von den meisten Akteuren geteilt wurde, kam es erst Jahrzehnte später, zu einem Konsens, der sich jedoch keinesfalls mit einer der gegeneinander verfochtenen Positionen deckte, woran sich die Gegenpartei angeschlossen hätte und worin sich auch nicht eine vernunftgeleitete Anpassung an objektive Naturnotwendigkeiten erkennen lässt, die die Argumentationen beherrscht bzw. gelenkt hätten.

Nach herkömmlichem Verständnis scheinen Streitigkeiten unter Forschern „aus einem mangelnden Wissen des ‚tatsächlichen Sinns' der Begriffe selbst (zu – K.L.) resultieren", wobei „das Erzielen eines Konsensus […] als Entdeckung des ‚tatsächlichen Sinns' dargestellt" werde, wie B.S.Barnes ausführt.[9] Vor allem in populärwissenschaftlich gehaltenen Beschreibungen, wie die Geschichte irgendeines Fachgebietes verlaufen ist, werden Kontroversen mitunter so präsentiert, als ob sie den Werdegang wissenschaftlichen Wissens nur verzögert hätten und bei mehr Sachkunde, Nüchternheit und Selbstbeherrschung der Akteure vermeidbar gewesen wären. Gewiss können in solchen Auseinandersetzungen auch Kompetenzlücken Beteiligter eine Rolle spielen. Es dürfte auch nicht schwerfallen, Beispiele dafür aufzudecken, dass sich die Parteien in einem wissenschaftlichen Streit manchmal im Ton vergriffen haben. Die

9 Barnes, B.S.: Über den konventionellen Charakter von Wissen und Erkenntnis. – In: Kölner Zeitschrift für Soziologie und Sozialpsychologie (Opladen). Sonderheft Wissenssoziologie. Hrsg. v. N.Stehr und V.Meja. (1981)22, 163–190, S. 173 f.

Akteure würden sich „gelegentlich von Stolz, Habgier, Aggressivität, Missgunst und Ehrgeiz, von nationalen und religiösen Gefühlen leiten lassen", sie könnten „gehemmt, blind und kleinlich sein [...] wie alle anderen Leute auch [...]", wie H.Hellman ihnen nachsagt.[10] Dass sich die Beteiligten gelegentlich in abfälligen Urteilen zu den Forschungsbeiträgen ihrer Kontrahenten ergehen, ist aber nicht das, was das Wesen eines wissenschaftlichen Streites ausmacht. M.Dascal meint, Kontroversen seien unter den Auseinandersetzungen „am wenigstens dem radikalen Dichotomisieren ausgesetzt, weil sie normalerweise den Zug des ‚Arguments' benutzen, das rational überzeugen kann, ohne etwas im strikten Sinne zu beweisen."[11] Intellektuelle hätten, so Randall Collins, eine andere Art, Konflikte auszutragen als Straßen-Gangs, ethnische Bewegungen oder Staaten. Man brauche deshalb eine spezielle Theorie, um den Unterschied erklären zu können. Es gehe nicht darum, die Intellektuellen zu idealisieren, „die Erkenntnis von der Spezifität geistiger Auseinandersetzungen hat sich

---

10 Hellman, H.: Zoff im Elfenbeinturm. Große Wissenschaftsdispute. Weinheim et al.: Wiley-VCH Verlag 2000, S. 5. Dies schlägt sich wohl seit jeher in Kontroversen nieder. Siehe Ausführungen Brockmanns zu einem Streit, den Galen und Asklepiades im ersten Jahrhundert vor der Zeitenwende miteinander zu der Frage geführt hatten, wie Urin entsteht und sich in der Harnblase sammelt. Galen folgend, findet in der Leber eine Verdauung statt, in deren Verlauf aus dem Chylus Blut gebildet wird, wobei die zurückbleibenden Teile des Chylus aus dem Körper über die Nieren und die Blase als Urin ausgeschieden werden. Asklepiades meinte, dass sich Getränke im Leibe in Dämpfe auflösten und so durch enge Gänge in die Harnblase gelangten, wo sie sich wieder verflüssigten. Von der Funktion der Nieren und der Harnleiter war keine Rede. Galen sah in Asklepiades einen Lügner, der sich mit Tricks herausredete, um nachweisbare Fakten – wie die Rolle der Nieren – zu leugnen. Hingegen war für Asklepiades Galen derjenige, der mit dreisten Reden sichtbare Befunde umstoßen wollte: Man schaue sich eine mit Wasser oder Luft gefüllte Blase an, deren Hals man zugebunden habe! Drücke man sie von allem Seiten, würde man erkennen, dass sie ihren Inhalt fest umschlossen halte. Brockmann, Chr.: Die Selbstdarstellung eines Arztes in seinen wissenschaftlichen Werken. – In: Medizinhistorisches Journal (Stuttgart). 44(2009)2, 109–129, S. 124 f. Siehe auch Riha, O.: Subjektivität und Objektivität, Semiotik und Diagnostik. Eine Annäherung an den mittelalterlichen Krankheitsbegriff. – In: Sudhoffs Archiv. Zeitschrift für Wissenschaftsgeschichte (Leipzig). 80(1996)2, 139–149. Autorenkollektiv unter Leitung von F.Jürss: Geschichte des wissenschaftlichen Denkens im Altertum. Berlin (DDR): Akademie-Verlag 1982, S. 578.

11 Dascal, M.: Die Dialektik in der kollektiven Konstruktion wissenschaftlichen Wissens. – In: Kontroversen als Schlüssel zur Wissenschaft? Wissenskulturen in sprachlicher Interaktion. Reihe Science Studies. Hrsg. v. W.-A. Liebert und M.-D. Weitze. Bielefeld: Transcript Verlag 2006, 19–38, S. 34.

vielmehr aus der Forschung selbst ergeben."[12] Darin lassen sich wohl auch Vorgänge zur Abschwächung von Diskreditierungseffekten eines Konflikts einbeziehen, die Niklas Luhmann in der „Disziplinierung der Interaktion" einerseits und der „weitgehende(n) Verschriftlichung der Kommunikation" andererseits sieht, Vorgänge, die wichtig seien für die „Entwicklung von wissenschaftlicher Wahrheitskommunikation." In beiden Fällen „müssen Auswirkungen auf andere Interaktionskontexte der Beteiligten unterbunden werden, so dass wissenschaftliche Kritik sich nicht unmittelbar [...] auf das öffentliche Ansehen oder die Freundschaften der Betroffenen auswirkt."[13]

Worauf es bei einer solchen „speziellen Theorie" ankommt, besteht vorrangig darin, die Bedeutung von Kontroversen einsichtig zu machen, die sie für die *Entwicklung wissenschaftlichen Wissens* haben. Konzepte, wonach die Beendigung eines wissenschaftlichen Streites lediglich mit der Auswahl aus den Standpunkten zusammenfällt, mit denen die Beteiligten in die Auseinandersetzung eingetreten sind – als ob Kontroversen lediglich Anreize zu rein experimenteller Bestätigung oder Abweisung von bereits bestehenden Ideen böten, um strittige Themen zu bewältigen –, werden einer solchen Aufgabe nicht gerecht. „Die Ersetzung des Werdens durch die Auswahl des Gewordenen führt", wie Hubert Laitko hervorhebt, „zu einer dezisionistischen Einengung der Wissenschaftstheorie, die ihr weiterhin den Weg zur Historizität ihres Gegenstandes verlegt."[14] Zu einer solchen Einengung kommt es, wenn man den erkenntnisfördernden Sinn wissenschaftlicher Debatten darin ansiedelt, dass aus einer Menge konkurrierender Ideen eine solche herausgezogen wird, die dann als das allein vertretbare Konzept zu verstehen wäre. Er besteht aber nicht in einer nunmehr einhellig gebilligten Übernahme von Einsichten, die bereits mit der einen oder anderen der gegeneinander verfochtenen Positionen vertreten worden wäre. Das, was sich nach Bewältigung einer Kontroverse als Basis für einen Konsens herausgestellt hat, ist nicht schon in den Inhalten der von miteinander Streitenden betriebenen Forschungen als etwas noch Unentdecktes oder unzulänglich Wahrgenommenes enthalten. Urteile, die ausdrücken, man könne darüber befinden, welche der

12 Collins, R.: Über die Schärfe in intellektuellen Kontroversen. – In: Leviathan. Zeitschrift für Sozialwissenschaft (Opladen). 31(2003)2, 258–285, S. 258f.

13 Luhmann, N.: Die Wissenschaft der Gesellschaft. Frankfurt a.M.: Suhrkamp 1992, S. 243. „Dass diese Abdichtung nicht völlig gelingt, [...] bleibt eines der ungelösten Probleme im heutigen Wissenschaftsbetrieb." Ibid.

14 Laitko, H.: Thomas S.Kuhn und das Problem der Entstehung neuen Wissens. – In: Wissenschaftsgeschichte und wissenschaftliche Revolution. Hrsg. v. K.Bayertz. Bonn: Pahl-Rugenstein 1981, 184–191, S. 176.

in einem Streit gegeneinander ins Feld geführten Positionen sich als richtig bzw. falsch erwiesen bzw. was den Ausschlag dafür gegeben hätte, dass das Fachpublikum für diese Seite Partei ergriffen und sich gegen jene Seite gestellt habe, werden wohl geäußert, sie verdecken aber, dass sich die für die Vertretung der Standpunkte verwandten Begriffe sowie Bezüge zu weiteren Forschungsinhalten in den Debatten verändert haben. Dass beispielsweise Anfang des vorigen Jahrhunderts Biologen wesentliche Teile von Darwins Konzept – vor allem die Idee der natürlichen Selektion – abgelehnt hatten, wurde später zum Teil wieder zurückgenommen bzw. die Gültigkeit der Urteile wurde relativiert. Nach der Verdunkelung des Darwinismus (eclipse of darwinism) folgte, so J.Huxley[15], dessen Wiedergeburt – nun aber in Form der Synthetischen Theorie der Evolution – wie ein „mutated phoenix risen from the ashes of the pyre kindled by men so unlike as Bateson and Bergson."[16] Dieser Prozess lässt sich bis zur Ausbildung des Genbegriffs verfolgen.[17]

Auszugehen ist davon, dass Diskurse, in denen Kontroversen ausgetragen und bewältigt werden, an einer Entwicklung beteiligt sind, in deren Verlauf erst das entsteht bzw. sich wandelt, worin dann der „tatsächliche Sinn der Begriffe" gesehen wird, jedenfalls ein solcher, worüber sich die Akteure schließlich miteinander zu verständigen wissen und worin sie etwas wahrnehmen, das ihrem Übereinkommen eine sachliche Grundlage verleiht. Diskurse determinierten die Realität, wie S.Jäger betont, „natürlich immer nur vermittelt über die Subjekte in ihren gesellschaftlich-diskursiven Kontexten als Co-Produzenten und Mit-Agenten der Diskurse und der Veränderung der Wirklichkeit."[18] Diskursive Prozesse

---

15 Huxley, J.: Evolution: the Modern Synthesis. London: Allan & Unwin 1974, S. 22 ff., 26 f. (3. Aufl.). Hinweis v. Engels, E.-M.: Charles Darwin. München: C.H.Beck 2007, S. 219 f.

16 Ibid., S. 28.

17 „Darwin blieben die Ursachen der erblichen Variationen zeitlebens verborgen, und deshalb gilt in der Biologiegeschichtsschreibung Mendel und nicht Darwin als der Entdecker der Erbeinheiten. Immerhin hat Darwin mit seinem Populationsprinzip der Evolution die Ausbildung des klassischen Genbegriffs entscheidend gefördert [...] Da aber nun Darwin von der Molekularbiologie nichts wissen konnte, könnte es scheinen, als hätten die heutigen Probleme und Fortschritte in der Bestimmung des Genbegriffs auch wirklich nichts mehr mit ihm zu tun." Beurton, P.: Darwins Beitrag zum Gen-Begriff. – In: Charles Darwin und seine Wirkung. Hrsg. v. E.-M. Engels. Frankfurt a.M.: Suhrkamp 2009, 255–275, S. 272. Siehe auch S. 272 ff.

18 Jäger, S.: Kritische Diskursanalyse. Eine Einführung. Münster: Unrast-Verlag 2012 (6.überarb. Aufl.), S. 35. Kontextabhängigkeit müsse untersucht werden "by showing that, and how, *participants* analyze context and use the product of their analysis in producing their interaction. To say that *interaction* is context-sensitive is to say that

hätten, wie Bublitz meint, eine materielle Wirkung[19], „nichtdiskursive Wirklichkeit“ gebe es „streng genommen nur als diskursiv hervorgebrachte.“[20] Mit der Ansammlung von Beobachtungs- bzw. Versuchsdaten wird niemals ein Punkt erreicht, von dem ab diskursiv gedacht würde.[21] Die Beilegung einer Kontroverse ist nicht die Folge, sondern, so Bruno Latour, die Ursache der Naturdarstellung.

---

interactants are context-sensitive, and for what and how that is so is an empirical matter that can be researched in detail." Schegloff, E.A.: Notes on a Conservational Practice. Formulating Place. – In: Studies in Social Interaction. Hrsg. v. D. Sudnow. New York: Free Press 1993, 75–119, S. 115.

19 Diskurstheoretisch gesehen, werde die Wertigkeit kultureller Objekte oder Praktiken durch die diskursive Praxis in Kulturwelten hervorgebracht. In kulturweltlichen Diskursen werde der permanente Produktionsstrom kultureller Objekte im Wissen aufgenommen. Dabei handle es sich nicht nur um eine Kommentierung. Die diskursive Praxis sei keine Abbildung nicht-diskursiver Vorgänge. Bublitz, H.: Diskurs. Bielefeld: Transcript Verlag 2007, S. 190. Diaz-Bone, R.: Diskursive Kulturproduktion. – In: Sociologia Internationalis (Berlin). 42(2004)1, 37–70, S. 60 ff. Dieser Gedanke bezieht sich wohl nicht auf Forschungsprozesse, dessen Inhalt lässt sich m.E. aber durchaus zu deren Verständnis heranziehen. Neueren Studien folgend, verbietet es sich, die Wissenschaft „anderen Formen des Wissens, des Bedeutens und der Sinngebung [...] diametral gegenüber(zustellen).“ Rheinberger, H.-J./ Hagner, M.: Plädoyer für eine Wissenschaftsgeschichte des Experiments. – In: Theorie in den Biowissenschaften (Jena). 116(1997)1, 11–31, S. 24. Es besteht kein Sonderstatus gegenüber außerwissenschaftlichem Wissen, etwa dem in der Kunst: „Der Diskurs über das Kunstwerk ist kein bloß unterstützendes Mittel mehr zum besseren Erfassen [...], sondern ein Moment der Produktion des Werks, seines Sinns und seines Werts“. Bordieu, P.: Die Regeln der Kunst. Frankfurt a.M.: Suhrkamp 1999, S. 276.

20 Bublitz, H.: Foucaults Archäologie des kulturellen Unbewussten: Zum Wissensarchiv und Wissensbegehren moderner Gesellschaften. Frankfurt a.M.: Campus Verlag 1999, S. 104. Zitiert n. Kappeler, F.: Die Ordnung des Wissens. Was leistet Michel Foucaults Diskursanalyse für eine kritische Gesellschaftstheorie? – In: Prokla. Zeitschrift für kritische Sozialwissenschaft (Münster). 38(2008)2, 255–270, S. 256. „Der künstlerische Diskurs wird fundamental nicht von einer präexistenten Realität informiert, sondern umgekehrt ist der künstlerische Diskurs der subjektiven Realität präexistent und informiert sie.“ Link, J.: Die Analyse der symbolischen Komponenten realer Ereignisse. Ein Beitrag der Diskurstheorie zur Analyse neorassistischer Äußerungen. – In: Der Diskurs des Rassismus. Hrsg. v. S.Jäger und F.Januschek. Osnabrück: OBST. Osnabrücker Beiträge zur Sprachtheorie (Osnabrück). (1992)46, 37–52, S. 40. Zitiert n. Jäger: Kritische Diskursanalyse. Eine Einführung, loc. cit., S. 35.

21 Siehe Damerow, P.: Repräsentanz und Bedeutung. – In: Arbeit und Reflexion. Zur materialistischen Theorie der Dialektik - Perspektiven der Hegelschen ‚Logik‘. Hrsg. v. P. Furth. Köln: Pahl-Rugenstein 1980, 188–233, S. 190.

"Since the settlement of a controversy is the cause of Nature's representation, not its consequence, we can never use this consequence, Nature, to explain how and why a controversy has been settled."[22]

Kontroversen bringen etwas hervor, das darüber hinausgreift, wovon die darin verwickelten Parteien ausgegangen sind. Das, was die Bewältigung einer Kontroverse schließlich ermöglicht, ist nicht etwas, das eigentlich schon im Hintergrund einer Auseinandersetzung vorhanden gewesen, den Kontrahenten nur nicht bewusst gewesen wäre, sondern etwas, das sich erst aus der weiteren, vom Verlauf wissenschaftlicher Kontroversen beeinflussten Forschung ergibt, die den Gegenstand der Auseinandersetzung verändert. Und so muss die Schließung einer Kontroverse darin gesehen werden, dass der vorangegangene Streit gleichsam *gegenstandslos* geworden ist, weil sich das Streitobjekt in dessen Verlauf gewandelt hat. Das heißt, den Gegenstand, zu dessen Natur mit der Schließung der Kontroverse nunmehr eine einhellig vertretene Auffassung besteht, hatte es vorher in dieser Gestalt noch gar nicht gegeben. Auch in der von mir ins Auge gefassten Kontroverse in der Geschichte der Krebsforschung war ein solcher Wandel eingetreten. Das, worüber sich die Krebsforscher schließlich einig waren, deckte sich nicht mit diesem oder jenem im Streite angegriffenen bzw. verteidigten Konzept. Die Entwicklung der empirisch-experimentellen Krebsforschung lässt sich als Prozess aufzeigen, in dessen Eingangsbedingungen die schließlich streitauflösenden Ergebnisse keinesfalls präformiert waren. Mit einem Vergleich zwischen den Ideen zur Krebsverursachung, die anfangs in den Auseinandersetzungen vertreten wurden, und dem, was sich dann mit der Bewältigung der Streitigkeiten als Konsens darbot, wird sich dieser Wandel nachweisen lassen.

22 Latour, B.: Science in Action. How to Follow Scientists and Engineers through Society. Milton Keynes: Open University Press 1987, S. 258.

1. Warum wissenschaftliche Kontroversen für Wissensentwicklungen von wesentlicher Bedeutung sind. Grundgedanken zu diesem Thema

1. Die Geschichte der Wissenschaft sei „eine einzige große Bestätigung der Tatsache, dass es uns überaus schwer fällt, uns z.B. eine neue wissenschaftliche Auffassungsweise zu Eigen zu machen. Immer wieder lenkt der Gedanke in die gewohnte Bahn ein [...] Das Wesen und die lebensfördernde kraftsparende Funktion der festen Denkgewohnheit beruht ja eben darauf, dass sie unterbewusst geworden ist, ihre Resultate automatisch liefert und gefeit ist gegen Kritik und selbst den Widerspruch einzelner Tatsachen. Das tut sie und das ist sie aber auch dann, wenn ihre Stunde geschlagen hat, und da wird sie zum Hemmschuh", worin Joseph Alois Schumpeter (1912) etwas sah, das auch die Welt der Wirtschaft auszeichnen würde.[23] Wie jeglicher Diskurs würden auch wissenschaftliche Fachdiskurse, so Michel Foucault, von vorherrschenden Definitionen des „jeweils Sagbaren", hegemonialen Perspektiven, „kulturelle(n) Stereotypen" u.dgl. bestimmt.[24] Es ist nicht so, dass Forscher auf ganz Neues zielstrebig hinarbeiten, das überlieferte Denkweisen, Wahrnehmungsgewohnheiten und eingespielte Lesarten in Frage stellt. "[...] radical innovation is inhibited because people have a large investment in [...] established theories, models, and associated analytical techniques [...] radical innovation renders previous investments obsolete and eliminates the return

23 Schumpeter, J.A.: Theorie der wirtschaftlichen Entwicklung. Eine Untersuchung über Unternehmergewinn, Kapital, Kredit, Zins und den Konjunkturzyklus. Berlin: Duncker & Humblot 1993 (8. Aufl.), S. 126.

24 Foucault, M.: Botschaften der Macht. Reader Diskurs und Medien. Stuttgart: Deutsche Verlags-Anstalt 1999, S. 54 ff. Vgl. Jäger, S.: Diskurs und Wissen. Theoretische und methodische Aspekte einer Kritischen Diskurs- und Dispositivanalyse. – In: Handbuch Sozialwissenschaftliche Diskursanalyse, Bd. 1: Theorien und Methoden. Hrsg. v. R.Keller, A. Hirseland, W.Schneider et al. Opladen: Leske+Budrich 2000, 81–112, S. 83 ff. Hinweis v. Schäfer, M.S.: Korrespondenzanalyse von Mediendiskursen. Zur empirischen Verbindung von Öffentlichkeitstheorie und Diskursanalyse. – In: Molekulare Medizin und Medien: Zur Darstellung und Wirkung eines kontroversen Wissenschaftsthemas. Hrsg. v. G. Ruhrmann, A. Zillich und J.Milde. Wiesbaden: VS Verlag für Sozialwissenschaften 2011, 121–146, S. 126.

[…] derived from them", wie A.Walstad ausführt.[25] Vielmehr geht es den Akteuren allein um Bereicherung und Vervollkommnung dessen, was sie schon wissen. Abweichungen vom Überlieferten begegnen davon beunruhigte Wissenschaftler mit Skepsis.[26] Ihre Anstrengungen richten sich vor allem darauf, die Deutungshoheit des gegebenen Paradigmas zu verteidigen und ein neues Phänomen, worauf sie gestoßen sind, so zu behandeln, dass es sich mit der herkömmlichen Lehre erfassen lässt. Wenn sich etwas ergibt, das vom theoretisch Erwarteten abweicht, werden zuallererst Zusatz- bzw. Hilfshypothesen gebildet, die, Imre Lakatos folgend, gleichsam einen Schutzwall um den harten Kern eines Forschungsprogramms errichten.[27]

---

25 Walstad, A.: Science as a Market Process. – In: The Independent Review (Washington). 7(2002)1, 5–45, S. 21. Zitiert n. Bornmann, L.: Grundlegende Kommunikationsprozesse und stabilisierte Mechanismen für die Erzeugung gesicherter Erkenntnisse. – In: Sociologia Internationalis. Internationale Zeitschrift für Soziologie, Kommunikations- und Kulturforschung (Berlin). 45(2007)1/2, 177–200, S. 190.

26 "Since this knowledge is socially objectivated as knowledge, that is as a body of generally valid truths about reality, any radical deviance from the institutional order appears as a departure from reality. Such deviance may be designated as moral depravity, mental disease, or just plain ignorance. While these fine distinctions will have obvious consequences for the treatment of the deviant, they all share an inferior cognitive status within the particular social world." Berger, P./Luckmann, Th.: The Social Construction of Reality. New York: Doubleday 1966, S. 83.

27 Lakatos, I.: Die Methodologie der wissenschaftlichen Forschungsprogramme. Braunschweig: Vieweg 1982, S. 48. Vgl. aber Wettersten, J.: Welche wissenschaftstheoretischen Probleme stellen ad-hoc-Hypothesen heute? – In: Zeitschrift für philosophische Forschung (Frankfurt a.M.). 52(1998)4, 589–609, S. 605 ff. Der Autor meint, mit einer Theorie der Probleme könne man versuchen, Vor- oder Nachteile von ad-hoc-Hypothesen zu ermitteln und deren Verwendung zu bewerten, worüber sich ein Maßstab zur Beurteilung konkurrierender Theorien gewinnen lasse. In bestimmten Fällen sei eine vorübergehende Verwendung von ad-hoc-Hypothesen nützlich, um Theorien auszuprobieren. Sie könnten aber auch dazu dienen, eine falsche Theorie vor Widerlegungen zu schützen, statt bessere Theorien zu erkunden. „Wir können die defensive Verteidigung wissenschaftlicher Theorien dadurch vermeiden, dass wir Strategien für die Formulierung guter Probleme ausarbeiten […] und versuchen, möglichst tiefe Probleme zu formulieren." Eine Hypothese werde dann als nicht wünschenswert gelten, „wenn sie dazu dient, ein tiefes Problem […] wegzuerklären oder die Formulierung eines neuen, möglichst tiefen Problems zu blockieren […] Jeder Versuch, ein Problem zu lösen, kann aus dem Grund kritisiert werden, dass sie eine Schwierigkeit übertüncht, statt sie zu beseitigen, oder unsere Unkenntnis verhüllt, statt etwas Neues zu entdecken." Es ist m.E. irreführend, sich die Bewältigung einer wissenschaftlichen

Die „lebensfördernde kraftsparende Funktion fester Denkgewohnheiten" besteht darin, dass sie die Mitglieder jener Gemeinschaft, wo sie wirksam sind, auf ein gemeinschaftserhaltendes kooperatives Handeln hinlenkt. Dass Forscher dazu neigen, überliefertes Fachwissen beizubehalten, wurzelt eben darin, dass deren Tätigkeit primär auf die Erfüllung von Bedürfnissen nach Reproduktion jener sozialen Strukturen des Wissenschaftlerverkehrs gerichtet ist, an denen sie teilhaben, solcher Strukturen, die in hinreichendem Umfange Voraussehbarkeit von bzw. Vertrautheit mit Partnerhandlungen, worin sich das Überlieferte äußert, und deren Wirkungen gewährleisten. Die Beibehaltung des Überlieferten sorgt für Stabilität und Transsituationalität dessen, was Forscher verrichten. Nach Maßgabe jenes Wissens handelnd – und so Grundbedingungen geordneter Interaktion gehorchend, „welche andererseits eben diese Struktur reproduziert", wie Th.P.Wilson darlegt[28] –, entsteht mit den Objekten solchen Handelns eine Umwelt, die den Erhalt besagter Strukturen zulässt.[29]

So erklärt sich die Geltung dessen, was die Akteure zu wissen meinen, zuallererst daraus, dass es, indem man sich in der Forschungstätigkeit daran hält, den Fortbestand der Gemeinschaft gewährleistet[30] – nach Thomas S.Kuhn ein

---

Kontroverse als Übergang von falschen zu richtigen Theorien vorzustellen, zu dessen Beförderung man nur „gute" bzw. „tiefe" Probleme formulieren sollte.

28 Wilson, Th. P.: Qualitative „oder" quantitative Methoden in der Sozialforschung. – In: Kölner Zeitschrift für Soziologie und Sozialpsychologie. Sonderheft Gruppensoziologie. Perspektiven und Materialien. Hrsg. v. F. Neidhardt. (1983)25, 487–507, S. 497. „Man kann Situationen und Partner zügig wechseln, ohne die Verständigungsbasis zu verlieren oder jeweils wiederherstellen zu müssen. Man kann auch Unbekannten gegenüber, wenn die Institutionalisierung sie einbezieht, Konsens unterstellen und ohne vorherige explizite Einigung davon ausgehen, dass ein Mindestbestand von Verhaltenserwartungen allgemeine Zustimmung findet." Luhmann, N.: Rechtssoziologie. Wiesbaden: VS Verlag für Sozialwissenschaften 2008 (4. Aufl.), S. 68.

29 Vgl. Böhme, G.: Die Frage nach einem neuen Naturverständnis. – In: Soziale Naturwissenschaft. Wege zu einer Erweiterung der Ökologie. Hrsg. v. G.Böhme und E.Schramm. Frankfurt a.M.: Fischer 1985, 123–139, S. 126: Eines der Merkmale angeeigneter Natur sei, „dass sie sich nach gesellschaftlich entworfenen Regeln verhält. Wenn wir an unsere technischen Geräte denken, dann sind ja die Gesetze, nach denen sie funktionieren, strenggenommen gar nicht ‚Naturgesetze', sondern es sind ausgedachte und entworfene Funktionen, zu deren Verrichtung wir bestimmte, aus der ‚Natur' herausgeschnittene Elemente zusammengesetzt haben."

30 Siehe Ausführungen Traweeks zu den in bestehenden Gruppen wirkenden Mechanismen, die die Konservierung der Gruppenstrukturen gewährleisten würden. Traweek, Sh.: Beamtimes and Lifetimes. The World of High Energy Physicists. Cambridge/ Mass. – London: Havard University Press 1988, S. 119–123.

durchaus hinreichender Grund für die Annahme, dass dem Wissen auch etwas in der Realität entspreche. Dass „die Mitglieder verschiedener Gruppen [...] verschiedene Wahrnehmungen haben (können – K.L.), wenn sie mit denselben Reizen konfrontiert werden, bedeutet nicht, dass sie irgendwelche Wahrnehmungen haben. In vielen Umgebungen könnte eine Gruppe, die Wölfe nicht von Hunden unterscheiden kann, nicht existieren. Auch eine Gruppe von Kernphysikern könnte heute als Wissenschaftler nicht überleben, wenn sie unfähig wäre, die Bahnen von Alphapartikeln und Elektronen zu bestimmen."[31] So verhält sich eine Gruppe, die Wölfe für eine Ausgeburt der Hölle, Hunde hingegen für die Verkörperung guter Geister hält, nicht weniger der Wirklichkeit angemessen (weil gruppenerhaltend) als eine Gruppe, die ihr diesbezügliches Wissen beim Hüten von Schafen gesammelt hat. Gleich, ob man nun so oder so darüber denkt, wird man sich sinnvollerweise vor Wölfen hüten, hingegen Hunde domestizieren. Gilt es jedoch, den erkenntnistheoretischen Status dieser oder jener „Theorie" ganz allgemein zu bewerten, müssen Urteile zu überliefertem *wissenschaftlichen* Wissen ins Verhältnis gesetzt, sie müssen auf Begriffe einer räsonierenden Fachöffentlichkeit dezentriert werden. Andernfalls lässt sich gar nichts Allgemeingültiges dazu sagen, was das Verhältnis der genannten Tierarten zum Menschen erklärt.

2. „In der Wissenschaft kann eine gute und fruchtbare Revolution nur dann durchgeführt werden, wenn man sich bemüht, so wenig wie möglich zu ändern, wenn man sich zunächst auf die Lösung eines engen, fest umrissenen Problems beschränkt. Der Versuch, alles Bisherige aufzugeben und willkürlich zu ändern, führt zu reinem Unsinn. Der Umsturz alles Bestehenden wird in der Naturwissenschaft nur von unkritischen halbverrückten Fanatikern probiert [...], und natürlich kommt bei solchen Versuchen gar nichts heraus", so Werner Heisenberg 1933 im Gespräch mit einem Studenten.[32] Die Evolution komplexer Strukturen vollzieht

31 Kuhn, Th.S.: Postskript - 1969 zur Analyse der Struktur wissenschaftlicher Revolutionen. – In: Wissenschaftssoziologie 1. Wissenschaftliche Entwicklung als sozialer Prozess. Hrsg. v. P.Weingart. Frankfurt a.M.: Fischer 1972, 287–319, S. 305.

32 Heisenberg, W.: Der Teil und das Ganze. Gespräche im Umkreis der Atomphysik. München: Piper & Co. 1969, S. 204. Es habe in der Geschichte der Wissenschaft niemals der Wunsch bestanden, das Gebäude der Physik radikal umzubauen. Am Anfang stehe immer ein sehr spezielles, eng umgrenztes Problem, das im traditionellen Rahmen keine Lösung finden könne. Revolutionäre Veränderungen würden herbeigeführt werden von Forschern, die dieses spezielle Problem wirklich zu lösen versuchen, „die aber sonst in der bisherigen Wissenschaft so wenig wie möglich ändern wollen." Heisenberg, W.: Schritte über Grenzen. Gesammelte Reden und Aufsätze. München: Piper & Co. 1971, S. 285.

sich allein auf der Grundlage der Bewahrung des Erreichten.[33] Das gilt auch für die Wissenschaft. Bei der Anwendung einer Forschungsmethode werde die „formale Handlung nach den in der Methode enthaltenen strengen Vorschriften [...] zum Garant der Richtigkeit der erhaltenen Resultate [...] Die realen Gegebenheiten werden dabei solange gefaltet und gebogen, bis man sie in die logisch-mathematische Struktur des Phänomens hineingepresst bekommt", was sich aber früher oder später „ganz folgerichtig in Gestalt von neuen Problemen ‚rächt'", wie Vera Wenzel ausführt.[34] Die Ignoranz bestehenden und praktisch bewährten Wissens schließt die Durchführung einer „guten und fruchtbaren Revolution" aus. Dessen Befolgung ist vielmehr die Voraussetzung dafür, dass aus der Forschung etwas hervorgeht, das sich den Akteuren „in Gestalt von neuen Problemen" darbietet, etwas, das sich ganz unbeabsichtigt einstellt und zu veränderten Deutungen und Praktiken im Umgang mit ihnen nötigt, weil es sich in den Korpus überlieferter Auffassungen und Vorstellungen nicht widerspruchsfrei eingliedern lässt.[35]

Von einem feststehenden Wissen, dessen Geltung in Fachöffentlichkeiten nicht umstritten ist, lässt sich nur in Relation auf ein bestehendes wissenschaftliches Paradigma sprechen.[36] Endgültige Lösungen in der Naturwissenschaft könne man nur, so Heisenberg, für „umgrenzte Erfahrungsbereiche" finden. So hätten Fragen, die mit den Begriffen der Newtonschen Mechanik gestellt werden könnten, ihre allzeit gültige Antwort durch Newtons' Gesetze und die aus ihnen gezogenen mathematischen Folgerungen gefunden. Sie reichten allerdings nicht weiter als jene Begriffe. „Daher war z.B. schon die Elektrizitätslehre einer Analyse mit diesen Begriffen nicht mehr zugänglich, und so haben sich bei der Durchforschung dieses neuen Erfahrungsbereiches wieder neue Begriffssysteme ergeben, mit deren Hilfe die Naturgesetze der Elektrizitätslehre endgültig [...] formuliert werden konnten."

---

33 Siehe Eigen, M.: Das Urgen. – In: Nova Acta Leopoldina. Neue Folge (Halle). 52(1980)243, 5–40, S. 13.

34 Wenzel, V.: Zur Entstehung des Neuen in der Wissenschaft: das Chaos-Konzept in der Mechanik. – In: Deutsche Zeitschrift für Philosophie (Berlin). 40(1992)10, 1179–1190, S. 1189.

35 Siehe Kuhn, Th. S.: Die Struktur wissenschaftlicher Revolutionen. Frankfurt a.M.: Suhrkamp 1967 (2. Aufl.), S. 119.

36 Naturwissenschaften könnten „Themen, die als verstanden gelten, zumindest innerhalb des bestehenden Wissenschaftsparadigmas als feststehendes Wissen" betrachten. In den Geisteswissenschaften hingegen würden bestimmte Themen zu verschiedenen Zeiten immer wieder aufgegriffen und in neue Sinnzusammenhänge des jeweiligen kulturellen Hintergrundes gestellt werden. Jahr, S.: Naturwissenschaften versus Geisteswissenschaften. – In: Philosophia naturalis (Frankfurt a.M.). 42(2005)2, 159–182, S. 163 f.

Das Wort „endgültig“ bedeute hier, dass es immer wieder in sich geschlossene Systeme von Begriffen und Gesetzen gebe, die auf bestimmte Erfahrungsbereiche passten und keiner Verbesserung fähig seien. Es könne aber nicht erwartet werden, dass diese Begriffe und Gesetze auch geeignet seien, später neue Erfahrungsbereiche darzustellen.[37] Die abgeschlossene Theorie gelte für alle Zeiten, wo immer Erfahrungen mit Begriffen dieser Theorie beschrieben werden könnten. Wie weit man aber mit diesen Begriffen die Erscheinungen greifen könne, bleibe unsicher.[38] Carl Friedrich von Weizsäcker charakterisiert abgeschlossene Theorien (wie die klassische Elektrodynamik oder die spezielle Relativitätstheorie) als „markierte Stationen“. Sie könnten durch „kleine Änderungen“ in den theoretisch vorhergesagten Erfahrungen nicht verbessert werden. „Die abgeschlossenen Theorien sind kein absolutes, aber relatives Optimum.“[39]

Probleme, die ein zuvor doch als feststehend wahrgenommenes Wissen erschüttern, entstehen dann, wenn der Forschungsprozess zu etwas führt, wonach der Reproduktionszyklus, wovon die Stabilität der gegebenen disziplinären und institutionellen Ordnungen einer wissenschaftlichen Gemeinschaft abhängt, nicht mehr funktioniert. Er funktioniert nur solange, wie die Gemeinschaftsmitglieder im Wissen um die Bedingungen, unter denen in der Vergangenheit Forschungssituationen gemeistert werden konnten, in einer solchen Weise auf aktuelle Forschungssituationen einzuwirken vermögen, dass Resultate entstehen, die wiederum als Vorbild für die Bewältigung künftiger Situationen dienen. Das, was auf diesem Wege immer wieder den Kreislauf herstellt, was gleichsam das Zukünftige vergegenwärtigt und so letztlich die Stetigkeit der Gemeinschaft gewährleistet, lässt sich, getrennt von den wechselnden kontextspezifischen Bedingungen, als Standard, als Norm (als Konzept) der Faktenproduktion fixieren. In Anlehnung an Luhmann ausgedrückt: Wissenschaft ist eines der rekursiv

37 Heisenberg, W.: Das Naturbild der heutigen Physik. Hamburg: Rowohlt 1968, S. 20. Siehe auch id.: Der Teil und das Ganze, loc. cit., S. 136 f.

38 Id.: Schritte über Grenzen, loc. cit., S. 93.

39 Weizsäcker, C.F. von: Voraussetzungen des naturwissenschaftlichen Denkens. Über einige Begriffe aus der Naturwissenschaft Goethes. Freiburg i.Br.: Herder Verlag 1972, S. 132. Dies bedeutet auch, dass man Konzepte nicht gleich verwerfen muss, wenn sie empirisch nicht bestätigt werden konnten. Eine negative Erfahrung, so Moulines, zeige nur, dass im Innern der Disziplin etwas nicht stimme. Es gebe aber nicht die Möglichkeit, eindeutig festzustellen, was genau dieses Etwas sei. Moulines, C. U.: Die Entstehung der Wissenschaftstheorie als interdisziplinäres Fach (1885–1914). Vorgetragen in der Sitzung vom 1. Juni 2007. – In: Sitzungsberichte der Bayerischen Akademie der Wissenschaften. Jahrgang 2007, Heft 2. München: C.H. Beck 2008, S. 19.

organisierten, „autopoietischen“ Systeme, die zur Erhaltung ihrer selbst nach Maßgabe eines den Reproduktionserfordernissen dienlichen internen Modells ihrer Umwelt fortwährend operieren. Und um den Fortbestand der Systeme zu gewährleisten, müssen sich weitere Operationen anschließen lassen.[40] Forschungsarbeit realisiert sich aber nicht in bloßen Kreisläufen, man erwartet, dass sie unter dem Druck gesellschaftlicher Anforderungen etwas zur *erweiterten* bzw. *intensiveren* Reproduktion einer Gemeinschaft beiträgt[41], wofür u.a. Wege der Expansion derselben beschritten werden, der Konzentration ihrer Mitglieder auf bestimmte Forschungsschwerpunkte, der Vertiefung arbeitsteiliger Strukturen, der Spezialisierung von Arbeitsverrichtungen[42] und der Erhöhung des Regulationsniveaus kooperativ-kommunikativer Prozesse.

Damit verändert sich aber auch der Umgang mit den Forschungsobjekten, wofür die methodischen und verfahrenstechnischen Herangehensweisen verfeinert, spezialisiert, durch weitere Elemente ergänzt bzw. die Gebiete ihrer Anwendung erweitert worden sind. In diesem Prozess arbeiten Forscher ungewollt auch auf Problemlagen zu, denen auf herkömmliche Art und Weise nicht begegnet werden kann, indem sie die gegebenen Anforderungen, denen sie sich stellen, umfassender und produktiver als zuvor zu bewältigen trachten, um die Konsolidierung des Überlieferten voranzutreiben. Völlig problemlos verliefe das, was Forscher tun, wenn die Forschungsresultate vollständig auf die theoretischen Voraussetzungen zurückführten, wenn sie vollständig rezipierbar wären. Allerdings könnte dann von „Forschung“ keine Rede mehr sein. Mit den Veränderungen der Verfahrensweisen werden Wechselwirkungsmöglichkeiten derselben zu den Gegenständen ihrer Anwendung realisiert, die noch unbekannt sind, die noch keiner Kontrolle unterliegen, sie werden verstetigt, ohne

40 Luhmann: Die Wissenschaft der Gesellschaft, loc. cit., S. 282 ff. Die Wissenschaft wird als eines jener Systeme betrachtet, die „ihre Strukturen nicht als Fertigprodukte aus ihrer Umwelt beziehen (können). Sie müssen sie durch ihre eigenen Operationen aufbauen und das erinnern – oder vergessen.“ Luhmann, N.: Soziologische Aufklärung 6. Die Soziologie und der Mensch. Wiesbaden: VS Verlag für Sozialwissenschaften 2008, S. 13.

41 Siehe Läskers Betrachtung der Wissenschaft als selbstreproduzierender, in den gesamtgesellschaftlichen Reproduktionsprozess eingebetteter Systeme. Läsker, L.: Zur Vermittlung der Wissenschaftsentwicklung im gesellschaftlichen Reproduktionsprozess. – In: Wissenschaft - Das Problem ihrer Entwicklung. Bd. 2: Komplementäre Studien zur marxistisch-leninistischen Wissenschaftstheorie. Hrsg. v. G. Kröber. Berlin: Akademie-Verlag 1988, 137–154, S. 139 f., 146 ff.

42 “[…] specialization is the key to achieving recognition, for no one can hope to master all of science sufficiently well to produce results that will achieve recognition.” Walstad: Science as a Market Process, loc. cit., S. 14.

dass die Versuchsanordnung bewusst dafür gestaltet worden wäre. Das bedeutet: Die Techniken reagieren nunmehr auch auf Erscheinungen, die für das Arbeitsvorhaben irrelevant waren, sie sind anfälliger für Nebeneffekte. Um die neuen Effekte wenigstens zu kontrollieren, bedarf es weiterer Eingriffe in die Bedingungen des Experimentierens und Messens, wodurch aber wiederum Verhältnisse zwischen Bedingungen und Objekt der Beobachtung verändert werden. Es bedarf weiterer Teile zum Gerät, um solche Wirkungen auszugleichen. Aber damit wird noch umfassender in zwischen Gerät und Objekt bestehende Verhältnisse eingegriffen, was erneut zu entsprechenden Maßnahmen nötigt usf.

Mit solcherart Eingriffen kommt es schließlich zu Brüchen in der Tradierung dessen, was gewöhnlich gedacht und getan wird, und mit der Vertiefung solcher Brüche irgendwann zu Erklärungsschwierigkeiten, die im Rahmen des Gewohnten nicht behoben werden können, auch auf dem Wege der Präzisierung, der Verdeutlichung überlieferten theoretischen Wissens nicht. Anders gesagt: Indem Wissenschaftler in der geschilderten Weise tätig sind, kommt es mitunter dazu, dass von den unerschöpflichen Möglichkeiten der Reaktion der Forschungsobjekte auf die Tätigkeitsbedingungen auch andere als die vorausberechneten und beherrschten verwirklicht werden, andere, als es die gewollten bzw. theoretisch erwarteten sind. Dass sich mit den um der Vervollkommnung des Überlieferten willen vorgenommenen Veränderungen der praktischen Operationen, der Beobachtungen und Versuche etwas anderes als das Erwartete ergibt und somit die Aufrechterhaltung dessen, was als externe Bedingungen zur Erhaltung einer gegebenen wissenschaftlichen Gemeinschaft geboten ist, problematisiert wird, bildet den Anlass zur eigentlichen *Forschung*. Sie setzt erst dort ein, wo sich der herkömmliche Wissensbestand als prekär erweist. „Die Erkenntnis, dass mit fortschreitender Forschung auch das Wissen darüber zunimmt, was nicht gewusst wird, dass sich das Bewusstsein für ‚noch nicht Gewusstes' schärft, ist nicht neu", so P.Weingart. „Die Reaktion darauf ist die Fortsetzung der Forschung."[43]

3. Letztlich sind es einer intensiv erweiterten Reproduktion geschuldete Veränderungen von Strukturen des Forscherverkehrs, worauf die Herkunft von Problemen zu beziehen ist, Veränderungen, wie sie beispielsweise mit der Erweiterung des wissenschaftlichen Personals, vertiefter arbeitsteiliger Gliederung oder mit der Spezialisierung der Forscher eintreten. Sie bedingen neue Herausforderungen an die Konstruktion der technischen und technologischen Forschungsbedingungen, durch die die zu erforschenden Gegenstände und Erscheinungen erfahren und gestaltet werden. Indem ihnen entsprochen wird, kommt es schließlich irgendwann

43 Weingart, P.: Wissenschaftssoziologie. Bielefeld: Transcript Verlag 2003, S. 100.

dazu, dass sich die untersuchten Prozesse und Erscheinungen der Natur gleichsam nicht mehr darauf einlassen, der Befriedigung von Reproduktionsbedürfnissen einer gegebenen Forschergemeinschaft zu dienen, dass sie nicht mehr dafür verwertbar sind.

So wird das, was herkömmlichem Wissen widerspricht, nicht einfach vorgefunden, die Natur liefert nicht so etwas wie Problemsituationen. Probleme wie auch deren Lösungen würden in gesellschaftlichen Deutungsprozessen konstruiert, sie ließen sich nicht aus einer Naturalform ableiten, wie S. van Dyk hervorhebt. Dies impliziere die Abkehr von Sachzwanglogik und Funktionalitätsdenken.[44] Probleme lassen sich auch gar nicht definieren, ohne wenigstens, so L.Schatzmann, zu beginnen, sie zu konstruieren.[45] Sie gehen aus der normalen wissenschaftlichen

---

44 Dyk, S. van: Die Ordnung des Konsenses. Das niederländische Poldermodell 'revisited'. – In: Berliner Journal für Soziologie (Berlin). 17(2007)2, 211–230, S. 214. Ibarra et al. heben hervor: Soziale Probleme seien Konstruktionen (Definitionsleistungen) von Teilnehmern am jeweiligen Problematisierungsprozess. Auch *wissenschaftliche* Problemdefinitionen gälten als erklärungsbedürftige soziale Konstruktionen, deren Form und Inhalt zu analysieren seien. Ibarra, P.R./ Kitsuse, J.I.: Vernacular Constituents of Moral Discourse: An Interactionist Proposal for the Study of Social Problems. – In: Constructionism. Controversies. Issues in Social Problems Theory. Hrsg. v. G.Miller und J.A.Holstein. New York: Aldine de Gruyter 1993, 21–54, S. 25. Siehe auch Spector, M./ Kitsuse, J.I.: Constructing Social Problems. New York: Aldine de Gruyter 1977, S. 65. Hinweise v. Schmidt, L.: Varianten des Konstruktivismus in der Soziologie sozialer Probleme. – In: Soziale Welt. Zeitschrift für sozialwissenschaftliche Forschung und Praxis (Göttingen). 51(2000)2, 153–172, S. 155 und 160.

45 Es handele sich bereits, dimensional betrachtet, um Analyse, wenn Komponenten einer Problemsituation gewonnen, zusammengesetzt und konfiguriert, wenn sie nach bestimmten Mustern geordnet würden. Schatzmann, L.: Dimensional Analysis: Notes on an Alternative Approach to the Grounding of Theory in Qualitative Research. – In: Social Organisation and Social Processes. Essays in Honour of Anselm Strauss. New York: Aldine de Gruyter 1991, 303–314, S. 307. Wie Probleme in der Forschung aufkommen, behandelt Nowotny am Beispiel der Armutsforschung. Nowotny, H.: Vom Definieren, vom Lösen und vom Verwalten sozialer Probleme: Der Beitrag der Armutsforschung. – In: Soziale Welt. Zeitschrift für sozialwissenschaftliche Forschung und Praxis (Göttingen). Sonderband 1: Soziologie und Praxis. Erfahrungen, Konflikte, Perspektiven. Hrsg. v. U.Beck. Göttingen: Verlag Otto Schwarz & Co. 1982, 115–134, S. 127. Siehe auch Townsend, der als Armutsforscher dank qualifizierter empirisch-statistischer Vorgehensweisen Resultate gewann, die sich dem herkömmlichen Armutsbegriff bzw. den gängigen soziologischen Ungleichheitsbegriffen nicht zuordnen ließen und so neue Probleme aufwarfen. Anstelle des historisch zwischen Juristerei und Ernährungsphysiologie angesiedelten Begriffs der Armut setzte er, nach einem Kommentar Nowotnys (siehe oben), den operationalisierten Begriff der „objektiven

Tätigkeit hervor, schon bevor sie sich auf allgemeingültige Weise denken und formulieren lassen, so dass sich jene Forscher, die sich über sie den Kopf zerbrechen, auch nicht sogleich darüber einigen können, wie die Ergebnisse ihres Tuns zu deuten sind. Wissen präsentiere sich, wie L.Ellrich darlegt, „mithin als Ansammlung perspektivisch gebundener Aussagen über alle erdenklichen Sachverhalte, die eben nicht von selbst in den Blick der Akteure rücken, sondern erst durch deren Einsatz regelrecht erzeugt und zu Problemen ernannt werden."[46] Die Wissenschaft habe es, „vor allem anderen, mit selbsterzeugter Unsicherheit zu tun", wie es bei Luhmann heißt.[47] „Irritation ist [...] immer ein systemeigener Zustand, für den es in der Umwelt des Systems keine Entsprechung gibt."[48] Die Umwelt müsse, „anders gesagt, nicht selber irritiert sein, um als Quelle von Irritationen des Systems zu dienen. Nur unter der Bedingung von strukturierenden Erwartungen stellen sich Irritationen ein, und sie sind Irritationen nur insofern, als sie ein Problem bilden für die Fortsetzung der Autopoiesis des Systems."[49] Es werde eine Problemlage erzeugt, „in der die Wissenschaft an sich selbst arbeitet."[50]

4. Die „beschleunigte Steigerung der Arbeitsproduktivität [...] begann nicht mit der Erfindung von Maschinen, sondern mit der Organisation der Arbeit, mit der Arbeitsteilung nämlich, die bekanntlich der industriellen Revolution voranging; auch die Mechanisierung des Arbeitsprozesses, die auf die Arbeitsteilung folgte [...], beruht letztlich noch auf dem Prinzip der Organisation", wie Hannah Arendt ausführt.[51] So sind Technikentwicklungen letztlich Früchte

---

relativen Deprivation". Townsend, P.: Poverty in the United Kingdom. A Survey of Household Resources and Standards of Living. London: Penguin Books 1979, S. 413.

46 Ellrich, L.: Was heißt ‚Wissensgesellschaft'? – In: Gegenworte. Hefte für den Disput über Wissen (Berlin). (2008)19, 25–28, S. 24. Siehe auch Mormann, Th.: A Place for Pragmatism in the Dynamics of Reason? – In: Studies in the History and Philosophy of Science (Amsterdam et al.). 43(2012)1, 27–37, S. 29 ff., 36. Der Autor bezieht sich auf die philosophische Debatte über die Bedingungen, die gegeben sein müssen, damit sich eine Konvergenz einander widersprechender Theorien ergibt.

47 Luhmann: Die Wissenschaft der Gesellschaft, loc. cit., S. 103.

48 Ibid., S. 40.

49 Ibid.

50 Ibid., S. 371. Vgl. Weingart: Wissenschaftssoziologie, loc. cit., S. 86.

51 Arendt, H.: Vita activa oder Vom tätigen Leben. München - Zürich: Pieper 2007 (6. Aufl.), S. 60. Marx zeigt, dass die Einführung von Arbeitsmaschinen in der Industrialisierungsgeschichte die Entwicklung der Arbeitsorganisation in den Manufakturen voraussetzte. Es sei zu einer räumlichen Konzentration von Handwerkern aus gleich- oder verschiedenartigen Gewerken gekommen, die gemeinsam unter der Führung von Unternehmern standen, in deren Person sich der kooperative Charakter der Arbeit

sozialer Gestaltungsprozesse. Sie sind etwas, das in einem Vorgang der *Institutionalisierung* verwurzelt ist.[52] Weil die Möglichkeit des Einsatzes neuer Techniken bzw. die Erhöhung des Wirkungsgrades eingesetzter Mittel mit Veränderungen der Organisation der Arbeit, mit der Vertiefung der Arbeitsteilung eingeleitet wird, woraus auch erst Bedingungen für Veränderungen dessen hervorgehen, was zur vergegenständlichten Arbeit gehört, sollte Technik, wie W.Rammert fordert, nicht als Substrat, sondern als Prozess, als Typus sozialen Handelns vorgestellt werden. Die Techniksoziologie sollte sich auch nicht allein den Folgen zuwenden, die die Technik auf die Gesellschaft ausübt, sondern auch die technische Konstruktion der Wirklichkeit als Teil der sozialen Konstruktion der Wirklichkeit begreifen.[53] „Instrumente werden nicht als an sich effiziente Mittel

---

ausgedrückt habe. Marx, K.: Zur Kritik der politischen Ökonomie (Manuskript 1861–1863). – In: K.Marx/ F.Engels, Gesamtausgabe (MEGA). Berlin: Dietz Verlag 1976, S. 285 f. Schließlich sei in der Industrie der „kooperative Charakter des Arbeitsprozesses" zu einer „durch die Natur des Arbeitsmittels selbst diktierte(n) technische(n) Notwendigkeit" geworden. Id.: Das Kapital. Kritik der Politischen Ökonomie. Erster Band. – In: K. Marx/ F.Engels, Werke, Band 23. Berlin: Dietz Verlag 1962, S. 407. Siehe auch id.: Grundrisse der Kritik der Politischen Ökonomie. Berlin: Dietz Verlag 1974, S. 584. Id.: Theorien über den Mehrwert (Vierter Band des „Kapitals"). Erster Teil. – In: K. Marx/ F.Engels, Werke, Band 26.1. Berlin: Dietz Verlag 1973, S. 263. Id.: Theorien über den Mehrwert (Vierter Band des „Kapitals"). Dritter Teil. – In: K. Marx/ F.Engels, Werke, Band 26.3. Berlin: Dietz Verlag 1976, S. 497 f.

52 Siehe Grunwald, A.: Von der Kommunikation über „Promising Technologies" zu koordinierter Technikentwicklung (Rezension zu Bender, G.: Technologieentwicklung als Institutionalisierungsprozess. Zur Entstehung einer soziotechnischen Welt. Berlin: edition sigma 2006). – In: Technikfolgenabschätzung - Theorie und Praxis (Karlsruhe). 16(2007)2, 98–102, S. 98 f.

53 W. Rammert auf einer Konferenz. Zitiert n. Figueroa, S./ Dreher, J./ Müller, M.: Tagungsbericht über die Internationale Konferenz „Neue Perspektiven der Wissenssoziologie. Zur Aktualität eines Forschungsparadigmas" – Thomas Luckmann zum 75. Geburtstag. – In: Soziologie. Forum der Deutschen Gesellschaft für Soziologie (Opladen). (2003)1, 79–90, S. 83. Siehe auch Kollek, R./ Lemke, Th.: Der medizinische Blick in die Zukunft. Gesellschaftliche Implikationen prädiktiver Gentests. Frankfurt a. M.: Campus Verlag 2008, S. 4: Die Verfasser beanspruchen, weder einer rein technikdeterministischen noch rein sozialkonstruktivistischen Sichtweise zu folgen. Ausgegangen werden soll von einer *Koproduktion* von Technik und Gesellschaft. Hinweis von Nieden, A. zur: Buchbesprechung. – In: Soziologische Revue (Oldenburg). 34(2011)2, 202–206, S. 203. „Wer das Verflüssigen und Verfestigen der Sozialformen gegenwärtiger Gesellschaft verstehen will, der muss Techniken als zugleich konstitutive Elemente der Gesellschaft miterfassen." Es mache einen Unterschied, „ob die intime Kommunikation per Mund oder per Mausklick stattfindet, ob die wirtschaftliche Entscheidung mit einem argumentativen

für vorgegebene soziale Zwecke einfach eingesetzt, sondern sie werden erst im Entwerfen und Erproben in und für soziale Konstellationen der Arbeit oder der Kommunikation hergestellt."[54] Und in dem Falle, dass es mehrere relevante soziale Gruppen mit je besonderem Aufbau von Beziehungen gibt, kann es auch unterschiedliche Bestimmungen dessen geben, worin Sinn und Bedeutung einer Technik gesehen wird, was wiederum die Zielrichtung der Technikentwicklung bestimmt und auch bedingt, ob mit deren Hilfe gewonnene Ergebnisse für akzeptabel gehalten werden. Funktionieren oder Nichtfunktionieren einer Technik ist, W.E.Bijker folgend, keine ihr innewohnende Eigenschaft, sondern Ergebnis *sozialer Konstruktion.*[55]

Gespräch oder einem dynamisierten Optimierungsprogramm getroffen wird oder ob die kontrollierende Interaktion direkt von Angesicht zu Angesicht oder vermittelt über Videokameras und biometrische Rasterprogramme erfolgt." Rammert, W.: Die Techniken der Gesellschaft: in Aktion, in Interaktivität und in hybriden Konstellationen. – In: Technical University Technology Studies. Working Papers (Berlin). (2007)4, 1–27, S. 3 (Arbeitspapier der Technischen Universität Berlin, Institut für Soziologie, Fachgebiet Techniksoziologie). Siehe auch Law, J.: Monster, Maschinen und soziotechnische Beziehungen. – In: Anthology. Ein einführendes Handbuch zur Akteur-Netzwerk-Theorie. Hrsg. v. A.Belliger und D.J. Krieger. Bielefeld: Transcript Verlag 2006, 343–367, S. 354: „Was sozial zu sein scheint, ist zumindest teilweise technisch. Was wir für gewöhnlich technisch nennen, erweist sich als teilweise sozial. Praktisch ist nichts weder rein technisch noch rein sozial. Dasselbe trifft auf das Wirtschaftliche, das Politische, das Wissenschaftliche und alles Übrige zu."

54 Rammert: Die Techniken der Gesellschaft: in Aktion, in Interaktivität und in hybriden Konstellationen, loc. cit., S. 15. Man vergesse jedoch nicht, so Brockmeier et al., den Unterschied zwischen einem Experiment als einem Erkenntnis- und einer Maschine als Arbeitsmittel. In der Produktion würden Naturprozesse zur Herstellung von *Gebrauchswerten,* in einem Experimentalsystem hingegen zur „Herstellung von Erfahrungswerten für die theoretische Naturerkenntnis" umgeformt. Brockmeier, J./ Rohbeck, J.: Beobachten, Kalkulieren, Eingreifen. Zusammenhänge zwischen Gesellschaftstheorie und Naturtheorie bei der Entstehung der rechnend-experimentellen Wissenschaft im 17. Jahrhundert. – In: Rechensteine, Experiment, Sprache. Historische Fallstudien zur Entstehung der exakten Wissenschaften. Hrsg. v. P.Damerow und W.Lefévre. Stuttgart: Klett-Cotta 1981, 171–221, S. 194 f.

55 Siehe Bijker, W.E.: Sociohistorical Technology Studies. – In: Handbook of Science and Technology Studies. Hrsg. v. Sh. Jasanoff et al. London et al.: Sage 1994, 229–257, S. 242. Id.: Of Bicycles, Bakelites and Bulbs. Toward a Theory of Sociotechnical Change, Cambridge/ Mass.: MIT Press 1995, S. 22 f. Id.: The Social Construction of Bakelite: Toward a Theory of Invention. – In: The Social Construction of Technological Systems: New Directions in the Sociology and History of Technology. Hrsg. v. W.Bijker, Th.Hughes und T.Pinch. Cambridge/Mass.: MIT Press 1987, 159–187.

5. Wenn Probleme aufkommen, Anomalien, die zu der Einsicht nötigen, dass die überlieferten Konzepte ungeeignet sind, sie zu bewältigen, wenn sich die Deutungshegemonie des gegebenen Paradigmas auch durch Ergänzungen nicht verteidigen lässt, kann die Auseinandersetzung mit denselben dennoch kein konzeptionell voraussetzungsfreier Vorgang sein.[56] Vielmehr werden im Falle solcher Problemlagen andere Konzepte herangezogen, Konzepte, die außerhalb jenes Fachgebietes gelten, wo die Probleme aufgekommen sind und die daraufhin erprobt werden, ob sich unter deren Voraussetzung die Erklärungskrise beenden lässt. In Wissensbeständen fremder Disziplinen suchen Forscher nach neuen Referenzaspekten ihres Tuns, in deren Licht sich die Probleme möglicherweise lösen lassen. Anhand von Fallbeispielen lässt sich nach M.A.Rosov auch zeigen, dass Forscher in der Regel mit Paradigmen verschiedener Disziplinen vertraut sind, so dass sie zu einem Wechsel dessen in der Lage sind, wovon sie bei der Erforschung eines Gegenstandes ausgehen.[57] So entstehen Ausgangspunkte einer Fachgebietsgrenzen überschreitenden Forschungsarbeit zur Bewältigung von Anomalien, die Lorenz Krüger als „wissenschaftlich heimatlose und darum potentiell allemal interdisziplinäre Probleme“[58] umschreibt.

„Von der Einzeldisziplin her gesehen, haben solche Anstöße“, wie sich in Anlehnung an Luhmann sagen lässt, „den Charakter des Zufalls“, wobei es sich teilweise um die Übernahme von Terminologien mit unerwarteten Auswirkungen handele. Man könne „hier von okkasioneller Interdisziplinarität sprechen.“[59] Wie Weingart

56 Vgl. Strübing, J.: Grounded Theory. Zur sozialtheoretischen und epistemologischen Fundierung des Verfahrens der empirisch begründeten Theoriebildung. Wiesbaden: VS Verlag der Sozialwissenschaften 2008 (2. überarb. Aufl.), S. 57 ff.

57 Darauf verweist Rosov in Auseinandersetzung mit der Kuhn vorgeworfenen monodisziplinären Perspektive. Rosov, M.A.: Puti naučnych otkrytii (ko kritike istorikonaučnoj konzepzii T.Kuna). – In: Voprocy filosofii (Moskva). 35(1981)8, 138–147, S. 139, 141 f. und 147. Siehe auch Price, R.H.: Abnormal Behaviour: Perspectives in Conflict. New York: International Thomson Publishing 1972. Price bezieht sich auf Theoriensysteme, die am Entwicklungsanfang stehen und in die aus anderen Disziplinen entlehnte Konzepte eingegangen sind. Hinweis v. Trenckmann, U./ Ortmann, F.: Das psychodynamische Krankheitskonzept der Romantik – Testfall für die Anwendung des Kuhn'schen Paradigmabegriffs in einer Humanwissenschaft. – In: Zeitschrift für Psychologie mit Zeitschrift für angewandte Psychologie (Leipzig). 188(1980)3, 331–339, S. 334 (ohne Seitenangabe).

58 Krüger, L.: Einheit der Welt - Vielheit der Wissenschaft. – In: Interdisziplinarität. Praxis - Herausforderung - Ideologie. Hrsg. v. J.Kocka. Frankfurt a.M.: Suhrkamp 1987, 106–125, S. 118, 119.

59 Luhmann: Die Wissenschaft der Gesellschaft, loc. cit., S. 457.

meint, ist Interdisziplinarität zunächst etwas, das als das Ergebnis des „Opportunismus" in der Wissensproduktion beschrieben werden könne.[60] Jene Zufälligkeit ergibt sich daraus, dass das, worauf gewechselt wird, nicht für alle mit einer bestimmten Anomalie befassten Akteure das Gleiche sein muss, denn von einem Konzept, das im Hinblick darauf versagt, wie eine Problemsituation zu bewältigen ist, lässt sich nicht eine für alle Beteiligten einheitliche Orientierung auf ein anderes Konzept ablesen, es kann die verschiedenen Wissenschaftler nicht einheitlich auf bestimmte, in ihm nicht begründete Möglichkeiten der Problembewältigung hinlenken. Wenn die Akteure nach ganz verschiedenen, dieser und jener Disziplin entliehenen Konzepten tätig sind, was es mit sich bringt, dass deren Zusammenwirken von keiner zentralen Warte aus reguliert wird, werden sie auch ganz verschiedene Partnerschaften eingehen[61], neue Kontakte, um den Randpositionen etwas entgegenzusetzen, auf die sie in den Institutionen als von herkömmlichen Dogmen abweichende „Dissidenten" womöglich gedrängt worden sind.

Disziplinäre Engführungen, die, so J.Mittelstraß, „den Spezialisten zum alleinigen Repräsentanten der Wissenschaft machen"[62], werden so beim Umgang mit theoriewidrigen Forschungsbefunden aufgelöst, die wohl in einer bestimmten Disziplin aufkommen, aber dann in einem Disziplingrenzen überquerenden Prozess behandelt werden. Davon ausgehend, macht es kaum Sinn, sich Interdisziplinarität als „Reparaturphänomen zur Aufhebung erkenntnisbegrenzender Disziplinarität"[63] verständlich zu machen, als eine zu dem Zwecke erfundene Organisationsform, „disziplinärem Chauvinismus" entgegenzusteuern[64], weil dies

60 Weingart, P.: Interdisziplinarität - der paradoxe Diskurs. – In: Ethik und Sozialwissenschaften. Streitforum für Erwägungsliteratur (Opladen). 8(1997)4, 521–529, S. 528. Siehe auch Stichweh, R.: The Sociology of Scientific Disciplines: On the Genesis and Stability of the Disciplinary Structure of Modern Science. – In: Science in Context (Tel Aviv). 5(1992)1, 3–15, S. 12.

61 Vgl. Graumann, C.F.: Interaktion und Kommunikation. – In: Handbuch der Psychologie in 12 Bänden. Bd. 7, 2. Halbband: Sozialpsychologie. Hrsg. v. C.F.Graumann. Göttingen: Hogrefe Verlag 1972, 1109–1262, S. 1112.

62 Mittelstraß, J.: Die Stunde der Interdisziplinarität? – In: Interdisziplinarität. Praxis - Herausforderung - Ideologie, loc.cit., 152–158, S. 154. Siehe auch Lüdtke, K.: Wissenschaftsentwicklung und der Wandel disziplinärer Strukturen. – In: Ethik und Sozialwissenschaften. Streitforum für Erwägungsliteratur (Opladen). 8(1997)4, 562–564.

63 Mittelstraß: Die Stunde der Interdisziplinarität? Loc. cit., S. 152, 157.

64 Vgl. Rosenmayr, L.: Wider die Harmonie-Illusion. Praxis-Beziehung als Herausforderung zur Neubestimmung der Soziologie (mit Beispielen aus Lebenslaufforschung und Sozialgerontologie). – In: Soziale Welt. Zeitschrift für sozialwissenschaftliche Forschung und Praxis (Göttingen). Sonderband 1: Soziologie und Praxis. Erfahrungen, Konflikte,

den Anschein erweckt, als ginge es hier um eine Herausforderung, der man stets zu genügen hätte, ganz gleich, ob und inwieweit Rätsel im Forschungsprozess aufgekommen sind, zu deren Behandlung aber Forscher erst auf die Idee kommen, sich dieser oder jener außerhalb des eigenen Fachgebietes entstandener Konzepte zu bedienen.

6. In der Verschiedenheit der Konzepte, die mit einem Erklärungsproblem befasste Forscher zu Rate ziehen, sehe ich einen der Ausgangspunkte für die Entfaltung von Kontroversen, worüber sich verfestigte institutionelle bzw. disziplinäre Strukturen des Wissenschaftlerverkehrs auflösen: Eine Erklärungskrise, der sich Forscher gegenübersehen, bietet keinerlei Anhaltspunkte zu ihrer Bewältigung, die den Beifall aller Akteure herausfordern und sie zu einer einvernehmlichen Haltung dazu nötigen würde. Bei diesem Vorgang handelt es sich, in Anlehnung an Luhmann ausgedrückt, nicht „um Arbeit an einem immer genaueren Abbild der Umwelt, wohl aber um eine *Vermehrung der Hinsichten, in denen das System intern auf (wie immer ausgelöste) Irritationen durch die Welt reagieren kann*"[65], was aber zu Streitigkeiten führen muss, weil sich ja – die weiter oben angedeutete „opportunistische" Art und Weise und den Zweck ihrer Heranziehung bedenkend – das Verhältnis der „Hinsichten" zueinander nicht geordnet vorstellen lässt: Die je besonderen Positionen, die die Beteiligten vertreten, werden sich in ihrem Verhältnis zueinander nicht irgendwelchen Problemrangfolgen, Präferenzordnungen u.dgl. fügen. Das schließt die Möglichkeit aus, dass sich ihnen für die Entwirrung der Rätsel, auf die man gestoßen ist, schon bestimmte, in einem geregelten Zueinander stehende Plätze zuweisen lassen. Die äußere Krise im Verhältnis der Forscher zu den Gegenständen ihrer Untersuchungen und Beobachtungen muss so zu einer inneren Krise der Gemeinschaft führen, der sie angehören.

7. Forscher weilen in je besonderen Erlebnisräumen, wenn sie in der empirischen Tätigkeit divergenten Orientierungen folgen. Es bilden sich unterschiedliche Erfahrungsbereiche heraus, so dass sie es mit je besonderen Objekten zu tun haben, was die Folgerung gestattet, dass Argumentationen, die sich auf Faktisches bzw. auf Prozesse der Faktenproduktion beziehen, nicht zwangsläufig zu einem Ende der Streitigkeiten hinführen müssen. Dass sich aus in einer wissenschaftlichen Auseinandersetzung vertretenen konträren Positionen unterschiedliche

---

Perspektiven, loc. cit., 27–58, S. 29 f.: „Der Verzicht auf disziplinären Chauvinismus ist ein wichtiger Schritt auf dem Weg zu einem entspannteren und von Selbst-Bescheidung ausgezeichneten Verhältnis zwischen Wissenschaft und anderen Kulturmächten. Die Beziehung zwischen der Wissenschaft und jenen Kräften, welche ihre Erkenntnisse anwenden wollen und sollen, könnte den disziplinären Chauvinismus überwinden helfen."

65 Luhmann: Die Wissenschaft der Gesellschaft, loc. cit., S. 371 (Hervorhebung von K.L).

Beobachtungsperspektiven ergeben, die auf ein je besonderes experimentelles Herangehen an aufgetretene Probleme orientieren, ist nicht etwas, das Erkenntnisfortschritte behinderte. „Perspektiven (sind - K.L.) [...] weder Verzerrungen von irgendwelchen vollkommenen Strukturen noch Selektionen des Bewusstseins aus einer Gegenstandsmenge, deren Realität in einer Welt der Dinge an sich (noumenal world) zu suchen ist. Sie sind in ihrer wechselseitigen Bezogenheit aufeinander die Natur, die die Wissenschaft kennt", wie G.H.Mead sie versteht.[66] Doch wie kommt es schließlich zu einer solchen wechselseitigen Bezogenheit, die das Gegeneinander-Gerichtetsein verschiedener Sichtweisen zugunsten einer einvernehmlich vertretenen Sichtweise auflöst? Anhand des ausgewählten Fallbeispiels werden wir uns eine der, so F.-X.Kaufmann, „zentralen offenen Fragen des Programms der Interdisziplinarität" stellen, das heißt, wir werden uns fragen müssen, inwieweit und unter welchen Bedingungen „unterschiedliche wissenschaftliche Perspektiven und die durch sie konstituierten Erkenntnisobjekte miteinander im Hinblick auf das bessere Verständnis eines bestimmten Erfahrungsobjektes vermittelbar sind [...]"[67]

8. Wenn es so ist, dass die an einem Streit Beteiligten empirisch gemäß ihren je besonderen konzeptionellen Ausgangspunkten vorgehen und so immer wieder zu Resultaten gelangen, die einander widersprechen, muss der Prozess, Kontroversen zu überwinden und auf einen Konsens zuzuarbeiten, ein Herangehen einschließen, dessen Sinn von einer empirischen Vergewisserung nicht abhängig ist. Das

---

66 Mead, G.H.: Philosophie der Sozialität. Aufsätze zur Erkenntnisanthropologie. Frankfurt a.M.: Suhrkamp 1969, S. 215. Nur insoweit, „als das Individuum nicht nur in seiner eigenen Perspektive, sondern auch in der Perspektive von anderen, insbesondere in der gemeinsamen Perspektive einer Gruppe handelt", entstehe „Gesellschaft [...] und die Gegebenheiten in ihr (werden) Gegenstand wissenschaftlicher Fragestellungen [...]" Ibid., S. 217. Siehe auch id.: Die objektive Realität der Perspektiven. – In: Georg Herbert Mead: Gesammelte Aufsätze, Bd. 1. Hrsg. v. H.Joas. Frankfurt a.M.: Suhrkamp 1969, 213–228. Man verliere nichts, wenn man „die Unterscheidung zwischen dem, was für uns gerechtfertigt ist, und dem, was wahr ist, ersetzt durch die Unterscheidung, dass wir fähig sind, unsere Überzeugungen vor bestimmten Zuhörerschaften zu rechtfertigen, und nicht fähig, dies vor anderen zu leisten." Rorty, R.: Sind Aussagen universelle Geltungsansprüche? – In: Deutsche Zeitschrift für Philosophie (Berlin). 42(1994)6, 975–988, S. 979. M.E. ist für frühere Abschnitte der Wissensentwicklung ein solcher Perspektivenpluralismus ganz charakteristisch, doch wird er im Weiteren in einem Prozess aufgelöst, wo es darum geht, neuem Wissen den Status allgemeingültigen Wissens zu verleihen.

67 Kaufmann, F.-X.: Interdisziplinäre Wissenschaftspraxis. Erfahrungen und Kriterien. – In: Interdisziplinarität. Praxis - Herausforderung - Ideologie, loc. cit., 65–81, S. 66.

heißt, unter der Bedingung einer inhomogenen wissenschaftlichen Öffentlichkeit muss zunächst etwas eintreten, das Forscher dazu motiviert, Gegensätze zwischen verschiedenen Standpunkten zu beseitigen, auf einen Konsens zuzuarbeiten, schon bevor es dafür zwingende empirische Gründe gibt.[68] Es muss etwas geben, das auf eine Konvergenz der verschiedenen Positionen hinführt, die sich nicht dem Einfluss einer externen objektiven Realität, auch nicht einer die Wissenschaften und deren Geschichte übergreifenden (kommunikativen) Vernunft verdankt. Ich habe mich bei der Betrachtung des Fallbeispiels von der Annahme leiten lassen, dass die Schließung wissenschaftlicher Kontroversen von einem *pragmatischen Herangehen* an die umstrittenen Fragestellungen eingeleitet wird, von einem Herangehen in dem Sinne, dass aus der Anwendung des Wissens resultierende praktische Anforderungen stärker als zuvor ins Blickfeld gerückt werden, von denen man meint, dass sie sich nur parteiübergreifend bewältigen ließen und die deshalb zu Verständigung und Kooperation über Lagergrenzen hinweg nötigten.

Beim Studium einschlägiger Texte, die von Krebsforschern veröffentlicht worden waren, bin ich auch immer wieder auf Arbeiten gestoßen, mit denen ein solches Anliegen verfochten wurde, Arbeiten, worin deren Verfasser auf eine synkretistische Weise mit verschiedenen Theoriestücken umgegangen sind. Sie haben Konzepte bzw. Theoriefragmente zu einem Ganzen zusammengerückt, die verschiedenen Disziplinen entlehnt und in Auseinandersetzungen gegeneinander ins Feld geführt worden waren. So ließen sich Vorstellungen in der Art von „*compromises or pastiches*", wie sich mit J.H.Fujimura sagen lässt[69], zur Förderung

---

68 Siehe Mühlhölzer, F.: Die Debatte um die Objektivität der Wissenschaft. – In: Deutsche Zeitschrift für Philosophie (Berlin). 49(2001)1, 151–166, S. 152 ff.

69 Fujimura: Crafting Science, loc. cit., S. 14. Ein Beispiel aus der Geschichte der Elektrolyse-Theorie: Eine der Parteien vertrat die Theorie der elektrolytischen *Dissoziation*: Wenn eine Säure, eine Base oder ein Salz in Wasser aufgelöst wird, dann kommt es dazu, dass sich das Material in positiv und negativ geladene Ionen aufspaltet. Dies tritt ohne Mitwirkung des Lösungsmittels ein. Die Gegenpartei sah in der Lösung ein Phänomen der *Assoziation* (u.a. mit Wasser), nicht ein solches der Dissoziation (in Ionen). Es traten dann Forscher auf, die den Streit entschärfen wollten, u.a. Lowry und Whetham, der die Dissoziationstheorie schätzte, aber nicht ausschloss, dass das Wasser dabei eine Rolle spielt. "Dissociation of the ions from each other does not forbid the assumption that the ions are linked with one or more solvent molecules." Whetham, W.C.D.: The Theory of Dissociation into Ions. – In: Nature (London). 55(1897)1435, 606–607, S. 606. "[…] the hydration of the ions (provided) not only […] a *way of reconciling* the two theories of solution, but also […] a motive for the electrolytic dissociation of a salt", wie sich Armstrong dazu äußerte. Er sah darin nur ein diplomatisches Vorgehen und charakterisierte Lowry als "syncretist". Armstrong, H.E.: The Nature of

eines solchen Umgangs mit den strittigen Fragen entwickeln, der den Fortgang gemeinsamer Forschungsarbeit ungeachtet noch bestehender Meinungsdifferenzen der Akteure gewährleisten würde, ungeachtet dessen, dass Kompromisse doch mit der „Ausschaltung von Konsenserwartungen" einhergehen, wie van Dyk hervorhebt.[70]

Überlegungen in der Art von Kompromissen wurden der Fachöffentlichkeit in der Hoffnung unterbreitet, dass mit ihrer Hilfe eine Entwicklung ausgelöst werden kann, die die Nutzbarmachung von Wissen und Ressourcen verschiedener Gebiete und eine Rekombination bestehender Forschungsrichtungen für die Lösung von Erklärungsproblemen ermöglicht.[71] Sie sollten einen Weg ebnen, der dahin führt, dass – in Anlehnung an W. Engler ausgeführt – „kommunikative

---

Solutions. – In: Nature (London). 121(1928)3037, 48–51, S. 51 (Hervorhebung von K.L.). Zitiert n. de Berg, K.C.: The Development of the Theory of Electrolytic Dissociation. – In: Science and Education. Contributions from History, Philosophy and Sociology of Science and Education (Dordrecht).12(2003)4, 397–419, S. 409. "[…] the *compromise positions* of Whetham and Lowry became important in the later developments of solution theory such as that modelled by Debye and Huckel. The […] models attempt to predict the properties of ionic solutions taking into account such […] parameters as ion-solvent and ion-ion interaction parameters." Ibid., S. 411. Es lassen sich auch Beispiele für Kompromisslösungen von Patentstreitigkeiten anführen, Lösungen, mit denen einem Bedürfnis nach *Interessenabgleichung* entsprochen wurde. Werner verweist auf Streitigkeiten um Patente und Prioritäten in der Vitaminforschung der 1930er Jahre. Werner, P.: Berichtswelten. Zum Streit um Patente und Prioritäten in der Vitaminforschung. – In: Wissenschaftsforschung. Jahrbuch 1998 „Wissenschaft und Digitale Bibliothek". Hrsg. v. K.Fuchs-Kittowski et al. Berlin: Gesellschaft für Wissenschaftsforschung 2000, 195–205, S. 203 f. (Hervorhebung von K.L.).

70 Dyk, van: Die Ordnung des Konsenses, loc. cit., S. 213. Dies lässt sich beispielsweise Ausführungen zur Stammzelldebatte entnehmen. „Die paradoxe einstweilige ‚Lösung' der […] (Debatte – K.L.) besteht beispielsweise in einem […] Festhalten am Verbot der Erzeugung […] embryonaler Stammzellen in Deutschland *und* der gleichzeitigen Genehmigung der Einfuhr und Verwendung von Stammzellen […] Dieses Gebot des Sowohl-als-auch […] ist als ein emergenter Effekt des kategorialen Konfliktes anzusehen, denn keine der involvierten Akteure hat diesen Kompromiss wirklich so gewollt. Die den Schutz des […] embryonalen Lebens betreffenden Entscheidungen sind daher politischer Natur, oft universalistisch im Ton […] und pragmatisch in der Konsequenz […]" Wehling, P./ Viehöver, W./ Keller, R.: Wo endet die Natur, wo beginnt die Gesellschaft? Doping, Genfood, Klimawandel und Lebensbeginn: die Entstehung kosmopolitischer Hybride. – In: Soziale Welt. Zeitschrift für sozialwissenschaftliche Forschung und Praxis (Baden-Baden): Theorie und Empirie reflexiver Modernisierung 56(2005)2/3, 137–158, S. 148.

71 Siehe Weingart: Interdisziplinarität - der paradoxe Diskurs, loc. cit., S. 528.

Invarianten und kognitive Synthesen gebildet" werden, „die die vielfältigen Spezialisierungen und Fragmentierungen der wissenschaftlichen Expertenkultur überbrücken."[72] Oder wie A.Wimmer meint: Ein solcher Weg könne zu einem offenen Prozess des „Aushandelns von Bedeutungen" hinführen, zu einem Prozess, der „kognitiv kompetente Akteure in unterschiedlichen Interessenlagen zueinander in Beziehung setzt und bei einer Kompromissbildung [...] zur sozialen Abschließung und entsprechenden kulturellen Grenzziehung führt"[73], das heißt – wie ich es verstehe –, Wege zur Herausbildung neuer sozialer Gebilde (Netzwerke und Institutionen) bahnt. Einen solchen Prozess meinen N.Mevissen und D.Simon auch in der „Organisationswerdung" außeruniversitärer (vor allem anwendungsorientierte Grundlagenforschung betreibender) Forschungsinstitutionen erkannt zu haben, Einrichtungen, die sich als Gruppen kennzeichnen ließen, welche sich auf unsichere, hochkomplexe Umwelten bezögen, wo verschiedene gegeneinander gerichtete Bezugssysteme gelten würden und Spannungsfelder zwischen Organisationsinteressen und professionellen Standards bestünden. Um sich mit ihnen zu befassen, müsse man auch auf Kompromisse eingehen – Kompromisse in Form unterschiedlicher und instabiler „Insellösungen" –, um die sich aus den Referenzsystemen ergebenden diversen Erwartungen miteinander im praktischen Tun zu vereinbaren, woraus dann auch neue Forschungsfragen hervorgehen könnten. Mit den Kompromissen, in denen nebeneinander mehrere Kognitionen und Entscheidungsvoraussetzungen koexistierten, werde angestrebt, die Interessen und Anforderungen unterschiedlicher Institutionen zu bedienen und auszubalancieren.[74]

9. Gegensätze in den Auffassungen könnten vorläufig gelöst werden „[...] durch die Versöhnung der Gegenseiten, was an sich schon ein bedeutender kognitiver [...] Gewinn ist", wie Dascal meint.[75] Aber wie können Wissenschaftler,

72 Engler, W.: Kommunikative Selbstreferenz und diffuse Angst. Niklas Luhmanns Gesellschafts- und Wissenschaftskonzept. – In: Objekt- und Selbsterkenntnis. Zum Wandel im Verständnis moderner Wissenschaften. Hrsg. v. H.-P.Krüger. Berlin: Akademie-Verlag 1991, 175–196, S. 192.

73 Wimmer definiert *Kultur* als einen solchen offenen Prozess des „Aushandelns von Bedeutungen [...]" Wimmer, A.: Kultur als Prozess. Zur Dynamik des Aushandelns von Bedeutungen. Wiesbaden: VS Verlag für Sozialwissenschaften 2005, S. 34.

74 Mevissen, N./ Simon, D.: „Vielfältige" Organisationen. Der Wissens- und Technologietransfer als Herausforderung für die außeruniversitäre Forschung. – In: Soziale Welt. Zeitschrift für sozialwissenschaftliche Forschung und Praxis (Göttingen). 64(2013)4, 361–380, S. 373 f., 376 f.

75 Dascal: Die Dialektik in der kollektiven Konstruktion wissenschaftlichen Wissens, loc. cit., S. 34.

die auf Versöhnung drängen, darauf hoffen, dass sie bei ihren Adressaten auch „ankommen“, wo sie sich doch in ihren Urteilen darauf stützen müssen, dass nur dann etwas als wissenschaftlich bedeutsam gilt, wenn es dem Korpus überlieferten Wissens zugeordnet werden kann[76], aber ein solcher Bezug im Falle von einander widerstreitenden Wissensansprüchen problematisch geworden ist? Prozesse der Bedeutungskonstruktion lassen sich, D.R. Maines folgend, “[...] only in relation to already-constructed (sedimented) meanings” nachvollziehen. “Meaning is a social transaction and is constituted exactly in an audience's ability to respond in a way commensurate with an initiator's act or utterance.” Und wenn “the audience cannot respond, then it can be said that a meaningful transaction has not occured.”[77]

Wenn eine Rezeption ausbleibt, sind Forscher in der Lage eines Produzenten, dessen Produkte sich auf dem Markt nicht veräußern lassen. Solange dies so ist, haben seine Erzeugnisse keinen Wert, stellen keine Waren dar, gleichgültig, wie sehr er sich bei deren Fertigung auch verausgabt haben mag.[78] Die Anstrengungen, die

---

76 Wenn zunächst missachtete Forschungsresultate zu einem späteren Zeitpunkt dann doch als wissenschaftlich bedeutsam beurteilt werden, deutet das darauf hin, dass sich der Wissenskorpus verändert hat und sich mit dieser Veränderung auch die Anschlussbedingungen zugunsten der vormals als irrelevant erschienenen Arbeiten gewandelt haben. Allerdings deckt sich das später als wissenschaftlich bedeutsam Anerkannte nicht mehr damit, was vormals ignoriert worden war.

77 Maines, D.R.: Culture and Meaning. The Social Costruction of Meaning. – In: Contemporary Sociology. A Journal of Reviews (New York). 29(2000)4, 577–584, S. 578. Maines bezieht sich hier auf den Beitrag Bergers und Luckmanns zum Verständnis der Bildung von Bedeutungen und der darin eingeschlossenen „objectified sedimentations“. Berger/ Luckmann: The Social Construction of Reality, loc. cit., S. 86.

78 Siehe Läsker: Was sind Ergebnisse wissenschaftlicher Arbeit? – In: Kolloquien. Beiträge zum Institutskolloquium am 25. Februar 1982 in Berlin: Was sind Ergebnisse wissenschaftlicher Arbeit? Schriftenreihe des Instituts für Theorie, Geschichte und Organisation der Wissenschaft an der Akademie der Wissenschaften der DDR (Berlin). (1983)31, 1–13 (Manuskriptdruck). Vgl. Ausführungen Hahns zu Ereignisdeutungen in einem Ehescheidungsprozess: Sie „müssen durch öffentliche Auslegungen gesichert sein. Die Auslegung dessen, was geschehen ist, darf nicht ausschließlich von den Wirklichkeitskonzepten der Beteiligten abhängen.“ Zuschauer seien „als Wirklichkeitszeugen Garant für die Objektivität der behaupteten Ereignisse.“ Bleibe Feststellung und Deutung eines Ereignisses ausschließlich den Eheleuten überlassen, „stellt sich das Erlebnis der Objektivität nicht so leicht ein. Behauptungen und Deutungen erscheinen in viel stärkerem Maße als Handlung des Partners denn als personenunabhängige Manifestation der Welt.“ Hahn, A.: Konsensfiktionen in Kleingruppen. Dargestellt am Beispiel von jungen Ehen. – In: Kölner Zeitschrift für Soziologie und Sozialpsychologie

nötig waren, um zu bestimmten Resultaten zu gelangen, sind es nicht, die Fachöffentlichkeiten bei ihren Erwägungen in Rechnung stellen, ob ihnen wissenschaftliche Relevanz zuzugestehen ist oder nicht.[79] „Man kann aus noch so guten oder schlechten Gründen zahlen, in der Autopoiesis des Wirtschaftssystems kommt es nur als Zahlung an; man kann noch so akribisch forschen, im Wissenschaftssystem kommt das Ergebnis nur als Publikation [...] an und ordnet sich dann nach Anschlussfähigkeit und Reputationsgesichtspunkten; und im politischen System kann man noch so viele Instanzen gehört haben, die Entscheidung muss sich in ihren Konsequenzen vor dem politischen Publikum bewähren", wie A.Nassehi ausführt.[80] „Kommunikationen als Elementarakte des Wissenschaftssystems müssen sich zunächst an der Unterscheidung wahr/ unwahr orientieren, aber auch an vorherige Kommunikationen anschließen, sowie Anschlussmöglichkeiten für weitere Kommunikationen bieten", so Weingart und H.Schwechheimer. Die Rückkopplung zwischen Forschungsprozess und wissenschaftlicher Umwelt sei deswegen sehr bedeutend, weil sie einen „sozialen Mechanismus der kognitiven Strukturierung der Forschung aufweist, einen Mechanismus der Bildung wissenschaftlicher Begriffe."[81] Mit dem Anschluss wird eine der Bedingungen erfüllt, worüber sich „selbstreferentielle Kommunikationszusammenhänge [...] (konstituieren – K.L.), die den Kern der autonomen disziplinären Wissensproduktion bilden. Sie stabilisieren sich dann durch Institutionalisierung, so dass die konkreten aneinander anschließenden Kommunikationen entlastet werden."[82] Wenn ein solcher Anschluss nicht gelingt, werden die Forschungsergebnisse in der Öffentlichkeit auch nicht

---

(Opladen). Sonderheft Gruppensoziologie. Perspektiven und Materialien, op. cit., 210–232.

79 Gegenstand der Anerkennung ist allein die wissenschaftliche Bedeutsamkeit der Forschungsergebnisse, nicht die zu deren Hervorbringung nötige Anstrengung, „die in der Forschung ja nicht korreliert mit dem Resultat." Läsker, L.: Neue Forschungsrichtungen - reproduktions-, kulturtheoretische Aspekte. Bedingungen für die Entstehung und Entwicklung neuer Forschungsrichtungen. Teil II: Beiträge zum 2. Internationalen Symposium vom 23. bis 25. November 1988 in Berlin. – In: Kolloquien. Schriftenreihe des Instituts für Theorie, Geschichte und Organisation der Wissenschaft an der Akademie der Wissenschaften der DDR (Berlin). (1989)69, 6–32 (Manuskriptdruck), S. 9.

80 Nassehi, A.: Die Theorie funktionaler Differenzierung im Horizont ihrer Kritik. – In: Zeitschrift für Soziologie (Stuttgart). 33(2004)2, 98–118, S. 109.

81 Weingart, P./ Schwechheimer, H.: Institutionelle Verschiebungen der Wissensproduktion - Zum Wandel der Struktur wissenschaftlicher Disziplinen. – In: Nachrichten aus der Wissensgesellschaft. Analysen zur Veränderung von Wissenschaft. Hrsg. v. P.Weingart, M.Carrier und W.Krohn. Weilerswist: Velbrück Wissenschaft 2007, 41–54, S. 43.

82 Ibid.

als Beiträge zur Entwicklung eines allgemeingültigen wissenschaftlichen Wissens gewertet bzw. es gibt keine Übereinkunft darüber, welches Wissensgebiet es denn sein soll, zu dessen Erweiterung die Beiträge verwendbar sein müssen. Und das ist es, was eine unproblematische Anerkennung neuer Entdeckungen oftmals nicht sogleich zulässt, solcher Entdeckungen, deren "implications cannot be connected by a series of simple logical steps to canonical, or generally accepted, knowledge", so G.S.Stent 1972.[83] Bei deren Bewertung kommt es vielmehr zu Kontroversen.

10. Auf die Frage, wie mit in publizierten Texten vorgeschlagenen Kompromissen der oben angedeuteten Art ein Prozess eingeleitet werden kann, der

---

83 Siehe Stent, G.S.: Prematurity and Uniqueness in Scientific Discovery. – In: Scientific American (Washington). 6(1972)227, 84–93. So wurden die von Avery 1944 veröffentlichten Ergebnisse seiner Arbeit, die eine Isolierung der DNA erlaubten, 8 Jahre lang gar nicht genutzt. "[…] in its days Avery's discovery had virtually no effect on the general discourse of genetics". Id.: DNA. – In: Dädalus. Journal of the American Academy of Arts and Sciences (Cambridge/ Mass.) 99(1970)4, 909–937 (Fall 1970). Zitiert nach Tripoczky, J.: Über vorzeitige Entdeckungen. – In: Kolloquien. Beiträge zum Institutskolloquium am 25. Februar 1982 in Berlin: Was sind Ergebnisse wissenschaftlicher Arbeit? Schriftenreihe des Instituts für Theorie, Geschichte und Organisation der Wissenschaft an der Akademie der Wissenschaften der DDR (Berlin). (1983)31. 14–25 (Manuskriptdruck). S. 17 (ohne Seitenangabe). Dass die mit der Entdeckung Averys verknüpfte Idee, dass die DNA die genetische Substanz sei, nicht schon vorher etwa von der Phagengruppe aufgegriffen wurde, lag nicht daran, dass man darüber nicht unterrichtet gewesen wäre. „Einige Leute haben von der Tatsache, dass Avery ignoriert wurde, viel Aufhebens gemacht. Über mehrere Jahre hinweg. Ich glaube aber nicht, dass dies richtig war", so Delbrück in einem Gespräch mit Judson. Zitat enthalten in Judson, H.F.: Der 8. Tag der Schöpfung. Sternstunden der neuen Biologie. Wien - München: Meyster Verlag 1980, S. 42 f. Wie sich später Luria äußerte, habe jener Nachweis einfach nicht zu den Kenntnissen der Phagengruppe gepasst, es hätten sich keine Berührungspunkte zu ihren Versuchen erschlossen: Wenn man die mit Phagen infizierten Bakterien früh aufbräche, so bestünden die ersten Anzeichen der Anwesenheit eines Phagen in einem Bakterium in einigen Proteinschalen. So habe er vorgeschlagen, dass möglicherweise dieses Protein das genetische Material des Phagen sei. Luria in einem Gespräch mit Judson. Judson: Der 8. Tag der Schöpfung, loc. cit., S. 45 f. Versuche, mit denen die Trennung des Phagenproteins von der DNA gelang, bewiesen dann, dass tatsächlich die Proteine außerhalb des Bakteriums blieben und nur die DNA in die Wirtszelle gelangt und daraufhin neue aktive Phagen freigesetzt werden. Mit Hilfe markierter Substanzen ließ sich die DNA als transformierendes Prinzip bestätigen. Nun erst wurde Averys Entdeckung von jedermann anerkannt. Siehe Hershey, A.D./ Chase, M.: Independent Functions of Viral Protein and Nucleic Acid in Growth of Bacteriophage. – In: Journal of General Physiology (New York). 36(1952)1, 39–56, S. 54 ff.

dazu führt, dass kontrovers gedeutete Entdeckungen schließlich doch auf einvernehmliche Weise verstanden, dass sie als integraler Bestandteil allgemein gebilligter theoretischer Überzeugungen aufgefasst werden, nähern wir uns einer Antwort, wenn wir in Rechnung stellen, dass der Sinn wissenschaftlicher Texte nicht auf etwas reduzierbar ist, das sich durch sachgemäßes Begreifen gleichsam herausfiltern ließe, so als hätten die Adressaten keinerlei Anteil an deren Konstitution. Die Funktion von Veröffentlichungen beschränkt sich nicht darauf, Informationen des Verfassers via Text an den Leser einfach weiterzureichen[84], vielmehr gibt es eine Rückkopplung von Wissens*präsentation* in Wissens*produktion*. Ein Text gelangt erst „durch die Konstitutionsleistung eines rezipierenden Bewusstseins zu einer Gegebenheit, so dass sich das Werk zu seinem eigentlichen Charakter als Prozess nur im Lesevorgang zu entfalten vermag", wie W.Iser ausführt.[85] Rezeption ist eine Tätigkeit, die sich mit der Intention des Verfassers und der Stellung des Autors zum Inhalt seines Textes nur teilweise deckt. „Erkenntnisse werden in der Wissenschaft über das Maß der Rezeptionsfähigkeit hinaus reproduziert. Im Prozess der Selektion wird ein Teil der Erkenntnisse (mehr oder weniger häufig) kommunikativ aufgegriffen und als ‚wahr' markiert (der andere Teil wird missachtet bzw. als ‚nicht wahr'

84 White geht darauf anhand der Rezeptionsgeschichte der Darwin'schen Lehre ein. White, P.: Korrespondenz als Medium der Rezeption und Aneignung. – In: Charles Darwin und seine Wirkung, op. cit., 58–79. „In den vergangenen Jahren wurde viel über Lesen und Rezeption als aktive Prozesse geschrieben, so dass wir ermutigt worden sind, Rezeption nicht als reine Verbreitung oder Zurückweisung, sondern als Nutzung und Aneignung zu verstehen." Darwins Briefwechsel „ermöglicht es uns auch, die Rezeption als eine Form der Partizipation zu verstehen. Was an so vielen dieser Briefe auffällt, […] ist der Sinn dafür, dass sie Beiträge zu einem laufenden Forschungsprojekt sind, nicht nur Kommentare zu einem festgefügten Text." Ibid., S. 75. Goldberg betrachtet es als ein wesentliches Merkmal der Rechtfertigung von Überzeugungen, dass es dem Zeugnisempfänger nicht nur möglich ist, seine eigenen Gründe für seine Überzeugung anzuführen, wenn er danach gefragt wird, sondern dass er auch auf den Zeugnisgeber als weitere Rechtfertigungsquelle verweisen kann. Goldberg, S.C.: Reductionism and the Distinctiveness of Testimonial Knowledge. – In: The Epistemology of Testimony. Hrsg. v. J.Lackey und E.Sosa. Oxford: Clarendon Press 2006, 127–144, S. 134 ff. Zitiert n. Mößner, N.: Das Zeugnis anderer als Untersuchungsgegenstand der sozialen Erkenntnistheorie. Ein Literaturbericht. – In: Zeitschrift für philosophische Forschung (Frankfurt a.M.). 63(2009)3, 466–485, S. 468.

85 Iser, W.: Der Akt des Lesens: Theorie der ästhetischen Wirkung. München: Fink 1994 (UTB für Wissenschaft: Uni Taschenbücher 636), 4. Aufl., S. 36.

markiert)", wie L.Bornmann hervorhebt.[86] So sind die Rezipienten in einer gewissen Hinsicht daran beteiligt, welche Bedeutungen die ihnen dargebotenen Botschaften aufweisen.[87] Die Konfrontation mit einer Vielfalt von einander widersprechenden Erfahrungsräumen ermuntert die Leser in einem besonderen Maße dazu, an der „Sinnstruktur des Gelesenen" mitzuwirken[88], weil sie hierbei stärker herausgefordert werden, als das etwa beim Studium eines Lehrtextes der Fall sein dürfte, der doch vor allem das wiedergibt, was in seiner wissenschaftlichen Bedeutung unstrittig und gemeinhin zu akzeptieren ist.

---

86 Bornmann: Grundlegende Kommunikationsprozesse und stabilisierte Mechanismen für die Erzeugung gesicherter Erkenntnisse, loc. cit., S. 184. Modernen Formen von Vorträgen, „Vorträgen als Performance" (Online-Lectures, Lecture-Performances usw.), schreibt Peters zu, dass sie nicht bloß nachgeordnetes Instrumentarium der Wissensvermittlung sind: Hier gehe es um Szenarien forschenden Lehrens. Untersucht werde, wie Generation und Darstellung des Wissens „auf performativer Ebene ineinander greifen." Es gehe um Steuerung und Konditionierung der Eigenaktivität des Publikums. Die Frage, „ob Evidenz entsteht oder sich ereignet, ob also ein Nachweis möglich, ein Beweis gelungen oder eine Idee überzeugend dargelegt worden ist, verbindet die Oberfläche der Wissenspräsentation mit der Entstehung von Wissen im Forschungsprozess." Peters, S.: Der Vortrag als Performance. Bielefeld: Transcript Verlag 2011, S. 13 f. Hinweis v. Kovce, Ph.: Figurationen von Evidenz (Buchbesprechung). – In: Die Drei (Frankfurt a.M.). 84(2014)9, 80–81.

87 Siehe Foucault, M.: Was ist ein Autor? – In: M. Foucault: Schriften zur Literatur. Frankfurt a.M.: Fischer 1993, 7–31. Vgl. auch Umberto Eco: Zeichen. Einführung in einen Begriff und seine Geschichte. Frankfurt a.M.: Suhrkamp 1977, S. 188: „Bei in besonderer Weise formulierten, mißverständlichen oder unklaren Botschaften [...] erfordert die Dekodierungsarbeit vor allem [...] eine Reihe von Interpretationsentscheidungen darüber, wie richtig zu amalgamieren sei (bzw. das bewußte Akzeptieren mehrerer einander widersprechender und kompräsenter Amalgame). In diesem Fall wird die Dekodierungsarbeit zu einer Interpretation, die eine Verantwortlichkeit des Empfängers auf höchster Ebene mit einschließt und ihn zuweilen zum Mit-Sender insofern macht, als er sich dafür entscheiden kann, die Botschaft aufgrund von Kodes zu dekodieren, an die der Sender [...] gar nicht gedacht hatte."

88 Iser: Der Akt des Lesens: Theorie der ästhetischen Wirkung, loc. cit., S. 36. Siehe auch ibid., S. 283. Id.: Der Lesevorgang. Eine phänomenologische Perspektive. – In: Rezeptionsästhetik. Theorie und Praxis. Hrsg. v. R.Warning. München: Fink 1975, 253–276. Id.: Die Appellstruktur der Texte. Unbestimmtheit als Wirkungsbedingung literarischer Prosa. Konstanz: Universitätsverlag 1970, S. 228 f., 236 ff. Obgleich sich Isers Ausführungen auf schöngeistige Literatur beziehen, eignen sie sich m.E. auch dafür, das Verständnis des Aufbaus wissenschaftlicher Texte im oben angedeuteten Entwicklungsstadium zu vertiefen. Siehe auch Wilson, A.: What is a Text? – In: Studies in the History and Philosophy of Science. Part A (Amsterdam et al.). 43(2012)2, 341–358, S. 346 f.

Je mehr ein Text bedeutungstragende Details enthält, deren Zusammenhänge weniger offensichtlich sind oder sich gar einander entgegengesetzten Positionen zuordnen lassen, desto vielfältiger wird auch das sein, was die Adressaten anregen könnte, über die Kombination der vorgestellten Standpunkte nachzusinnen und sich entsprechende Hypothesen auszudenken.[89] Das wird auch der Fall sein, wenn sie es mit einem Text zu tun haben, der in gewisser Hinsicht so genannten *komplexen Texten* ähnelt, die in der Sozial- und Kulturforschung, wie M.C.Taylor meint, in den letzten Jahrzehnten an Bedeutung gewonnen hätten.[90] Den Schreibern solcher Texte gehe es in erster Linie, so C.Elias, nicht um "elements of plausibility, what is likely or unlikely, probable or provable [...]" Sie handelten vielmehr "with a string of what is eventually possible. A complex text is multidimensional, theoretically infinite, with an equally infinite set of possible network linkages."[91]

---

89 Damit vergleichbar ist, was Heimrath von seinen Lesern seines Buches erwartet. „Stellen Sie sich eine Münze vor, die Sie [...] (und Ihr Konfliktpartner – K.L.) von entgegengesetzten Seiten betrachten. Sie sehen Kopf, [...] der andere Zahl. Hat eine Seite Recht? [...] Versuchen Sie, das Denken in Parteien, Mehrheiten oder Minderheiten zu vergessen. Und lernen Sie, es auszuhalten, wenn der Konsens seine Zeit braucht, um gefunden zu werden, [...] manchmal Jahre braucht, um gefunden zu werden. Leben Sie mit dem noch nicht gefundenen Konsens – was ein Konflikt in Wahrheit ist –, wie Sie mit einer Schwäche Ihres Körpers leben [...] ergreifen Sie jede Gelegenheit, etwas Neues über den Konflikt zu erfahren, ihm eine neue Wendung zu geben." Heimrath, J.: Die Post-Kollaps-Gesellschaft. Wie wir mit viel weniger viel besser leben werden und wie wir uns heute schon darauf vorbereiten können. Berlin - München: Scorpio Verlag GmbH & Co. KG 2012, S. 230.

90 Taylor, M.C.: The Moment of Complexity: Emerging Network Culture. Chicago: Chicago University Press 2001, S. 47 f.

91 Elias, C.: The Way of the Sign. Cultural Text Theory in Two Steps. Milton Keynes (UK): EyeCorner Press 2011, S. 145. "A complex text destabilizes traditional presence by redefining it along lines that are seducing rather than convincing." Man werde gefesselt von "the allure of the presence of possibly unmotivated blank spaces on a page, by the non-logical sequence of events, by the surprising juxtaposition of incongruous turns of events. The reader fancies herself as an author, plotting away on the elements that the author has left unspoken. The complex text allows for the acceptance of aleatory structures, difference, simultaneity and the convergence of contradictions." Ibid. Iser folgend, gibt es zwischen den im Text dargebotenen Ansichten Leerstellen, die einen Auslegungsspielraum erlaubten und die der Leser fülle, indem er nicht formulierte Beziehungen zwischen den einzelnen Ansichten herstelle. Die sinnkonstituierende Aktivität des Lesers sei dann besonders befriedigend, wenn er die einzelnen Vorstellungssegmente selbständig aufeinander beziehe und nicht nur explizite Formulierungen

11. "One could say, in somewhat exaggerated terms: compromises then, consensus now", so R.Koole und H.Daalder.[92] Angesichts dessen, dass in den zur Streitschlichtung aufrufenden, multiperspektivisch angelegten Texten, die ich herangezogen habe, Vorstellungen zur Harmonisierung des Verhältnisses zwischen einander widersprechenden Konzepten geäußert wurden, die kaum über bloße Kompromisse hinausgehen – Vorstellungen, in denen Gegensätze in den Absichten und Neigungen nur partiell ausgeschaltet, divergierende Interessen nur punktuell zusammengeführt worden sind –, stellte sich mir die Frage, wie es im Weiteren zu einer solchen Fundierung vorgeschlagener konzeptueller Verknüpfungen gekommen war, dass sie auch als *objektiv begründet* gelten konnten, eine Frage, die sich in Latours Worten wie folgt formulieren lässt: „Wie soll man die konkurrierenden Versionen naturwissenschaftlicher und technischer Streitfälle darlegen, die zu allen allgemein interessierenden Gebieten unsere Aufmerksamkeit und unsere Überlegung erfordern? [...] wie könnte man zu einer Objektivität zurückfinden, die [...] auf dem Spektrum gegensätzlicher Meinungen (beruht – K.L.), die auf Grund entgegengesetzter Versionen derselben Fragestellungen entstehen? Wie könnte man erreichen, dass diese Versionen miteinander verknüpft werden, damit wir uns ein Urteil bilden können?"[93]

Diese Frage lässt sich nicht, wie weiter unten gezeigt wird, in die Frage übersetzen, ob nun soziale oder (bereits verfügbare) sachliche Argumente für die Schließung von Kontroversen verantwortlich sind.[94] Vielmehr ist zu überlegen, wie aus einem sozialen Prozess der Entstehung und Austragung von Streitfällen neue sachliche Argumentationen *hervorgehen*, woran die Kontrahenten noch gar nicht hatten denken können, wie etwas entsteht, das dann tatsächlich die Streitfälle gegenstandslos werden lässt. Wegweisend beim Umgang mit dieser Problematik sind Vorstellungen Ludwik Flecks, dargetan in seiner Schrift „Entstehung

nachbuchstabiere. „Erst die Leerstellen gewähren einen Anteil am Mitvollzug an der Sinnkonstitution des Geschehens". Iser: Der Akt des Lesens: Theorie der ästhetischen Wirkung, loc. cit., S. 283, 302.

92 Koole, R./ Daalder, H.: The Consociation Democracy Model and the Netherlands: Ambivalent Allies? – In: Acta Politica (Niederlande). 37(2002)2, 23–43, S. 39.

93 Latour, B.: Von der „wissenschaftlichen Wahrheit" zur Kartographie von Kontroversen. – In: Kontroversen als Schlüssel zur Wissenschaft? Loc. cit., 195–202, S. 197 f.

94 Siehe Collins' Vorstellungen, wonach soziale Faktoren bei der Schließung wissenschaftlicher Diskurse im Vordergrund stehen. Soziale Mechanismen sollen es sein, nach deren Maßgabe Diskurse geschlossen werden, empirische Beweise oder logische Schlussformen würden dies nicht leisten können. Collins, H.M.: Changing Order. Replication and Induction in Scientific Practice. London et al. 1985, S. 25 f.

und Entwicklung einer wissenschaftlichen Tatsache": Verknüpfungen („aktive Kopplungen") von Standpunkten („Kollektivvorstellungen") miteinander funktionierten im Weiteren als „Bedingungen der Erkenntnisarbeit". Sie bestünden darin, die „zwangsläufigen Ergebnisse" festzustellen, die sich unter den gegebenen Voraussetzungen (den nunmehr miteinander verknüpften Vorstellungen) ermitteln ließen (gleich „passive Kopplungen"). Diese Ergebnisse bildeten das, „was als objektive Wirklichkeit empfunden wird."[95] So ist es nicht vertretbar, „passive Kopplungen" unmittelbar auf den Druck der Natur der jeweils erörterten Fakten zurückzuführen.[96]

Ideen zur Harmonisierung des Verhältnisses zwischen einander unverträglichen Positionen regen, wenn sie aufgegriffen werden, zu Operationalisierungen hypothetischer Folgerungen an, die sich aus aktiven Kopplungen generieren lassen. Neue empirische Aufgabenstellungen werden so erschlossen, solche, deren Realisierung Wege bahnt, auf denen die Kontrahenten den Forschungsgegenstand

---

95 Fleck, L.: Entstehung und Entwicklung einer wissenschaftlichen Tatsache. Einführung in die Lehre vom Denkstil und Denkkollektiv. Hrsg. v. L.Schäfer und Th.Schnelle. Frankfurt a.M.: Suhrkamp 1994, 3. Aufl., S. 56 (Hervorhebung von K.L.).

96 Mit diesem Problem setzt sich van Dyk am Beispiel einer in Holland stattgefundenen sozialpolitischen Debatte auseinander, in der sich der Gegensatz zwischen dem keynesianischen und dem angebotspolitischen Paradigma entfaltet hatte. Dass sie habe beendet werden können, habe man auf die Vernunft der Akteure zurückgeführt, die „ebenso vereint wie verantwortungsbewusst die ‚notwendigen' sozial-, wirtschafts- und beschäftigungspolitischen Reformschritte eingeleitet hätten. Sofern man jedoch dem Rückgriff auf naturalisierende Problemdruckargumentationen misstraut", bleibe zu fragen, wie es gelingen könne, „dass eine bestimmte Form sozialer Regulierung als ‚richtig' erscheint und für alle Akteure akzeptabel wird." Die Genese des behaupteten Konsenses sei nicht schlüssig behandelt worden, was daran liege, dass konsensuale Lösungen mit der Wirkung der Natur der zu bearbeitenden Probleme erklärt würden. Der Konsens „mutiert zu einer depolitisierten, technokratischen Selbstverständlichkeit." Ein objektiver Problemdruck gelte fast allen Autoren als wesentliches Erklärungsmuster der neuen Einigkeit der Beteiligten (Regierung, Arbeitgeberverbände, Gewerkschaften). Im Rückblick auf den Problemlösungsprozess sehen sie sie in der Natur der erörterten Fakten verwurzelt. Dyk, van: Die Ordnung des Konsenses, loc. cit., S. 211, 212. Van Dyk bezieht sich hier u.a. auf Pochet und Fajertag. Fajertag, G./ Pochet, Ph.: A New Era for Social Pacts in Europe. – In: Social Pacts in Europe – New Dynamics. Hrsg. v. G.Fajertag und Ph.Pochet. Brüssel: Etui 2000, 9–40, S. 18. Vgl. Schimanks Kritik konsenstheoretischer Ansätze. Schimank, U.: Spezifische Interessenkonsense trotz generellem Orientierungsdissens. Ein Integrationsmechanismus polyzentrischer Gesellschaften. – In: Kommunikation und Konsens in modernen Gesellschaften. Hrsg. v. H.-J. Giegel. Frankfurt a. M.: Suhrkamp 1992, 236–275, S. 241.

verändern. Das heißt, die in Versöhnungsvorschlägen enthaltenen Überbrückungen der Abgründe zwischen konkurrierenden Konzepten erlangen schließlich eine objektive Basis, was dann zur Herausbildung eines neuen Paradigmas beiträgt, so dass die Kontroversen keine Rolle mehr spielen. Mit der Aufdeckung eines solchen Vorganges lässt sich m.E. die Annahme erhärten, dass die Austragung von Kontroversen etwas hervorbringt, das über die Ideen hinausgreift, mit denen die Forscher in einen solchen Prozess eingetreten waren. Sie bewirkt, dass sich das Objekt bzw. die Problemstellung verändert, worauf sich die miteinander streitenden Parteien bezogen hatten.[97]

„Es gibt nicht wenige Beispiele in der Geschichte der Wissenschaft, wo zwei Lehren im Anfangsstadium der Entwicklung völlig unvereinbar erscheinen. Mit der Zeit stellt sich dann aber heraus, dass die Widersprüche gar nicht so unversöhnlich sind, wie man anfangs glaubte, und dass jede der Theorien nur eine extreme und einseitige Lösung des Problems darstellt", wie N.I.Rodnyi und J.I.Solowjew meinen.[98] Der Auffassung, dass in Kontroversen vertretene gegensätzliche Positionen gar nicht so unversöhnlich seien, wie deren Vertreter zunächst annehmen würden, kann man sich vielleicht anschließen, wenn hinzugefügt wird, dass sich eine Verträglichkeit im Verhältnis einander widerstreitender Konzepte nicht einfach irgendwann herausstellt, sondern dass sie sich Anstrengungen von Forschern verdankt, die darauf hingearbeitet hatten, was zu Veränderungen der gegeneinander ins Feld geführten Gewissheitsansprüche geführt hat. „Nicht unversöhnlich" kann nur heißen, dass auf eine Versöhnung hingearbeitet werden kann, in dessen Ergebnis Wege entstanden sind, die zur Auflösung des Streitgegenstandes hinführen. Die Vorstellung,

---

97 Mit den Kontroversen würden „falsche Dilemmata" entschärft werden, „weil man nun durch Kombination der eigentlichen Pole oder jedenfalls von Elementen, die für sie zentral sind, weitere Alternativen hervorbringen kann, so dass sie dann letzten Endes nicht mehr kontradiktorisch sind." Dascal: Die Dialektik in der kollektiven Konstruktion wissenschaftlichen Wissens, loc. cit., S. 34. Dieser Vorstellung könnte ich mich anschließen, wenn ich mich nicht fragen müsste, wieso es „falsche" Dilemmata gewesen sein sollen, die sich mit der Wirkung von Versöhnungsbemühungen hätten entschärfen lassen. Eine rational begründete Auflösung von Dilemmata, die eine Kontroverse veranlasst hatten, kommt erst in einem Prozess zustande, der von Versöhnungsvorschlägen *eingeleitet* worden ist, in einem Prozess, der Problemlösungen erst hervorbringt. Erst nach deren Maßgabe lässt sich dann das als falsch auffassen, wovon die Kontroverse ausgegangen war.

98 Vgl. Rodnyi, N.I./ Solowjew, J.I.: Wilhelm Ostwald. – In: Biographien hervorragender Naturwissenschaftler, Techniker und Mediziner, Bd. 30. Leipzig: B.G. Teubner Verlagsgesellschaft 1977, 91–117, S. 115.

Auseinandersetzungen würden sich erübrigen, sobald die Akteure gewissermaßen dahintergekommen seien, bislang von einseitigen Problemlösungen ausgegangen zu sein, setzt voraus, dass die Akteure, als sie sich noch gegeneinander Gefechte lieferten, eigentlich schon mit den gleichen Sachverhalten zu tun gehabt hätten, nur dass ihnen das nicht bewusst gewesen wäre.

12. Eine wissenschaftliche Kontroverse kann die eingespielten Ordnungen einer Gemeinschaft nicht unberührt lassen. Die Beschäftigung mit diesem Thema wird uns zu der Vorstellung hinführen, dass die Entwicklung wissenschaftlichen Wissens zugleich ein Prozess der Reorganisation der sozialen Formen ist, innerhalb deren Forscher tätig sind: Kontroversen zersetzen nicht allein die kognitiven Strukturen, sondern zugleich die gegebenen sozialen Gliederungen des Forscherverkehrs. Die Ordnung einer gegebenen wissenschaftlichen Gemeinschaft läuft auf ihre innere Schranke auf, was ihren Fortbestand in den gewohnten Bahnen nicht mehr zulässt, und es bilden sich Ausgangsbedingungen für den Wandel derselben (Disziplinen, Institutionen), für einen Wandel, der nicht nach Plan verläuft.

Es wird versucht, Struktur und Dynamik verschiedener Netze, in denen Forscher zusammenwirken, bei der Entwicklung neuer wohlgeordneter Gemeinschaften in einer Weise zu erörtern, die nicht schon einen Konsens der Beteiligten dafür voraussetzt, dass sie zusammenwirken können, ein Versuch, der Berührungspunkte mit dem Konzept der sozialen Welten erkennen lässt[99]: Interdisziplinäre Forschungsprojekte ließen sich als Arenen erklären, in denen die unterschiedlichen Perspektiven der Disziplinen, die divergierenden Sichtweisen und methodischen Präferenzen verschiedener disziplinärer „Schulen" aufeinander treffen und in Aushandlungsprozessen transformiert würden, wie J.Strübing ausführt. Insbesondere die Dynamik dieser Prozesse, aus denen keine der beteiligten Welten unverändert hervorgeht, lässt sich in Begriffen der Theorie der sozialen Welten und des *negotiated order approach* präzise abbilden."[100] In ethnografisch angelegten

---

99 Soziale Welten würden sich, so Anselm Strauss, immer wieder neu in unterschiedliche Subwelten (Cliquen, Gruppierungen) gliedern. Strauss, A.: Social Worlds Perspective. – In: Studies in Symbolic Interaction, Band I. Hrsg. v. N. Denzin. Greenwich: JAI Press 1978, 119–128.

100 Strübing, J.: Symbolischer Interaktionismus revisited: Konzepte für die Wissenschafts- und Technikforschung. – In: Zeitschrift für Soziologie (Stuttgart). 26(1997)5, 368–386, S. 373. „Gleiches gilt für Projekte der Technikentwicklung, in denen häufig neben der Heterogenität disziplinärer Perspektiven der Gegensatz zwischen Entwicklungs- und Nutzungsperspektive zu einem dominanten Aushandlungsthema wird." Ibid. Siehe auch Clarke, A.: Social Worlds/Arenas. Theory as Organizational Theory. – In: Social Organization and Social Process: Essays in Honor of Anselm

Wissenschafts- und Technikstudien wird Wissenschaft als Prozess behandelt, worin sich multiple soziale Welten überschneiden, woraus sich dann die Frage ergibt, wie es zu Kooperationsbeziehungen zwischen Vertretern dieser Welten ungeachtet dessen kommt, dass sie ganz unterschiedlichen Zielstellungen und Orientierungsmustern folgen.[101]

Das, was erforscht wird, ist ein Produkt „experimenteller Interaktivität“[102], so dass sich im Falle dessen, dass die Mitglieder einer Forscherschar auf je besonderen und miteinander nicht vereinbaren empirischen Pfaden wandeln, ein einheitlich reguliertes Interaktionsgefüge nicht aufrechterhalten lässt. Dass das Erforschte immer wieder in mehrere, keinem gemeinsamen Nenner zuzurechnende Gegenstände zerfällt[103], treibt die Erosion der gegebenen sozialen Gliederungen weiter voran, bis sich schließlich antagonistische Teilgruppen formieren, die, wenn ihre Mitglieder zur Verteidigung ihrer Standpunkte auf

---

Strauss. Hrsg. v. D.Maines. New York: Aldine de Gruyter 1991, 119–158, S. 128, 131. Hinweis v. Strübing: Symbolischer Interaktionismus revisited: Konzepte für die Wissenschafts- und Technikforschung, loc. cit., S. 372. Vgl.: Gläser, J.: Wissenschaftliche Produktionsgemeinschaften: Die soziale Ordnung der Forschung. Frankfurt a.M.: Campus Verlag 2006, S. 40–43.

101 Star und Griesemer fragten sich, wie es dazu gekommen war, dass sich unter dem Dach des Berkeley's Museum of Vertebrate Zoology Akteure so unterschiedlicher Welten wie die der Biologen, Amateur-Naturforscher und Tierfänger sich zu einer speziellen wissenschaftlichen Welt zusammenzufinden vermochten. Sie beantworteten sie mit Verweis auf so genannte „boundary objects“, die von verschiedenen sich überschneidenden sozialen Welten besetzt und die Informationsbedürfnisse jeder beteiligten Gruppe befriedigen würden, Objekte, plastisch genug, um sich lokalen Erfordernissen und Zwängen verschiedener Parteien anzupassen, doch auch robust genug, um eine allgemeine Identität gegenüber den Domänen zu behaupten. Star, S.L./ Griesemer, R.: Institutional Ecology, „Translation“ and Boundary Object: Amateurs and Professionals in Berkely's Museum of Vertebrate Zoology, 1907–1939. – In: Social Studies of Science (London et al.). 19(1989)3, 387–420. Siehe auch Vetter, J.: Introduction: Lay Participation in the History of Scientific Observation. – In: Science in Context (Cambridge/ U.K.). 24(2011)2, 127–141.

102 Siehe Rammert, W.: Weder festes Faktum noch kontingentes Konstrukt: Natur als Produkt experimenteller Interaktivität. – In: Soziale Welt. Zeitschrift für sozialwissenschaftliche Forschung und Praxis (Göttingen). 50(1999)3, 281–296, S. 284 f.

103 „[…] in experimentellen Situationen (sind – K.L.) Interaktivitäten mit Objekten so mit Interaktionen unter Subjekten gekoppelt […], dass Ereignisse in Objekte […] übersetzt werden und dass Sinn primär als eine Eigenschaft des Verhaltens bestimmt wird. Für dieses Modell der Naturerfahrung schlage ich die Bezeichnung ‚experimentelle Interaktivität‘ vor.“ Ibid., S. 286.

Konzepte außerhalb ihrer Disziplin zurückgreifen, gleichsam auf Randpositionen ihres Fachgebietes driften[104], was den sozialen Zusammenhalt einer Gemeinschaft belastet und zu Prozessen der Reorganisation treibt.[105] Die in diesem

104 Dies erinnert daran, was sich unter Bezugnahme auf den von Mannheim verwendeten (auf Alfred Weber zurückgehenden) Begriff der „freischwebenden Intelligenz" modernen Intellektuellen zuschreiben lässt. Sie gehörten weniger verschiedenen Gruppen an, eher „schweben" sie von einer zur anderen Gruppe. „Je marginaler der Intellektuelle, desto wahrscheinlicher ist es, dass er einen Beitrag zum Wissen leistet, da seine Marginalität selbst dazu beiträgt, dass er relativ unbeeinflusst bleibt von den Fallen des ideologischen Dogmatismus und utopischen Chiliasmus." Horowitz, I.L.: Mannheims Wissenssoziologie und C.W.Mills' soziologisches Wissen. – In: Kölner Zeitschrift für Soziologie und Sozialpsychologie (Opladen). Sonderheft Wissenssoziologie, loc. cit., 360–383, S. 363. Mannheim, K.: Ideologie und Utopie. Frankfurt a.M.: Klostermann 1985, S. 135 ff. Vgl. aber Engler, W.: Konkurrenz als Entwicklungsform der Wissenschaft? Zu den entwicklungstheoretischen Grenzen der Wissenssoziologie Karl Mannheims. – In: Wissenschaft - Das Problem ihrer Entwicklung. Bd. 1: Kritische Studien zu bürgerlichen Wissenschaftskonzeptionen. Hrsg. v. G.Kröber und H.-P.Krüger. Berlin: Akademie-Verlag 1987, 120–151, S. 134 ff. Eine gegenstandsadäquate Erkenntnis käme dann aufgrund sozialexklusiver Seinslagen und – dadurch ermöglicht – sozial freischwebender Erkenntnisproduktion zustande. Mannheim verlagere die Wahrheitsgarantie von der theoretischen Reproduktion des Realobjekts in die Person des Produzenten. „Er stattet die bloße Erkenntnisintention mit einer soziologisch unbewiesenen Produzentengarantie aus: schrankenlose Seinslage mit universeller Erkenntnisperspektive." Ibid., S. 135 f.

105 Zum Reorganisationsverständnis trägt, Pongratz folgend, das Schumpeter'sche Theorem der „schöpferischen Zerstörung" bei, das die produktiven Potenziale von zunächst chaotisch und destruktiv erscheinenden Konkurrenzbeziehungen aufzeige. Pongratz, H.J.: Konkurrenz und Integration in Reorganisationsprozessen. Zur Problematik „schöpferischer Zerstörung" innerhalb von Organisationen. – In: Soziale Welt. Zeitschrift für sozialwissenschaftliche Forschung und Praxis (Göttingen). 59(2009)2, 179–197, S. 188 f. „*Die Eröffnung neuer* [...] *Märkte und die organisatorische Entwicklung vom Handwerkbetrieb und der Fabrik zu solchen Konzernen wie dem U.S.-Steel illustrieren den* [...] *Prozess einer industriellen Mutation* [...], *der unaufhörlich die Wirtschaftsstruktur von innen heraus revolutioniert, unaufhörlich die alte Struktur zerstört, unaufhörlich eine neue schafft.* Dieser Prozess der ‚schöpferischen Zerstörung' ist das für den Kapitalismus wesentliche Faktum." Schumpeter, J.A.: Kapitalismus, Sozialismus und Demokratie. Tübingen: A.Francke 2005 (8. Aufl.), S. 137 f. Siehe auch id.: Unternehmer. – In: Handwörterbuch der Staatswissenschaften, 8. Band, Hrsg. v. L.Elster, A.Weber und F.Wieser. Jena: G.Fischer 1928 (4. Aufl.), 476–487.

Prozess eintretende Strukturauflösung lässt sich vielleicht, Luhmann folgend, als „Wiederherstellung des quantitativen Überschusses an Relationierungsmöglichkeiten“ vorstellen. „In dem Maße, als Strukturauflösung gelingt, wird die Aktivierung einzelner Relationen im System zur Sache externer, mit dem System nicht mehr abgestimmter Determination.“[106]

Um herauszufinden, in welchem Zusammenhang der Werdegang wissenschaftlichen Wissens zur Entwicklung sozialer Gebilde in der Wissenschaft steht, gilt es, verständlich zu machen, dass es sich hierbei nicht um ein Verhältnis äußerer Wechselwirkung zwischen den genannten Seiten, auch nicht um eine Folgebeziehung handelt. Es geht um ein Verständnis, das über die Annahme einer bloßen Parallelität beider Seiten hinausgreift, das, so W. Coleman 1985, "the divide between cognitive and social parameters of discipline formation" überwindet.[107] Die Gemeinschaft, für die die erzeugten Fakten eine allgemeine Bedeutung haben, wird von den Erzeugern mitgeschaffen. Der Art und Weise, wie Forscher im Arbeitsprozess Beziehungen zueinander eingehen, und dem Wandel der Formen, worin diese Beziehungen reguliert werden, muss eine besondere Aufmerksamkeit beigemessen werden, wenn es gilt, der Entwicklung neuen Wissens nachzuspüren.

Nach diesem Verständnis lässt sich neues wissenschaftliches Wissen als Ergebnis des gleichen Prozesses begreifen, der zu Strukturwandlungen des Forscherverkehrs führt, woraus sich veränderte Wissenschaftlergemeinschaften ergeben. Um die Entwicklung wissenschaftlichen Wissens zu verfolgen, ist es geboten, die Entwicklung der Organisation der Forschertätigkeiten zu untersuchen. Weiter unten soll die Herausbildung neuen Wissens als zentrales Element eines von einer Schar von Akteuren in Gang gesetzten sozialen Prozesses erkennbar werden, eines Prozesses, worin es zu einer über Kontroversen laufenden Zersetzung

106 Luhmann, N.: Strukturauflösung durch Interaktion. Ein analytischer Bezugsrahmen. – In: Soziale Systeme. Zeitschrift für soziologische Theorie (Stuttgart). 17(2011)1, 3–30, S. 3.

107 Coleman, W.: The Cognitive Basis of the Discipline: Claude Bernard on Physiology. – In: ISIS (Philadelphia). 76(1985)1, 49–70, S. 49. Siehe auch Geißler, U.: Zur Komplementarität von Individualität und Gruppenidentität. – In: Objekt- und Selbsterkenntnis, loc. cit., 156–174, S. 159 f.

überlieferter und zur Neugestaltung von Gesellungen wissenschaftlich Tätiger, zur Herausbildung neuer Organisationseinheiten bzw. Institutionen kommt.[108]

108 Institutionen seien nicht als Gegenpart zur Sphäre des Wissens aufzufassen. Vielmehr seien sie als Synthesen „zwischen den personellen und sozialstrukturellen Voraussetzungen eines Ordnungsarrangements" zu verstehen, als Synthesen zwischen dem „für eine Ordnung grundlegenden Normenbestand und Faktenwissen und den sich daraus ergebenden Kommunikationsformen und Verhaltenserwartungen". Rehberg, K.-S.: Institutionen als symbolische Ordnungen. Leitfragen und Grundkategorien zur Theorie und Analyse institutioneller Mechanismen. – In: Die Eigenart der Institutionen. Zum Profil politischer Institutionentheorie. Hrsg. v. G.Göhler. Baden-Baden: Nomos 1994, 47–84, S. 56 f. Vgl. Weingart, P.: Strukturen technologischen Wandels. Zu einer soziologischen Analyse der Technik. – In: Techniksoziologie. Hrsg. v. R.Jokisch. Frankfurt a.M.: Suhrkamp 1982, 112–141. Von Interesse ist in diesem Zusammenhang das von Mehrtens erörterte Konzept, das zur Darbietung der „Sozialgeschichte" der Mathematik die Geschichte disziplinärer Gemeinschaften bzw. Bildung, Wandel und Auflösung von Institutionen in den Vordergrund rückt. Mehrtens, H.: Social History of Mathematics. – In: Social History of Nineteenth Century Mathematics. Hrsg. v. H. Mehrtens, H.Bos und I.Schneider. Boston et al.: Birkhauser 1981, 257–280, S. 264 f., 270 ff. Hinweis v. Schirrmacher, A.: Die Entwicklung der Sozialgeschichte der modernen Mathematik und Naturwissenschaft und die Frage nach dem sozialen Raum zwischen Disziplin und Wissenschaftler. – In: Berichte zur Wissenschaftsgeschichte (Weinheim). 26(2003)1, 17–33, S. 20 f. (ohne Angabe des Titels).

2. Ein Überblick zur Entdeckungsgeschichte des „Geschwulstvirus“

Die Entdeckungsgeschichte zum so genannten Tumorvirus (Geschwulst-, Krebsvirus) und die in dieser Geschichte ausgetragenen Kontroversen werden bis zu den 1950er Jahren verfolgt, womit jedoch keine lückenlose Darstellung ihres Verlaufes beansprucht wird. Lediglich einige der Entdeckungen krebsbildender Agenzien werden berücksichtigt, die für die Entwicklung dieser Forschungsrichtung von Bedeutung waren, wobei ich an Studien zu diesem Thema anknüpfen kann, die ich bereits vor einigen Jahren betrieben habe.[109] Betrachtet werden vor allem Auseinandersetzungen, die ausbrachen, nachdem zu Beginn des vorigen Jahrhunderts bei der Erforschung von Ursachen der Tumorbildung ein Geschwülste hervorbringender Stoff entdeckt worden war, der, wie die Entdecker behaupteten, von Krebszellen abgetrennt werden konnte. Auf diesen Stoff waren einige Forscher zu einer Zeit gestoßen, als man die Ursache der Krebsbildung noch in etwas Zellartigem vermutete. Geschwülste konnte man, wie sich immer wieder gezeigt hatte, von Organismus zu Organismus übertragen: Die Verpflanzung tumorbelasteten Gewebes rief bei einem weiteren Organismus eine Geschwulst hervor, woraus wiederum Material gewonnen werden konnte, das bei einem neuen Organismus zur Ausbildung einer Geschwulst verhalf usf., ohne dass man deshalb einer Grenze näher kam, hinter der sich Tumoren nicht mehr übertragen ließen.

Dass eine Geschwulst in beliebig langen Versuchsreihen weiter übertragbar blieb, ohne dass sich das aufbrauchte, was sie verursachte, wo sich doch die Tumorbildung bereits mit äußerst dünnem und sehr wenig Geschwulstsaft in Gang setzen ließ, förderte das Bedürfnis nach einer näheren Bestimmung dessen, was zu einer Krebserkrankung führt. U.a. wurde die Filtrationstechnik verwendet.

---

109 Lüdtke, K.: Zur Entscheidbarkeit wissenschaftlicher Kontroversen - erörtert am Beispiel einer Auseinandersetzung in der früheren Geschwulstforschung. – In: Preprint. Schriftenreihe des Max-Planck-Instituts für Wissenschaftsgeschichte (Berlin). 214(2002), 1–79. Id.: Entscheidbarkeit wissenschaftlicher Kontroversen. Studie eines Streites in der früheren Geschwulstforschung. Berlin: Verlag Gesellschaft für Wissenschaftsforschung 2003. Id.: Wirksamkeit wissenschaftlicher Kontroversen für die Entwicklung wissenschaftlichen Wissens: zur Geschichte der Geschwulstforschung. – In: Wissenschaftsforschung. Jahrbuch 2006: Wissenschaft und Technik in theoretischer Reflexion. Hrsg. v. H.Parthey und G. Spur. Frankfurt a.M. et al.: Peter Lang 2007, 79–101. Id.: Wissenschaftliche Kontroversen und die Entwicklung neuen Wissens in der Krebsforschung. Berlin: Verlag Gesellschaft für Wissenschaftsforschung 2007.

Mit deren Hilfe wurde Geschwulstsaft durch bakteriendichte bzw. für Zellen undurchlässige Filter (Asbest- oder Porzellanfilter[110]) geleitet, dies in der Annahme, dass das, was zu einer Erkrankung führt, gewissermaßen aus dem Saft herausgesiebt werden könne. Erwartet wurde, dass sich das durch die Filterporen sickernde Material als völlig harmlose Flüssigkeit erweisen werde, denn die Poren waren so fein, dass man davon ausgehen konnte, dass sie den vermeintlich tumorinduzierenden Zellen keinen Durchgang gewähren würden.

Doch als geschwulstbildend erwiesen sich die von Zellen weitgehend bereinigten Filtrate. Ein solches Material ließ sich auch mit Hilfe der Zentrifugation gewinnen, womit man Zellen aus dem Geschwulstgewebe auszuschleudern vermochte. Ein weiteres Verfahren stellte die Pulverisierung dar. Das (im luftleeren Raum) getrocknete und zu feinem Pulver zerriebene Geschwulstmaterial blieb etliche Monate virulent. Das Pulver behielt etliche Monate die geschwulstbildende Wirkung, es behielt sie unter Bedingungen, die die Unversehrtheit von Zellen ausschlossen. Der Annahme, dass dem Krebsagens Zellfreiheit zukomme, kamen auch Versuche entgegen, mit denen nachgewiesen werden konnte, dass beispielsweise das Agens einer Bindegewebsgeschwulst in glyzerinhaltigen Auszügen beständiger ist als in wässrigen. Das Material blieb auch virulent, nachdem es etliche Wochen in zellauflösendem Glyzerin aufbewahrt worden war.[111] Das Gleiche ergab sich auch aus Versuchen, die darauf abzielten, Tumorzellen mittels Tiefkühlung abzutöten.

Ein Agens von so winziger Größe, das die Poren verwendeter Filter zu passieren in der Lage war und sich auch nicht (licht-)mikroskopisch ausmachen ließ, ein solches Agens, das eine ganze Reihe von Krankheiten hervorrief, galt gemeinhin als „Virus", worin seinerzeit doch zumeist nur eine besonders winzige Mikrobe

---

110 Ein solcher Filter wurde 1884 von Charles Chamberland entwickelt. Das nach ihm benannte Gerät ist auch unter dem Namen „Pasteurfilter" bekannt. Er ähnelt dem 1891 von Wilhelm Berkefeld erfundenen Porzellanfilter, womit Trinkwasser gereinigt und entkeimt werden sollte und diente auch dazu, Organismen aus flüssigen Kulturen zur Gewinnung bakterieller Toxine herauszuholen.

111 Siehe Maschmann, E.: Beiträge zur Kenntnis des carcinogenen Agens des Hühnersarkoms von P.Rous. – In: Klinische Wochenschrift (Berlin). 10(1931)8, 358–359. Auch einige Wochen dauernde Resistenz gegen Glyzerin biete sicherlich ein Element besonderer Wichtigkeit in der Aetiologie dieses krankhaften Prozesses. Pentimalli, F.: Über die Geschwülste bei Hühnern. I. Mitteilung. Allgemeine Morphologie der spontanen und der transplantablen Hühnergeschwülste. – In: Zeitschrift für Krebsforschung (Berlin). 15(1916)1, 111–153, S. 113.

oder eine zellintern entstandene giftige Substanz gesehen wurde. Und so kam die Frage auf, ob die Ursache der Tumorbildung nicht ein „Krebsvirus“ sein könnte.

Nun etwas zur Geschichte einer Reihe früherer Beobachtungen der Wirkung von Tumorfiltraten! Es wird sich zeigen, dass die Entdecker oftmals einander entgegengesetzte Vorstellungen dazu besaßen, wie das Entdeckte zu verstehen sei. Und einander entgegengesetzt war häufig auch, wie die Entdeckung der tumorinduzierenden Wirkung solcher Filtrate von Fachgenossen beurteilt wurde. Dass sich mitunter Forscher selber nicht auf eine der Deutungsmöglichkeiten ihrer Forschungsergebnisse festzulegen wagten, soll nicht unerwähnt bleiben, aber darin liegt nicht der Schwerpunkt der folgenden Ausführungen.

1905 wurden von M.Haaland verschiedene Mäusegeschwülste untersucht, u.a. Kieferkrebs sowie bösartige Gewebeneubildungen, die vom Gewebe der Lymphknoten ausgegangen waren. Er behauptete, durch Impfung mit dem Filtrat einer Mäusegeschwulst bei einer Maus einen malignen Tumor produziert zu haben. Mit dem Filtrat infizierte er die Brustwarze von säugenden Tieren. Nach einem Monat bildete sich an der Vulva – also ohne Zusammenhang mit der Impfstelle – eine Geschwulst, die aber in ihrem Bau dem Ausgangstumor entsprach.[112]

1908 gelang W.Ellermann und O.Bang die Übertragung einer Hühnerleukose, worauf sie ihren Anspruch gründeten, die Zellfreiheit dessen nachgewiesen zu haben, was Krebs verursacht. Die Aufschwemmung erkrankten Gewebes wurde zentrifugiert, und die Flüssigkeit, die über dem Bodensatz stand, wo sich die ausgeschleuderten Zellbestandteile befanden, wurde danach durch die Poren einer Filterkerze geleitet. Ungefähr ein Vierteljahr nach der Filtratverimpfung konnten Ellermann und Bang Fälle von Leukämie bei den untersuchten Hühnern beobachten, und es war möglich, die Krankheit in Reihenfolgen zu übertragen.[113] Ellermann und Bang nannten das Agens „Leukosevirus“, und sie vermuteten, dass es organisiert sei, wenngleich sie es noch nicht vermochten, auf der Grundlage von

112 Haaland, M.: Les tumeurs de la souris. – In: Annales de l’Institut Pasteur (Paris). 19(1905)1, 165–207. Die Idee, „zellfreien Krebssaft zu injizieren“, um der Tumorbildung auf die Spur zu kommen, wurde bereits 1902 von Lubarsch geäußert. Lubarsch, O.: Pathologie der Geschwulstzelle. – In: Ergebnisse der allgemeinen Pathologie und pathologischen Anatomie (Wiesbaden). 35(1902), 884–893. Hinweis v. Teutschlaender, O.: Infektion und Krebs. – In: Zeitschrift für Krebsforschung (Berlin). 24(1927), 223–251. S. 242.

113 Ellermann, W./ Bang, O.: Experimentelle Leukämie bei Hühnern. – In: Centralblatt für Bakteriologie, Parasitenkunde und Infektionskrankheiten (Jena). 46(1908), Abt.I, Orig., 595–609. Siehe auch Ellermann, W.: Die übertragbare Hühnerleukose (Leukämie, Pseudoleukämie, Anämie u.a.). Berlin: Springer 1918.

Ergebnissen ihrer Leukämieuntersuchungen an Hühnern die Natur des Agens zu beschreiben. Versuche, Bakterien oder Spirochäten nachzuweisen, schlugen fehl.[114] Später wurden noch weitere Experimente durchgeführt, um die Infektionsfähigkeit der Filtrate zu belegen.[115] Die Versuche hätten, so D.von Hansemann in einer Buchbesprechung, „bewiesen [...], dass die Hühnerleukose eine Infektionskrankheit [...] (und – K.L.) eine übertragbare Krankheit ist."[116] In den nachfolgenden Jahren wurden dann weitere Tierleukämien entdeckt, Leukämien bei Mäusen, Ratten, Kühen und Pferden. Mit der Aufstockung von Befunden, die sich mit Hilfe zelldichter Filter erzielen ließen, schien es doch manchem Forscher eine nicht vertretbare Annahme zu sein, „es könnte bei dem Auftreten von Leukämien nach Filtratinjektion von Transplantationstumoren eine zelluläre Wirkung vorliegen." Die geringe Porenweite der eingesetzten Filter bei der Mehrzahl der verwendeten Tumoren schließe die Wirksamkeit unversehrter gröberer Zellpartikel weitgehend aus, so F.Schmidt in einem 1955 erschienenen Aufsatz.[117]

Ein zellfreies Tumoragens bei der Untersuchung der Mäuseleukämie entdeckt zu haben, wurde 1938 von J.Engelbreth-Holm und O.Frederiksen gemeldet. Es wurden Mäuse eines Stammes genutzt, dessen Mitglieder in einem Alter von 6 bis 10 Monaten im Allgemeinen spontan an Leukose zu erkranken pflegen. Jüngere Mäuse verendeten durch Einspritzung von Leukosezellen nach 2 bis 4 Wochen, und zwar ausnahmslos. Zu diesem Ergebnis gelangte man aber auch mit einer durch Zentrifugation gewonnenen zellfreien Flüssigkeit.[118] Anfang der 1950er Jahre wurden weitere Daten gewonnen, die als Belege einer subzellulären Übertragbarkeit der Mäuseleukämie verstanden werden konnten. L.Gross berichtete, die Leukämie der Maus werde "caused by a filterable, thermolabile

---

114 Ellermann/ Bang: Experimentelle Leukämie bei Hühnern, op. cit.

115 Siehe Ellermann: Die übertragbare Hühnerleukose (Leukämie, Pseudoleukämie, Anämie u.a.), op. cit.

116 Hansemann, D. von: Buchbesprechung zu Ellermann: Die übertragbare Hühnerleukose (Leukämie, Pseudoleukämie, Anämie u.a.), loc. cit. – In: Zeitschrift für Krebsforschung (Berlin). 16(1919), 472–473, S. 472 f.

117 Schmidt, F.: Über Filtratversuche von Mäusetumoren mittels bakteriendichter Filter. – In: Die Naturwissenschaften (Berlin). 42(1955)11, 347–348, S. 348.

118 Engelbreth-Holm, J./ Frederiksen, O.: Transmission de la leucose des souris à des animaux neufs au moyen d'une substance exempte de cellules. – In: Comptes rendus hebdomadaires des séances et mémoires de la société de Biologie (Paris). 1938, Bd. 129, 101–104. Hinweis v. Haagen, E.: Referat. – In: Referateteil der Zeitschrift für Krebsforschung (Berlin). 48(1939)4, 262, S. 262. Siehe auch Fey, F.: Viren als krebserregende Agenzien. – In: Biologische Rundschau (Jena). Bd. 1(1963/64)2, 76–87, S. 80 f.

agent, that is transmitted in this family of mice, from one generation to another", sie beruhe nachweislich auf einer Infektion mit zellfreien Auszügen.[119] "[...] the leukemic agent could be transmitted from one host to another, serially, for several successive passages, without loss of potency, by using cell-free extracts [...]"[120] Er war sich ganz sicher, dass es Viren sind, die Krebs verursachen. Zur Herstellung zellfreier Filtrate wurden leukämische Gewebe solcher Mäuse verwandt, die man Inzuchtstämmen mit einer stark ausgeprägten Neigung zu dieser Krankheit entnommen hatte. Bei etwa 40 % der behandelten Tiere traten nach einer Latenzzeit von 8 bis 10 Monaten lymphatische Leukämien auf. Ein Transplantationseffekt konnte, wie Gross überzeugt war, sicher ausgeschlossen werden, und zwar durch Prüfung der Auszüge, die vor der Einspritzung durch bakteriendichte Filter gepresst worden waren.[121] Er war auch darauf gestoßen, dass es lediglich neugeborene Tiere einer anderen Inzuchtlinie waren, auf die sich die bei Mäusen eines Inzuchtstammes spontan auftretenden lymphatischen Leukämien übertragen ließen. Der Grund dafür wurde darin gesehen, dass deren Immunsystem noch nicht soweit ausgebildet war, um dem Virus zu widerstehen. Bis zu dieser Entdeckung war seinen mehrjährigen Experimenten ein Erfolg versagt geblieben, weil er nur erwachsene Mäuse mit dem mittels Zerkleinerung und Filtrierung aus Organen leukämiekranker Exemplare gewonnenen Auszug geimpft hatte.[122]

---

119 Gross, L: Viral (Egg-Borne) Etiology of Mouse Leukemia. Filtered Extracts from Leukemic C58 Mice, Causing Leukemia (or Parotid Tumors) after Inoculation into Newborn C57 Brown or C3H Mice. – In: Cancer. A Journal of the American Cancer Society (Philadelphia/Pa.). 9(1956)4, 778–791, S. 787.

120 Ibid., S. 785. Siehe auch Gaudillière, J.-P.: The Molecularization of Cancer Etiology in the Postwar United States: Instruments, Politics and Management. – In: Molecularizing Biology and Medicine: New Practices and Alliances, 1910s-1970s. Hrsg. v. S. de Chadarevian und H.Kamminga. Amsterdam: Harwood Academic Publishers 1998, 139–170.

121 Gross, L.: „Spontaneous" Leukemia Developing in C3H Mice Following Inoculation, in Infancy, with AK-Leukemia Extracts, or AK-Embryos. – In: Proceedings of the Society for Experimental Biology and Medicine (Cambridge/ Mass. et al.). 76(1951)1, 27–32. Id.: Delayed Effects of Inoculation of AK-Leukemic Cells in Mice of the C3H Line. – In: Proceedings of the Society for Experimental Biology and Medicine (Cambridge/ Mass. et al.). 5(1952)3, 620–624.

122 Gross: Viral (Egg-Borne) Etiology of Mouse Leukemia. Filtered Extracts from Leukemic C58 Mice, Causing Leukemia (or Parotid Tumors) after Inoculation into Newborn C57 Brown or C3H Mice, loc. cit., S. 780: "Only newborn mice were used for the inoculations of the filtered extracts, because previous experiments suggested that the susceptibility of mice to inoculation of cell-free leukemic extracts diminishes rapidly after their first twelve hours of life." Gross: „Spontaneous" Leukemia Developing in

Weitere Mäuseleukämieviren entdeckt zu haben, wurde u.a. von A.Graffi beansprucht, der eine erhöhte Quote an Leukämien und Sarkomen nach Behandlung neugeborener Inzuchtmäuse mit Sarkomauszug beobachtet hatte.[123] Graffi et al. hielten es für angebracht, das Virus als Tumoragens zu deuten, das entweder von außen in die Wirtszelle eindringe oder innerhalb der Zelle entstanden sei, wenngleich man aber auch an eine „Schädigung bzw. Alteration des Organismus" denken könne, „durch die reaktive Bedingungen geschaffen werden, welche eine stark erhöhte Leukämiequote bei den Tieren nach einer längeren Latenzzeit hervorrufen."[124]

Dass auch bei der Leukämie des Menschen an eine virusbedingte Entstehung zu denken war – was der Vorstellung entgegenkam, dass die Mäuseleukämie „morphologisch und klinisch weitgehend der gleichnamigen bösartigen Blutkrankheit des Menschen entspricht"[125] –, wurde 1958 von amerikanischen Forschern behauptet. Sie gaben auf einem Kongress bekannt, dass sie bei der Untersuchung von Gewebescheiben leukämiekranker Personen in den Blutkörperchen sowie in den Zwischenräumen schwarze Punkte beobachtet hätten, Punkte mit charakteristischen Verhaltensmerkmalen von Viren.[126]

1911 teilte der amerikanische Pathologe Peyton Rous mit, dass er darauf gestoßen sei, dass sich ein bestimmter Hühnertumor, ein Sarkom (eine bösartige Bindegewebsgeschwulst), mit filtriertem Geschwulstsaft übertragen lasse. In seinen Versuchsergebnissen sah er einen Beleg dafür, dass sich nach der Impfung

---

C3H Mice Following Inoculation, in Infancy, with AK-Leukemia Extracts, or AK-Embryos, loc. cit., S. 32. Gross, L.: Pathogenic Properties, and „Vertical" Transmission of the Mouse Leukemia Agent. – In: Proceedings of the Society for Experimental Biology and Medicine (Cambridge/ Mass. et al.). 78(1951)1, 342–348, S. 346 f. Siehe auch Degen, H.: Krebsentstehung durch Virusinfektion. – In: Naturwissenschaftliche Rundschau (Stuttgart). 10(1957)3, 106.

123 Siehe Graffi, A. et al.: Gehäuftes Auftreten von Leukämien nach Injektion von Sarkom-Filtraten. – In: Die Naturwissenschaften (Berlin). 41(1954)21, 503–504, S. 503. Graffi, A./ Fey, F./ Bielka, H.: Experimentelle Leukämieerzeugung durch zellfreie Geschwulstfiltrate. – In: Klinische Wochenschrift (Berlin). 34(1956)1/2, 15–19.

124 Graffi, A./ Fey, F./ Bielka, H.: Versuche zur Klärung des Mechanismus der Leukämiebildung nach Injektion von zellfreien Tumorfiltraten. – In: Die Naturwissenschaften (Berlin). 42(1955)14, 421–422, S. 421.

125 Schmidt: Über Filtratversuche von Mäusetumoren mittels bakteriendichter Filter, loc. cit., S. 348.

126 Internationaler Kongress für Krebsforschung, London 1958. – In: Universitas. Orientierung in der Wissenschaft (Stuttgart). 13(1958)9, 2. Bd., 989–990 (Name des Berichterstatters nicht angegeben).

des Filtrats in die Brustmuskulatur eines sarkomfreien Huhnes an demselben ein Tumor von gleichem Typ hervorrufen lässt. Er zerkleinerte die bei den Hühnern spontan aufgetretenen Tumoren und presste dieses Material durch Filterkerzen. Verabreichte man das durch Filter gelaufene Wasser gesunden Hühnern, entwickelten diese bald den gleichen Tumor, woraus das Filtrat gewonnen worden war. Die Filtration hatte Rous vorher noch in dem Glauben angewandt, dass sich das tumorauslösende Material so zurückhalten ließe, wohingegen sich das Filtrat als steril erweisen müsste. "Such has been the experience of other workers with mouse and dog tumors. But in the present instance characteristic growths followed the inoculation of small amounts of the watery filtrate, and followed also the inoculation of the fluid supernatant after centrifugation of a tumor emulsion", wie es in seinem Bericht heißt.[127] Dafür, dass nicht die Zelle der Geschwulst, sondern eine zellfreie Substanz die Verimpfbarkeit der Geschwulst bewirkt, konnte man außerdem anführen, dass deren Übertragbarkeit auch dann erhalten bleibt, wenn man die Krebszellen mit ultraviolettem Licht vernichtet hat.[128]

Etwa zur gleichen Zeit wurde auch von A.Fujinami und K.Inamoto mitgeteilt, dass sich, so wie es Rous möglich gewesen sei, mit dem Filtrat eines Schleimgewebesarkoms des Huhnes durch Verimpfung ein gleichartiger Tumor habe bilden lassen. Auf diese Weise konnte man auch andere Sarkome auf Hühner überimpfen. Durch Einspritzung des von Zellen bereinigten Filtrats seien Tumoren entstanden, „deren makroskopisches und mikroskopisches Verhalten, Wachstum, Metastasenbildung, Entwicklung der Rezidive, Transplantationsfähigkeit und sonstige biologische Eigenschaften von den sonstigen durch Ueberimpfung lebenden Gewebes entstandenen nicht zu unterscheiden sind." Das histologische Bild des Originaltumors gleiche im Wesentlichen dem der Impftumoren.[129] Das von Fujinami und Inamoto beobachtete Hühnersarkom ließ sich auch auf Enten übertragen.

Zu den Forschern, die meinten, bei ihren Versuchen ebenfalls auf ein zellfreies Agens gestoßen zu sein, gehört auch F.Keysser. Er führte Impfungen mit äußerst dünnen Aufschwemmungen von Mäusetumoren durch, die sich durch haarfeine Kanülen hatten leiten lassen. Seinen Angaben zufolge gelang eine

---

127 Rous, P.: Transmission of a Malignant New Growth by Means of a Cell-Free Filtrate. – In: The Journal of the American Medical Association (Chicago). 56(1911), 198–200. Siehe auch id.: A Sarcoma of the Fowl Transmissible by an Agent Separable from the Tumor Cells. – In: Journal of Experimental Medicine (New York). 13(1911), 397–411.

128 Rous, P.: The Influence of Ultra-Violet Light on a Tumor Caused by a Filterable Agent. – In: Zeitschrift für Krebsforschung (Berlin). 13(1913)1–3, 555–556.

129 Fujinami, A./ Inamoto, K.: Geschwülste bei japanischen Haushühnern. – In: Zeitschrift für Krebsforschung (Berlin). 14(1914)1–3, 94–119, S. 105 ff.

Geschwulstbildung schon mit einer Impfung von einem bis zwei Tropfen dieser Flüssigkeit. Da die Impfung bereits mit solchem Material dazu verhalf, eine Tumorentwicklung auszulösen, hielt es Keysser für naheliegend anzunehmen, dass Krebszellen womöglich für die Weiterimpfung gar nicht von Bedeutung seien. Weil es ihm gelungen war, mit der aus verflüssigten Tumoren ausgeschleuderten klaren Substanz bei Organen Geschwülste zu bilden, sah er es als gerechtfertigt an zu folgern, dass im Material Virus vorhanden sein müsse, das unabhängig von Zellen in der Lage sei, neue Tumoren zu erzeugen.[130]

Von der Übertragbarkeit einer Mäusegeschwulst durch Filtrate war etwas später auch in einem von F.Henke und E.Schwarz verfassten Bericht die Rede. Sie hatten Geschwülste lebender Tiere zu Pulver verarbeitet, in Kochsalzlösung aufgeschwemmt und zentrifugiert. Die über dem Bodensatz stehende Flüssigkeit wurde dann durch Poren einer Filterkerze geleitet. Henke und Schwarz gaben an, dass sie in einigen Fällen bei geimpften Mäusen ein positives Ergebnis erzielt hätten. Sie vermuteten, dass im Filtrat Erreger gewesen sein könnten, die in dem neuen Tierkörper den Tumor reproduziert hätten. Die neuen Geschwülste hatten sich an der Impfstelle selbst herausgebildet.[131]

Eine bedeutsame Rolle in der weiteren Entwicklung dieser Forschungsrichung spielte auch die Gewebezüchtung.[132] Mit der dafür ersonnenen Technik wurde Gewebe auf Nährböden zum Wachstum gebracht, so dass sich die Ursachen genauer untersuchen ließen, die das Gewebewachstum regeln. Auch bösartige Zellen ließen sich in dauerhaft bestehenden Stämmen züchten, was es u.a. gestattete, deren Wachstum mit dem normaler Zellen zu vergleichen. Die mit diesem Verfahren unternommenen Versuche dienten auch dazu, die zur Vermehrung des Agens notwendigen Bedingungen vonseiten der Wirtszelle (Spezifität, Proliferationsgrad

---

130 Keysser, F.: Beiträge zur experimentellen Karzinomforschung. – In: Wiener klinische Wochenschrift (Wien). 26(1913)41, 1664–1667.

131 Henke, F./ Schwarz, E.: Uebertragung von Mäusekarzinomen durch filtriertes Ausgangsmaterial. – In: Deutsche Medizinische Wochenschrift (Leipzig). 40(1914)6, 267–268.

132 Gerade in der Tumorforschung wurde die experimentelle Zellforschung erstmals angewandt. In Deutschland hatten Arbeiten Rhoda Erdmanns (1870–1935) wesentlich dazu beigetragen, dass 1919 eine Abteilung für experimentelle Zellforschung gegründet wurde, die man dem an der Charité ansässigen Institut für Krebsforschung angliederte. Siehe Hinz-Wessels, A.: Konjunkturen der deutschen Gelbfieberforschung in der ersten Hälfte des 20. Jahrhunderts: Akteure und Interessen. – In: Medizinhistorisches Journal (Stuttgart). 43(2008)3+4, 294–326, S. 304 f. „Viele Institute und Einrichtungen folgten diesem Schritt, nachdem man die vielseitigen Einsatzmöglichkeiten der Gewebezüchtung erkannt hatte." Ibid., S. 305.

der Zellen usw.) zu analysieren. Dabei interessierte vor allem, dass sich Bindegewebszellen gleich den Mikroben im Kulturmedium unbegrenzt zu vermehren schienen.[133]

Zu Beginn der 1910er Jahre unternahm Alexis Carrel Versuche, normale, in der Gewebezüchtung gewonnene Zellen mittels chemischer Stoffe (Teer, Arsen u.a.) in maligne zu überführen. Er brachte es zuwege, die chemisch induzierten Geschwülste zellfrei weiter zu verimpfen.[134] Carrel wies nach, dass sich das Filtrat des Rousschen Sarkoms in Gewebeauszügen vermehrt und in Kulturpassagen fortdauernd weiterführen lässt. Hierbei erwies sich ein Explantat von embryonalem Hühnergewebe als ein dafür besonders geeigneter Nährboden.[135] Es gelang zum einen, das Rous-Sarkom in vivo (auf Hühnern) durch eine Verbindung von Embryonalbreiimpfungen mit chemischen Reizen experimentell zu erzeugen. Den Tieren wurde der Brei mit Teer oder Arsen gemischt in die Brust injiziert, und es bildeten sich stets Geschwülste, die den gewöhnlichen Hühnersarkomen glichen. In einigen Fällen konnten sie durch Filtrat auf andere Hühner übertragen werden. Zum anderen unternahm Carrel Versuche, die Entartung normaler Zellen in vitro herbeizuführen, indem er einer Leukozytenkultur Filtrat eines Arseniksarkoms zusetzte, das unter Infektionsfreiheit versprechenden Bedingungen erzeugt worden war. Nach einigen Tagen zeigte die Kultur das gewöhnliche Aussehen eines Sarkomexplantates, und nach Überimpfung derselben auf ein Huhn entstand ein typisches Sarkom, das das Tier verenden ließ. Auch wenn

133 Siehe Bang, F.B.: History of Tissue Culture at Johns Hopkins. – In: Bulletin of the History of Medicine (Baltimore, Md.). 51(1977)4, 516–537, S. 528 f. Diese Technik wurde bereits früher angewandt, war aber wegen bakterieller Verunreinigungen nur begrenzt wirksam. Eingesetzt wurde sie auch schon in einer Zeit, als man von der intrazellulären Lage der Virusreplikation noch nicht viel wusste.

134 Carrel, A.: Die Kultur der Gewebe außerhalb des Organismus. – In: Berliner klinische Wochenschrift (Berlin). 48(1911)30, 1364–1367. Id.: On the Permanent Life of Tissues Outside of the Organism. – In: Journal of Experimental Medicine (New York). 15(1912)5, 516–528, S. 525, 528. Id.: Neue Untersuchungen über das selbständige Leben der Gewebe und Organe. – In: Berliner klinische Wochenschrift (Berlin). 50(1913)24, 1097–1101, S. 1098. Hinweis v. Geissler (o.V.): Besprechung des Artikels. – In: Centralblatt für die medizinischen Wissenschaften (Leipzig). (1913)46, 755–756.

135 In einem Nährmedium aus Embryonalgewebesaft verdopple eine Bindegewebskultur ihr Volumen im Laufe von etwa 48 Stunden, während eine Epithelkultur nie eine solche Proliferationsgeschwindigkeit erreiche, sondern zur Verdoppelung etwa 72 Stunden brauche. Fischer, A./ Laser, H.: Relatives Wachstum von normalen und bösartigen Geweben in vitro. – In: Zeitschrift für Krebsforschung (Berlin). 26(1928)1, 81–87, S. 81.

er Blutmakrophagen in vitro mit filtriertem Extrakt des Rous-Sarkoms versetzte, würden sich diese, so Carrel, in maligne Zellen verwandeln.[136]

Mitte der 1920er Jahre wurde der wissenschaftlichen Öffentlichkeit kundgetan, dass es gelungen sei, etwas, das Geschwülste verursache, zu fotografieren. J.E.Barnard, der die Technik dafür entwickelt hatte, teilte mit, dass er das Agens des Rous-Tumors auf Agarplatten als rundliche Körperchen abbilden konnte, was für eine korpuskulare Natur des Agens sprach. Die Aufnahmen wurden zum Teil im ultravioletten Licht und mit den Wellenlängen 275 mμ gemacht. Nach seiner Auffassung handelte es sich bei dem, was er abgelichtet hatte, um Teilchen von gleichmäßiger Größe, um Partikel, die Merkmale von Mikroorganismen aufwiesen. Keinesfalls sollte es sich hierbei um ein endogenes Agens handeln. Barnard hatte sich bereits ab 1916 mit der Entwicklung mikroskopischer Techniken zur Sichtbarmachung filtrierbarer Infektionserreger befasst[137], und er war sich sicher, solche Körperchen von anderen ähnlichen Partikeln, wie sie sich in den meisten

---

136 Carrel, A.: Neue Fortschritte in der Kultivierung der Gewebe außerhalb des Organismus. – In: Berliner klinische Wochenschrift (Berlin). 49(1912)12, 533–536. Carrel hielt Zellen für etwas Unsterbliches, weil sie sich endlos teilten bei störfreiem Verlauf. Diesen Gedanken spann er zu dem Glauben weiter, die menschliche Lebensdauer ließe sich verlängern. Diese Idee glaubte er, einem Kommentar Venzmers zufolge, davon herleiten zu dürfen, dass es ihm gelungen war, kleine Lebewesen in einen Zustand geringerer oder unterbrochener Lebenstätigkeit zu versetzen und sie dann später durch „Anfeuchtung“ wiederzubeleben, so dass sich ihre Daseinsspanne beträchtlich verlängern ließ. „Ähnliche Erscheinungen kommen ja auch in der Natur selbst oft genug vor, indem Pflanzen und Tiere lange Zeit einen Zustand nahezu völliger Leblosigkeit verbringen können, woraus sie unter geeigneten Lebensbedingungen dann wieder gleichsam zu neuem Dasein erwachen.“ An diese Erscheinungen sowie an seine Versuche, derartige Ruhezustände des Lebens auf künstlichem Wege herbeizuführen, habe Carrel dann den Gedanken geknüpft, „auch Menschen in einen Zustand unterbrochener Lebenstätigkeit zu versetzen und so die Möglichkeit zu gewinnen, das Leben eines Menschen über Jahrhunderte auszudehnen.“ Venzmer, G.: Wie wir alt werden. Alt werden und jung bleiben. Band 1. Stuttgart: Francksche Verlagshandlung 1936, S. 12 f. (ohne Quellenangabe). Siehe auch Witkowski, J.A.: Alexis Carrel and the Mysticism of Tissue Culture. – In: Medical History (London). 23(1979)3, 279–296. Id.: Dr.Carrel's Immortal Cells. – In: Medical History (London). 24(1980)2, 129–142. Id.: The Myth of Cell Immortality. – In: Trends in Biochemical Sciences (München). 10(1985)7, 258–260.

137 Barnard, J.E.: The Microscopical Examination of Filterable Viruses. – In: The Lancet (London). 209(1925)5316, 117–122. Id.: Presidential Address. I. Towards the Smallest Living Things. – In: Journal of the Royal Microscopical Society (London). 59(1939)1, 1–10, S. 3 f.

organischen Flüssigkeiten finden, unterscheiden zu können, nachdem Versuche gescheitert waren, sie mittels verschiedener Färbungen sichtbar zu machen. Man vermochte wohl mit Hilfe bestimmter Färbungsverfahren Granula auf äußerst dünnen Gewebeschichten auszumachen, aber nach Auffassung einer Reihe von Forschern durften sie nicht als die gesuchten Viren betrachtet werden.[138]

1925 teilte W.E.Gye mit, dass sich beobachten lasse, wie sich bei Verwendung von Nährböden bestimmter Zusammensetzung der filtrierbare Erreger von Kultur zu Kultur weiter fortpflanze.[139] Er war von der Entdeckung ausgegangen, dass mit Filtraten und Auszügen aus pulverisierter Hühnergeschwulst, die keine lebenden Zellen mehr enthalten sollten, gesunden Hühnern eingespritzt, sarkomähnliche Geschwülste erzeugt werden können. Es gelang, das Agens zu enormer Vermehrung zu nötigen. Später berichtete Gye, dass auch Material von in Mäusen spontan wie auch experimentell entstandenen Sarkomen, nachdem man es getrocknet, zu Brei verarbeitet und eingefroren habe, dennoch die Fähigkeit beibehalte, in den ursprünglichen Wirtsstämmen wiederum Geschwülste hervorzurufen. Solche Behandlungen hätten Zellen nicht unversehrt überstehen können, so dass ein zellfreies Agens für diese Prozesse verantwortlich sein müsse. Die untersuchten Geschwülste der Maus könnten nicht wesentlich unterschieden von den Virusgeschwülsten der Hühner sein, gleich ihnen sei deren Übertragbarkeit nicht an die lebende Zelle gebunden.

Zunächst war Gye bei der Untersuchung von Geflügeltumoren darauf gestoßen, dass das Agens nach mehreren Kulturpassagen an Wirksamkeit einbüßte, was das Bild von einem vermehrungsfähigen Erreger trübte. Dazu trugen auch Resultate dosierter Filtratimpfungen bei, sie zeigten, dass die Wirksamkeit der Filtrate mit deren Menge zu- bzw. abnimmt. Hingegen sprach es für etwas Belebtes, dass die Ansteckungsfähigkeit der „Primärkulturen", die man bei dem Versuch erhalten hatte, die Geschwulst in kaliumchloridhaltiger Nährbrühe zu

138 "The films showed innumerable pink granules on the borderline of resolution. Such experiences as these have led me to the opinion that such granules are not the virus". Gye, W.E.: The Aetiology of Malignant New Growths. – In: Lancet (London). 209(1925)5316, 109–116, S. 114.

139 Ibid., S. 110. Gye fügte Geschwulststückchen einer Bouillon bei, der er u.a. Kaninchenserum und Zucker zugesetzt hatte. In die Brühe wurde ein Stück von einem Embryo getan. Dieser Mischung wurde ein Tropfen einer zuvor geschaffenen Kultur beigefügt. Übertrug man etwas von einer solchen Subkultur immer wieder auf neuen Nährboden, so konnte ungeachtet dessen, dass das Ausgangsmaterial extrem verdünnt worden war, durch Impfung eines gesunden Huhnes mit der gewonnenen Flüssigkeit immer wieder die Geschwulst erzeugt werden.

züchten, bereits nach 2 Tagen, bei Zusatz von Kaninchenserum und Sauerstoff erst nach 7 Tagen – also langsamer als bei Fehlen von Serum oder Sauerstoff, den Lebewesen benötigen – verloren ging.[140] Gye führte die Verringerung der Tumorausbeute auf den Verlust eines in den Primärkulturen ursprünglich enthaltenen, aus dem Tumorgewebe herrührenden chemischen Stoffes zurück, von dessen Vorhandensein die Infizierbarkeit gesunder Zellen mit dem Virus bei der Impfung abhinge.[141] Die Tumoren würden wohl durch ein Virus übertragen, doch müsse der Widerstand der Gewebe erst durch einen aus den Tumoren extrahierbaren Stoff gebrochen werden, der sich jedoch bei weiteren Fortzüchtungen aufbrauche, weil er sich nicht wie die Viren vermehre. Um das Agens zu regenerieren, musste folglich dieser Stoff der Kultur wieder zugesetzt werden. So wurde frisches Filtrat, worin durch Chloroformzugabe die Erreger inaktiviert worden waren, so dass dann nur noch jene fragliche Substanz verblieb, mit solchen unwirksam gewordenen Kulturen gemischt, und diese Mischung fortgezüchteter Erreger mit wirksamer, aber „abgetöteter" Extraktsubstanz ergab wieder volle Impfausbeute.

Als Gye sich mit diesem Problem befasste, gewann er Daten, die sich als Anhaltspunkte für das Konzept eines universellen Krebserregers auffassen ließen: Mit Chloroform behandelte Hühnersarkom-Filtrate, die deshalb virusfrei sein sollten, so dass lediglich der fragliche chemische Faktor übrig geblieben sein müsste, erzeugten, wie er berichtete, zusammen mit etwas, das einer Kultur von Mäuse- oder Rattenkarzinom entnommen worden war, Hühnern eingespritzt, Tumoren, die sich von den Hühnersarkomen nicht unterscheiden ließen. Weil er aus dieser Mischung von kultiviertem Virus von Ratten- und Mäusetumoren und dem wirksamen chemischen Faktor von Hühnertumoren bei Hühnern Geschwülste vom Typus der Rousschen Hühnersarkome hervorrufen konnte, schloss Gye, dass er aus den Mäuse- und Rattengeschwülsten das gleiche Agens zur Vermehrung gebracht habe, das auch der Erreger der Hühnergeschwulst sei. Die wirksame chemische Substanz sollte hingegen spezifisch für jede Tierart und für jede Tumorart sein. So müsste nicht mehr gefolgert werden, dass jede Tierart und jedes Gewebe ihren eigenen Erreger hätte.[142]

---

140 Gye, W.E.: The Propagation of Mouse Tumours by Means of Dried Tissue. Successful Experiments Reported. – In: The Lancet (London). 256(1949)6552, 511–515, S. 535 (Bericht über eine Vorlesung Gyes am Royal College of Surgeons, 22. März 1949 - ohne Angabe des Berichterstatters).

141 Gye: The Aetiology of Malignant New Growths, loc. cit., S. 113, 116.

142 Ibid., S. 110.

Seinerzeit hatte Gye auch mitgeteilt, dass es ihm gelungen sei, aus Hühnergeschwülsten gewonnenes Material durch Filtrateinspritzung auf Entenküken zu übertragen. 1932 verwies er auf Studien zur Fortzüchtbarkeit des Hühnermyxosarkoms in ganz jungen Enten, woraus sich ergeben hatte, dass sich das Sarkom durch 18 Generationen hindurch bei Küken fortzüchten ließ, wobei das Agens die Fähigkeit beibehielt, auch Hühner anzustecken.[143] Solche Übertragungen bewiesen, "that the success which attends this hetero-transplantation is dependent upon an adaption of the tumour's cause to another species of bird, and not upon some peculiarity of the cancer-cell which enables the cell to grow indefinitely in a foreign host. This adaption of a fowl tumour 'agent' is a striking piece of evidence in favour of the view that the 'agent' is a virus."[144]

1935 berichteten Gye und J.Ledingham, sie hätten das Agens mittels Zentrifugation bei einer gewissen Tourenzahl sedimentieren können, wobei die überstehende Flüssigkeit ihre geschwulstbildende Eigenschaft eingebüßt habe. Es sei ihnen gelungen, mit Hilfe der beschleunigten Zentrifugation (15000 Umdrehungen je Minute) aus Vogelsarkomfiltraten Elementarkörper von der halben Größe der Paschenschen Körperchen herauszulösen, die ein besonderes Ansteckungsvermögen besäßen und von Seren geschwulstkranker Vögel zur Verklumpung geführt würden.[145] Diese Ergebnisse bestärkten sie darin, von einer korpuskularen Natur des Agens der filtrierbaren Tumoren auszugehen.[146] Auf den gleichen Zusammenhang war A.Claude schon wenige Jahre zuvor gestoßen: Die Impfung mit dem Sediment – Claude hatte Berkefeld-Filtrate 2,5 Stunden bei 14000 facher Erdschwere zentrifugiert – führte in der Hälfte aller Versuche, die mit der überstehenden Flüssigkeit aber in keinem Fall zur Tumorbildung.[147] Claude war

143 Auch bei halberwachsenen oder älteren Enten ließ sich mit Hilfe von Geschwulstemulsionen wie mit zellfreien Filtraten eine Tumorentwicklung zuwege bringen, doch gingen die Geschwülste stets nach einiger Zeit spontan zurück. Gye, W.E.: The Propagation of Fujinami's Fowl Myxosarcoma in Ducklings. – In: The British Journal of Experimental Pathology (London). 13(1932)5, 458–460.

144 Gye, W.E.: Vaccinia Virus. – In: The British Journal of Experimental Pathology (London). 12(1931)2, 90–97, S. 97.

145 Ledingham, J.C.G./ Gye, W.E.: On the Nature of the Filterable Tumour-Exciting Agent in Avian Sarcomata. – In: The Lancet (London). 225(1935)5816, 376–377.

146 Hinweis v. Graffi, A.: Einige Betrachtungen zur Ätiologie der Geschwülste, speziell zur Natur des wirksamen Agens der zellfrei übertragbaren Hühnertumoren. – In: Zeitschrift für Krebsforschung (Berlin). 50(1940)6, 501–551, S. 517 (ohne Quellenangabe).

147 Claude, A.: Preparation of an Active Agent from Inactive Tumor Extracts. – In: Science (Washington). 85(1937)2203, 294–295, S. 294 f. Die Übertragbarkeit des

der Auffassung, dass bei der Drüsengeschwulst der Maus zwar ein Virus wirksam sei, dass aber zugleich mehrere andere Faktoren bei der Krebsentstehung mitwirkten. Auch bei den menschlichen Geschwülsten stünden Entstehung und Wachstum unter dem Einfluss mehrerer unbekannter Faktoren.[148]

Vergleichbar damit sind Versuche, die C.R.Amies etwa zur gleichen Zeit mit dem Rous- und dem Fujinami-Sarkom anstellte und die ebenfalls auf eine Trennung des Agens vom zellfreien Tumorextrakt mittels Zentrifuge abzielten.[149] Wiederholtes Ausschleudern – mit einer Zentrifugalkraft, die 20000 bis 30000 mal größer war als die Schwerkraft – gestattete, die gesamte tumorerzeugende Substanz von den Extrakten abzusondern. Und so wurden wirksame Aufschwemmungen des Agens hergestellt. Mikroskopisch war in solchen Suspensionen eine große Zahl gleichmäßig gestalteter Körperchen zu entdecken, deren Größe unterhalb der Grenze des optischen Auflösungsvermögens lag und in denen das Geschwulstagens vermutet werden konnte. Aus anderen Untersuchungen ergab sich, dass die aus dem infektiösen Saft des Rous-Sarkoms gewonnenen Elemente untereinander gleiche Größe und einen Partikeldurchmesser von etwa 60 bis 70 mμ aufweisen.[150] Auf eine kugelige Form meinte auch E.-H.Rapp (1936) gestoßen zu sein, und zwar

---

Filtrats konnte nach Claude dadurch gesteigert werden, dass mittels Zentrifugation bei hoher Tourenzahl ein hemmender Faktor aus dem Material entfernt wurde. Die Tatsache, dass sich das wirksame und das hemmende Agens auf physikalischem Wege voneinander trennen ließen, deutete nach Claude darauf hin, dass das erstere durch letzteres nicht wesentlich verändert wird. Id.: A Fraction from Normal Chicken Embryo Similar to the Tumor Producing Fraction of Chicken Tumor I. – In: Proceedings of the Society for Experimental Biology and Medicine (Cambridge/ Mass. et al.). 40(1938)2, 398–403. Hinweis v. Krah (o.V.): Referat. – In: Referateteil der Zeitschrift für Krebsforschung (Berlin). 46(1937), 143.

148 Claude, A.: Beitrag auf dem 5. Internationalen Krebskongress in Paris. Nach einem Bericht von Hinsberg, K./ Berendt, H.W.: Bericht über den 5. Internationalen Krebskongress in Paris vom 16- bis 22. Juli 1950. – In: Zeitschrift für Krebsforschung (Berlin). 57(1950)2, 191–213, S. 194.

149 Amies, C.R.: The Particulate Nature of Avian Sarcoma Agents. – In: Journal of Pathology and Bacteriology (Edinburgh). 44(1937)1, 141–166.

150 Siehe Elford, W.J./ Andrewes, C.H.: Estimation of the Size of a Fowl Tumour Virus by Filtration through Graded Membranes. – In: British Journal of Experimental Pathology (London). 16(1935)1, 61–66. Dieselben: Centrifugation Studies: II. The Viruses of Vaccinia, Influenza and Rous Sarcoma. – In: British Journal of Experimental Pathology (London). 17(1936)5, 422–430. Siehe auch Elford, W.J.: The Sizes of Viruses and Bacteriophages, and Methods of Their Determination. – In: Handbuch der Virusforschung. Erste Hälfte. Hrsg. v. R.Doerr und C.Hallauer. Wien: Julius Springer 1938, 126–231, S. 167 und 206.

bei der Beobachtung innerer Organmetastasen beim Krebs. Alle Krebsmetastasen sämtlicher parenchymatöser Organe hielten an dieser Form fest, die bedingt sei durch den „organoiden Bau mit baumartiger Verzweigung“ und unabhängig von Raumverhältnissen und Struktur des Wirtsorganismus.[151]

1934 entdeckte B.Lucké, dass auch das Froschnieren-Karzinom durch zellfreie Extrakte übertragbar ist. Ihm war aufgefallen, dass Leopardenfrösche besonders häufig unter Nierenkrebs leiden. Die neuen Geschwülste glichen den Ausgangstumoren. Das Filtrat führte auch zur Bildung von Einschlusskörperchen in den Kernen der Tumorzellen, zu einem Phänomen, das typisch für viele, wenn auch nicht für alle Viruskrankheiten ist. Die sehr häufigen Zelleinschlüsse fand Lucké ebenso in den Metastasen.[152] Ähnliche Resultate stellten sich bei Verwendung von gefriergetrocknetem wie auch von mit Glyzerin versetztem Geschwulstmaterial ein. Das übertragbare Nierenkarzinom der Frösche variierte histologisch vom gutartigen Adenom bis zum rasch wachsenden bösartigen Adenokarzinom.

Die Annahme, dass zellfreie Filtrate Krebs verursachten, fand in den 30er Jahren auch eine weitere Stütze in Arbeiten von R.E.Shope, J.W.Beard und Rous zur Zottengeschwulst von Kaninchen (Kaninchenpapillom), die von wilden Kaninchen durch Filtrate auf Hauskaninchen übertragen werden konnte.[153] Bei den

---

151 Rapp, E.-H.: Wachstum und Differenzierung von Lebermetastasen des Adenocarcinoms des Magens. – In: Zeitschrift für Krebsforschung. (Berlin). 44(1936)1, 405–414, S. 405.

152 Lucké, B.: A Neoplastic Disease of the Kidney of the Frog Rana pipiens. On the Occurrence of Metastasis. – In: American Journal of Cancer (New York), 20(1934). 352 379. Siehe auch Schlumberger, H.G./ Lucké, B.: Effects of Roentgen Rays on Cancer. I. Direct Microscopic Observations on Living Intraocular Transplants of Frog Carcinoma. – In: Journal of the National Cancer Institute (Bethesda/ Md.). 11(1951)3, 511–544. Dieselben: Serial Intraocular Transplantation of Frog Carcinoma of Fourteen Generations. – In: Cancer Research (Philadelphia/Pa.). 9(1949)1, 52–60. Hinweis v. Ostertag, H.: Fortschritte in der Krebsforschung. I. Mikrobiologische Probleme in der ätiologischen Geschwulstforschung. – In: Naturwissenschaftliche Rundschau (Stuttgart). 11(1958)4, 121–128, S. 122.

153 Siehe Rous, P./ Kidd, J.G./ Beard, J.W.: Observations on the Relation of the Virus Causing Rabbit Papillomas to the Cancers Deriving from. I. The Influence of the Host Species and of the Pathogenic Activity and Concentration of the Virus. – In: Journal of Experimental Medicine (New York). 64(1936)3, 385–400. Beard, J.W. / Wyckoff, R.W.G.: The pH Stability of the Papilloma Virus Protein. – In: Journal of Biological Chemistry (Baltimore/ Md.). 123(1938)2, 461–470. Beard, J.W./ Wyckoff, R.W.G.: The Isolation of a Homogeneous Heavy Protein from Virus-Induced Rabbit Papillomas. – In: Science (New York). 85(1937)2199, 201–202. Shope, R.E.: A Filtrable Virus Causing a Tumor-Like Condition in Rabbits and Its Relationship to Virus

Tieren handelte es sich um nordamerikanische Baumwollschwanz-Kaninchen, unter denen ein sehr ansteckendes gutartiges Hautpapillom verbreitet war, das gewöhnlich nach einiger Zeit von selbst abfiel, woraus sich aber gelegentlich nach langem Verborgensein Karzinome entwickelten. Mikroskopisch könne, so die Forscher, gezeigt werden, dass die durch Impfung erzeugten Geschwülste ohne Rücksicht auf ihren Sitz in verschiedenen Organen die gleiche epithelartige und papillomatöse Struktur besäßen wie die der spontanen Hautpapillome, von denen sie herstammten, was gegen einen zellinternen Ursprung sprach. E.Paschen bestätigte 1936 Beobachtungen, wonach das infektiöse Kaninchenfibrom durch intrakutane Verimpfung von zellfreiem Warzenfiltrat übertragbar ist. Schon im Ausstrich von oberflächlich nach Anfeuchten der Kaninchenhaut abgekratztem Material sah Paschen große Mengen von Elementarkörperchen, scharf umgrenzte, runde Gebilde. Mit ihnen glaubte er, den Geschwulsterreger entdeckt zu haben.[154]

In der Übertragung dieser Geschwulst durch Filtrate sah man überdies Belege für die Existenz von Tumorviren auch bei Säugetieren, Belege, die schon deshalb bemerkenswert waren, weil zu jener Zeit die Meinung verbreitet war, man könne die meisten Geschwülste von Säugern nicht anders als durch Zellverpflanzungen übertragen. Viele Forscher waren seinerzeit davon überzeugt, dass virusinduzierte Geschwülste nur bei Vögeln vorkämen – Shopes Forschungsergebnisse wurden eher als untypische Anomalien betrachtet –, wohingegen von der Gegenseite zur Verteidigung ihres Konzeptes angenommen wurde, dass das Virus bei Säugern mit dem Protoplasma nur einen besonders festen Komplex bilde, so dass es besonders schwierig sei, diesen Komplex zu spalten, wie es für eine Filtrierung nötig sei. Es sei möglich, so Schmidt (1953), „dass die Gewächse der Säuger, selbst wenn die gleiche Grundursache wie bei den Vögeltumoren vorliegt, trotzdem nicht das Kriterium der Filtrierbarkeit aufzuweisen brauchen. Auch das Rous-Sarkom ist ja schon so groß, dass es zwar durch Berkefeld-Filter

---

Myxomatosum. – In: Journal of Experimental Medicine (New York). 56(1932)6, 803–822. Shope, R.E./ Hurst, E.W.: Infectious Papillomatosis of Rabbits: With a Note on the Histopathology. – In: Journal of Experimental Medicine (New York). 58(1933)5, 607–624.

154 Damit wäre auch erstmalig der morphologische Nachweis eines Erregers bei Säugertumoren gelungen. Paschen, E.: Über das Shopesche infectious fibroma of rabbits. – In: Zentralblatt für Bakteriologie, Parasitenkunde und Infektionskrankheiten (Jena). 138(1936) Abt.I, Orig., 1–14.

ohne Schwierigkeiten hindurchgeht, nicht aber so leicht durch Sandfilter, die für kleinere Virusarten passierbar sind."[155]

1938 berichteten Rous und J.G.Kidd, am Beispiel des Kaninchenpapilloms nachgewiesen zu haben, dass sich die Geschwülste vor allem dann entwickelten, wenn der Einspritzung bereits länger dauernde Teerbehandlungen der Tierhaut vorausgegangen seien (wobei aber die Fortsetzung einer solchen Behandlung nach der Einverleibung des Filtrats die Häufigkeit der entstehenden Geschwülste nicht beeinflusse). Sie hatten Kaninchenohren während 3 bis 4 Monaten mit Teer bepinselt, und im Weiteren wurde das Papillomfiltrat intravenös eingespritzt. An den Ohren bildeten sich dann schnell wachsende Karzinome aus, nicht aber bei den nur mit Teer behandelten Kontrolltieren.[156] Andere Forscher bestätigten diese Untersuchungen mit Benzopyren[157], so A.Lacassagne und W.Nyka. Sie schnitten Teerwarzen heraus und infizierten diese in vitro mit „Papillomvirus". Die demselben Tier wieder eingepflanzten Warzen wuchsen, einige erwiesen sich als bösartig, während die Kontrollversuche, bei denen die besagte Infizierung ausgespart worden war, nichts dergleichen ergaben.[158] C.G.Ahlström nahm eine subkutane oder intramuskuläre Teerinjektion kurze Zeit vor der Impfung mit Filtrat vor. Auch hier entstanden in einigen Fällen bösartige Tumoren, während

155 Schmidt, F.: Über die Virustheorie - Induktionstheorie - der Krebsentstehung (Beiträge zur Krebsforschung, Bd. 3). Dresden - Leipzig: Steinkopff 1953, S. 7 f. Vorstellbar sei, dass das Agens bei Säugern in einer Größenordnung vorliege – vielleicht wegen einer Bindung an andere Zellbestandteile –, „dass dadurch schon die Filtrierbarkeit durch feinporige Filter […] aufgehoben ist." Denkbar sei auch, „dass das Agens der Säugetiergeschwülste gröber dispers ist, und schon ist eine weitere […] Erklärungsmöglichkeit für die Diskrepanz in der Filtrierbarkeit gegeben. Dass Eiweißverschiedenheiten zwischen Säugern und Vögeln bestehen, versteht sich von selbst, […] es kommt also durchaus in Frage, dass diese Verschiedenheiten für die differente Filtrierbarkeit zumindest mitverantwortlich sind." Ibid.

156 Kidd, J.G./ Rous, P.: The Carcinogenic Effect of a Papilloma Virus on the Tarred Skin of Rabbits. II. Major Factors Determining the Phenomenon: The Manifold Effects of Tarring. – In: Journal of Experimental Medicine (New York). 68(1938)4, 529–562.

157 Oder „Benzpyren", ein aromatischer Kohlenwasserstoff, der eine kanzerogene Wirkung besitzt.

158 Lacassagne, A./ Nyka, W.: A propos d'une pathogène de l'adénocarcinome mammaire: recherche de la folliculine dans le collostrum. – In: Comptes rendus hebdomadaires des séances et mémoires de la société de Biologie (Paris). 116(1937), 844–845. Hinweis v. Ahlström, C.G.: Virus Tumours in Mammals. – In: Acta pathologica et microbiologica scandinavica (Kopenhagen). 38(1938)1, 37–46, Suppl.-Bd. Siehe auch Biedermann, W.: Referat (zu den Ausführungen Ahlströms – K.L.). – In: Referateteil der Zeitschrift für Krebsforschung (Berlin). 48(1939)4, 259.

im Rahmen der Kontrollversuche die Papillome nur langsam wuchsen und nach einiger Zeit wieder verschwanden.[159] Doch sprach Ahlström dem Filtrat die Bedeutung eines unmittelbar krebserzeugenden Agens ab, das in einen Wirtsorganismus eingedrungen wäre. Er kam diesem Konzept nur insofern entgegen, als er ein von außen einwirkendes Wesen für eine unspezifische, chronisch entzündliche Hautveränderung verantwortlich machte. Der Krebs sollte dann darauf sekundär entstehen.[160]

Mitte der 1930er Jahre waren es vor allem Befunde zu kleineren Pflanzenviren, die den Debatten in der Virusforschung und eben auch der Auseinandersetzung auf dem Gebiet der Erforschung des „Krebsvirus" neuen Schwung verliehen. Man stieß auf eine für lebende Organismen seltsame Eigenschaft, die Eigenschaft kristallin zu sein. Dass sich eine Reihe pflanzlicher Virusarten in kristallisierter Form darstellen ließ, stärkte den Glauben an eine zellinterne Entstehung des Virus und zementierte den Vorbehalt gegen ein mikrobentheoretisches Virusverständnis. Im Reagenzglas zeigten diese Substanzen ja keinerlei Lebenserscheinungen, und sie konnten unter geeigneten Bedingungen jahrelang gelagert werden, ohne ihre Ansteckungskraft einzubüßen.

W.M.Stanley berichtete, dass es ihm bei Anwendung verschiedener Verfahren der Eiweißchemie unter Einschaltung zahlreicher weiterer Trennungsvorgänge gelungen sei, aus dem Presssaft mosaikkranken Tabaks eine kristallähnliche, nadelförmige Substanz – ein kristallisierbares Protein – zu gewinnen, eine Substanz, die noch in äußerst geringen Mengen (10^{-9} g) ansteckend ist.[161] Aus einem Liter Quetschsaft kranken Tabaks ließen sich 2 g gewinnen. Die Ansteckungskraft

159 Ahlström: Virus Tumours in Mammals, op. cit. Siehe auch Ahlström, C.G./ Andrewes, C.H.: Fibroma Virus Infection in Tarred Rabbits. – In: Journal of Pathology and Bacteriology (Edinburgh). 47(1938)1, 65–86.

160 Zugestanden wurde, dass Infektionen in der Krebs-Pathogenese durchaus eine Rolle spielten, aber erst nachträglich, und zwar auf dem Umwege, dass chronische Infektionen zu Gewebs- und Zellwucherungen Anlass geben, die ihrerseits, so Bauer, „unter dem Einfluss giftiger Stoffwechselprodukte oder […] unter dem Einfluss sonstiger krebsinduzierender Noxen […] sekundär maligne entarten können […] Oder anders ausgedrückt: es kommt vor, dass chronisch verlaufende Infektionen eine Praeneoplasie erzeugen, die dann sekundär durch toxische Stoffe oder neue Noxen in ein Neoplasma überführt wird." Bauer Das Krebsproblem, loc. cit., S. 301. Siehe auch Köhler, W./ Mochmann, H.: Meilensteine der Bakteriologie. Von Entdeckungen und Entdeckern aus den Gründerjahren der Medizinischen Mikrobiologie. Jena: VEB Gustav Fischer Verlag 1980, S. 535.

161 Siehe Stanley, W.M.: Isolation of a Crystalline Protein Possessing the Properties of Tobacco Mosaic Virus. – In: Science (Washington). 81(1935)2113, 644–645, S. 644.

des Präparats war so groß, dass auch dann, wenn man 1g dieser Substanz 100 m^3 Wasser hinzufügte, es möglich war, mit wenigen Tropfen dieser Lösung bei gesunden Pflanzen die Symptome der Krankheit hervorzurufen. Stanley folgerte aus den Ergebnissen seiner Untersuchungen zum Protein des Tabakmosaiks, dass auch andere Virusarten hochmolekulare Eiweißstoffe sein dürften. Seine Entdeckung „veranlasste viele (Forscher – K.L.), kristallisierbare Viren als Moleküle anzusprechen", so Th.F.Anderson 1966.[162] 1936 kam auch R.J.Best in Australien zu dem Schluss, dass das Virus der Tabakmosaik-Krankheit ein Protein sein müsse.[163] Etwas später aber gelangten F.C.Bawden und N.W.Pirie bei ihren chemischen Analysen kristalliner Präparate, die sie bei der Untersuchung des Tabakmosaik-Virus hergestellt hatten, zu Ergebnissen, die sich davon unterschieden. Sie hatten im Unterschied zu Stanley Kohlehydrate und Phosphor gefunden, Stoffe, die nach Denaturierung des Materials als Ribonukleinsäure isoliert werden konnten, weshalb sie ihr Material als „Nukleoproteine" bezeichneten.[164] Dieser Auffassung folgte dann auch Stanley. Er bestimmte das in kristalliner Form isolierte Virus selber „als Nucleoprotein [...], das heißt, (als – K.L.) eine aus Nucleinsäure und Protein zusammengesetzte Substanz [...] Dasselbe Material konnte aus verschiedenen Arten von Pflanzen, wie Tomaten, Phlox und Spinatpflanzen, gewonnen werden, bei denen jener Virus nachgewiesen worden war [...]"[165]

---

162 Anderson, Th.F.: Elektronenmikroskopie von Phagen. – In: Phagen und die Entwicklung der Molekularbiologie. Hrsg. v. J.Cairns, G.S. Stent und J.D.Watson. Herausgeber der deutschen Ausgabe: E.Geissler. Berlin: Akademie-Verlag 1972, 72–87, S. 75.

163 Best, R. J.: Precipitation of the Tobacco Mosaic Virus Complex at Its Isoelectric Point. – In: Australian Journal of Experimental Biology and Medical Science (Adelaide). 14(1936), 1–13. Siehe auch Best, R.J./ Samuel, G./Bald, J.G.: Further Studies on Quantitative Methods with Two Plants Viruses. – In: Annals of the Applied Biology (London). 22(1935)3, 508–524.

164 Bawden, F.C./ Pirie, N.W.: The Isolation and Some Properties of Liquid Crystalline Substances from Solanaceous Plants Infected with Three Strains of Tobacco Mosaic Virus. – In: Proceedings of the Royal Society of Medicine (London). 123(1937)3, 274–320.

165 Stanley, W.M.: Beziehungen zwischen Viren und Krebs. – In: Naturwissenschaftliche Rundschau (Stuttgart). 10(1957)11, 401–408, S. 401. 1937 gaben Stanley und Wyckoff bekannt, noch andere phytopathogene Virusarten in Form von hochmolekularem Eiweiß isoliert zu haben. Stanley, W.M./ Wyckoff, R.W.G.: Isolation of Tobacco Ring Spot and Other Virus Proteins by Ultracentrifugation. – In: Science (Washington). 85(1937)2198, 181–183. Siehe auch id.: Virusproteins - A New Group of Macromolecules. – In: Studies from the Rockefeller Institute (New York). 106(1938), 597–612. Id.: Comparative Study of some Effects of Several Different Viruses on Turkish Tobacco Plants. – In: Studies from the Rockefeller Institute (New York). 106(1938), 587–596.

In kristallisierten Virusarten konnte man „Wirkstoffe" sehen, und zwar wegen der Einheitlichkeit und der definierten chemischen Zusammensetzung dieser Arten, so G.Schramm, der es als eine wichtige Aufgabe der „Viruschemie" ansah, die Viren rein darzustellen und ihre Einheitlichkeit zu prüfen.[166] Diese Entwicklung regte u.a. H.J.Fuchs wenig später dazu an, mit denselben Verfahrensweisen das Agens einer Krebsart zu erforschen. 1936 teilte er auf einer Tagung in London mit, dass er aus zellfreiem Auszug einer bösartigen Kaninchengeschwulst einen kristallinischen Stoff gewonnen habe, womit er auch wieder bei Kaninchen histologisch gleichartige Tumoren hervorrufen könne.[167]

Die Vorstellung, Viren würden Krebs verursachen, war auch aus einer Richtung hervorgegangen, in der man die Tumorbildung im Lichte der Vererbungslehre betrachtete. Bei Untersuchungen einiger Mäusestämme, deren Weibchen zumeist an Brustkrebs eingingen, war es immer nur möglich gewesen, Brustkrebs durch Überpflanzung seiner lebenden Zellen fortzuführen. So musste angenommen werden, dass der Krebs von Veränderungen der körpereigenen Zellen herrührte. Brustdrüsengeschwülste – gleich den anderen Geschwülsten, die, wie man meinte, „spontan" in genetisch gleichartigen Mäusen einträten – hielt man (im Ergebnis erbgenetischer Studien und vergleichend pathologisch-anatomischer Betrachtungen) lange Zeit für etwas, das allein einer erblichen Neigung geschuldet sei, zumal verschiedene Mäusestämme, obwohl sie unter gleichen Bedingungen lebten, eine verschiedene Anfälligkeit gegenüber Spontangeschwülsten der Mamma zeigten.[168]

---

166 Siehe Schramm, G.: Beitrag auf einer Sitzung der Berliner medizinischen Gesellschaft vom 25. Februar 1942. Mitteilung unter der Rubrik „Aus ärztlichen Gesellschaften". – In: Zeitschrift für ärztliche Fortbildung (Jena). 39(1942)11, 257–258, S. 257.

167 Hinweis v. Seiffert, G.: Virus und Viruskrankheiten bei Menschen, Tieren und Pflanzen. Biologische Einführung in die allgemeinen Forschungsergebnisse, praktischen Anwendungen und Arbeitsmethoden. – In: Wissenschaftliche Forschungsberichte. Naturwissenschaftliche Reihe, Bd. 46. Hrsg. v. E.D. Liesegang. Dresden-Leipzig: Steinkopff 1938, S. 28 (ohne Quellenangabe). Bereits 1913 war von Nowell mitgeteilt worden, dass sich aus Krebsmaterial eine solche Substanz gewinnen lasse. Er gab an, sie aus Geschwülsten von Menschen isoliert zu haben, die bei einem Kaninchen nach Impfung zu multipler Krebsbildung geführt habe. Nowell, H.W.: Experimentelle Krebsforschungen. – In: Centralblatt für allgemeine Pathologie und pathologische Anatomie (Jena). 24(1913)15, 682–686, S. 682. Allerdings wurden diese Versuchsergebnisse von anderen Forschern bezweifelt. Siehe Fränkel, E./ Klein, W.: Studien über die chemische Ätiologie des Carcinoms nach Nowell. – In: Zeitschrift für Krebsforschung (Berlin). 15(1916)1, 76–84.

168 Burns et al. folgend, schwankte die Anfälligkeit zwischen 0 und 100 %, deren Wert aber für bestimmte Stämme stets gleich blieb. Burns, E.L. et al.: On the Relation

Und so schaute man sich nach solchen genetischen Faktoren um, die für die Geschwulstentstehung verantwortlich sein müssten.[169] Zur Erforschung des Zusammenhangs zwischen Geschwulstneigung und genetischer Steuerung benötigte man reinerbige Stämme, und so wurden Inzuchtlinien von Mäusen (später auch Ratten und Meerschweinchen) verwendet.[170] Von Mäusen verschiedener Linien wurde erwartet, dass sie sich sowohl in der genetischen Verfasstheit als auch in ihren Tumorarten voneinander unterschieden. Und über einfache Kreuzungen unter Verwendung der Inzuchtlinien dachte man, zu Einsichten in die genetischen Grundlagen des Krebses zu gelangen. Untersuchungen Mitte der 1930er Jahre zeigten aber, dass an seiner Entstehung außer erblicher Belastung und hormonaler Disposition noch etwas anderes beteiligt sein muss: J.Bittner führte reziproke Kreuzungen zwischen Mäusen eines zu Tumoren neigenden und eines unbelasteten Stammes durch. Nun ergaben die Versuche, dass lediglich Nachkommen von

---

between the Incidence of Mammary Cancer and the Nature of the Sexual Cycle in Various Strains of Mice. – In: American Journal of Cancer (New York). 26(1936)1, 56–68.

169 Zuerst hatte sich Murray mit der Frage auseinandergesetzt, ob Erbfaktoren Einfluss auf die Brustkrebsherkunft bei Mäusen haben, und zwar in einer 1908 erschienenen Arbeit. Murray, J.A.: Spontaneous Cancer in the Mouse, Histology, Metastasis etc. Third Scientific Report. Imperial Cancer Research Fund. London: Taylor and Francis 1908, 69–114. Id.: Cancerous Ancestry and the Incidence of Cancer in Mice. Fourth Scientific Report Imperial Cancer Research Fund. London: Taylor and Francis 1911, 104–130.

170 Einer der verwendeten Stämme (der C3H-Mäusestamm) wurde seit 1918 mittels Bruder-Schwester-Inzucht gebildet. Die Weibchen dieses Stammes bekamen zu 78% Brustkrebs. Siehe Bittner, J.J.: The Breeding Behavior and Tumor Incidence of a Black Agouti Stock of Mice. – In: American Journal of Cancer (New York). 25(1935)2, 614–620. Strong, L.C.: The Genetic Appearance of Spontaneous Carcinoma of a Mammary Gland in the C3H Mice. – In: American Journal of Cancer (New York). 25(1935)2, 599–606. Koehler hatte zur Erforschung der Krebsherkunft im Lichte der Genetik seit 1909 geführte Mäuse-Inzuchtstämme verwendet, die rund 100 Generationen umfassten. Hier seien Spontantumoren aufgetreten, die sich in Linien mit großer und geringer Häufigkeit zerlegen ließen. Primär seien Anlagen vererbt worden, die zur Mutation von Körper- zu Krebszellen geführt hätten. Solle eine Geschwulst als Transplantat wachsen, so müsse ihre Erbfolge mit der des Wirtes in Einklang stehen. Koehler meinte, das Krebsproblem münde in einem Zusammenspiel von Anlage, entwicklungsphysiologischen Bedingungen und Außenfaktoren, die zu dem Problem der „gerichteten Mutation“ hinführe. Koehler, O.: Die Frage der Verursachung des Krebses im Lichte der Erbforschung. – In: Deutsche Medizinische Wochenschrift (Leipzig). 61(1935)2, 1791–1796.

Muttertieren aus der zu Brusttumoren neigenden Gruppe wiederum Geschwülste entwickelten, wohingegen dann, wenn Männchen dieser Gruppe in den Versuch einbezogen und mit Weibchen der anderen Gruppe gekreuzt wurden, die Nachkommen tumorfrei blieben. Dies war mit der These von der Erblichkeit des Brustdrüsenkrebses der Mäuse nicht vereinbar. Vielmehr sprachen die Ergebnisse dafür, dass bei Brustkrebs, der bestimmte Stämme befallen hatte, ein Faktor substantieller Natur als Ursache in Frage kommt. Es wurde daran gedacht, dass der Krebs durch etwas verursacht werde, das von den Müttern, noch bevor sie selbst an Brustkrebs erkranken, während der Stillperiode mit der Muttermilch an die Jungen weiter gereicht wird. Der Brustkrebs schien von einem über die Milch weiter gegebenen Faktor bedingt zu sein.[171]

Weitere Untersuchungen zum von Bittner aufgedeckten „Milchfaktor" hätten, wie es in einem von H.M.Rose und C.Morgan 1960 verfassten Aufsatz heißt, ziemlich eindeutig gezeigt, dass das Agens als ein Virus zu klassifizieren sei, dessen Aktivität in Verbindung stehe mit einem Partikel sowohl von annähernd 100 mμ als auch mit einem kleineren Partikel von 20 bis 30 mμ im Durchmesser. Sie kamen bei Untersuchungen des dann als „Mammatumorvirus" bezeichneten Milchfaktors zu dem Urteil: "The particles are exclusively extracellular and appear to arise at the cell margin, as in the case of influenza virus. Cytopathic effects associated with growth of the tumor tissue in vitro have not been observed, despite the fact that viral multiplication appears to be taking place."[172]

Mit dem Nachweis der Existenz eines mit der Milch übertragenen Krebserregers ließ sich die Überlegung anstellen, dass die Tiere vor einer Infektion bewahrt werden könnten, wenn man sie gleich nach der Geburt von unbelasteten Mäusen säugen ließe. In früheren Arbeiten zeigte Bittner, dass sich das Auftreten von Brusttumoren stark krebsbelasteter Mäusestämme vermindert, wenn man die

171 Siehe Bittner: The Breeding Behaviour and Tumour Incidence of a Black Agouti Stock of Mice, op. cit. Id.: Some Possible Effects of Nursing on the Mammary Gland Tumor Incidence in Mice. – In: Science (Washington). 84(1936)2172, 162–163. Id.: The Spontaneous Tumor Incidence in Mice. – In: Journal of Hereditary (Oxford - Washington). 27(1936)10, 391–393. Id.: Possible Relationship of the Estrogenic Hormones, Genetic Susceptibility, and Milk Influence in the Production of Mammary Cancer in Mice. – In: Cancer Research (Philadelphia/Pa.). 2(1942)11, 710–721. Id.: Further Studies on Active Milk Influence in Breast Cancer Production in Mice. – In: Proceedings of the Society for Experimental Biology and Medicine (Cambridge/ Mass. et al.). 45(1940)3, 805–810. Siehe auch Strong, L.C.: Genetik und Krebs. – In: Zeitschrift für Krebsforschung (Berlin). 56(1949)3, 208–224, S. 214.

172 Rose, H.M./ Morgan, C.: Fine Structure of Virus-Infected Cells. – In: Annual Review of Microbiology (Palo Alto/ Cal.). 14(1960)1, 217–240, S. 235.

Jungen einer stark belasteten Zucht bald nach der Geburt von der Mutter trennt und mit der Muttermilch schwach belasteter Stämme ernährt, mit der Milch von Ammen, die den „Milchfaktor" nicht ausscheiden.[173] Durch wechselseitige Kreuzungen ließ sich also nachweisen, dass sich durch Fütterung junger Mäuse, die zu stark belasteten Stämmen gehörten, mit der Milch schwangerer Weibchen aus schwach belasteten Stämmen das Auftreten des Brustkrebses regelmäßig einschränken lässt und umgekehrt. Während im mütterlichen Stamm 90 % aller Individuen Brustkrebs bekamen, erkrankten nur 30 % der aus der Kreuzung stammenden Nachkommenschaft. Zu dem Ergebnis, dass mit der Aufzucht, die von einer Amme betreut worden war, die Jungen tumorfrei blieben, kam Bittner auch bei der Untersuchung von Nachkommen lungenkrebsanfälliger Stämme.[174] Andererseits konnten Junge einer von Tumoren unbelasteten Aufzucht von der Milch belasteter Mütter „angesteckt" werden. Der vermutete Erreger verursachte jedoch nicht in allen Fällen Geschwülste. Bittner vermutete, dass eine – möglicherweise hormonell bedingte – Empfänglichkeit für die Krankheit manche Mäuse anfälliger für den krebsverursachenden Erreger machte als andere.[175]

In den 1950er Jahren wurde das Speicheldrüsentumorvirus (Parotistumorvirus) entdeckt, das später als „Polyoma-Virus" bezeichnet wurde, da es ein vielgestaltiges Bild verschiedener Geschwulstarten hervorbringen kann und nicht nur auf eine Tierspezies beschränkt ist. Es kann sich lange im Organismus aufhalten, ohne in Erscheinung zu treten. Das Virus hatten Gross und S.E.Stewart

---

173 Bittner, J.J.: Breast Cancer and Mother's Milk in Relation of Nursing to the Theory of Extra-Chromosomal Causation of Breast Cancer in Mice. A Preliminary Report. – In: Journal of Hereditary (Oxford - Washington). 28(1937)11, 363–365.

174 Bittner, J.J.: Foster Nursing and Lung Cancer in „A" Stock Mice. – In: American Journal of Cancer (New York). 38(1940), 95–102. Bittner, J.J./ Little, C.C.: The Transmission of Breast and Lung Cancer in Mice. – In: Journal of Heredity (Oxford - Washington). 28(1937)3, 117–121.

175 Man hatte auch schon versucht, einen Milchfaktor in Bezug auf menschlichen Brustkrebs nachzuweisen. Jakobsen fand bei der Untersuchung der Stammbäume von Brustkrebsfällen 36mal Brustkrebs in der mütterlichen, in 8 Fällen in der väterlichen Ahnenreihe. In 6 Stammbäumen zeigte sich eine gemischte Belastung. Jakobsen, O.: Hereditary in Breast Cancer. Kopenhagen - London: HK Lewis & Co. 1946. Siehe auch Smithers, D.W.: Family Histories of 459 Patients with Cancer of the Breast – In: British Journal of Cancer (London). 2(1948)2, 163–167. Hinweise von Schmidt: Über die Virustheorie - Induktionstheorie - der Krebsentstehung, loc. cit., S. 76 f. Siehe auch Gross, L.: Electron Microscopic Examination of Human Milk Particulary from Women Having Family Record of Breast Cancer. – In: Proceedings of the Society of Experimental Biology and Medicine (Cambridge/ Mass. et al.). 75(1950)1, 270–276.

im Rahmen von Studien zu Leukämie-Viren entdeckt. Der entscheidende Fortschritt kam dadurch zustande, dass es gelang, dieses Virus in der Gewebekultur zu züchten und darin stark anzureichern und mit diesen Aufschwemmungen bei Mäusen, Goldhamstern, später auch Kaninchen und Ratten verschiedene Geschwulstarten zu produzieren, das heißt, es ließ sich ein Agens aus dem Geschwulstgewebe von Mäusen absondern, das eine Vielzahl von Tumoren bei verschiedenen Säugerarten bewirkt.[176] 1959 gelang auch Graffi „die Isolierung eines besonderen Polyomavirusstammes aus dem Material […] (von – K.L.) virusbedingten myelomischen Mäuseleukämien, […] der speziell bei Ratten Nieren- und Knochensarkome sowie Fettgeschwülste und außerdem bei Mäusen, Hamstern, Kaninchen und Meerschweinchen vor allem subcutane und innere Fibrome und Sarkome hervorruft."[177]

---

176 Siehe Stewart, S.E. et al.: The Induction of Neoplasms with a Substance Released from Mouse Tumors by Tissue Culture. – In: Virology (New York). 3(1957)2, 380–400.

177 Graffi, A.: Experimente und Betrachtungen zur Natur und Ursache des Krebses. Berlin: Akademie-Verlag 1964, S. 14 f.

3. Zur standortgebundenen Sicht auf das entdeckte Phänomen und wie sie die Auseinandersetzungen in der Krebsforschung beeinflusst hat

Mit der Vorstellung, dass man von einer Übertragbarkeit von Geschwülsten ausgehen müsse, die sich auf zellfreie Tumorauszüge zurückführen lasse, konnten sich weder die zellpathologisch noch mikrobentheoretisch denkenden Krebsforscher sogleich anfreunden. Das Zustandekommen dessen, was der Fachöffentlichkeit als neue Entdeckung präsentiert worden war, führten sie oftmals auf fehlerhafte experimentelle Vorgehensweisen der Entdecker zurück. Und wenn nicht, dann wurde das entdeckte Phänomen in einer Weise gedeutet, die sich mit dem jeweils vertretenen (zellinterne Vorgänge oder eine Mikrobeninvasion in den Mittelpunkt stellenden) Erklärungsmuster irgendwie vereinbaren ließ bzw. man war zur Entschärfung des Erklärungsproblems um eine Modifikation bzw. Ergänzung dessen bemüht, wovon man auszugehen pflegte. Solche Anstrengungen wurden in beiden Lagern unternommen, was jedoch mitnichten zu einer Vermeidung jener Streitigkeiten verhalf, die die genannten Parteien miteinander austrugen, vielmehr wurde in diesem Prozess der Graben zwischen beiden Lagern noch vertieft. Das, was von beiden Seiten unternommen wurde, das neu Entdeckte aufzugreifen, wurde ja vom jeweils eingenommenen Standpunkt beherrscht.

Der Auffassung folgend, dass das, was Geschwülste hervorruft, zellulär aufgebaut sei, dachte man entweder an erkrankte Zellen des vom Krebs betroffenen Organismus oder an von außen in den Organismus eingedrungene Mikroben, also auch an etwas Zellartiges, nur dass in diesem Falle von einer exogenen Krebsursache die Rede war, wohingegen nach der erstgenannten Variante dem Krebsleiden ein endogener Ursprung zuerkannt wurde. Wenn Filtraten eine krebsbildende Wirkung zugestanden wurde, ließ sich das auch so erklären, dass sie gar nicht zellfrei gewesen sein müssen. Man verwies auf Zellen bzw. Mikroben von so geringer Größe, die es ihnen erlaubte, durch die Filter zu gelangen. Nach F.Pentimalli (1916) konnte man sich durchaus vorstellen, „dass unter Umständen bei den ersten Experimenten durch die Poren des Filters wenn auch nicht ganze Zellen, so doch mehr oder minder große Teile derselben durchwaschen, die im neuen Wirtstiere eine passende Umgebung finden und so sich regenerieren und proliferieren können."[178] Die tumorbildende Wirkung der krebsbildenden Substanzen sollte also auf Zell- bzw. Zellkernreste zurückgehen, die entgegen der Absicht, zellfreie Substanzen zu erzeugen, im Versuchsmaterial verblieben wären. Dass, wenn auch nicht ganze Zellen, so doch zumindest Zelltrümmer bzw. Kerne, an denen noch Bruchstücke von Plasma hingen, im Filtrat enthalten seien, wurde häufig in den Debatten geltend gemacht.[179] W.Nakahara berichtete 1927, dass Experimente mit dem Rousschen Sarkom zeigten, dass das Tumormaterial zahlreiche kleine Zellformen enthalte, die mit Leichtigkeit grobe und mittlere Berkefeld-Filter passierten. Und schon eine äußerst geringe Anzahl solcher Zellen reiche nach Waschen mit Kochsalzlösung aus, um die Geschwulst zu übertragen. Wirklich zellfreies Tumorfiltrat beeinflusse das Wachstum dieser Zellen nach einer Übertragung ebenso wenig, wie destilliertes Wasser.[180] Auch M.Borst (1936) gab zu bedenken, dass es ja sehr kleine Zellen gebe, die sich von dem verwendeten Filter nicht zurückhalten ließen, „Zwergzellen", die sich vielleicht noch in große Geschwulstzellen verwandeln würden. Er berichtete 1936, dass man in den Randgebieten abgestorbener Gewebezellen von transplantierten Tiertumoren oft mehr oder weniger breite Zonen von Geschwulstzellen sehe, die „viel kleiner sind als die übrigen, oft in lebhafter Mitose befindlichen Geschwulstelemente." Sie hätten teilweise „strukturlose, sich dunkel färbende, wie pyknotische, kleine Kerne" und oftmals auch ein „sehr dichtes strukturloses Protoplasma." In seinem Aufsatz stellte Borst „Übergangsbilder" vor, die

178 Pentimalli: Über die Geschwülste bei Hühnern. I. Mitteilung. Allgemeine Morphologie der spontanen und der transplantablen Hühnergeschwülste, loc. cit., S. 113 f. Es dürfte sich aber, wie er zu bedenken gab, nur um sehr kleine zelluläre Fragmente handeln, von denen man aber kaum annehmen könne, dass sie sich nachher regenerierten. Eher sei anzunehmen, „dass, wenn es auch einigen Teilen von Geschwulstzellen gelingt, das […] Filter zu passieren und so mit dem Filtrat inokuliert zu werden, dieselben nach einer kürzeren oder längeren Zeit zugrunde gehen müssen." Ibid.

179 Siehe Schuurman, O.J.: Der Bakteriophage, eine Ultramikrobe. Das d'Herellesche Phänomen. Bonn: P. Rohrmoser 1927, S. 136 ff. Levinthal, W.: Die Aetiologie der Psittacosis. – In: Medizinische Welt (Berlin). 4(1930)17, 588. Id.: Die Aetiologie der Psittacosis. – In: Klinische Wochenschrift (Berlin). 9(1930)14, 654.

180 Nakahara, W.: A Critical Study on the Question of the so-called Causative Agent of Chicken Sarcoma. – In: Scientific Reports from the Government Institute for Infectious Diseases (Tokyo). 5(1927), 287–302. Hinweis v. Krauspe (o.V.): Rezension dieses Artikels. – In: Referateteil der Zeitschrift für Krebsforschung (Berlin). 26(1928), 37. Siehe auch Nakahara, W.: Effect of Mechanical Injury on Desiccated Chicken Sarcoma. – In: Proceedings of the Society of the Imperial Academy of Japan (Tokyo). 4(1928)2, 73–75.

einen Übergang von kleinen zu großen Zellen belegen sollten. Sie veranlassten ihn zu fragen: „Vielleicht können winzig kleine, mit einer Spur von Protoplasma um einen ‚Kernpunkt' herum, die Poren der Filter passieren oder auch große Kältegrade als Dauerform von Zellen nach der Art von Bakteriensporen aushalten und bei günstigen Bedingungen zu ‚vollwertigen' Zellen werden?"[181]

Auch anderen Techniken, mit denen zellfreies Material gewonnen werden sollte, wurde die erhoffte Wirkung abgesprochen. So teilte Nakahara in den späten 1920er Jahren mit, dass aus Trockenpulver des Roussarkoms noch lebende Zellen gezüchtet werden könnten. Und wenn getrocknetes Hühnersarkompulver im Mörser auch noch zerrieben würde (in der Absicht, die Zellen zu zerstören), habe dieses Pulver gegenüber nicht zerriebenem Trockenmaterial in erheblichem Maße an tumorerzeugender Fähigkeit eingebüßt.[182] Dieses Ergebnis wurde etwa zur gleichen Zeit von E.Haagen bestätigt.[183] Man wandte ein, dass die tumorbildende Wirkung des Pulvers lediglich die Folgerung gestatte, dass nicht alles, was zum Inhalt des Pulvers gehöre, zellfrei sein müsse. Es wurden auch Versuche, durch Tiefkühlung die kausale Rolle eines zellfreien Agens zu beweisen, für unbrauchbar befunden: So gab R.Rössle (1949) Beobachtungen wieder, die er in Hinblick auf eine Transplantation von in flüssigem Stickstoff gefrorenem Geschwulstgewebe gewonnen hatte. Sie hätten ergeben, dass einige Zellen die Einfrierung überstanden und zu Ausgangszellen des Tumorwachstums wurden.[184] Auch Versuchen, Zellfreiheit

181 Borst, M.: Über Kleinzellen in Tumoren. Ein Beitrag zur Frage der zellfreien Geschwulstübertragung. – In: Zeitschrift für Krebsforschung (Berlin). 44(1936)1, 145–156, S. 147 ff. und 156. Siehe auch id.: Krebs und Virus. – In: Orvosképzés (Budapest). 28(1938), 145–148. Auch hier verweist Borst auf die Möglichkeit, dass die Tumorübertragung von kleinsten Lebensteilchen bewerkstelligt wird, von kleinsten Zellen, die auch die engsten Filterporen zu passieren vermögen. Siehe auch Jung, G.: Carcinombildung an den Geschlechtsorganen bei einem jugendlichen weiblichen Affen. – In: Zeitschrift für Krebsforschung (Berlin). 21(1924)1–2, 227–229.

182 Nakahara: A Critical Study on the Question of the so-called Causative Agent of Chicken Sarcoma, op. cit.

183 Haagen, E.: Die Bedeutung der Monozyten in der ätiologischen Tumorforschung. – In: Archiv für experimentelle Zellforschung, besonders Gewebezüchtung (Explantation). (Jena). 4(1928), 433–437.

184 Rössle, R.: Über die Metastasierung bösartiger Geschwülste auf dem Schleimhautwege und ihre Bedeutung für das Problem der Malignität. – In: Virchows Archiv für pathologische Anatomie und Physiologie und für klinische Medizin (Berlin). Bd. 316 (1949), 501–524. Hinweis v. Schmidt: Über die Virustheorie - Induktionstheorie - der Krebsentstehung, loc. cit., S. 2 f.

von Tumorgewebe durch hochtourige und langdauernde Zentrifugation zu erzielen, wurde kein Erfolg zugestanden.

Mikrobentheoretisch orientierte Krebsforscher waren ebenso bemüht, Herkunft und Wirkung von Filtraten in Einklang mit dem von ihnen vertretenen Konzept verständlich zu machen. So machte Rous auf Merkmale des Erregers des von ihm untersuchten Hühnersarkoms aufmerksam, die nach seiner Auffassung den Schluss gestatteten, dass es sich bei dem Agens um einen parasitären Organismus, um eine Mikrobe handele, wenngleich um eine solche mit äußerst winzigen Ausmaßen. In einem 1913 gemeinsam mit J.B.Murphy verfassten Artikel wurde auf solche Charakteristika verwiesen: „Das Hauptinteresse der Erkrankung liegt nicht in der Belehrung über das Verhalten verpflanzbarer Tumoren beim Vogel [...], sondern in der Tatsache, dass die Ursachen des Gewächses in einer filtrierbaren Substanz, fast ohne Zweifel einem lebenden Organismus, entdeckt worden ist."[185] Und an anderer Stelle: „Die Kennzeichen des Agens sind diejenigen, welche wir als charakteristisch für Mikroorganismen ansehen [...]"[186]

Seinerzeit gab es noch keine klare Grenzlinie zwischen Bakteriologie und Virusforschung. In einem von A.E.Boycott 1928 verfassten Artikel heißt es: "Brought up as we all have been in the heyday of bacteriology, it is a little difficult for us to get an unprejudiced view of the situation. Because an agent is constantly associated with and, as we believe, is the cause of a disease very similar to others which we feel assured are caused by bacteria, we naturally assume that its natural history is more or less similar to that of bacteria. We might have been in a better position to take a just view of the facts if we had lived in pre-bacteriological days [...]"[187] Noch in den 1930er Jahren waren die meisten Bakteriologen nicht gewillt, Viren eine biologische Eigenart zuzubilligen. Herausgehoben aus der Welt der Mikroben wurden sie oftmals nur nach rein methodisch bedingten Merkmalen, zum Beispiel danach, ob das untersuchte Material filtrierbar ist – womit unterstellt wurde, dass die Grenze zwischen Virus und Bakterium allein in den Poren einer Tonkerze aufgerichtet wäre –, und ob es sich durch mikroskopische Invisibilität auszeichnet. Und man konnte erwarten, dass diese Eigenschaften

185 Rous, P./ Murphy, J.B.: Beobachtungen an einem Hühnersarkom und seiner filtrierbaren Ursache. – In: Berliner klinische Wochenschrift (Berlin). 50(1913)14, 637–639, S. 639.

186 Ibid., S. 639.

187 Boycott, A.E.: President's Address: The Transition from Live to Dead: the Nature of Filtrable Viruses. – In: Proceedings of the Royal Society of Medicine (London). 22(1928)1, 55–69, S. 65.

mit der Ausreifung der Techniken als Unterscheidungsmerkmale an Bedeutung verlören und sich schließlich erübrigten.[188]

Zur Verteidigung der Ansicht, dass für die Geschwulstbildung Mikroben verantwortlich seien und dass dies durchaus mit der Wirksamkeit von Tumorfiltraten vereinbar sei, musste man sich mit dem Argument auseinandersetzen, dass das, was durch die Poren gleitet, viel zu winzig sei, um Leben zu beherbergen. Doch ließen sich auch etliche Gründe benennen, die es als berechtigt erscheinen ließen, Krebsviren auf eine mit der bakteriologischen Tradition verträgliche Weise zu erfassen. Erwogen wurde u.a., ob es sich hierbei um ein Stadium im Lebenszyklus pilzartiger oder bakterieller Mikroorganismen oder um so etwas wie „Minimalbakterien", „Mikrobakterien" oder „Ultramikroben", um „Mikromikroben" (um die „Zwerge der Mikrobenwelt"[189]) handeln könnte, also um etwas, das wegen seiner äußerst winzigen Ausdehnung die Poren eines Filters zu passieren imstande wäre. Überdies gab es ja auch Befunde, mit denen die Filtrierbarkeit gar nicht mehr als unübersteigbare Mauer zwischen dem Virus- und dem Mikrobenreich aufgefasst werden konnte: So war man auf Bakterien gestoßen, die durchaus Filter zu durchqueren vermochten (beispielsweise der Pfeiffer'sche Influenzabazillus). Schon seit längerer Zeit wisse man, so K.Herzberg 1941, „dass eine gewisse Zahl kleinster Keime, die zum Bakterienreich gehören, Hartfilter

---

188 Siehe Gildemeister, E.: Historische Entwicklung der experimentellen Virusforschung. – In: Handbuch der Viruskrankheiten in zwei Bänden. Hrsg. v. E. Gildemeister, E.Haagen und O.Waldmann. Erster Band. Jena: Gustav Fischer 1939, S. 9. Siehe auch Rivers, T.M.: The Nature of Viruses. – In: Physiological Review (Baltimore/ Md.). 12(1932), 423–452, S. 429. Die weitere Entwicklung schien dieser Anschauung auch entgegenzukommen. Sie wurde mit der Fortentwicklung optischer Geräte und besonderer Färbemethoden, so dass Viren tatsächlich sichtbar gemacht werden konnten, und mit der Einführung des Elektronenmikroskops gefestigt, zu dessen ersten Objekten Bakterien gehörten. Weil die Durchdringungsfähigkeit der Elektronen äußerst gering ist, wurde die Nützlichkeit des „Übermikroskops" eben zuerst an solchen kleinen und dünnen biologischen Objekten erwiesen. Siehe Hoppe, B.: Naturkunde und Biologie in ihrer Wechselwirkung zur Technik. – In: Technik und Kultur in 10 Bänden. Bd. III: Technik und Wissenschaft. Hrsg. v. A.Herrmann und Ch.Schönbek. Düsseldorf: VDI-Verlag 1991, S. 330. Auch die Entwicklung der Filtertechnik verhalf dazu. Mit deren Vervollkommnung (insbesondere mit graduierten kolloiden Membranfiltern) gelang es schließlich, das Agens von Flüssigkeiten zu trennen.

189 Diesen Ausdruck verwendete Rivers zur Kennzeichnung großer Virusarten. In den mittelgroßen Arten sah er noch unbekannte primitive Lebensformen, in extrem kleinen Arten vermutete er unbelebte pathogene Agenzien. Rivers, T.M.: Viruses and the Diseases Caused by Them. – In: Annals of Internal Medicine (Philadelphia). 9(1936)11, 1466–1474.

durchlaufen können."[190] Und es waren überdies „Riesenviren" ermittelt worden, die dazu nicht in der Lage waren[191], Viren, die sich sogar mit dem Lichtmikroskop beobachten ließen.[192]

Auch konnte man lichtbildgestützte Beobachtungen anführen, wonach die filtrierbaren Agenzien bestimmter Krankheiten mit kleinsten Bakterien morphologisch übereinzustimmen schienen. Die kleinen Körperchen verschiedener Viren zeigten, so F.M.Burnet und C.H.Andrewes, eine Struktur und womöglich sogar einen Vermehrungsmodus, „der im Wesentlichen dem bei gewöhnlichen Bakterien gefundenen ähnlich ist."[193] Dass es dennoch nicht so ohne weiteres gelingen wollte, die Virusforschung als etwas zu betreiben, worin sie sich als eine

---

190 Herzberg, K.: Virusarten und Ansteckungsstoffe. – In: Klinische Wochenschrift (Berlin). 20(1941)36, 897–902, S. 897.

191 Mega- und Pandoraviren, die unterschiedlichen Familien zuzurechnen sind, gehören dazu. Unlängst wurden über 30000 Jahre alte Riesenviren (der „Pithovirus sibericum") in sibirischem Frostboden entdeckt und wieder zum Leben erweckt. Sie ähneln Pandora- und Megaviren, stecken bestimmte Amöben an und zeigen unter dem Elektronenmikroskop eine amphorenähnliche Struktur. Die Anzahl der im Erbgut kodierten Proteine ist, verglichen mit der bei Pandora- und Megaviren, gering. Siehe Legendre, M. et al.: Thirty-thousand-year-old Distant Relative of Giant Icosahedral DNA Viruses with a Pandoravirus Morphology. – In: Proceedings of the National Academy of Sciences of the U.S.A. (Washington). 111(2014)8, 1–6, S. 1. Mit dem Cafeteria roenbergensis Virus (CroV) lässt sich ein weiteres Beispiel vorführen. Das CroV-Genom ist deutlich größer als das vieler zellulärer Organismen. Es ist das größte bekannte Virus im Meer. Es befällt Geißeltierchen (Cafeteria), die zu den Einzellern gehören und sich von Phytoplankton ernähren. C. A. Suttle fand heraus, dass CroV jene Geißeltierchen infiziert, sie gleichsam zum Platzen bringt und so deren Nährstoffe freisetzt. Suttle, C.A. et al.: Giant virus with a remarkable complement of genes infects marine zooplankton. Proceedings of the National Academy of Sciences of the USA (Washington). 107(2010)45, 19508–19513.

192 Beugungseffekte lassen, wie Ernst Abbe herausgefunden hatte, nicht zu, unter dem Mikroskop Punkte, die weniger als die Hälfte der Wellenlänge des verwendeten Lichts auseinanderliegen, voneinander getrennt wahrzunehmen. Abbe, E.: Beiträge zur Theorie des Mikroskops und der mikroskopischen Wahrnehmung. – In: Archiv für mikroskopische Anatomie (Berlin). 13(1873)1, 413–418. Bei der kürzesten Wellenlänge sichtbaren Lichts sind das ca. 200 Nanometer. Größere Zell-Bausteine lassen sich demnach anschauen, jedoch nicht Viren oder einzelne Moleküle. So musste sich die Biologie in all diesen Jahren damit abfinden, dass selbst mit den besten Mikroskopen Objekte, die kleiner als etwa 0,5 µm sind, nicht ausreichend dargestellt werden können.

193 Burnet, F.M./ Andrewes, C.H.: Über die Natur der filtrierbaren Vira. Überblick über neuere Virusuntersuchungen, unter besonderer Berücksichtigung der einschlägigen Arbeiten aus dem National Institute for Medical Research, London. – In: Zentralblatt

Fortentwicklung der Bakteriologie realisiert, schien allein technischen Unzulänglichkeiten geschuldet zu sein. So war für Barnard die Annahme, dass sich das Virus von gewöhnlichen Bakterien unterscheiden würde, auch nur dem Umstand geschuldet, dass es keine hinreichend entwickelte Mikroskope gegeben habe. "It is a fact that the dividing-line between virus and bacteria is placed just where the existing microscope failed, so far as the observation of a visual image is concerned." Die Untersuchung "of the one leads continuously and without break to the study of the other. The only demonstrable dividing-line, if such there be, seems to be one originally imposed by the available methods of study – arbitrarily imposed indeed by the physical limits of the microscope itself."[194]

Dass Viren keinen autonomen Stoffwechsel aufweisen, ließ sich auch auf einen durch Anpassung zustande gekommenen strengen Parasitismus zurückführen, das heißt, es wurde erwogen, ob Viren so etwas wie phylogenetisch degenerierte Schmarotzer sein könnten. Die Auffassung des Virus „als eines durch die Anpassung an sein parasitäres Dasein entarteten primitivsten Lebewesens" wertete H.Staudinger als etwas, das mit allen seinerzeit bekannten Tatsachen am besten vereinbar war.[195] Dass es zu den Eigenarten von Viren gehört, sich nur im Zellinnern eines Wirtsorganismus zu vermehren, war eine Bestimmung, die sich überdies erst später uneingeschränkt vertreten ließ, gab es doch Bakterien, welche sich in dieser Hinsicht ähnlich zu verhalten schienen, so der Erreger der Papageienkrankheit (Chlamydophila psittaci) und der des Trachoms (Chlamydia trachomatis), die der Familie der Chlamydiaceae angehören.[196] Es handelt

---

für Bakteriologie, Parasitenkunde und Infektionskrankheiten (Jena). 1933, Abt.I, Orig., Bd. 130, 161–183, S. 166.

194 Barnard: Presidential Address. I. Towards the Smallest Living Things, loc. cit., S. 2.

195 Staudinger, H.: Zum Stand der Virusforschung. – In: Universitas. Orientierung in der Wissenschaft (Stuttgart). 2(1947)9, 1069–1076, S. 1076.

196 Der Erreger der Papageienkrankheit wurde ursprünglich „psittacosis virus" genannt. Siehe Harkinezhad, T./ Geens, T./ Varonrompay, D.: Chlamydophila Psittaci Infections in Birds: A Review with Emphasis on Zoonotic Consequences. – In: Veterinary Microbiology (New York - Oxford - Amsterdam). 135(2009)1–2, 68–77, S. 68 f. Man habe ihn, so de Kruif, nicht sogleich finden können. „Vielleicht war er zu klein, als dass man ihn sehen konnte, vielleicht nur ein ultramikroskopisches Virus, das durch alle Filter ging, ein Wesen weit unter der Grenze des Sichtbaren, von der Größe der untersten Bausteine des Lebens, die nur aus wenigen Eiweiß-Molekülen bestehen. Solche Überlegungen waren durchaus nichts für diesen Fall Charakteristisches, man stellt sie immer an, wenn man bei irgendeiner Krankheit den Erreger nicht finden kann. Die gleiche Art unendlich kleiner, vielleicht formloser, sicherlich unsichtbarer Mörder ist die Ursache von gelbem Fieber, Tollwut, Fleckfieber und anderem." Kruif, P. de:

sich hierbei um sehr kleine intrazelluläre Parasiten, die zunächst als Viren aufgefasst wurden.

Doch wie ging man mit dem Problem um, dass einer der zentralen, in den so genannten Kochschen Postulaten fixierten Forderungen der Bakteriologie nicht Genüge getan worden war, nämlich der Züchtung von Reinkulturen auf festen Nährböden[197], wovon doch die Beweiskraft von Behauptungen zur Verursachung ansteckender Krankheiten abhängig gemacht wurde?[198] Dass es nicht gelang, im Verständnis des Krebses als einer Infektionskrankheit ein aktives tumorerzeugendes Agens vom Wirtskörper vollkommen zu trennen und in Reinkultur hinreichend oft umzuzüchten und so Krebs von Neuem zu erzeugen, schien seinerzeit nur eine Schwierigkeit zu sein, die sich irgendwann mit weiteren Fortschritten in der Kultivierungstechnik würde beheben lassen. Man glaubte, dass man geeignete Nährböden eben noch nicht gefunden habe, auf denen eine künstliche Züchtung gelänge. Man konnte auch darauf verweisen, dass es durchaus noch nicht gesichert war, dass die Präsenz von Zellen allein der Virusreplikation zukommt, gab es doch auch bestimmte Bakterien, die sich auf künstlichen Nährböden erst dann vermehren ließen, wenn man der Nährsubstanz ein bestimmtes Substrat als Wachstumsfaktor (zum Beispiel Hämoglobin) hinzufügte. Analog dazu, dass es Bakterien gab, die zum Wachstum besonderer Medien bedurften, schien es im

---

Kämpfer für das Leben. Ruhmestaten großer Naturforscher und Ärzte. Berlin: Verlag Ullstein 1936, S. 187 f. Siehe auch Schuurman, O.J.: Forschungen über Geschichte und Aetiologie der Papageienkrankheit, der Psittacosis. – In: Zeitschrift für angewandte Chemie (Berlin). 44(1931)29, 293. Auch der Erreger des Trachoms wurde für ein Virus gehalten wegen seines Unvermögens, auf künstlichen Nährböden zu wachsen. 1907 war er noch von Halberstädter und Prowazek den Protozoen zugerechnet worden. Halberstädter, L./ Prowazek von, S.: Zur Aetiologie des Trachoma. – In: Deutsche Medizinische Wochenschrift (Stuttgart). 33(1907)1, 1285–1287. 1965 konnte man diese Agenzien dank der Entwicklung der Elektronenmikroskopie als Bakterien identifizieren. Hinweis v. Harkinezhad et al: Chlamydophila Psittaci Infections in Birds: A Review with Emphasis on Zoonotic Consequences, loc. cit., S. 68.

197 Koch, R.: Zur Untersuchung von pathogenen Organismen. Mittheilungen aus dem Kaiserlichen Gesundheitsamte. – In: Gesammelte Werke. Bd. 1. Berlin: Georg Thieme 1881, 1–48. Siehe auch id.: Ueber bakteriologische Forschung. – In: Deutsche medizinische Wochenschrift (Leipzig). 16(1890)33, 756–757.

198 Dies erkläre zu einem wesentlichen Teil, „weshalb so lange das Dogma sich erhalten konnte, dass nur die unversehrte Krebszelle bei den Säugetierkrebsen imstande ist, wieder Tumoren zu erzeugen." Blumenthal, F./ Auler, H./ Solecka, M.: Erzeugung maligner Tumoren durch Milzbrei eines Rattensarkoms. – In: Zeitschrift für Krebsforschung (Berlin). 25(1927)1–2, 229–234, S. 231.

Falle des Virus nur darum zu gehen, die „richtigen" Stoffe zu entdecken, die dann eine in vitro-Kultur des Agens zuließen.

Für die Beibehaltung einer zellpathologische Ausrichtung sprach, dass in der nach deren Maßgabe betriebenen Forschung wichtige Fortschritte erreicht worden waren: Man war auf typische Tumormerkmale gestoßen sowie auf die sich ausbreitende Wucherung und das Vermögen zur Bildung von Tochtergeschwülsten in entfernten Geweben und Organen über den Blut- und Lymphenweg u.a.m. gekommen.[199] Die Forscher stützten sich auf Versuche, mit denen Tumorgewebe auf gesunde Organismen überpflanzt wurde, um auf diesem Wege neue Geschwülste zu erzeugen, wobei das Material, das für die Versuche verwendet wurde, vor jeglicher Ansteckung geschützt gewesen sein sollte, um den Verdacht zu entkräften, die Tumoren rührten von irgendwelchen Keimen her. Damit wollte man zeigen, dass die Übertragungsfähigkeit der Geschwülste allein an Krebszellen des erkrankten Organismus geknüpft ist, an Zellen, die auf eine solche Art geschädigt sein mussten, dass sie nicht mehr imstande waren, dem Interesse des Gesamtorganismus zu dienen. Das heißt, sämtliche Erscheinungen der Krebswucherung wurden auf zelleigene Vorgänge, auf in einer bestimmten Hinsicht gestörte zelluläre Prozesse im betroffenen Organismus zurückgeführt, und man meinte, dass Krebs ein Regulationsproblem solcher Vorgänge sei.[200] Wenn man bei der Untersuchung von Tumorgewebe dennoch auf Mikroben stieß, so musste man deshalb diesen Ansatz nicht sogleich in Frage stellen: Das, was von der Gegenpartei als

199 Die Zellenlehre wurde in den 1830er Jahren erstmalig von Johannes Müller auf die Geschwulstforschung angewandt. Siehe Müller, J.: Ueber den feineren Bau und die Formen der krankhaften Geschwülste. Berlin: G. Reimer 1838. Die auffälligste Eigenschaft der Krebszellen sei ihr ungeordnetes, infiltrierendes Wachstum bzw. der Verlust der Fähigkeit, ihre Wachstumspotenz dem Bedürfnis des Gesamtorganismus unterzuordnen. Ibid., S. 155 f. Siehe auch Butenandt, A./ Dannenberg, H.: Die Biochemie der Geschwülste. – In: Handbuch der allgemeinen Pathologie. 6. Bd., III. Teil: Geschwülste. Hrsg. v. F.Büchner, E.Letterer und F. Roulet. Berlin - Göttingen - Heidelberg: Springer 1956, 107–241, S. 155 f. (Hervorhebung von K.L.).

200 "It will be universally admitted that the essence of the group of phenomena we know as cancer or neoplastic growth is *growth* of cells free from the normal *control* exercised by the organism as a whole [...] Cancer is a negative condition – a manifestation of the breakdown in one or more aspects of the positive control that welds the cells of the body into a single functioning unit – the organism as a whole. *The failure in cancer is due not to any weakness of the organism but to a change in the character of the cells rendering them in one way or another insusceptible to the normal control.*" Burnet, M.: Cancer - a Biological Approach. I. The Processes of Control. – In: British Medical Journal (London). 1(1957)5022, 779–786, S. 779.

„tierischer Gewebsparasit", als „Krebsbacillus" oder als irgendein anderer belebter Erreger ausgegeben wurde, konnte auch als ein Element von geringerem Gewicht für die Tumorbildung gedeutet werden. Denkbar war, dass sich die erörterten Mikroorganismen nur dort einnisten, wo dieser Prozess bereits angelaufen ist. Auch postmortale Eindringlinge konnte man in diesem Zusammenhang in Erwägung ziehen.[201] Das, was von der Gegenpartei als pathogener Mikroorganismus verstanden wurde, ließ sich in zellpathologischer Sicht auch in ein Degenerationsprodukt granularer Art des Zellprotoplasmas, in ein Rückbildungsprodukt der lebenden Zellsubstanz oder in eine atypische Zellkernteilung umdeuten.[202]

Aber auch die ansteckungstheoretisch orientierte Partei konnte sich einiges zugute halten, das es ihr gestattete, das beizubehalten, wovon sie sich leiten ließ. Sie konnte sich darauf berufen, einer als überaus erfolgreich ausgewiesenen Forschungsrichtung, der Bakteriologie, anzugehören. So war es doch naheliegend, „die von Jakob Henle, Jean Louis Pasteur und Robert Koch fest begründete Lehre [...] so lange aufrecht zu erhalten, als das irgendwie möglich ist, und abweichende Auffassungen nur dann und nur soweit zuzulassen, als sie durch unwiderlegbare Argumente erzwungen werden", wie 1938 von R.Doerr ausgeführt.[203] Man

201 Siehe Teutschlaender: Infektion und Krebs, loc. cit., S. 231: „Postmortale Eindringlinge bzw. Artefakte liegen in einigen Fällen vor, in welchen besonders Milben als Krebserreger beschuldigt wurden."

202 Siehe Apolant, H./ Embden, G.: Ueber die Natur einiger Zelleinschlüsse in Carcinomen. – In: Zeitschrift für Hygiene und Infektionskrankheiten (Berlin et al.). 42(1903)1, 353–361, S. 353 f., 355 f. „Dass ein infektiöses Agens durch Gewebsveränderungen, die es im Körper auslöst, und zwar durch Entzündungsprozesse, vor allem aber durch Regenerationswucherungen, *sekundär* und immer nach langer Latenzzeit im Sinne eines krebs*auslösenden* Faktors wirken kann, ist durchaus zuzugeben", wie von W.Fischer 1956 eingeräumt wird. Als Erreger „kommen fast nur Würmer und etwa noch Milben in Frage. Wir können heute mit Sicherheit sagen, dass das Eindringen dieser Parasiten in das Gewebe unmittelbar keine Geschwulstwucherung hervorruft. Aber die Parasiteninvasion kann zu langdauernden Entzündungen, z.B. im Bereiche des Darmkanals oder der Gallenwege führen, und auf deren Boden kann sich schließlich ein echter Tumor entwickeln." Fischer, W.: Die Ätiologie der Geschwülste. – In: Handbuch der allgemeinen Pathologie, loc. cit., 368–442, S. 391.

203 Doerr, R.: Die Entwicklung der Virusforschung und ihre Problematik. – In: Handbuch der Virusforschung. Erste Hälfte, loc. cit., S. 99. Schon Robert Koch war es bei einer Vielzahl von später häufig als virusinduziert ausgewiesenen Krankheiten aufgefallen, dass sich die Verursachung nicht umstandslos einem bakteriologischen Verständnis beugen wollte. Bereits 1881 stellte er in Frage, dass alle Infektionsursachen bakterieller Natur seien. 1890 führte er auf einem Kongress aus, dass die bakteriologische Forschung ausgerechnet bei solchen Infektionskrankheiten versagt habe,

verwies u.a. darauf, Gebilde von kugeliger, beweglicher Gestalt beobachtet zu haben, korpuskulare Wesenheiten, die doch an etwas Lebendiges denken ließen, wenngleich die Fragestellungen, so G.Canguilhem, im Hinblick auf die Organisation des Lebendigen noch weit verstreut waren.[204] Auch weil sich das tumorerregende Agens als fähig erwies, sich zu vermehren, deutete auf Eigenschaften hin, die im herkömmlichen Sinne mit Lebendigem verbunden wurden. Überdies hatten die Erfolge der immunbiologischen Durchdringung der Infektionskrankheiten Hoffnungen auf die Entwicklung einer erfolgreichen Diagnostik und Therapie auch im Hinblick auf Geschwulstkrankheiten geschürt. Die Immunbiologie war nun einmal auf das Gegenspiel von Mikroorganismen bzw. ihren Giften und dem kranken Wirtsorganismus eingestellt.[205] Die Geschichte der Immunologie wurde ja mit der Entdeckung eingeleitet, dass ein harmloser Impfstoff aus einem Gemisch toter Bakterien Kranke gegen einen Angriff der gleichen, aber ansteckungsfähigen Bakterien unempfindlich macht.[206] Für Defizite, die man sich vorwerfen

---

die wegen ihrer ausgesprochenen Infektiösität besonders leichte Angriffspunkte für die Forschung zu bieten schienen. Koch dachte hier vor allem an mit einem Hautausschlag verbundene Krankheiten. Es sei nicht gelungen, auch „nur den geringsten Anhaltspunkt dafür zu finden, welcher Art die Krankheitserreger sein können […] Ich möchte mich der Meinung zuneigen, dass es sich bei den genannten Krankheiten gar nicht um Bakterien, sondern um organisierte Krankheitserreger handelt, welche ganz anderen Gruppen von Mikroorganismen angehören." Robert Koch auf dem 10. Internationalen Medizinischen Kongress 1890. Zitiert n. Gildemeister: Historische Entwicklung der experimentellen Virusforschung, loc. cit., S. 1 (ohne Quellenangabe).

204 Canguilhem, G.: Wissenschaftsgeschichte und Epistemologie. Frankfurt a.M.: Suhrkamp 1979, S. 147. Die Techniken zu dessen Erforschung „waren improvisiert, häufig auf einzelne Wissenschaftler beschränkt, Theorien gab es wenige […], die Forscher waren ohne Zweifel darüber informiert, was an anderer Stelle getan oder gesagt wurde, ihre Forschungstechniken jedoch blieben ihnen zu einem großen Teil untereinander fremd." Ibid.

205 Siehe Sachs, H.: Fragen der Krebsforschung. – In: Beihefte zur „Medizinischen Klinik" (Berlin - Wien). 6(1931)2, 37–66, S. 37 f.

206 Friedrich Fehleisen, ein Arzt, hatte an einer an Brustkrebs Erkrankten folgendes beobachtet: Die Geschwulst verschwand, als die Patientin auch noch an Rotlauf erkrankte. Er fragte sich daraufhin, ob man nicht durch Impfung mit Rotlauf verursachenden Streptokokken schon aufgegebene Krebspatienten noch retten könne. Er machte den Versuch an drei Kranken der Universitätsklinik. Doch litten die Patienten nun auch an Rotlauf. Fehleisen, F.: Die Aetiologie des Erysipels. Berlin: Theodor Fischer 1883. Hinweis v. Kruif, P.de: Mikrobenjäger. Zürich - Leipzig: Orell Füssli Verlag 1941, S. 132.

lassen musste – etwa das Problem, wieso sich Infektionen bei der Bildung von Tumoren nicht hatten nachweisen lassen –, wurden verfahrenstechnische Schwierigkeiten haftbar gemacht, die sich schon irgendwann beheben ließen. Die Frage, welcher Art die in Zellen eindringenden Mikroben angehörten, wurde allerdings ganz verschieden beantwortet: Manche Forscher wollten schmarotzende Würmer (Faden-, Rundwürmer[207]), andere Milben, Protozoen[208], Spross- oder Spaltpilze oder sonstige Mikroorganismen als Krebsursache ausgemacht haben.[209] Mitunter

207 Siehe Fibiger, J.A.: Untersuchungen über eine Nematode (Spiroptera sp.n.) und deren Fähigkeit, papillomatöse und carcinomatöse Geschwulstbildungen im Magen einer Ratte hervorzurufen. – In: Zeitschrift für Krebsforschung (Berlin). 13(1913)2, 217–280.

208 Als Protozoen wurden auch die von Negri 1903 im Gewebe tollwütiger Hunde entdeckten „Wutkörperchen" angesehen, bei deren Verständnis ebenso Gegensätze aufkamen, die den oben geschilderten ähneln: Was als Erreger anzusprechen sei, so Simons 1925, „darüber gehen die Meinungen noch sehr auseinander. Einige Forscher halten die Negri-Körper für Schmarotzer selber, die sie zu den Protozoen [...] rechnen." Andere meinten, dass die Negri-Körper „lediglich Reaktionsprodukte der erkrankten Nervenzellen sind, und dass das kleinste, rundliche, in ihnen gelegene Körperchen den Erreger darstellt." Simons, H.: Was ist Tollwut? – In: Kosmos. Handweiser für Naturfreunde und Zentralblatt für das naturwissenschaftliche Bildungs- und Sammelwesen (Stuttgart). 22(1925)7, 232–234, S. 234.

209 1911 behauptete Abramowski, dass der Wurm *Opisthorchis febriens* ein Krebserreger sei, der durch den Verzehr von ungenügend gekochtem Fisch auf den Menschen übertragen werde. Er besiedle vor allem Gallengänge und Bauchspeicheldrüse. Abramowski, H.: Disposition und Irritation bei Krebs. – In: Zeitschrift für Krebsforschung (Berlin). 10(1911) 2, 235–246. Siehe auch Maffucci, A./ Sirleo, L.: Ueber die Blastomyceten als Infectionserreger bei bösartigen Tumoren. – In: Zeitschrift für Hygiene und Infektionskrankheiten (Berlin et al.). 27(1898), 1–30. Feinberg, L.: Ueber die Erreger der Krebsgeschwülste der Menschen und Säugetiere. Teil 1. – In: Wiener klinische Wochenschrift (Wien). 16(1903)45, 1235–1244. Id.: Ueber die Erreger der Krebsgeschwülste der Menschen und Säugetiere. Teil 2. – In: Wiener klinische Wochenschrift (Wien). 16(1903)46, 1272–1282. Id.: Ueber das Gewebe und die Ursache der Krebsgeschwülste. – In: Deutsche Medizinische Wochenschrift (Leipzig). 29(1903)4, 834–847. Blumenthal, F.: Das Problem der Bösartigkeit beim Krebs. – In: Zeitschrift für Krebsforschung (Berlin). 16(1918)3, 357–373. Fibiger, J.A.: Virchows Reiztheorie und die heutige experimentelle Geschwulstforschung. – In: Deutsche Medizinische Wochenschrift (Leipzig). 47(1921)48/49, 1449–1452 und 1481–1483. Weindling, P./ Meldrum, M.: Johannes Andreas Grib Fibiger, 1926. – In: Nobel Laureates in Medicine or Physiology: A Biographical Dictionary. Hrsg. v. D.A.Fox, M.Meldrum und I.Rezak. New York: Garland Publishing Co.: 1990, 177–181. Calcar, R.P. van: Die Ursache des Carcinoms. Leiden: S.C. van Doesburgh 1926.

hatten wohl verschiedene Forscher den gleichen Mikroorganismus im Auge, der aber „stets aufs neue entdeckt, anders benannt und anders gedeutet wurde."[210] Diese angeblichen Krebserreger schien man in der Fachwelt meist nach wenigen Jahren schon wieder weitgehend vergessen zu haben. Jedoch wurden diesbezügliche Annahmen immer wieder neu belebt. Wohl „schon einige hundert Male" tauchten Behauptungen auf, dass man nun endlich auf den richtigen Krebsbazillus oder Krebsparasiten gestoßen sei, so W.Fischer in einem Rückblick auf die frühere Geschichte der Tumorforschung. Ein belebter Erreger werde wohl auch in den nächsten Jahrzehnten noch gelegentlich gefunden werden, „auch wird der Finder in den Zeitungen den ihm geziemenden Preis erfahren, aber ebenso rasch und sicher wird er wieder vergessen werden."[211] In den Mitteilungen über angebliche Krebserreger wurde mitunter der Anspruch geltend gemacht, den alleinigen „Universalerreger" entdeckt zu haben.[212]

Man möchte glauben, dass sich mit der Anhäufung von Entdeckungen bzw. im Zuge der Weiterentwicklung dessen, was man vom Krebs wusste, die Kontroversen nach und nach verflüchtigt hätten. Doch wurden sie weiterhin ausgetragen. Sie konnten kein Ende finden, und zwar wegen der standpunktabhängigen Deutungen, denen das Phänomen, dass sich mit den aus Geschwulstsaft gewonnenen Filtraten Geschwülste herstellen ließen, unterworfen wurde. Aber auch im weiteren Verlauf der Erforschung des fraglichen Phänomens, als man dann doch von der Zellfreiheit des Filtrats auszugehen sich genötigt sah, wurden, wie weiter unten ausgeführt wird, die Auseinandersetzungen fortgesetzt. Es kam im betrachteten Zeitraum lediglich zu Veränderungen, Ergänzungen bzw. Erweiterungen in den Fragestellungen, um deren Beantwortung es immer gegangen

210 Windstosser, K.: Polymorphe Symbionten in Blut und Körpergewebe als potentielle Kofaktoren des Krebsgeschehens. – In: Sanum-Post. Zeitschrift für Isopathie und Regulationsmedizin (Hoya). (2004)66, 2–5, S. 2. „Die Diskrepanz der so entstandenen Termini und Systeme führte zu Missverständnissen und Prioritätskämpfen [...]" Ibid.

211 Fischer, W.: Die Krebsforschung in den letzten 100 Jahren. Antrittsvorlesung in der Aula der Universität Jena am 4. Juli 1946. Jena: Gustav Fischer 1947, S. 13. „[...] bei all diesen ‚Erregern' hat sich endgültig gezeigt, dass sie mit der Ätiologie der Geschwülste gar nichts zu tun haben." Ibid.

212 „Jede Woche brachte die frohe Botschaft von der endlich [...] gelungenen Entdeckung des lang gesuchten unsichtbaren Massenmörders, der den Typhus, die Tuberkulose, den Krebs verursacht; dazu freilich ein Dementi der vorwöchigen ‚Entdeckungen'. Ein Enthusiast verkündete der Welt, er habe den ‚Pan-Bazillus' erwischt, die gemeinsame Ursache aller Krankheiten, von der Lungenentzündung der Greise bis zum Pips der Hühner [...]" Kruif, de: Mikrobenjäger, loc. cit., S. 118.

war, das heißt, das, was einst der streitentfachende Ausgangspunkt gewesen war, der Gegensatz zwischen einem mikrobentheoretisch und einem zellpathologisch ausgerichteten Verständnis der Krebsentstehung, wurde in einer sich modifizierenden und erweiternden Weise fortgesetzt.

4. Zum Streit um das richtige Verständnis der Natur der Tumorviren

In dem seinerzeit ausgetragenen Streit ging es zunächst um die Frage, ob aus Geschwulstgewebe gewonnenen Filtraten überhaupt eine krebsbildende Wirkung zugesprochen werden könne (1). Es gab eine Reihe von Forschern, die davon überzeugt waren, die Wirkungslosigkeit von Filtraten nachgewiesen zu haben, so dass sie es schon deshalb nicht für geboten hielten, überlieferte theoretische Standorte zu räumen. Grundlegende Korrekturen schienen aber, wie oben dargetan, genauso wenig angebracht zu sein, als sich dann beide einander bekämpfenden Parteien wohl in der Auffassung trafen, dass den Filtraten tumorerregende Wirkungen zuerkannt werden müssten. Das heißt, man räumte eine krebsbildende Wirkung dessen ein, was sich durch die Filterporen hatte drücken lassen, was jedoch nicht bedeutete, dass man auch eine grundlegende Revision jenes Paradigmas für geboten hielt, dem man sich verpflichtet fühlte. Die Filtrate wurden so gedeutet, dass sich die Wirkungen nach Maßgabe des jeweiligen Standpunktes erklären ließen, das heißt, die Positionen wurden nur insoweit modifiziert, dass sie mit den neuen Entdeckungen als durchaus verträglich erschienen. So fielen die Abwandlungen ganz gegensätzlich aus, je nachdem, ob man von diesem oder jenem Konzept ausgehend die Idee erörterte, dass es sich bei den Filtraten um etwas Krebs Verursachendes handele. Die zellpathologisch argumentierende Partei deutete die tumorbildende Kraft dieser Substanzen so, dass die Filtration gar nicht für den Ausschluss von Körperzellen-Übertragungen gesorgt habe, wie von den Experimentatoren behauptet worden sei. Die Forscher hätten sie nur nicht bemerkt.[213] Man verwies auch darauf, dass es ganz kleine Zellen gebe, für die die Porenweite der verwendeten Filter kein Passagehindernis bedeute. Jene Partei hingegen, die an der Existenz von krebsverursachenden Mikroorganismen festhielt, führte den Gedanken ein, dass es sich bei den Krebserregern durchaus um Mikroben handele, doch seien sie so winzig, dass sie die Poren der verwendeten Filter hätten passieren können. Dass selbst so winzige Agenzien noch als belebt angesprochen werden sollten, wurde auch damit begründet, dass sie in artfremden Tierkörpern ihre serologische Spezialität bewahrten und sich vermehrten

213 Siehe Teutschlaender: Infektion und Krebs, loc. cit., S. 231.

und damit zwei Kriterien genügten, nach denen etwas als lebendige Substanz behauptet werden durfte.[214]

Die Auseinandersetzung erstreckte sich im Weiteren auf eine Ebene, wo die einander gegenüberstehenden Seiten nicht mehr bestritten, dass es sich bei den Filtraten um ein Agens mit subzellulären Dimensionen handele, worin man seinerzeit etwas gesehen hatte, das Viren auszeichnen würde. Doch konnte man nicht zu einer gemeinsamen Auffassung darüber gelangen, worin die Natur der tumorerregenden Viren besteht (2). „Über das eigentliche Wesen der Viren sind wir noch ungenau unterrichtet. Es erhebt sich immer wieder die Frage", so Schramm 1942, „ob es sich dabei um lebende Organismen handelt oder um chemische Wirkstoffe. Wenn sich ein Unterschied zwischen chemischen Molekülen und Organismen finden lässt, so besonders der, dass ein chemisch reiner Stoff aus einer Menge gleicher Einzelteilchen besteht, die durch eine chemische Formel zu beschreiben sind, dass ein Organismus aber eine variable Zusammensetzung hat, deren Erfassung durch eine Formel nicht möglich ist."[215] Auch in diesen Streit wurden letztlich mikrobentheoretisch oder zellpathologisch begründete Argumente in die Erklärung der Geschwulstentstehung einbezogen: Die erstgenannte Partei der Krebsforscher verstand unter dem Virus einen von außen in die Zellen eindringenden Erreger, was der verbreiteten Ansicht entgegenkam, dass sich ein Virus in seiner Rolle als Krankheitserreger, der von einem Organismus auf einen anderen übertragen werden und sogar zu Epidemien führen könne, nicht wesentlich von Bakterien unterscheiden würde. Virus sei kein wissenschaftlich begründeter biologischer Begriff, wie bisweilen geglaubt werde, „sondern nur eine methodisch bedingte Sammelbezeichnung", wie G.Seiffert 1938 behauptete.[216] Hingegen war es für die Gegenpartei klar, dass das Virus von zellinternen Vorgängen herrührte.

Es fanden aber auch Auseinandersetzungen statt, in denen der Viruscharakter dessen, was Krebs hervorruft, grundsätzlich in Frage gestellt wurde. Dass schier endlos darum gestritten wurde, wie denn nun die Natur des Geschwulstvirus aufzufassen sei, führte bei einer Reihe von Forschern dazu, die Relevanz eines Viruskonzeptes zur Erklärung der Geschwulstherkunft generell für fragwürdig zu halten (3). Auch später verhielten sich manche Krebsforscher zum Viruskon-

---

214 Siehe Herzberg, K.: Das Virusproblem. – In: Medizinische Klinik (Greifswald). 34(1938)1–3, 729–733. Zitiert n. Haagen, E.: Referat. – In: Referateteil der Zeitschrift für Krebsforschung (Berlin). 48(1939)3, 164, S. 164.

215 Schramm, G.: Neuere Ergebnisse und Probleme in der Untersuchung der Virusarten. – In: Medizinische Welt (Berlin). 16(1942)15, 379–382, S. 379.

216 Seiffert: Virus und Viruskrankheiten bei Menschen, Tieren und Pflanzen, loc. cit., S. 1.

zept ungeachtet seiner Fortentwicklung äußerst skeptisch. So führte R.Dulbecco 1960 auf einer Tagung aus: "On the basis of the experimental evidence and of these considerations (er bezog sich auf Betrachtungen, wonach Tumorviren dem Chromosomensystem einverleibt und danach verschwinden würden; ihnen fiele demnach keine eigenständige Rolle bei der Geschwulstverursachung zu – K.L.) a 'viral theory' of cancer appears to be, at the present time, experimentally unsupported, and theoretically unnecessary."[217]

Forscher, in deren Vorstellung die aus Geschwulstsaft gewonnenen Filtrate mit etwas Lebendigem verbunden waren, sahen sich auch mit Fachgenossen konfrontiert, die der Theorie der somatischen Mutation folgten, welche das Augenmerk auf erbliche Veränderungen von Zelleigenschaften lenkte (4). Diese Theorie und das Viruskonzept waren, wie P.Michaelis 1948 urteilte, die seinerzeit „wichtigsten Theorien der Krebsentstehung."[218] Sie erlaubten, so Andrewes Anfang der 1950er Jahre, "to hope of deciding between the two alternatives of the continuing cause of cancer – an agent, most probably a virus, separable from the cell, or a change, a mutation perhaps, involving one or more genes, necessarily happening within a cell and not separable from the whole cell."[219] Eine bedeutende Rolle spielte auch ein Konzept, das dazu anhielt, die Geschwulstentstehung in einer irreversiblen Schädigung der Zellatmung verursacht zu denken (5). Beide Theorien, deren Proponenten es generell ablehnten, die Tumorbildung auf die Wirksamkeit von Viren zu beziehen – weil sie darin die von ihnen zurückgewiesene Unterstellung einer exogenen Krebsursache sahen –, rückten mit körpereigenen Zellen verknüpfte Geschehnisse in den Mittelpunkt ihrer Betrachtungen, aber auf eine je besondere Weise.

Weiter unten soll überdies in knapper Form eine Auseinandersetzung gestreift werden, die sich an der Frage entzündete, ob es auch beim Menschen virusinduzierte Geschwulsterkrankungen gebe (6). Schließlich wird ein Meinungsstreit zum Virusverständnis außerhalb der Medizin ins Auge gefasst, weil sich in dazu angestellten Studien interessante Aspekte für die Beleuchtung des Zusammenhangs zwischen der Bewältigung von Kontroversen und dem Erkenntnisfortschritt haben finden lassen (7).

---

217 Dulbecco, R.: A Consideration of Virus-Host Relationship in Virus-Induced Neoplasia at the Cellular Level. – In: Cancer Research (Philadelphia/Pa.). 20(1960)5, 751–761, S. 760.

218 Michaelis, P.: Zur Theorie der Krebsentstehung. – In: Zeitschrift für Krebsforschung (Berlin). 56(1948/1950)2, 165–170, S. 165.

219 Andrewes: The Bearing of Recent Work on the Virus Theory of Cancer, loc. cit., S. 81.

Zu 1: 1901 berichtete L.Loeb, dass es erstmals gelungen sei, Geschwülste zu überpflanzen. Die Transplantationsmethode diente ihm zur experimentellen Untersuchung der Wachstumsbedingungen von Tumoren, auch wollte er auf diesem Wege gewissen Fragen zur Struktur von Tumoren näher treten.[220] Er hatte Ratten-Sarkome verwendet, die sich von Ratte zu Ratte übertragen ließen. Mit bestimmten Mitteln habe er, so seine Mitteilung, Zellen zum Wachstum anregen können, die sonst zugrunde gegangen wären. Bei der Heilung von Wunden auf der Haut könne es zur Isolierung einer Gruppe von Epithelzellen kommen, die unter geeigneten Umständen eine Krebsbildung veranlassten. Versprengte embryonale Epithelzellen stellten die wesentliche Ursache maligner Neubildungen dar, bedürften aber zu ihrer Wucherung eines Reizes. Bei der Prüfung der Möglichkeit einer parasitären Ätiologie dachte Loeb vor allem an Protozoen. Er prüfte, ob sich mit aus Geschwülsten gewonnenen Filtraten positive Resultate erzielen lassen, was sich jedoch nicht belegen ließ. „Die ersten Versuche der Injektion von Tumorsaftfiltraten in Tiere der gleichen Art führte ich 1899 bei mit Karzinom behafteten Rindern aus […] in diesen Versuchen entwickelten sich hiernach keine Tumoren."[221] Mit großer Wahrscheinlichkeit sei nach allen Versuchen auszuschließen, „dass irgendein außerhalb der Zelle existenzfähiger, durch Berkefeld-Filter filtrierbarer Mikroorganismus die Ursache […] (der untersuchten – K.L.) Sarkome ist." Kontrollversuche seien hingegen stets positiv ausgegangen.[222] So habe es sich bei seinen Versuchen nur um eine erfolgreiche

220 Loeb, L.: On Translation of Tumors. – In: Journal of Medical Research. New Series (Boston/Mass.). 6(1901)1, 28–38, S. 31. Id.: Über Transplantationen von Tumoren. – In: Virchows Archiv für pathologische Anatomie und Physiologie und für klinische Medizin (Berlin). Bd. 172, 17. Folge, Bd.II (1903)3, 345–368, 345 f.

221 Loeb: Über Transplantationen von Tumoren, loc. cit., S. 353. Id.: Development of a Sarcoma and Carcinoma after the Inoculation of a Carcinomatous Tumor of the Salivary Gland of Japanese Mouse. – In: Medical School Bulletin of the University of Pennsylvania (Philadelphia/Pa.). 19(1906)6, 113–116. Id.: Further Experimental Investigations into the Growth of Tumors: Development of Sarcoma and Carcinoma after the Inoculation of a Carcinomatous Tumor of the Submaxillary Gland in a Japanese Mouse. – In: Medical School Bulletin of the University of Pennsylvania (Philadelphia/Pa.). 19(1906)7, 223. Hinweis v. Mohr, H.: Referat zu einer Veröffentlichung von Loeb, L.: Further Experimental Investigations into the Growth of Tumors: Development of Sarcoma and Carcinoma after the Inoculation of a Carcinomatous Tumor of the Submaxillary Gland in a Japanese Mouse. – In: Medical School Bulletin of the University of Pennsylvania (Philadelphia/Pa.). 19(1906)7, 223. – In: Referateteil der Zeitschrift für Krebsforschung (Berlin). 6(1907)3, 495, S. 495.

222 Loeb: Über Transplantationen von Tumoren, loc. cit., S. 352 f.

Übertragung von Tumorzellen „und nicht etwa von Mikroorganismen ohne Tumorzellen" gehandelt. Gestützt auf die Versuche der Einspritzung des Zysteninhaltes sei es wahrscheinlich, dass bereits eine einzige transplantierte Zelle zur Tumorbildung genüge.[223] Loeb sah in Veränderungen chemischer oder physikalisch-chemischer Natur, die im Zellinnern selbst oder in der Nähe der Zelle vor sich gehen, die letzte Ursache des Tumorwachstums.

Zur gleichen Zeit wurden ähnliche Versuche von M.Herzog unternommen, die, wie berichtet wurde, zum gleichen Ergebnis geführt hätten: Unter Beachtung Keimfreiheit sichernder Maßnahmen wurden Stücke von Geschwülsten in ein keimfreies Gefäß gelegt, das keimfreien Quarzsand und Siliziumpulver beinhaltete. Das Material wurde dann gründlich zermahlen, und es wurde eine physiologische Salzlösung hinzugefügt. Die auf diese Weise zubereitete Flüssigkeit wurde durch einen Chamberlandfilter geleitet. "From the filtrate a number of culture tubes were inoculated to show it to be free from known microorganisms. Several cubic centimeters of the filtrate were injected into the abdominal cavities of rats. Not a single one of the rats so treated developed a tumor, even when treated in this manner repeatedly [...] the findings were absolutely negative."[224]

Eine ätiologische Bedeutung zellfreier Agentien für die Geschwulstentstehung wurde wenige Jahre später auch von A.Borrel erwogen. Er war von einer mikroparasitären Ätiologie der Karzinome ausgegangen: Krebs werde von einem durch Ekto- und Endoparasiten übertragenen filtrierbaren Mikroorganismus erzeugt. Gemäß dieser Vorstellung suchte er zu zeigen, dass gewisse infektiöse Agenzien befähigt sind, bestimmte Zellschichten des Hautgewebes (Epithelien) zur Wucherung anzuregen. Allerdings war er auf experimentellem Wege zu keinem positiven Resultat gekommen.[225] Sein Konzept verteidigte er an Hand einer Reihe von Abbildungen, mit denen er Krebszelleinschlüsse zeigen wollte. Am

223 Ibid., S. 345 f.

224 Herzog, M.: On Tumor Transplantation and Inoculation. – In: Journal of Medical Research. New Series (Boston/Mass.). 8(1902)1, 74–82.3, S. 79 f.

225 Borrel, A.: Le probléme étiologique des Cancer. – In: Zeitschrift für Krebsforschung (Berlin). 7(1909)1–3, 265–275. Hinweis v. Lewin, C.: Invisibles Virus und maligne Geschwülste. – In: Zeitschrift für Krebsforschung (Berlin). 22(1925)6, 455–471, S. 456 f. "Although it was a discovery which hindered rather than helped the understanding of the virus concept in years to come, it did lead Borrel on to the study of other virus diseases, and in particular those he called infectious epithelioses in which the virus invades the epithelial cells and causes proliferation", wie Waterson und Wilkinson meinen. Waterson, A.P./ Wilkinson, L.: An Introduction to the History of Virology. Cambridge/ Mass.: Cambridge University Press 1978, S. 158.

Pasteur-Institut in Paris hatte sich Borrel zunächst an Arbeiten beteiligt, mit denen die Filtrierbarkeit des Erregers der Rinder-Pleuropneumonie nachgewiesen werden sollte.[226]

C.Prausnitz und H.Königsfeld, die 1914 mit Mäusen experimentiert und für ihre Versuche ebenfalls Filter verwendet hatten, folgerten aus ihren Versuchsergebnissen, dass eine Tumorbildung umso später und unsicherer einsetze, je weniger Zellmaterial in der Impfflüssigkeit enthalten sei.[227] Ebenso O.Teutschlaender 1927: Er entnahm seinen Versuchen, in denen die Wirkung von Filtraten zum Zuge kommen sollte, dass „jeder, der mit diesen Dingen Bescheid weiß, die Erfahrung gemacht hat, dass ziemlich erhebliche Mengen von Krebszellen in Form von Geschwulstbrei eingespritzt werden müssen, um zur Tumorbildung Veranlassung zu geben [...]“[228] Zu dieser Auffassung gelangte in demselben Jahr auch W.Büngeler, der sich ebenfalls mit Mäusegeschwülsten befasst hatte: Bei der Erkundung von Möglichkeiten einer Geschwulstübertragung durch Filtrat einer mit Kochsalz versetzten Aufschwemmung habe er festgestellt, dass sich auf diesem Wege eine Geschwulstbildung nicht erzielen lasse.[229] Auch Haaland meinte, dass die von ihm ermittelten Befunde es nicht gestatteten, an der Idee einer zellfreien Geschwulstübertragung festzuhalten.[230] Dass es sich bei dem Agens um einen Schmarotzer handeln könnte, schloss Haaland aus, weil er in den intrazellulären Einschlüssen, die sich bei verschiedenen Mäusegeschwülsten finden ließen, keine Parasiten ausmachen konnte. Die Einschlüsse betrachtete er als entartete Leukozyten: Weiße Blutkörperchen seien in die Zelle eingedrungen, dort seien sie dann zugrunde gegangen. Als Krebsursache vermutete Haaland ein Gift[231], eine Annahme, wofür eben der von ihm aufgedeckte Umstand sprach, dass sich die Tumoren an von der Impfstelle entfernten Orten herausbildeten, ein Umstand, der sich ja auch bei einer Reihe ansteckender Krankheiten nachweisen ließ: Es konnte gezeigt

---

226 Haaland verwies 1905 auf eine am 18. Januar 1902 in *Comptes rendus Société de Biologie* (Paris) erschienene Arbeit Borrels (ohne weitere Angaben). Haaland: Les tumeurs de la souris, op. cit.

227 Königsfeld, H./ Prausnitz, C.: Filtrierbares, transplantables Mäusekarzinom. – In: Centralblatt für Bakteriologie, Parasitenkunde und Infektionskrankheiten (Jena). 74(1914), Abt.I, Orig., 70–81.

228 Teutschlaender: Infektion und Krebs, loc. cit., S. 229.

229 Büngeler, W.: Geschwulsttransplantation am gespeicherten Tier. – In: Frankfurter Zeitschrift für Pathologie (Frankfurt a.M.). 35(1927)1, 67–82.

230 Haaland, M./ Haaland, M.: On Transference of Mouse Sarcoma Without Cells. – In: Acta pathologica et microbiologica scandinavica (Kopenhagen). 4(1927)1, 39–44.

231 Haaland: Les tumeurs de la souris, op. cit.

werden, dass bei gewissen Erkrankungen die Erreger streng lokalisiert bleiben (im Hals bei der Diphtherie, in der Wunde beim Starrkrampf) und dennoch Symptome in so weitab liegenden Organen wie Herz und Gehirn auslösen.[232]

Zu 2: Mit der Anhäufung von Befunden, die die Vermutung nahelegten, dass das Krebsleiden von aus Geschwulstsaft gewonnenen Filtraten verursacht werde, hatte sich für diese Idee dann doch eine größere Anzahl von Krebsforschern erwärmen können. Wenngleich immer noch viele Forscher eine die Tumorgenese auslösende Wirkung von Virusinfektionen wegen fehlender Beweise in Frage stellten, so begann sich schon in den frühen 1950er Jahren die Lage zu wandeln, was sich – einem von H.Ostertag 1958 gefällten Urteil folgend – dem Nachweis einiger Tumorviren bei Säugern, Studien virusbedingter zytopathogener Effekte, der Aufdeckung virusbedingter fötaler Missbildungen sowie der virologischen Version der Duplikantentheorie der Krebsbildung verdankte. Zur Trennbarkeit des Agens von Zellen bestand unter den Forschern, die virologisch argumentierten, weitgehend Konsens. Sie stimmten darin überein, dass dem Agens der Tumorkrankheit eine Größe unterhalb der von Zellen zukomme und dass es deshalb den Viren zugeordnet werden müsse. Dies habe der Forschung, so Ostertag, mehr als nur interessante Arbeitshypothesen vermittelt.[233] Dennoch kam es weiterhin zu Auseinandersetzungen, weil man sich nunmehr nicht darüber verständigen konnte, worin denn aber die Natur des Filtrats besteht. „[...] als Zeugen der leidenschaftlichen wissenschaftlichen Auseinandersetzungen über die Bedeutung der neuesten Entdeckungen von Giftwirkungen und Vermehrungseigenschaften der so genannten Viren stehen wir [...] einem Dilemma gegenüber, das ebenso akut ist wie jenes, das sich Demokrit und Aristoteles entgegenstellte", so Niels Bohr 1937.[234]

---

232 Roux und Yersin züchteten Diphtheriebakterien in einer Nährbrühe, die sie dann durch einen Filter leiteten. Mit dem bakterienfreien Filtrat konnten sie die wichtigsten Symptome der Diphtherie am Versuchstier hervorrufen, was als Beweis dafür vertreten wurde, dass die Bakterien ein Gift erzeugen, das die Fernwirkungen der Ansteckung erklärt. Roux, E./ Yersin, A.: Contribution á l'étude de la diphtérie. Troisiéme mémoire. – In: Annales de l'Ìnstitut Pasteur (Paris). 3(1890)7, 385–426.

233 Ostertag, H.: Fortschritte in der Krebsforschung. II. Mikrobiologische Probleme der experimentellen Krebstherapie. – In: Naturwissenschaftliche Rundschau (Stuttgart). 11(1958)11, 409–419, S. 415 f.

234 Bohr in einem Vortrag zum Thema „Biologie und Atomphysik" auf dem Internationalen Kongress für Physik und Biologie zum Gedächtnis von Luigi Galvani in Bologna. Bohr, N.: Atomphysik und menschliche Erkenntnis. Aufsätze und Vorträge aus den Jahren 1930–1961. Mit einem Vorwort zur Neuausgabe von K. von Meyen. Braunschweig - Wiesbaden: Vieweg 1985, 12–21, S. 13. Demokrit folgte bei der Erklärung der besonderen Eigentümlichkeiten organischen Lebens atomistischen Vorstellungen,

Dafür, dass es sich bei dem Virus um etwas Lebendiges handle, sprach u.a., dass durch Sättigung mit Chloroform, das ja besonders lebende Elemente anzugreifen vermag, das Agens seine Aktivität einbüßte. Es wurde überdies bereits bei einer Temperatur von 55° Celsius in verhältnismäßig kurzer Zeit, nach einer Viertelstunde, zerstört.[235] Solche Einwirkungen hätte ein chemischer Stoff ohne weiteres überdauern können. Jede Viruserkrankung, wie kurz auch das Virus präsent sein möge, führe ausnahmslos zu einer Reaktion der infizierten Zellen. Doch wenn ein Virus eine Zelle zu Wucherungen anrege, könne eine fortdauernde Interaktion zwischen Virus und Zelle die Folge sein, so Rous in einem 1943 veröffentlichten Beitrag.[236] Die Rolle, die Viren in der Krebsbildung spielen, bestimmte er später wie folgt: "For a long while it seemed to me that latent transmissible virus, waked to action (or to variation) by chemical or physical carcinogens, were the best bet on causation; but now it seems certain that transmitted viruses cannot be responsible for most tumors. However this is far from ruling out entities having a virus-like action. They might very well be of an autogenous sort."[237] Mitunter sprachen Forscher, die sich mit dem Rousschen Sarkom befassten, statt von einem „Virus" lieber von einem zellfreien „Agens", was die Frage nach dessen Natur offen ließ.[238]

---

die bei Aristoteles jedoch auf entschiedene Abwehr stießen. Siehe ibid., S. 12. Siehe auch Ausführungen Bohrs in der 1957 vorgenommenen Ausarbeitung einer 1949 gehaltenen Vorlesung zum Thema „Die Physik und das Problem des Lebens" in der Dänischen Medizinischen Gesellschaft. Bohr: Atomphysik und menschliche Erkenntnis. Aufsätze und Vorträge aus den Jahren 1930–1961, loc. cit., 67–75, S. 67.

235 Siehe Rous/ Murphy: Beobachtungen an einem Hühnersarkom und seiner filtrierbaren Ursache, loc. cit., S. 637.

236 Rous, P.: Viruses and Tumors. – In: Virus Diseases - By Members of the Rockefeller Institute for Medical Research. Ithaca, N.A.: Cornell University Press 1943, 147–170. Hinweis v. Helvoort, T. van: A Century of Research into the Cause of Cancer: Is the New Oncogene Paradigm Revolutionary? – In: History and Philosophy of the Life Sciences (London). 21(1999)3, 293–330, S. 311. Siehe auch Helvoort, T.van: The Construction of Bacteriophage as Bacterial Virus. Linking Endogenous and Exogenous Thought Styles. – In: Journal of the History of Biology (Dordrecht). 27(1994)1, 91–139.

237 Rous, P.: Rous-Papers - APS, folder: Muller, Herman J., Letter from Peyton Rous to Herman J. Muller, October 19, 1948. Zitiert n. van Helvoort: A Century of Research into the Cause of Cancer: Is the New Oncogene Paradigm Revolutionary? Loc. cit., S. 311.

238 Siehe Wallgren, A.: Über geschwulsterzeugendes Agens im zellfreien Geschwulstextrakt. – In: Finska Läkaresällskapets Handlingar (Helsinki). 79(1936), 109–123, S. 123 (deutsche Zusammenfassung). Hinweis v. Gutzeit, R.: Referat dieses Beitrages. – In: Referateteil der Zeitschrift für Krebsforschung (Berlin). 45(1937)4, 191–192, S. 191.

Inamoto und Fujinami vertraten den Standpunkt, dass das Wachstum des Tumors „hauptsächlich aus eigenem Material heraus“ geschehe. Die „eingepflanzten Tumorzellen sind imstande, sich weiter zu vermehren […] Umso auffallender ist es, dass die Einspritzung zellfreien Tumorfiltrates in gewissen Fällen ebenso zur Entstehung eines Tumors führt wie die Verimpfungen lebenden Tumorgewebes.“ Es liege der Gedanke nahe, „dass das Tumorgewebe irgendein besonderes Agens enthält, welches, mag es nun zu den Tumorzellen in innigster […] Beziehung stehen oder unabhängig vom Zell-Leben existieren, fähig ist, bei geeignetem Boden und unter günstigen Bedingungen die Bindegewebszellen zum tumormäßigen Wachstum zu bringen […] Mit was für ein Agens man es hier zu tun hat, konnte bisher noch nicht festgestellt werden. Man könnte an eine besondere, chemisch wirkende Substanz denken, welche in der Tumorzelle gebunden ist und aus dieser frei wird; oder man kann das Vorhandensein filtrierbarer kleinster Mikroorganismen annehmen. Obwohl die letztere Vermutung vorläufig plausibler zu sein scheint, fehlt noch ein fester Beweis dafür.“[239] Es sei ihnen nicht gelungen, aus dem Tumormaterial Mikroben zu züchten. „Abgesehen von Fällen sekundärer Infektion oder zufälliger Verunreinigung verhielten sich verschiedene gewöhnlich übliche Nährböden steril. In Schnitten konnten wir ebenfalls keine […] Mikroorganismen, die als Erreger betrachtet werden können, finden.“[240]

Mit dem Verständnis, dass Viren große Moleküle seien, ließ sich das nichtmikrobische Viruskonzept verfeinern. Doch waren auch Virusarten bekannt geworden, die mannigfaltiger zusammengesetzt sind. „So besteht zum Beispiel […] der Erreger der Kuhpocken […] außer aus Eiweiß auch noch aus Kohlehydraten und Lipoiden, also den integrierenden Bausteinen ‚lebendiger Substanz‘. Diese Bestandteile können nicht vom Virus ohne Aktivitätsverlust abgetrennt werden […] Wenn man somit leicht geneigt ist, diesen […] Virusarten […] belebten Charakter zuzusprechen, so scheut man doch, dies auch auf die als Eiweißmoleküle erkannten Virusarten zu übertragen, wenn auch die Tatsache ihrer Vermehrung in geeigneten Wirten diesen Schluss nahe legt. So geht die Diskussion, ob Virus belebt oder unbelebt sei, noch lebhaft hin und her“, wie Staudinger 1947 die Lage in der Virusforschung beschrieb.[241]

239 Fujinami, A./ Inamoto, K.: Geschwülste bei japanischen Haushühnern. – In: Zeitschrift für Krebsforschung (Berlin). 14(1914)1–3, 94–119, S. 117.

240 Ibid., S. 113 f.

241 Staudinger: Zum Stand der Virusforschung, loc. cit., S. 1069 f.

Diese Frage bezog sich natürlich auch auf das „Krebsvirus". „Welcher Art ist dieses Agens", fragte sich C.Lewin schon Ende der 20er Jahre. „Ist es ein lebendiges Virus oder eine Art von Ferment, ein unbelebter chemischer Stoff?"[242] Zur Abhängigkeit des Virus von der Wirtszelle gab es Erklärungen mit folgendem Inhalt: Behauptet wurde, dass Viren aus Plasmabestandteilen ihrer Wirte stammten, dass autoreproduktive Plasmapartikel und Virusmoleküle eine Reihe bildeten. Für Graffi resultierten Geschwülste aus einer Abartung plasmatischer Bestandteile, vor allem der Mitochondrien und Mikrosomen: Studien mit krebsauslösenden Substanzen hatten ihn in der Auffassung bestärkt, dass diese Stoffe zunächst einen „Krebskeim" produzierten, der sich erst realisieren müsse, was sowohl durch weitere Einwirkung des Karzinogens als auch durch mehr oder weniger unspezifische Noxen erreichbar sei. Die Entstehung des Krebsagens sei ein Vorgang, der sich möglicherweise an den von den krebsauslösenden Stoffen primär besonders stark betroffenen Nukleoproteiden der Zellorganellen des Zellplasmas abspiele. Die große chemische Ähnlichkeit der Mikrosomen mit den als reines Rous-Agens angesprochenen Substraten spreche für eine endogene Entstehung.[243] Auch nach H.Nothdurft (1949) konnten Viren aus Mitochondrien entstanden sein, bezüglich der Tumorsubstrate sei ein „cancer spectrum" von Viren zu mutierten Mitochondrien wahrscheinlich. Jedenfalls stünden sie ihnen nahe und führten bei Pflanzen speziell zu Mitochondrienerkrankungen. Die als solche Erkrankungen aufzufassenden Geschwülste müssten auch beim Tier existieren, wenn es sie bei Pflanzen gebe, wenngleich diese Ansichten noch nicht belegt und die tierischen Mitochondrien bei der Suche nach dem intrazellulären Angriffspunkt bislang nur als auch in Frage kommend angesehen werden könnten.[244] Eine ähnliche Auffassung äußerte W.Seyfarth in einem 1952 geschriebenen Aufsatz: Mit seinen Beobachtungen an den Mitochondrien der

---

242 Lewin: Invisibles Virus und maligne Geschwülste, loc. cit., S. 469.

243 Graffi, A.: Zelluläre Speicherung cancerogener Kohlenwasserstoffe (vorläufige Mitteilung). – In: Zeitschrift für Krebsforschung (Berlin). 49(1939)5, 477–495, S. 491 ff. Id.: Intrazelluläre Benzpyrenspeicherung in lebenden Normal- und Tumorzellen (II.Mitteilung). – In: Zeitschrift für Krebsforschung (Berlin). 50(1940)2, 196–218. Auch Darlington folgte der Idee, dass Viren ursprünglich Komponenten von zellulären Organellen gewesen seien, die sich zu größerer Unabhängigkeit von der Zelle entwickelt hätten. Darlington, C.D.: Heredity, Development and Infection. – In: Nature (London). 154(1944)3901, 164–169.

244 Nothdurft, H.: Zur Theorie der primären Geschwulstursachen. – In: Zeitschrift für Krebsforschung (Berlin). 56(1949)3, 176–204, S. 199 f. Dieser Begriff wurde 1898 von Carl Benda eingeführt. Benda, C.: Ueber die Spermatogenese der Vertebraten und höherer Evertebraten, II. Theil: Die Histogenese der Spermien. Vortrag. – In:

Geschwulstzelle könne er eindeutig beweisen, „dass die Mitochondrien Endosporen sind [...] Die in Tumorzellen oftmals zu beobachtenden kleinen und kleinsten beweglichen Partikeln sind wie die Granula der Chondriosomen nur abgesprengte Körper der Mitochondrien."[245]

Diese Vorstellungen stießen auf Widerstand. „Bis zum Beweis des Gegenteils müssen wir [...] an dem Satze festhalten, dass Virus nur aus Virus entstehen kann [...] Wenn also nach den Ergebnissen der biochemischen Forschung offenbar die Denkmöglichkeit besteht, dass sich Plasmabestandteile in Viren umwandeln können, so müsste doch der Beweis dafür angetreten werden, dass etwas derartiges vorkommt. Jedenfalls lässt sich nach allen vorliegenden Erfahrungen sagen, dass eine so gedachte Virusentstehung ein recht seltenes Ereignis sein müsste und keineswegs die plötzlichen Massenerkrankungen erklären könnte", wie E.Köhler 1955 zu bedenken gab.[246]

Auch die rasche Vermehrung von zu Geschwülsten führenden Agenzien erlaubte einander widerstreitende Deutungen. Auf der einen Seite kam sie dem Verständnis des Virus als eines Mikroorganismus entgegen. Andererseits ließ sich die Vermehrung auch so auffassen, dass sich das Verständnis des Virus als eines makromolekularen Gebildes aufrechterhalten ließ: Man konnte an einheitliche Makromoleküle denken, nachdem öfter gemeldet worden war, dass sich pflanzen- und dann auch tierpathogene Virusarten in Form einheitlicher Eiweißstoffe darstellen ließen.[247] Jene Abhängigkeit ließ sich durchaus als Beleg endogener Virusbildung vertreten. Forscher, die dieser Auffassung folgten, konnten auf andere Vorgänge als auf jene des Wachstums und der Teilung verweisen, auf Vorgänge,

---

Archiv für Physiologie. Physiologische Abtheilung des Archives für Anatomie und Physiologie und wissenschaftliche Medicin (Leipzig). 73(1898), 393–398, S. 397.

245 Seyfarth, W.: Über das Studium der Mitochondrien der Tumorzelle. 2. Mitteilung. – In: Die Naturwissenschaften (Berlin). 39(1952)8, 192, S. 192. Siehe auch id.: Mitochondrien in Tumorzellen als Eigenkörper. – In: Die Naturwissenschaften (Berlin). 39(1952)4, 91–92, S. 91.

246 Köhler, E.: Fortschritte in der Virusforschung bei Pflanzen. – In: Naturwissenschaftliche Rundschau (Stuttgart). 8(1955)9, 337–344, S. 340.

247 Die Ansicht, dass es eine spezielle Eigenschaft der Pflanzenviren sei, kristallisierbar zu sein, musste seit der Darstellung von kristallinem Poliomyelitisvirus durch Schaffer und Schwerdt fallen gelassen werden. Mit dieser Entdeckung wurde erstmals ein tierpathogenes Virus isoliert. Schaffer, F.L./ Schwerdt, C.E.: Some Physical and Chemical Properties of Purified Poliomyelitis Virus Preparations. – In: Annals of the New York Academy of Sciences (New York). 61(1955)4, 740–750. Dieselben: Crystallization of Purified MEF-1 Poliomyelitis Virus Particles. – In: Proceedings of the National Academy of Sciences of the U.S.A. (Washington). 41(1955)12, 1020–1023.

die für autonome Zellen kennzeichnend sind. Man leitete die Fähigkeit zur Virusreproduktion aus den Eigenschaften des Makromoleküls selbst her. Vorstellen konnte man sich, dass unbelebte Viren in der befallenen Zelle einen Prozess auslösen, der seinerseits zu einer Neubildung des Virusproteins durch die Zelle führt. Es wurde an eine autokatalytische Vermehrung gedacht. Eine derartige Vermehrung hätte man sich nach einer Idee von P.Jordan (1941) so vorzustellen, dass die Virusteilchen befähigt sind, ähnliche oder gleichgebaute Teilstücke an sich zu ziehen und neben sich zu gleichen Virusmolekülen aufzubauen.[248] Mit dieser Idee konnten sich jedoch Wissenschaftler wie Staudinger, H.Ruska und andere nicht anfreunden. „Will man im Virus eine unbelebte Eiweißmolekel sehen, so zieht man sich", wie Staudinger seine Kritik begründet, „zur Erklärung der doch als Lebensäußerung imponierenden Vermehrungsfähigkeit gerne auf das Schlagwort ‚Autokatalyse' zurück. Das Virus sei ein Ferment, so sagt man, das in der Wirtszelle die Bildung seiner selbst anrege, also katalysiere. Als Modell wird die Tatsache herangezogen, dass Pepsin aus Pepsinogen, also einer Vorstufe von Pepsin, die Bildung von Pepsin zu katalysieren vermag. Allein diese Anschauung ist nicht haltbar, wenn wir uns vor Augen führen, dass ein und derselbe Wirt von zahlreichen verschiedenen Virusarten befallen werden kann, dass andererseits ein und dasselbe Virus sich in zahlreichen, im natürlichen System der Organismen oft sehr weit auseinander liegenden Wirten vermehren kann. Es ist nicht denkbar, dass in einem Wirt alle zur autokatalytischen Umwandlung geeigneten Vorstufen für die verschiedenen Virusarten vorhanden sein sollen […]"[249] Und Ruska: „Diese Vorstellung über den Bildungsmechanismus von Zellbestandteilen, die in der gesunden Zelle fehlen, hat insofern etwas für sich, als für die Synthese zellfremder Bestandteile keine neuen synthetisierenden Fermente angenommen werden müssen. Die Fähigkeit zur Reproduktion des Virus wird aus den Eigenschaften des Makromoleküls selbst abgeleitet […] Andererseits stößt die von P.Jordan versuchte Erklärung der spezifischen Anziehung beim Autokatalysevorgang als einer quantenmechanischen Resonanz gerade bei den Pflanzenviren auf Schwierigkeiten, weil nach Jordans eigenen Ausführungen seine Deutung eine nichtkristalline Struktur der Eiweißmoleküle voraussetzt."[250]

---

248 Jordan, P.: Die Physik und das Geheimnis des organischen Lebens. Braunschweig: Vieweg 1949 (6. Aufl.).

249 Staudinger: Zum Stand der Virusforschung, loc. cit., S. 1073.

250 Ruska, H.: Fragen der Virusforschung. – In: Forschungen und Fortschritte (Berlin). 17(1941)33/34, 363–365, S. 365. Siehe auch Herzberg: Virusarten und Ansteckungsstoffe, loc. cit., S. 899.

Auch zur Erklärung dessen, dass ein krebskranker Organismus nicht in der Lage zu sein schien, andere Organismen anzustecken, gab es einander gegenläufige Varianten. Zum einen schien er die Sicht zu bestätigen, dass der Krebsentstehung die Wirkung eines zellintern entstandenen Faktors zugrunde liegt. Doch ließ sich zur Verteidigung des Konzeptes, dass Krebs von einem exogenen Erreger hervorgerufen werde, die Idee vertreten, dass es ja eine latente Zellinfektion mit einem Geschwulsterreger gebe, die sich erst viel später als krebsbildend erweise. Man verwies darauf, dass zwischen Geschwulstinduktion und -ausprägung oft eine sehr lange Zeit vergeht und Schädigungen manchmal erst zum Lebensende hin erkennbar sind. Pflanzen und Tiere könnten mikrobenartige Eindringlinge beherbergen, ohne selbst zu erkranken. Eine Infektion könne sogar von Generation zu Generation fortbestehen, ohne dass es zu einer Erkrankung kommen müsse, wie von Andrewes behauptet.[251]

Neben Erklärungsvorteilen gab es auf jeder Seite weiterhin Erklärungsschwierigkeiten, oder es kamen neue hinzu, die die Gegenpartei immer wieder zu Angriffen anstachelten. Die Schar derjenigen Forscher, die an einen zellinternen Ursprung des Virus glaubten, musste sich beispielsweise mit dem Erklärungsproblem herumschlagen, dass sich das Filtrat mit der Fortsetzung der Übertragungen nicht aufbraucht. Denn sollte es sich beim Krebsvirus tatsächlich um einen zellintern aufgekommenen löslichen Stoff handeln, müsste es sich doch auf diesem Wege allmählich erschöpfen. Stattdessen schien es sich aber noch zu vermehren. Es konnte ja in beliebig langen Versuchsreihen weiter übertragen werden. Dass sich ein stetiges neoplastisches Verhalten einstellte bzw. dass es etwas gab, das in den induzierten Tumoren verharrt und sich reproduziert, stützte eher die Annahme von etwas Lebendigem. Chemische Agenzien hingegen, weil sie mit der Serie von Übertragungen bald aus dem Körper verschwinden müssten, dürften somit keinen wesentlichen Anteil am Zustandekommen von Krebszellen haben.

251 Siehe Andrewes, C.H.: Latent Virus Infections and Their Possible Relevance to the Cancer Problem. – In: Proceedings of the Royal Society of Medicine (London). 33(1939)2, 75–86. Parnes, V.S.: Krebsviren. Suche, Gedanken, Theorien, Ausblick. Berlin: Akademie Verlag 1983, S. 12: Man müsse nach onkogenen und infektiösen Viren unterscheiden, um dieser Erklärungsschwierigkeit Herr zu werden. Onkogene Viren entstünden „nicht im Organismus selbst, sondern dringen von außen ein; darin liegt ihre Ähnlichkeit mit infektiösen Viren. Der durch sie bewirkte Prozess unterscheidet sich [...] von den üblichen Infektionskrankheiten, die mit Fieber und Gewebezerstörung einhergehen; ihm liegt [...] eine erbliche Veränderung der Zelleigenschaften zugrunde, der Übergang zur Bösartigkeit. Nachdem das Virus die normale Zelle in eine bösartige umgewandelt hat, wirkt es auf die weitere Entwicklung des Tumors nicht mehr ein.“

Zur unbegrenzten Übertragbarkeit der vom Filtrat hervorgerufenen Geschwülste von einem empfänglichen Organismus auf einen anderen waren schließlich jedes Mal nur minimale Substanzmengen erforderlich, die im Körper des Empfängers eine sehr beträchtliche Verdünnung erfahren mussten. Es ließ sich denken, dass selbst der wirksamste Stoff durch diese fortgesetzte Verdünnung alsbald unwirksam werden würde, wenn nicht ein entgegengesetzt gerichteter Vorgang ausgleichend eingriffe, die Fähigkeit, aus sich heraus an Menge zuzunehmen, sich durch Aneignung von der Umwelt entnommenen Stoffen unter steter Wahrung der ursprünglichen Eigenschaften zu vermehren, was aber gemeinhin als Kennzeichen lebender Substanz galt.[252]

Auch konnte die Behauptung der zellpathologisch argumentierenden Seite, sie hätte die Bildung von Tumoren bei Pflanzen, Tieren oder Menschen beobachten können, die vor exogenen Infektionen bewahrt worden seien, immer wieder mit Verweis auf technische Unzulänglichkeiten bezweifelt werden. In Abrede wurde gestellt, dass man Infektionen bei den angestellten Versuchen völlig ausschließen könne. Man müsse stattdessen stets Laboratoriumsinfektionen gewärtig sein. Immer wieder wurde vorgebracht, dass ein ansteckendes Virus schon von vornherein in den Kulturen vorhanden sei, wenngleich in so schwachen Konzentrationen, dass man es nicht identifizieren könne.[253]

Aber auch die Gegenseite bot Schwachstellen, die zum Widerspruch reizten, so das Problem, eine exogene Ansteckung als spezifische Entstehungsursache der spontan auftretenden Geschwülste dingfest zu machen. Wäre Krebs infektiös, so hätte er auch dann und wann als ansteckend wahrgenommen werden müssen, etwa bei Chirurgen: Obwohl sie ganz unmittelbar mit Krebskranken zu tun und etliche Krebsoperationen durchgeführt hätten, habe man keine unanfechtbaren Beobachtungen einer Krebsübertragung vom Patienten auf den Arzt machen können, wie Bauer den Verfechtern dieses Konzeptes vorhielt. Wie solle man sich zum Beispiel vorstellen, dass „nach einer Pneumonektomie wegen Bronchialkrebs die andere Lunge vom Erreger verschont“ bleibe?[254] Und an anderer Stelle: „[…] das Wesen einer Infektionskrankheit bestimmt der Erreger, ein körperfremdes Lebewesen, das Wesen der Krebskrankheit aber die Krebszelle, ein Produkt der

---

252 Siehe Doerr, R.: Die invisiblen Ansteckungsstoffe und ihre Beziehungen zu Problemen der allgemeinen Biologie. – In: Klinische Wochenschrift (Berlin). 2(1923)20, 909–912, S. 909.

253 Siehe Seiffert: Virus und Viruskrankheiten bei Menschen, Tieren und Pflanzen, loc. cit., S. 9. Smith, K.M.: Some Aspects of the Plant Virus Problem. – In: Smithsonian Report (Washington). 31(1936), 345–352.

254 Bauer: Das Krebsproblem, loc. cit., S. 324.

eigenen Körpergewebe. Die Infektionskrankheit ist nur durch den spezifischen Erreger, die Krebskrankheit durch die allerverschiedensten unspezifischen Schädigungen, darunter solche, die wie Röntgen- oder Radiumstrahlen jede Infektionsmöglichkeit ausschließen, erzeugbar."[255]

Rous, Inamoto, Fujinami, Boycott u.a. stand eine Partei von Krebsforschern gegenüber, die das Virus vornehmlich als ein fermentartiges Gebilde betrachteten, was eher mit dem zelltheoretischen Bild vereinbar war. Sie sahen im Krebsleiden eine Folge und ein Offenbarwerden der Störung intrazellulärer Prozesse, in deren Verlauf unorganisierte Substanzen – Substanzen ohne korpuskulare Organisation, worunter eben durch zellfreie Filtrate übertragbare endogene Viren verstanden wurden – in Freiheit gesetzt würden, die die gleiche Störung in weiteren Zellen des gleichen oder eines verwandten Gewebes hervorrufen könnten.[256] Boycott bekundete in einem 1928 geschriebenen Aufsatz: "As to its origin, all the evidence seems to concur in indicating that the Rous virus arises de novo in each tumour. There is no epidemiological evidence that cancer comes into the body from outside; everything we know supports the classical view that it is a local autochthonous disease."[257] Murphy, der, wie weiter oben angedeutet, zunächst Rous' Meinung geteilt hatte, dass es sich beim Hühnersarkome hervorrufenden Filtrat um einen Mikroorganismus handele, rückte später von diesem Verständnis ab und vertrat stattdessen den Standpunkt, dass das Rous-Sarkom-Virus ein endogenes, transmissibles Mutagen sei.[258] Diesen Begriff des Mutagens bezog er auf die Agenzien, die die Übertragung der Gefügeltumoren bedingen sowie auf solche Agenzien, die die 1928 von F.Griffith beschriebene Umwandlung der Pneumokokkentypen verursachen[259], auf jene filtrierbaren Substanzen, die 1932 von J.L.Alloway nach gewiesen worden waren.[260] Die zellfreie und doch hochwirksame Substanz des

255 Ibid., S. 300.

256 Siehe Burnet/ Andrewes: Über die Natur der filtrierbaren Vira. Überblick über neuere Virusuntersuchungen unter besonderer Berücksichtigung der einschlägigen Arbeiten aus dem National Institute for Medical Research, London, loc. cit., S. 167.

257 Boycott: President's Address: The Transition from Live to Dead: the Nature of Filterable Viruses, loc. cit., S. 65.

258 Murphy, J.B.: Experimental Approach to the Cancer Problem. – In: Bulletin of the John Hopkins Hospital (Baltimore/ Md.). 56(1935), 1–31. Hinweis v. Seiffert: Virus und Viruskrankheiten bei Menschen, Tieren und Pflanzen, loc. cit., S. 9.

259 Griffith, F.: The Significance of Pneumococcal Types. – In: Journal of Hygiene (London). 27(1928)2, 113–159.

260 Alloway, J.L.: The Transformation in Vitro of r Pneumococci into s Form of Different Specific Types by the Use of Filtered Pneumococcus Extracts. – In: Journal of Experimental Medicine (New York). 55(1932)1, 91–99.

Rous-Sarkoms und anderer spezifischer Tumoren gehöre zu den nichtlebendigen organischen Substanzen. Sie werde von den Tumorzellen selbst produziert, könne von ihnen getrennt werden und bei unausdifferenzierten, besonders gerade in Teilung begriffenen Zellen eine Variation hervorrufen, die sie zu typischen Zellen des gleichen malignen Tumors werden lasse. In diesem Prozess werde auch der spezifische Stoff derselben, das „transmissible mutagen", erzeugt.[261] Und an anderer Stelle: Weil sich eine Reinigung des Rous-Sarkom-Erregers erzielen lasse bei Ausfällung durch Ansäuerung der Tumoremulsion, sei es nicht denkbar, "that the active fraction [...] could carry with it through all these manipulations any living organism [...]"[262] Burnet und Andrewes entgegneten darauf, dass nachgewiesen sei, dass sich ähnliche Reinigungsverfahren bei verschiedenen mit organismusähnlichem Aufbau versehenen Viren anwenden ließen. „Es ist uns deshalb nicht möglich, diese Untersuchungen als Beweis dafür anzusehen, dass das Vogeltumoragens irgendwie von einfacherem Aufbau sei als die typischen Vira. Was an positiven Tatsachen über die Natur des Vogeltumoragens bekannt ist, scheint einmal mehr zugunsten der einen Hypothese, ein andermal mehr zugunsten der anderen Hypothese zu sprechen. Für das Vorhandensein eines selbständigen Erregers spricht die Tatsache, dass die Infektiösität nicht streng auf eine Vogelspezies beschränkt ist." So könne das Rous-Sarkom auch bei Fasanen, mit längeren Passagen von Fasan zu Fasan, fortgezüchtet werden.[263]

Während sich Rous, Inamoto, Fujinami, Ellermann, Borrel und andere Forscher mit der Untersuchung von Tumoren, vor allem von Tiergeschwülsten, eine Untermauerung ihrer Auffassung versprachen, dass Krebs durch extern

261 Murphy, J.B./ Sturm, E.: Further Observations on Experimentally Produced Sarcoma of Chicken. – In: Journal of Experimental Medicine (New York). 47(1928)4, 493–502, S. 501.

262 Murphy, J.B. – In: Report of International Conference on Cancer. London: 1928, 33. Zitiert n. Burnet/ Andrewes: Über die Natur der filtrierbaren Vira. Überblick über neuere Virusuntersuchungen, unter besonderer Berücksichtigung der einschlägigen Arbeiten aus dem National Institute for Medical Research, London, loc. cit., S. 173 (ohne Titelangabe).

263 Burnet/ Andrewes: Über die Natur der filtrierbaren Vira. Überblick über neuere Virusuntersuchungen, unter besonderer Berücksichtigung der einschlägigen Arbeiten aus dem National Institute for Medical Research, London, loc. cit., S. 173. Anfangs hatte sich das Rous-Sarkom aber nur auf Küken zellfrei übertragen lassen, dazu lediglich in mäßigen Prozentsätzen und auch nur dann, wenn die Küken der gleichen Hühnerrasse angehörten und noch dazu dem Filtrat Kieselgur zugesetzt wurde.

auffindbare Viren (verstanden als filtrierbare Mikroben) verursacht würde[264], sahen sich also andere Forscher durch die Untersuchungsergebnisse in der Auffassung bestätigt, dass viele, wenn nicht sogar alle Viren de novo in den Zellen betroffener Gewebe entstünden. Es gab Fachgenossen, die daran zweifelten, dass das von Rous untersuchte Objekt eine Geschwulstart sei. So war sich beispielsweise P.G.Flu sicher, dass es sich vielmehr, von pathologisch-anatomischer Seite her gesehen, um eine entzündliche Pseudogeschwulst handelt.[265] Was die Natur des Tumoragens anbetrifft, so hielten wie Rous wohl etliche Forscher „dasselbe für ein exogenes Virus", doch „zumindest ebenso viele für ein Produkt oder einen Bestandteil der Rous-Sarkomzelle (Enzym, endogen entstandenes Virus)", wie es in einem Aufsatz von Graffi heißt.[266]

Ebenso konnte auch Bittner nicht mit einer ungeteilten Zustimmung zu seinen Versuchsergebnissen rechnen. So vertrat R.D.Passey in einem 1950 gehaltenen Vortrag den Standpunkt, dass mittels Elektronenmikroskop und Ultrazentrifuge durchgeführte Untersuchungen des so genannten „Milchfaktors" gezeigt hätten, dass außer diesem Faktor noch ein zweites sichtbares Teilchen von bekannter Form beim Brustkarzinom der Maus vorkomme. Man müsse weiterhin die Möglichkeit prüfen, ob auch bei menschlichem Karzinom ein solcher Begleitstoff vorhanden sei.[267] Die Krebsforschung an jener Einrichtung, der Bittner angehörte (das Roscoe B. Jackson Memorial Laboratory in Bar Harbor/ Maine), wurde weiter von einem genetischen Herangehen beherrscht, womit sich nicht vereinbaren ließ, dass die Neigung zum Brustdrüsenkrebs durch Milch übertragen würde und dass zum Verständnis des „Milchfaktors" das Viruskonzept angewandt werden sollte. Sich ihm zuzuwenden, wurde womöglich auch dadurch erschwert, dass man zur Milch gemeinhin die Vorstellung hat, dass sie der Gesundheit dienlich

264 "These researchers have me led me to look upon cancer – using the term in its widest sense – as a specific disease caused by a virus (or group of viruses)." Gye: The Aetiology of Malignant New Growths, loc. cit., S. 117. Zitiert n. Waterson/ Wilkinson: An Introduction to the History of Virology, loc. cit., S. 160 f.

265 Flu, P.G.: Untersuchungen über das Roussarkom in Beziehung zu den Gye'schen Veröffentlichungen über die Ursache bösartiger Geschwülste. – In: Nederlandsch Tijdschrift voor Geneeskunde (Harlem). (1926)2, 366–389.

266 Graffi: Intrazelluläre Benzpyrenspeicherung in lebenden Normal- und Tumorzellen (II. Mitteilung), loc. cit., S. 216 f.

267 Passey, R.D.: Beitrag auf dem 5. Internationalen Krebskongress in Paris. Nach einem Bericht von Hinsberg/ Berendt: Bericht über den 5. Internationalen Krebskongress in Paris vom 16- bis 22. Juli 1950, loc. cit., S. 194.

und nicht etwas sei, das krank macht.[268] Es gab auch Forscher, die befürchteten, die Virushypothese würde die Angst vor Ansteckung mit Krebs schüren, eine Angst, die besonders beim Stillen von Säuglingen aufkommen könnte. In einem solchen Umkreis hielt es Bittner doch für nicht ratsam, die an besagter Einrichtung wirkenden Vertreter der Vererbungstheorie offen herauszufordern. Und so wie sie habe er, wie Kevles in einer wissenschaftshistorischen Abhandlung ausführt, die offensichtlich karzinogene Wirkung eines Erregers als etwas umschrieben, das dem Einfluss der Milch geschuldet sei.[269] Er hielt es auch für klüger, von einem „Faktor“ statt von einem „Virus“ zu sprechen – ein herkömmlicher Terminus, der besser zum Repertoire eines genetischen Forschungsprogramms passte. „Wenn ich von einem Virus gesprochen hätte, wären meine Anträge auf Bewilligung weiterer Mittel automatisch in der Schublade ‚unseriöse Projekte‘ abgelegt worden. Solange ich aber den Ausdruck ‚Faktor‘ benutzte, befand ich mich auf dem sicheren Boden der seriösen Genetik.“[270] Dieses Agens ist dann in den 1940er Jahren „in den Arbeitskreisen von Bittner und Little aus Mäusemilch, aus Brustdrüsenkarzinom und aus Organen befallener Tiere isoliert und […] als

268 Mancherorts hat es auch, wie man einer Studie entnehmen kann, Zeiten gegeben, wo die Muttermilch unter bakteriologischem Blickwinkel “was not grasped as a nutrient with possible disease preventing effects […]” Die Bakteriologie “rather enacted milk as a carrier of potentially deadly diseases. This is intimately linked to the fact that the milk issue was far from only a theoretical or academic problem.” In einigen Großstädten “a series of so-called milk epidemics emerged in these years. In Kristiana the incidents were subjected to a range of concerned discussions, not to say controversies, referred to in detail and in full length in the medical journals as well as in reports from discussions in […] the Medical Society […] Already the fact that outbreaks of diseases among certain neighborhoods in the city were conceptualized as milk-epidemics; i.e. that the diseases were specifically linked with a particular object may be related to a new way of approaching diseases. These disease-outbreaks were not, for instance, linked with theories of miasmas that were floating freely in the soil or in the air - potentially present everywhere. On the contrary, this was being related to, in principle, identifiable agencies (bacteria) that were potentially carriers of diseases.” Asdal, K.: Versions of Milk and Versions of Care: The Emergence of Mother’s Milk as an Interested Object and Medicine as a Form of Dispassionate Care. – In: Science in Context (Cambridge/ U.K.). 27(2014)2, 307–331, S. 316.

269 Kevles: Forschungen gegen den Strom: Eine Geschichte von Mut, Viren und Krebs, loc. cit., S. 82 f.

270 Zitiert n. Kevles: Forschungen gegen den Strom: Eine Geschichte von Mut, Viren und Krebs, loc. cit., S. 83 (ohne Quellenangabe).

hochmolekulares Nucleoproteid beschrieben worden", wie A.Butenandt wiedergibt.[271]

Für Carrel handelte es sich bei dem aus Geschwulstgewebe gewonnenen Filtrat um ein „Krebsgift", um etwas zellintern Entstandenes, eine körpereigene Substanz, die sich bei der Einwirkung von Arsen oder Teer auf in Teilung begriffene Embryozellen herausbildet. Es sei von einem filtrierbaren Virus auszugehen, das sich allein in durch chemische Verbindungen experimentell erzeugten Hühnertumoren nachweisen lasse. Er habe eine maligne Entartung normaler Zellen in vitro herbeiführen können, und zwar dadurch, dass er einer Kultur weißer Blutkörperchen Filtrat eines, wie er meinte, infektionsfrei erzeugten Arseniksarkoms hinzufügte. Dies sollte ein Beweis dafür sein, dass weder das Agens des Arseniksarkoms noch des Rous-Sarkoms ein ultramikroskopischer Organismus ist.[272]

Dieses Verständnis ließ sich durch Beiträge anderer Forscher erhärten, zum Beispiel dass man bei Mäusen, die vor exogenen Infektionen weitgehend bewahrt worden sein sollten, in gleichem Prozentsatz Teertumoren erzeugen konnte wie bei ungeschützten Mäusen. Andere Forscher sahen sich hingegen noch nicht imstande, in den Ergebnissen etwas zu erkennen, das es schon rechtfertigen würde, den Carrel'schen Standpunkt zu teilen. So meinte C.Hallauer bei deren Beurteilung, dass wichtige theoretische Fragen unbeantwortet blieben: Über den Mechanismus der Virusvermehrung im Explantat sei sehr wenig bekannt. Die Tatsache allein, dass eine Vermehrung nur darin möglich sei, was man dem Gewebe entnommen habe, bestätige lediglich die schon vor der Viruszüchtung in vitro gewonnene Erkenntnis, dass zwischen Virus und Wirtszelle die engsten Beziehungen bestehen müssten. Doch wisse man immer noch nicht, ob eine intra- oder extrazelluläre Vermehrung stattfinde, hier gebe es noch Kontroversen.[273] Auch diese Resultate, die man mit der Viruszüchtung in embryonaler Gewebekultur erzielen konnte, ließen noch zwei Deutungen zu, entweder dass sich das Virus nach Art eines belebten Erregers von der Zelle ernähre und autonom vermehre, oder dass es sich

271 Butenandt, A.: Biochemische Untersuchungen zum Problem der Krebsentstehung. – In: Verhandlungen der Deutschen Gesellschaft für innere Medizin. 55. Kongress, gehalten zu Wiesbaden vom 25. bis 28. April 1949. München: J.K.Bergmann 1949, 342–364, S. 364 (ohne Quellenangabe).

272 Carrel, A.: Essential Characteristics of a Malignant Cell. – In: The Journal of the American Medical Association (Chicago). 84(1925)3, 157–158.

273 Hallauer, C.: Die Viruszüchtung im Gewebsexplantat. – In: Handbuch der Virusforschung. Erste Hälfte, loc. cit., S. 399.

um einen enzymartigen Stoff handle, dessen Regeneration nur durch die lebende Zelle möglich sei.[274]

Die Entdeckung Stanleys, dass sich aus dem Saft mosaikkranken Tabaks eine kristallähnliche Substanz gewinnen lässt, empfand man seinerzeit als große Überraschung, denn das Virus zeigte einerseits, weil es die Fähigkeit zur Vermehrung besaß, eine grundlegende Eigenschaft des Lebens, andererseits musste es wegen der Kristallisierbarkeit zur Domäne der Chemie gerechnet werden. Die Frage blieb, ob das Tabakmosaik-Virus eine Lebensform mit der Fähigkeit zur Vermehrung oder eine hochmolekulare Komponente mit der Eigenschaft der Vermehrung durch Autokatalyse ist.[275] Die Einzelkristalle bestanden aus sehr vielen stäbchenförmigen Molekülen. Einen derartigen Körper konnte man sich kaum als einen individuellen Organismus vorstellen. Aber es wurden auch Merkmale ermittelt, die lebenden Organismen zugeordnet werden, beispielsweise dass Viren wie lebende Organismen mutieren können und dadurch neue Stämme mit veränderten Eigenschaften bilden.

Bawden und Pirie hegten Zweifel, ob das von ihnen aus erkrankten Pflanzen isolierte Material tatsächlich das Virus war. 1936 meinten sie, dass es noch nicht erwiesen sei, dass die beobachteten Partikel aus infektiösem Material bestünden.[276] M.Lauffer äußerte zu dem Glauben, dass das Virus ein Molekül von bestimmten Dimensionen und bestimmtem Molekulargewicht sei: "The shorter fragments, however, were worrisome. Were they merely broken rods, or were they the true virus molecules? This question was not answered for several years [...] Finally, Williams and Steere (1951) [...] demonstrated beyond reasonable doubts that the short particles resulted from mechanical breakage of the fundamental unit."[277]

In den späten 1930er Jahren äußerte Stanley, dass sich das Tabakmosaik-Virus, wie er auf Grund seiner physikochemischen Untersuchungen herausbekommen haben wollte, als ein homogenes Makromolekül bestimmen lasse. Alle seinerzeit

---

274 Ibid., S. 368.

275 Siehe Eriksson-Quensel, I.-B./ Svedberg, Th.: Sedimentation and Electrophoresis of the Tobacco Mosaic Virus Protein. – In: Journal of the American Chemical Society (Washington). 58(1936)10, 1863–1867.

276 Bawden, F.C. et al.: Liquid-Crystalline Substances from Virus Infected Plants. – In: Nature (London). 138(1936)3503, 1051–1052.

277 Lauffer, M.: Contributions of Early Research of Tobacco Mosaic Virus. – In: Trends in Biochemical Sciences (London et al.). 21(1984)9, 369–371, S. 370. Siehe Steere, R.L./ Williams, R.C.: Identification of Crystalline Inclusion Bodies Extracted Intact from Plant Cells Infected with Tobacco Mosaic Virus. – In: American Journal of Botany (St. Louis/ Miss.). 40(1953)2, 81–84.

verfügbaren Daten "indicate that the virus protein fulfill the accepted chemical definition of a molecule as the smallest weight which cannot be subdivided without a complete change in the properties."[278] Später vertrat er die Ansicht, dass nur ein lebendiges ultravisibles Virus in Frage komme, also ein exogener Erreger zellfrei übertragbarer Krebswucherungen. „Die lange Geschichte der Viren weist darauf hin, dass sie exogener Natur sind, und man muss annehmen, dass ursprünglich das Virus von außen in die Zelle eingedrungen ist." Und er drückte die Hoffnung aus, dass „zur Vermeidung größter Verwirrung die experimentellen Ergebnisse weiter mit der Vorstellung in Einklang stehen, dass Viren exogener Natur sind." Zugleich musste er aber eingestehen, dass man „gelegentlich sehr dicht an die Grenze zwischen exogenem und endogenem Ursprung" komme. Die „Fortpflanzung genetischen Materials von einem Glied einer Art in ein Glied einer anderen Art (mag so – K.L.) verständlich werden [...] und bestimmt (lässt – K.L.) das Umwandlungsphänomen eine solche Übertragung als möglich oder sogar logisch erscheinen [...]" Doch „würde die Abweichung eines normalen Bestandteils eines bestimmten Wirts, um etwas hervorzubringen, was sich dann in diesem Wirt fortpflanzen würde, unverständlich sein. Soweit ist es indessen nicht notwendig gewesen einzugreifen, denn in jedem sorgfältig geprüften Fall ist der Nachweis für das Virus oder den Selbstvervielfältigungsmechanismus, der in die Zelle einmal in unmittelbarer oder ferner Vergangenheit eingedrungen ist, offensichtlich gelungen."[279]

Zu 3: „Wer das Kommen und Gehen der Krebstheorien verfolgt, kann vorläufig die Virustheorie nur als eine Hypothese ansehen, die zwar von hochverdienten Naturforschern ausgeht, [...] (doch – K.L.) die andererseits wiederum das Krebsproblem viel zu einseitig nur von ihrer eigenen Forschungsrichtung aus sehen und gelöst sehen möchten, ohne den Tatsachen gerecht zu werden, die nun einmal die Erfahrungen am krebskranken Menschen in so viel gewaltigerer Form kundgeben [...] Es ist daher nicht anzunehmen, dass die Virusätiologie allein das Krebsgeschehen aufklären wird", wie Bauer seinerzeit urteilte.[280] Und an anderer Stelle: „Die Zahl der Einwände gegen die Virusbedingtheit des Krebses ist groß."[281] Die im Folgenden wiedergegebenen Auffassungen lesen sich so, als würden die Verfasser das Viruskonzept überhaupt für ein ungeeignetes Mittel zur Erklärung der Geschwulstentstehung betrachten. Doch mir scheint, dass

---

278 Stanley, W.M.: Virus Proteins – A New Group of Macromolecules. – In: Journal of Physical Chemistry (USA). 42(1938)1, 55–70, S. 57.

279 Stanley: Beziehungen zwischen Viren und Krebs, loc. cit., S. 408.

280 Bauer: Das Krebsproblem, loc. cit., S. 325 f.

281 Ibid., S. 323.

hier vor allem an der mikrobentheoretischen Begrifflichkeit des Viruskonzeptes Anstoß genommen wurde, worauf im Folgenden nochmals eingegangen wird.

Immer wieder wurde die Auffassung vertreten, dass sich keine Anhaltspunkte dafür gewinnen ließen, dass Viren allgemein die Erreger von Geschwülsten seien. Forscher wie Haaland und Carrel vermuteten, wie weiter oben bereits erwähnt, dass Krebs von einem Gift hervorgerufen würde. Und nach Borst (1938) konnte man sich bei embryonalen Mischgeschwülsten beispielsweise kaum vorstellen, dass das „hypothetische Krebsvirus" eine besondere Affinität zum Embryogewebe habe, aber den mütterlichen Organismus unberührt lassen sollte. Für ihn stand deshalb das Viruskonzept „noch auf schwachen Füßen".[282] Zu den Streitpunkten gehörte auch die Frage, ob es das gleiche Virus sei, das bei allen Geschwülsten zur Wirkung gelange, ob es so etwas wie einen „Universalerreger" gebe.[283] Forschern, die diese Frage bejahten, wurde vorgehalten, dass gewonnenen Befunden zufolge Viren stets spezifisch auf ganz bestimmte Gewebe abgestimmt seien, dass die parasitäre Invasion, wenn es denn eine solche geben sollte, in jedem Einzelfall gesetzmäßig nur Zellen derselben Art betreffen dürfte, andere Körperzellen aber verschonen müsste. Man könne, wie bereits 1905 eingewandt wurde, diesem Ansatz „besonders aus der Beobachtung einen Strick drehen", dass auch solche Hautgewebe, die selbst oftmals Ausgangspunkt primärer Geschwülste seien, sich nicht an der malignen Entartung beteiligten, „sobald sie in sekundäre Berührung mit Karzinomzellen geraten. Mancher glaubte die Parasitenlehre in dem Dilemma zu sehen, dass sie eventuell für jede bösartige Geschwulstart […] besondere Parasiten voraussetzen müsse."[284] Da die Krebse aus ganz verschiedenartigen Muttergeweben hervorgingen, müsste man von

282 Borst, M.: Krebstheorie und die Mischgeschwülste. – In: Schweizerische Medizinische Wochenschrift (Basel). 68(1938), 811. Vgl. Fuchs, H.J./ Kowarzyk, H.: Maligne Zelle und Embryonalzelle. – In: Zeitschrift für Krebsforschung (Berlin). 42(1935)1, 449–473, S. 464: Die maligne Zelle betrachten die Autoren als eine Embryonalzelle, die in einem (mit Hilfe eines mikrochemischen Verfahrens scharf umrissenen) Entwicklungsstadium stecken geblieben sei, so dass sie sich nicht weiter ausdifferenziere, wozu eine Embryonalzelle normalerweise imstande sei. Warburg folgend, gehen sie davon aus, dass die Atmung einer Geschwulstzelle von der einer Normalzelle kaum zu unterscheiden sei. Auch deren Glykolyse soll annähernd der einer Normalzelle gleichen, so dass die Tumorzelle nur als eine Zelle mit blockierter Differenzierungstendenz zu bestimmen sei (weiter unten wird das Konzept Warburgs erörtert).

283 Domagk, G.: Die experimentelle Geschwulstforschung. – In: Handbuch der allgemeinen Pathologie, loc. cit., 242–367, S. 278.

284 Benda, C.: Referat (zu einer Veröffentlichung von R.Borrmann: Die Entstehung und das Wachstum des Hautkarzinoms nebst Bemerkungen über die Entstehung der

so vielen spezifischen Viren ausgehen, wie es Muttergewebe für Tumoren gebe. Teutschlaender sah in diesem Problem, das für ihn zwangsläufig mit der Vorstellung verbunden war, dass Krebs von einem autonomen Agens verursacht werde, eine grundlegende „Schwäche der Infektionslehre". „Diese Verlegenheitshypothese scheint uns umso absurder, als wir sie überhaupt nicht nötig haben, wenn wir das spezifische Moment der Krebsentstehung nicht in einem von außen kommenden, sondern in einem im betroffenen Körper selbst gelegenen spezifischen Faktor sehen, der in jedem Organismus bereits in irgendeiner Form vorhanden ist oder aber gebildet werden kann."[285] Auch Andrewes sah in diesem Problem eine der Hauptschwierigkeiten, die die Ablehnung der Virustheorie förderten: Es bestehe ein natürlicher Widerwillen zu glauben, "that different histological types of tumour in different species can be due to different viruses, each causing a particular type of histological change in each kind of tissue of each species of animal. The number of cancer viruses necessary would be almost infinite."[286]

Argumente, dass das, was dieser oder jener Forscher entdeckt haben wollte, nicht reproduziert werden könne, spielten in den Auseinandersetzungen eine zentrale Rolle. So wurde zum Beispiel immer wieder von einzelnen Forschern mitgeteilt, dass sich keine Belege für die Virusnatur des Papilloms hätten gewinnen lassen. Einige glaubten, dass das Virus nicht unmittelbar das krebserzeugende Agens sei, sondern einzig zu einer unspezifischen, chronisch entzündlichen Veränderung

---

Geschwülste im allgemeinen. – In: Zeitschrift für Krebsforschung (Berlin). 2(1904)1/2, 1–170). – In: Zeitschrift für ärztliche Fortbildung (Jena). 2(1905)18, 582–584, S. 583.

285 Teutschlaender: Infektion und Krebs, loc. cit., S. 247.

286 Doch glaubte er nicht, das Viruskonzept deshalb ablehnen zu müssen. Andrewes, C.H.: The Bearing of Recent Work on the Virus Theory of Cancer. – In: The British Medical Journal (London). 1(1950)4645, 81–85, S. 82. "One of the established facts of cancer research is that mammary cancers on continued transplantation may induce malignant transformation of their supporting stroma. It thus seems possible that there may appear a variant of an epitheliotropic virus having the power to infect connective tissue […] It seems as though when an established equilibrium is upset the virus may enter a plastic state. If such were the case one of the great objections to the virus theory would be overcome, for the existence of infinitely numerous tumour viruses would not have to be envisaged." Ibid., S. 82 f. Fischer-Wasels hatte 1936 Brei aus dem Gewebe von Mäusegeschwülsten mit Embryonen verschiedener Tierarten vermengt und versucht, diese Mischung auf Tiere der gleichen Art und auch anderer Arten (auf Ratten und Hähne) zu übertragen, was aber nicht zum Nachweis eines spezifischen Agens in den Zellen der bösartigen Wirbeltiergeschwülste führte. Fischer-Wasels, B.: Versuche zum Nachweis des spezifischen Agens (Virusenzyms) bei bösartigen Geschwülsten. – In: Zeitschrift für Krebsforschung (Berlin). 44(1936)1, 157–159, S. 157.

der Haut führe und darauf sekundär der Krebs entstehe. Diese Position wurde u.a. von Borst geteilt: Das, was man am Kaninchenpapillom beobachtet habe, berechtige keinesfalls, den Krebs ganz allgemein als eine Viruskrankheit zu behaupten.[287] 1938 hatte P.Ladewig versucht, im Shopeschen Cottentail-Kaninchen-Papillom sowie in den wirksamen Extrakten mit einer bestimmten Färbungsmethode Viruskörperchen auszumachen. Aber er konnte keine für den Tumor in irgendeiner Weise charakteristischen Elementarkörperchen nachweisen. Die Fehlerquellen bei der Beobachtung kleinster färbbarer Partikel in Ausstrichen der Epidermis waren nach seiner Auffassung zu groß, um die Entscheidung zu treffen, ob überhaupt Viruskörperchen dargestellt wurden oder nicht.[288]

Auch Gyes Vorstellungen zur Virusbedingtheit der Tumorentwicklung wurden von einigen Fachgenossen als nicht nachvollziehbar bewertet. So berichtete Flu, dass die Wiederholung der Gye'schen Versuche die Filtrierbarkeit dessen, was das Mäusekarzinom bewirke, nicht bestätigt habe. Es sei auch nicht zulässig, anzunehmen, dass dieses Karzinom durch ein mit demjenigen des Rous-Sarkoms identisches Virus verursacht werde.[289] Diese Kritik wurde u.a. von Fuchs geteilt: Ein spezifisches Virus (ein „unsichtbares Lebewesen") für die Tumorgenese anzunehmen, sei auf Grund verschiedener experimenteller Feststellungen bei Hühnertumoren abzulehnen. „Es ist bekannt, dass das Extrakt verschiedener Hühnertumoren, die sich klar voneinander unterscheiden lassen [...], stets die gleiche Tumorart bei der Injektion erzeugt, aus der es selbst stammt. Selbst die Annahme, dass diese Spezifität durch ein ‚ubiquitäres Virus' kombiniert mit dem spezifischen Zellstoff entstände, während jeder dieser beiden einzelnen Faktoren allein keine Tumorentstehung veranlassen könne, ist nur als letzte Bemühung anzusehen, die ‚Idee des Virus' aufrechtzuerhalten."[290] Auch Haaland und Haaland hatten in den späten 1920er Jahren Versuche angestellt, um Gyes Beobachtungen zu prüfen:

---

287 Borst: Krebstheorie und die Mischgeschwülste, op. cit.

288 Ladewig, P.: Beiträge zur Kenntnis des Shopeschen Cottontail-Rabbit-Papilloms und seines „filtrierbaren Erregers". V. Ergebnisse der Herzbergschen Virusfärbung am Material vom Shopeschen Cottontail-Kaninchen-Papillom. – In: Schweizer Zeitschrift für allgemeine Pathologie und Bakteriologie (Basel). 1(1938)1–6, 240–244.

289 Flu: Untersuchungen über das Roussarkom in Beziehung zu den Gye'schen Veröffentlichungen über die Ursache bösartiger Geschwülste, op. cit. Id.: Untersuchungen über das Roussarkom in Beziehung zu den Gye'schen Arbeiten. – In: Nederlandsch Tijdschrift voor Geneeskunde (Harlem). (1926)1, 1630–1637. Hinweise von Zeehulsen, H.: Rezension. – In: Zentralblatt für innere Medizin (Leipzig). 48(1927)52, 1251–1252 (ohne Seitenangaben).

290 Fuchs, H.J.: Die Bedeutung der „CaR" für das Krebsproblem und andere Forschungsgebiete. – In: Zeitschrift für Krebsforschung (Berlin). 44(1936)1, 384–404, S. 392.

Mit zellfreier Bouillon, in der sich Tumorstücke befunden hatten, wurden Mäuse geimpft. Zum Zwecke des Vergleichs wurden außerdem Zellen eingeimpft. Die Impfungen wurden getrennt vorgenommen, sowohl mit der klaren überstehenden Flüssigkeit, die man nach einer Zentrifugation erhält, als auch mit dem Bodensatz, der die Reste der eingeimpften Geschwulst enthielt. Bei Impfungen mit der Flüssigkeit konnten in keinem Fall Geschwülste übertragen werden. Wenn Zellen fehlten, wie in der klaren überstehenden Kulturflüssigkeit, war auch eine erfolgreiche Tumorimpfung nicht möglich. Hingegen führte die Impfung mit Zellen enthaltendem Tumormaterial meistens zu positiven Ergebnissen. Diese Befunde boten den Forschern Gründe dafür, die Idee einer zellfreien Geschwulstübertragung und daran geknüpfte Vorstellungen über das Virus zurückzuweisen.[291] Gyes Versuchsergebnisse ließen Fragen aufkommen, die etliche Forscher für unbeantwortet hielten, Fragen, wie u.a. von Ch.Carruthers 1950 aufgeworfen: "Has the dead tumor been cultivated in vitro? Have the respiration and other metabolic processes of the frozen tissue been sufficiently studied? Can the new virus be filtered and centrifuged? What proof is there that the tumor tissue was perfectly dry?"[292]

Auch die Ergebnisse Carrels, der – wie weiter oben geschildert – davon ausging, ein Hühnersarkom zellfrei weitergeführt zu haben, das er in vitro mittels Teerzusatz oder auch in weiteren Versuchen durch Arsenzusatz in geeigneter Konzentration erzeugt hätte, wurden damals nicht akzeptiert, was, wie wir von Schmidt (1953) erfahren, „zum Teil mit groben Verdächtigungen unsauberer Versuchstechnik" einherging. „Es handelte sich eben damals um isolierte, ganz aus dem Rahmen fallende Resultate, zu deren Verständnis noch zu wenig in die gleiche Richtung deutende Ergebnisse vorhanden waren."[293]

Von Interesse ist in diesem Zusammenhang, dass die Skepsis, worauf das Viruskonzept in der wissenschaftlichen Öffentlichkeit oftmals traf, Anhänger dieses Konzeptes auch zu gewissen Modifikationen desselben trieb, um Anhaltspunkten zu begegnen, die die Kritiker zur Begründung ihrer ablehnenden Haltung herangezogen hatten. Mitunter waren sie ja selber auf Tumormaterial gestoßen, mit dessen Filtrat keine Wirkung erzielt werden konnte, was es erschwerte, der Virusätiologie eine allgemeine Bedeutung für alle Tumoren zuzugestehen. Sie kamen Einwänden entgegen, wenn sie sagten, dass manchen Viren eben die Fähigkeit abgesprochen werden müsse, normale Zellen anzugreifen, so

291 Haaland/ Haaland: On Transference of Mouse Sarcoma Without Cells, op. cit.

292 Carruthers, Ch.: The Biochemistry of Neoplastic Tissue. – In: Annual Review of Biochemistry (Palo Alto/ Cal.). 19(1950), 389–408, S. 401.

293 Schmidt: Über die Virustheorie - Induktionstheorie - der Krebsentstehung, loc. cit., S. 5.

dass für eine erfolgreiche Übertragung die Beigabe von Geschwulstzellen nötig sei.[294] Oder es wurde erwogen, dass es antagonistische Faktoren („Inhibitoren") gebe, die die Viruswirkung hemmen würden. Auch wurde die Vorstellung vertreten, dass die Übertragbarkeit durch zellfreien Geschwulstsaft keine konstante Eigenschaft darstelle. Die Übertragbarkeit könne sich erst im Laufe von Transplantationspassagen einstellen, sie habe es vorher gar nicht gegeben. Sie könne in einem frühen Stadium des Geschwulstwachstums festgestellt werden, um gerade beim Beginn der Manifestation der Bösartigkeit zu verschwinden, zu einer Zeit also, wo man eine besondere Ausbeute an aktivem Virus erwarten würde. Ergebnisse von Beobachtungen wurden beispielsweise von J.McIntosh und M.R.Selbie so gedeutet, dass in vielen durch chemische Verbindungen erzeugten Hühnergeschwülsten durchaus ein aktives filtrierbares Virus nachweisbar sei, nur sei zu berücksichtigen, dass bei den durch Berkefeld-Filtrate noch nicht gelungenen Geschwulstübertragungen eine inaktive Phase des Virus angenommen werden könne, die ähnlich wie bei anderen filtrierbaren Tumoren (Rous-Sarkom) eine beträchtliche Zeit bestehen bleibe. Die inaktive Phase mochte durch Schwankungen in den Beziehungen des Tumorvirus zu den Tumorzellen, durch eine zeitweilige Verminderung der Ansteckungsfähigkeit, durch die Präsenz eines hemmenden Stoffes im Filtrat oder auch durch die zeitweilige Größe des Virus selbst bedingt sein, wofür sich dann Berkefeld-Filter als nicht passierbar erwiesen. Sie folgerten aus ihren Befunden, dass chemische Verbindungen wie Teer bei Hühnern lediglich induzierend auf die Tumorbildung wirkten, während sie aber bei der Aufrechterhaltung des bösartigen Prozesses selbst keine Rolle spielten.[295]

Behaupten ließ sich auch, dass nicht durch Filtrate hervorgerufene Formen des Krebswachstums lediglich solche seien, bei denen die beteiligten Viren so durch ansteckungsbegrenzende Bedingungen verborgen seien, dass es einer langen (mechanischen oder chemischen) Reizung oder krebsbegünstigender Erbfaktoren bedürfe, damit Zellen aufnahmebereit für das jeweils postulierte Virus würden. Dass man dem Problem, wie sich Formen des virusinduzierten Krebswachstums

---

294 Siehe Andrewes, C.H.: Evidence for the Presence of Virus in a Non-Filterable Tar Sarcoma of the Fowl. – In: Journal of Pathology and Bacteriology (Edinburgh). 43(1936)1, 23–33.

295 McIntosh, J.: Virus Infections in Tar-Induced Tumours (Sarcomata) of the Fowl. – In: Second International Congress for Microbiology. London 1936. Reports of Proceedings. London: John-Brooks 1937, S. 97. Hinweis v. Doerr: Die Entwicklung der Virusforschung und ihre Problematik, loc. cit., S. 49. Siehe auch McIntosh, J./ Selbie, F.R.: Further Observations on Filterable Tumours Induced in Fowls by Injection of Tar. – In: British Journal of Experimental Pathology (London). 20(1939)1, 49–63.

von den nicht durch Filtrate hervorgerufenen unterscheiden lassen, vielleicht so beikommen könnte, wird von E.L.Ellis in einem in den 1960er Jahren erschienenen Aufsatz erwogen: Das Auftreten solcher Krebse schlösse dann eine zusammengesetzte Wahrscheinlichkeit ein: eine Wahrscheinlichkeit, dass das richtige Virus anwesend sei, und eine andere Wahrscheinlichkeit, dass die erforderliche Zellempfänglichkeit während dieser Anwesenheit eintrete. Um den Tumor zu erzeugen, müssten beide Bedingungen für die gleiche Zelle zutreffen.[296]

Zu 4: In den 1950er Jahren, wo sich mit der Entdeckung weiterer filtrierbarer Tumoragenzien sowie der krebserregenden Wirkung von Chemikalien und Strahlen die Erörterung von Prozessen der Tumorbildung bedeutend bereichert hatte, setzte sich der Streit vornehmlich als eine Auseinandersetzung fort, in der die eine Seite das Virus-, die Gegenseite das Konzept der somatischen Mutation vertrat, das Bauer 1928 der Öffentlichkeit unterbreitet hatte, womit sich weiterhin die Idee verfechten ließ, dass das, was der Bildung von Geschwülsten im Wesentlichen zugrunde liege, von Zellen nicht getrennt werden könne. Er glaubte, so die wichtigsten biologischen Eigentümlichkeiten der Tumoren verständlich machen zu können. Sich auf Beobachtungen von Kernteilungen in Krebszellen stützend, ging er zur Erklärung der Krebsursache von einer Störung des Chromatinkomplexes aus und erklärte, dass Tumorzellen eine abnorme Chromosomenkonstitution hätten, die sie an ihre Tochterzellen vererbten und die deshalb wieder alle Eigenschaften der „Ur-Tumorzelle“ aufwiesen.[297] Bauer führte hier Ideen Theodor Boveris weiter, der die Entstehung bösartiger Geschwülste auf die Beschaffenheit der Zellkerne zurückgeführt hatte.[298] Geschwulstbildungen

296 Ellis, E.L.: Bakteriophagen: Einstufenvermehrung. – In: Phagen und die Entwicklung der Molekularbiologie, loc. cit., 61–71, S. 62.

297 Bauer, K.H.: Mutationstheorie der Geschwulstentstehung: Übergang von Körperzellen in Geschwulstzellen durch Gen-Änderung. Berlin: Springer 1928. Später wurden überdies etliche Versuche unternommen, um zu erfahren, ob karzinogene Agenzien auch in niederen Lebensformen somatische Mutationen verursachen. Tests mit Drosophila hatten gezeigt, dass ein paar Karzinogene permanent biochemische Veränderungen in Zellen, die ihnen ausgesetzt sind, bewirken können. Tatum und Barret fassten 1958 die Ergebnisse ihrer Arbeiten zu mutagenen Effekten von krebsbewirkenden Kohlenwasserstoffen auf Neurospora zusammen, indem sie erklärten, dass sie "at least not inconsistent with the somatic mutation hypothesis" seien. Barret, R.W./ Tatum, E.L.: Carcinogenic Mutagens. – In: Annals of the New York Academy of Sciences (New York). 71(1958)6, 1072–1084, S. 1072.

298 Boveri, Th.: Ueber mehrpolige Mitosen als Mittel zur Analyse des Zellkerns. – In: Verhandlungen der Physikalisch-Medizinischen Gesellschaft zu Würzburg (1902). Neue Folge, Bd. 35 (Würzburg), 67–90.

betrachtete Boveri als „natürliches Experiment“, das sich in fehlerhaften Zellteilungen äußert, was es ermöglicht, der Frage nachzugehen, ob durch solche Zellteilungen weiter vermehrungsfähige Zellen entstehen können und ob sie Merkmale aufweisen, die sich an Tumorzellen beobachten lassen. Er wies nach, dass dies möglich ist, und zwar anhand von (experimentell zugänglichen) Vorgängen an den Zellen, wodurch abnorme Teilungen hervorgebracht werden.[299]

Dass sich eine größere Anzahl von Forschern fand, die sich diesem Konzept zuwandten, hat damit zu tun, dass nach dessen Maßgabe an eine ererbte Disposition zur Krebskrankheit gedacht werden konnte, sich aber auch vorstellen ließ, wie sich normale Zellen unter dem Einfluss exogener Karzinogene in Krebszellen umwandeln. Krebs sollte eine Erkrankung sein, die mit einer Mutation im genetischen Kode einhergeht. J.Cairns drückte sein Vertrauen in die Mutationstheorie ungeachtet dessen, dass lediglich auf Indizienbeweise verwiesen werden konnte, wie folgt aus: "In the last few years more and more evidence has been accumulating to suggest that initiation is nothing other than mutation. Though admittedly circumstantial, it is persuasive. Thus, the most powerful initiators prove to be the substances that are the best at binding to DNA [...] and causing mutations in various test systems [...] they produce changes in the DNA either directly, or indirectly after they have undergone certain chemical modifications that occur when they are metabolized in the body [...] It seems reasonable to assume that the first step in carcinogenesis would be the production of mutations, because this conforms to the one thing we do know about the cancer cell – namely, that in building up an expanding population of abnormal cells it must be passing on its cancerous characteristics to its descendants, and so these characteristics must in a sense be inheritable from one cell generation to the next."[300]

Dem Mutationskonzept folgend, wurde angenommen, dass die meisten Geschwülste durch Angriffe auf Körperzellen entstünden, durch Mutationswirkungen, die von Strahlen oder chemischen Substanzen (also von nichtinfektiösen Ursachen) ausgingen oder dass mit solchen physikalischen oder chemischen Einwirkungen die Zelle für an sich nicht ansteckende Stoffe sensibilisiert werde.[301] Für

---

299 Boveri, Th.: Zur Frage der Entstehung maligner Tumoren. Jena: Fischer 1914. Boveri gilt als der Schöpfer der Chromosomentheorie des Krebses. Siehe auch Malinckrodt, E. von: Die Krebstheorie Theodor Boveris und ihre Bedeutung für die Tumortheorien im 20. Jahrhundert. (Dissertation) Bochum: Universität, St.Joseph - Hospital, Medizinische Klinik 1988.

300 Cairns, J.: Cancer: Science and Society. San Francisco: W.H.Freeman 1978, S. 93 f. Zitiert n. Fujimura: Crafting Science, loc. cit., S. 61.

301 Siehe Bauer: Das Krebsproblem, loc. cit., 531–545.

Bauer war die Krebsentstehung eine Mutation, „auslösbar durch alle mutationserzeugenden chemischen und physikalischen Noxen, eine Mutation von Erbstrukturen somatischer Zellen, […] eine gerichtete Mutation derjenigen Erbsubstanzen, die sonst in Körperzellen Wachstum, Differenzierung und Einordnung in den Gesamtplan regulieren, eine Defektmutation, die zu Enthemmung des Wachstums, Steigerung der Wachstumsgeschwindigkeit und Störung der Differenzierung führt."[302] Er war von der Entdeckung H.J.Mullers ausgegangen, dass sich Mutationen in Keimzellen durch Röntgenstrahlen hervorrufen lassen. Die gleichen Strahlen würden in Körperzellen zu Krebs führen.[303] Dieses Konzept stieß in mancherlei Hinsicht sogleich auf Ablehnung. In einem 1943 geschriebenen Aufsatz beklagt Bauer, dass die von ihm vertretene Theorie wie so viele neue Theorien auf „keinerlei Verständnis vonseiten engerer Fachkollegen" stoße, dass sie gerade von Vertretern solcher Konzepte kritisiert werde, die selbst den Anschluss an die Genetik und deren Stützwissenschaften noch nicht oder nicht mehr gefunden hätten. „Ich selbst habe mich auf keine […] Polemik eingelassen, da das Schicksal von Theorien nicht durch Wortstreit, sondern nur durch Tatsachen entschieden wird. An Tatsachen ist aber nichts bekannt geworden […], was den Grundgedanken […] der neuen Theorie der Krebsentstehung als einer Mutation somatischer Zellen in irgendetwas erschüttert hätte."[304]

B.Rajewski (1949) hob wohl die „verlockende Einfachheit" der Bauerschen Auffassung hervor, die sich u.a. dem Umstand verdankte, dass sie spontane und künstlich erzeugte Geschwülste zu einer Gruppe zusammenfassen konnte. Doch zugleich kreidete er ihr eine nicht zu tilgende Beweisschwäche an. Ihren Verfechtern hielt er u.a. vor, „dass die Anzahl der Spontankrebse bei Tieren und Pflanzen, soweit bekannt, wesentlich kleiner ist als beim Menschen. Dieser Einwand wird zwar nicht unwesentlich durch das Argument abgeschwächt, dass Menschen bedeutend mehr Zivilisationsschäden ausgesetzt sind als Tiere, und dass erfahrungsgemäß beim Vorliegen einer besonders intensiven Einwirkung krebsbildender Faktoren eine außerordentliche Vermehrung der Krebserkrankungen auftritt […], er bleibt aber im Bereich des Spontankrebses wohl

302 Ibid., S. 398.

303 Siehe Bauer, K.H.: Über neuere Ergebnisse der Krebsforschung. Vortrag im Rahmen einer Sitzung der Medizinischen Gesellschaft Frankfurt vom 7. Juli 1948. – In: Klinische Wochenschrift (Berlin). 27(1949)33/34, 582–583, S. 582.

304 Bauer, K.H.: Die Mutationstheorie der Krebsentstehung im Lichte ihrer physikalischen und chemischen Beweismittel. – In: Münchner Medizinische Wochenschrift (München). 90(1943)48/49, 681–687, S. 686.

bestehen."[305] Auch Andrewes (1950) schrieb dem Bauerschen Konzept unzureichende Beweiskraft zu. Die Mutationstheorie hielt er für pure Spekulation. "[...] there is no concrete evidence, as there is for the virus theory, that it has ever actually occurred and given rise to a cancer."[306] I.Berenblum (1952) sah im Bauerschen Ansatz keine Theorie, sondern lediglich eine Annahme, die nie wirklich getestet worden sei. Dass die Tumormerkmale permanenter Natur seien, zwinge nicht zu dem Schluss, dass die Veränderung in der Zelle mutationsbedingt sei. Bei bestimmten biologischen Erscheinungen gebe es auch unumkehrbare Veränderungen, ohne dass sie durch Mutationen zustande gekommen wären. Aber auch wenn die Mutationstheorie das Anfangsstadium der Krebsbildung erhellen sollte, gebe es ja noch das wichtige Stadium der Umwandlung der latenten Geschwulstzellen in tatsächliche Geschwulstzellen, der Vorgang spiele sich längere Zeit im Verborgenen ab und bleibe unbemerkt. Die Natur dieses Prozesses sei immer noch ein Geheimnis.[307] Nach R.Danneel konnte die Mutationstheorie gar nicht unmittelbar bewiesen werden, weil zum Mutationsnachweis das Vererbungsexperiment gehöre, welches naturgemäß mit Körperzellen nicht durchführbar sei.[308] Laut J.D.Watson gab es seinerzeit wohl weder für noch gegen diese Theorie einen direkten Beweis, "which we might best describe as cancer due to loss of an essential gene(s) function."[309] Von Borst wurde eingewandt,

---

305 Rajewsky, B.: Zur Mutationstheorie der Krebsentstehung. – In: Zeitschrift für Krebsforschung (Berlin). 56(1949)3, 274–284, S. 275. Der Autor verweist in diesem Zusammenhang auf einen Mitte des 20. Jahrhunderts ausgetragenen Streit, ob Krebs eine Erkrankung des Körpergewebes oder eine des ganzen Organismus ist. Es habe Feststellungen gegeben, „die für die eine und viele, die für die andere Möglichkeit sprechen, zugleich [...] solche, die mit den beiden Auffassungen verträglich sind." Ibid.

306 Andrewes: The Bearing of Recent Work on the Virus Theory of Cancer, loc. cit., S. 81.

307 Berenblum, I.: Infektionstumoren und Krebs. – In: Archiv für Geschwulstforschung. Organ für Krebsforschung, -bekämpfung und -statistik, 4. Band. Dresden: Steinkopff 1952, S. 69. Hinweis v. Fujimura, J.H.: Standardizing Practices: A Socio-History of Experimental Systems in Classical Genetic and Virological Cancer Research, ca. 1920–1978. – In: History and Philosophy of Life Sciences (London). 18(1996)1, 3–54, S. 44. Siehe auch Berenblum, I.: Changing Trends in Carcinogenesis. – In: Theories and Models in Cellular Transformation. Hrsg. v. L.Santi und L. Zardi. London: Academic Press 1985, 135–153, S. 147 f.

308 Dies hielt er aber nicht für etwas, weshalb jener Theorie grundsätzlich widersprochen werden müsste. Danneel, R.: Theorien der Krebsentstehung und ihre Unterlagen. – In: Deutsche Medizinische Wochenschrift (Leipzig). 71(1946)5, 52–56.

309 Watson, J.D.: Molecular Biology of the Gene. New York: W.A.Benjamin 1970, S. 598. Doch fügte er hinzu: "Even without evidence, however, it is clear that somatic

dass die lange Latenzzeit kaum mit der Mutationshypothese zu vereinbaren sei: Das Röntgenkarzinom entstehe durch Röntgenstrahlen oft erst lange nach Beendigung der mutativen Reizeinwirkung, wo gar kein Anlass mehr zur Mutation gegeben sei.[310] Borst, der auch später seine Vorbehalte gegen die Mutationstheorie nicht aufzugeben bereit war, verwies überdies auf Lichtbilder von Tumorbildungen, die nach seiner Meinung eine *allmähliche* Krebsentstehung abgebildet hätten. Die histologischen Bilder (verwiesen wurde auf die Entstehung von Lungentumoren bei der Maus nach Teerpinselung) brächten zum Ausdruck, dass sich die Geschwülste allmählich auf den endgültigen Umschlag zur Malignität vorbereiteten. Gleiches wusste Schmidt im Hinblick auf die Entstehung des Leber- und des Gebärmutterkarzinoms zu sagen: Auch diese Geschwülste zeigten fließende Übergänge.[311] Ähnliche Schwierigkeiten bei einer in der Mutationshypothese wurzelnden Erklärung böten überdies die Operationsrezidive, die oft erst jahrzehntelang nach der chirurgischen Heilung und Beseitigung des erkrankten Primärorgans aufträten.[312]

Der Anspruch, bei Verwendung bekannter kanzerogener Substanzen eine sehr rasche Tumorbildung bewirkt zu haben, denen man doch eine verhältnismäßig lange Latenzzeit zusprechen musste, wurde auch von H.Druckrey et al. abgewiesen. Sie traten 1949 Behauptungen entgegen, die in einer 1945 erschienenen Monografie E.Leupolds enthalten sind. Leupold berichtet darin, dass es ihm gelungen sei, durch experimentelle Beeinflussung des Gewebsstoffwechsels und künstliche Veränderung des Milieus im Gewebe bei Mäusen krankhafte Zellveränderungen auszulösen und sogar bösartige Tumoren hervorzurufen. Autolysaten von normalen Mäusegeweben, vor allem von Leber und Haut, ferner Lösungen von Aminosäuren und schließlich von anorganischen Salzen in kleinster Dosis sprach er eine Wirkung nach Art bekannter kanzerogener Substanzen zu, die schon in wenigen Tagen einsetzen würde. Doch sei deren Wirkung, wie Druckrey et al. entgegneten, dadurch ausgezeichnet, dass der Krebs erst nach monate- oder gar jahrelanger Latenzzeit auftrete.[313] Leupold wollte in seinen Versuchen bereits nach 48 bis 96

mutations must occur; it would be surprising if at least some did not disrupt the normal control of cell division." Ibid.

310 Borst, M.: Mutationen durch Röntgenstrahlen. – In: Münchner Medizinische Wochenschrift (München). 78(1928)1, 11–13.

311 Hinweis v. Schmidt: Über die Virustheorie - Induktionstheorie - der Krebsentstehung, loc. cit., S. 26 f.

312 Ibid., S. 25.

313 Druckrey, H./ Altmann, H.-W./ Schmähl, D.: Der Gewebsstoffwechsel als innere Krankheitsursache für die Krebsentstehung. – In: Zeitschrift für Krebsforschung

Stunden mehrfach bohnengroße Geschwülste bei einmaliger Applikation von nur 0,01 ml bei Substanzverdünnungen von 10^{-6} beobachtet haben, noch dazu bei Substanzen, die normale Bestandteile des Organismus sind. „Es gibt bisher keine cancerogene Substanz, die in dieser Dosis und vor allem nicht in so kurzer Zeit Krebs erzeugt. Diese hohe Wirksamkeit so kleiner Substanzmengen ist nur zu verstehen, wenn die Geschwulstursache vermehrungsfähig, also infektiös war. Man kann sich vorstellen, dass bei der Gewebsautolyse unter völlig unbekannten Ausnahmebedingungen einmal autoreproduktionsfähige Zellbestandteile mit geschwulstbildender Eigenschaft entstehen und auch freigesetzt werden können, die sich dann wie ein cancerogenes Virus verhalten."[314]

Nach Bauer gehorchte die Krebsentstehung dem Alles- oder Nichtsprinzip: Bei der Bestrahlung blieben die Körperzellen des Bestrahlungsbereiches entweder so, als ob sie überhaupt nicht bestrahlt worden wären, oder aber es komme zu einem Umschlag in Tumorzellen. Die biophysikalische Treffertheorie, die das Wesen der Mutation durch Röntgenstrahlen erklären soll, traf nach seiner Auffassung auch auf den Krebs zu. Es bestehe jedoch, so Schmidts Einwand, sowohl bei der Mutationserzeugung als auch bei der Krebserzeugung eine direkte Proportion zur Strahlendosis, was sich nicht vereinbaren lasse mit dem Alles- oder Nichtsgesetz. Wenn ein Gesetz in dieser Form auf die Krebsentstehung zuträfe, wären die Begriffe der Präkanzerose, der präblastomatösen Umwandlung des Gewebes usw. ganz überflüssig und ohne Basis. Es wäre ja völlig gleich, ob man die krebserzeugende Strahlendosis in einer einzigen Sitzung verabreiche oder fraktioniert über längere Zeiträume, es müsste gelingen, durch eine einzige Bestrahlung in entsprechender Dosis Krebs hervorzurufen. Es wäre völlig gleichgültig, ob dieselbe Hautstelle mehrmals oder etwa der ganze Körper in entsprechend höherer Dosierung nur einmal bestrahlt würde.[315] Und wenn den Körperzellen nur die Alternative bliebe, so Schmidt, entweder ganz normal zu bleiben oder zu Krebszellen zu werden, dann wäre es beispielsweise auch unerfindlich, wieso es bei Einwirkung von kanzerogenen Stoffen sozusagen gesetzmäßig erst zu gutartigen Warzenbildungen kommt. So nehme es nicht wunder, dass Bauer die Frage der gutartigen Tumoren überhaupt nicht diskutiert, „mit solchen Alles- oder Nichtsmutationen sind sie

---

(Berlin). 56(1950)6, 601–614, S. 610 f. Die kürzeste bisher beobachtete Zeit betrage 34 Stunden, und zwar bei „Buttergelb" im Falle dauernder Anwendung sehr hoher Tagesgaben. Ibid.

314 Leupold, E.: Der Zell- und Gewebsstoffwechsel als innere Krankheitsbedingung. Leipzig: Thieme 1945, S. 45 ff.

315 Schmidt: Über die Virustheorie - Induktionstheorie - der Krebsentstehung, loc. cit., S. 29 f.

auch kaum zu vereinbaren."[316] Bauer übergehe die Frage der Beziehungen zwischen gut- und bösartigen Tumoren vollständig, die Mutationshypothese befinde sich auf Grund ihrer Bindung an das Alles- oder Nichtsgesetz „mit Zwischenstufen auf Kriegsfuß."[317]

Rous meinte (1959), dass die Theorie der somatischen Mutation zu nichts Gutem geführt und eine fatalistische Einstellung gefördert habe. In der Laienpresse habe sich der Glaube verbreitet, dass es, weil Krebs angeblich von somatischen Mutationen herrühre, eigentlich ganz natürlich sei, an Krebs zu erkranken, so dass nichts weiter zu tun bleibe, als das Leiden zu lindern, wenn man davon betroffen sei bzw. all das, was Krebs hervorrufen könne, zu meiden. "Here is fatalism to blast many a hope and effort." Am schlimmsten aber sei die Wirkung dieser Theorie auf Krebsforscher. Sie wirke wie ein Beruhigungsmittel für jene, die besagtem Konzept folgen, und das in einer Zeit, wo jeder Forscher sich dazu aufgerufen fühlen sollte, herauszufinden, was Krebs wirklich sei.[318] Gegen die von der somatischen Mutationstheorie begründete Vorstellung, dass eine Modifikation in den Genen ein wesentliches Merkmal der malignen Zelle sei, wurde beispielsweise angeführt, dass etliche chemische Verbindungen wohl zu den Karzinogenen, aber nicht zu den Mutagenen gehörten, so dass sich im Geschwulstgewebe keine genetische Mutation wahrnehmen lasse.[319] Angeben ließen sich auch Mutagene, die nicht krebserregend seien. "In Drosophila and Neurospora alipathic and aromatic nitrogen mustards, diepoxides [...] and urethane have been found to be both mutagenic and carcinogenic. There was therefore, for a time, a temptation to say that 'all mutagens are carcinogens and all carcinogens are mutagens'. Unfortunately for simplicity, this is not truc. For instance, although x-rays and ultra-violet light are both mutagens and carcinogens, formaldehyde is a mutagen but not a carcinogen, and oestrogen is a carcinogen but not a mutagen", wie Atkin 1960 ausführte.[320]

316 Ibid., S. 30.

317 Ibid., S. 53.

318 Rous, P.: Surmise and Fact on the Nature of Cancer. – In: Nature (London). 183(1959)4672, 1357–1361, S. 1361. Siehe id.: Summary of Informal Discussions. – In: Cancer Research (Philadelphia/Pa.). 20(1960)5, 707–711, S. 711. Siehe auch Studer, K.E./ Chubin, D.E.: The Cancer Mission: Social Contexts of Biomedical Research. London et al.: Sage 1980, S. 108 f.

319 Hinweis v. Fujimura: Crafting Science, loc. cit., S. 60.

320 Atkins, H.J.B.: Surgery. – In: The British Encyclopaedia of Medical Practice. Medical Progress 1960. Editor in Chief: The Lord Cohen of Birkenhead. London: Butterworth & Co. (Publishers), Ltd. 1960, 27–51, S. 27 f.

Für ein recht starkes Argument zugunsten der Mutationstheorie sprach nach Bauer die Erfahrung, dass gelegentlich schon bestehende Geschwülste ihren bisherigen Verlaufscharakter veränderten und sehr viel bösartiger würden. Zur Erklärung zog er dafür eine erneute Mutation schon maligner Zellen heran. Doch die Annahme einer solchen Doppelmutation auf das gleiche Gen „ist [...] noch durchaus hypothetisch [...] Stimmt es schon bedenklich, dass nach der ersten Mutation ein hypothetisches Gen, das die Wachstumskurve mit den Geschwisterzellen regulieren soll, überhaupt noch existiert – würde doch erst der Ausfall des regulierenden Gens das schrankenlose Wachstum ermöglichen –, so würde eine erneute Mutation einer bereits defekten Zelle höchstwahrscheinlich den Zelltod nach sich ziehen. Dieses besonders starke Argument erscheint zu konstruiert, um zu überzeugen [...]“, wie F.Schmidt zu entgegnen wusste.[321]

Auseinandersetzungen gab es aber auch innerhalb des Gebietes, das mit der von Bauer eingeschlagenen Forschungsrichtung abgesteckt worden war. Bauer dachte an Chromosomen- und Genmutationen. Andere Forscher hielten es hingegen für wenig wahrscheinlich, dass die unter der Wirkung krebserregender Stoffe eintretenden Wandlungen in ihrem Wesen Gen- bzw. Chromosomenmutationen darstellen. Es wurde auf eine weitere Gruppe von regulierenden Faktoren verwiesen, von kontrollierenden Faktoren im Zellplasma, die von den an den Chromosomenfäden sitzenden Genen verschieden sein sollten und sich durch wichtige tierexperimentelle Beiträge belegen ließen. „Während man früher lediglich an den Kern gebundene chromosomale Gene kannte und diese auch für die Entstehung von Mutationen verantwortlich machte, während z.B. K.H.Bauer [...] bis vor kurzem ausschließlich die Chromosomen auch für die krebsige Entartung in Anspruch nahm, wissen wir heute, dass es auch im Cytoplasma gelegene Genäquivalente gibt, plasmatische Duplikanten [...]“, so H.Siegmund 1955.[322] Inwiefern das Zytoplasma eine Rolle bei der Vererbung spielt, ob es zu den somatischen Mutationen der menschlichen oder tierischen Krebszellen im Kern der Zellen

321 Schmidt: Über die Virustheorie - Induktionstheorie - der Krebsentstehung, loc. cit., S. 32.

322 Siegmund, H.: Wesen und Ursachen bösartiger Geschwulsterkrankung. – In: Naturwissenschaftliche Rundschau (Stuttgart). 8(1955)9, 347–352, S. 349 f. Als „Duplikanten“ bezeichnete Nothdurft „sich selbstduplizierende bzw. dupliziert werdende, mutationsfähige Einheiten [...] Sie sind wohl stets als Makro*moleküle* von Nucleoproteidnatur zu denken.“ Nothdurft, H.: Über ein Modell der Geschwulstzellentstehung und über die experimentelle Erzeugung plasmatisch vererbter Tomatenmerkmale mittels cancerogener Kohlenwasserstoffe. – In: Zeitschrift für Krebsforschung (Berlin). 56(1949)3, 234–241, S. 236.

kommt oder ob sie ein im Plasma befindliches, also außerhalb des Zellkernes vorhandenes Regulationszentrum der Zellteilung betreffen, betraf Fragen, zu denen bei den Versuchen, sie zu beantworten, in den 1920er und 30er Jahren Auseinandersetzungen unter Vererbungsforschern in Deutschland ausgebrochen waren.[323] Für Vertreter des so genannten „Kernmonopols" waren es lediglich die Gene in den Chromosomen des Zellkerns, die den ausschlaggebenden Einfluss auf die Entwicklung jeder Zelle haben, wohingegen das Zellplasma bloß Rohstoffe für die Genwirkung liefert und von den Genen des Zellkerns, dem alleinigen Erbträger, ihrer spezifischen Eigenart gemäß beliebig umgeformt werden kann. Jedoch für die Kontrahenten war die zeitliche und die räumliche Ordnung der genbedingten Entwicklungsvorgänge ohne die regulierende Wirkung einer ganzheitlichen genetischen Struktur im Zellplasma („Plasmon") nicht denkbar.[324] Nothdurft stellte in der zweiten Hälfte der 1940er Jahre der Bauerschen Kernmutationstheorie eine Plasmamutationstheorie gegenüber. Dieser Theorie zufolge entstehen durch kanzerogene Reize unter den im Plasma der Zelle vorhandenen Erbkonstituenten (gleich Duplikanten) Mutationen. Diese mutierten Duplikanten sollen sich durch Entmischung und Auslese während der folgenden Zellteilungen anreichern und so schließlich die Krebszellen realisieren.[325] In einem weiteren von Nothdurft verfassten Aufsatz heißt es, unter somatischer Mutation habe man ursprünglich nur die Gen- und Chromosomenmutationen bzw. „Genmutationen der klassischen Genetik in Übertragung auf Somazellen" verstanden. Die von Bauer hervorgehobenen Mutationsarten könnten zwar nicht endgültig als Geschwulstursachen ausgeklammert werden, sie seien aber ganz unwahrscheinlich. „Dagegen scheint ein plasmamutativer Mechanismus diskussionsfähig."[326] Den Anfang des

323 Es sei aber, so Marquardt 1958, „noch nicht gelungen, die Natur der extrakaryotischen Erbträger soweit aufzuklären, dass wir in der Lage wären, an ihnen Mutationsvorgänge nachzuweisen. Deswegen beziehen sich alle Aussagen zur Mutationsforschung ausschließlich auf die erbtragenden Strukturen des Zellkerns." Marquardt, H.: Die somatischen Mutationen. Neuere Probleme der experimentellen Mutationsforschung. – In: Deutsche Medizinische Wochenschrift (Stuttgart). 83(1958)39, 1721–1725, S. 1722.

324 Siehe Harwood, J.: Gesellschaftsstruktur als Analogie: Genetiker stellen sich die Zelle vor. Zusammenfassung eines Vortrags, gehalten auf dem XXVI. Symposium der Gesellschaft für Wissenschaftsgeschichte. „Analogien in den Wissenschaften", 12. bis 14. Mai 1988 in Stuttgart. – In: Berichte zur Wissenschaftsgeschichte (Weinheim). 12(1989)3, 157–158, S. 157.

325 Nothdurft: Zur Theorie der primären Geschwulstursachen, op. cit.

326 Nothdurft: Über ein Modell der Geschwulstzellentstehung und über die experimentelle Erzeugung plasmatisch vererbter Tomatenmerkmale mittels cancerogener Kohlenwasserstoffe, loc. cit., S. 234.

Prozesses bildete nach seiner Vorstellung eine Mutation von mehrfach vorhandenen Duplikanten, was erst die Anlage einer Geschwulst mit einer Mindestzahl von Geschwulstzellen einsichtig machen würde.[327] „Es darf", so Butenandt 1949, „nach unserem heutigen Wissen als im höchsten Grade unwahrscheinlich gelten, dass die unter der Wirkung cancerogener Stoffe erfolgenden Duplikantenveränderungen in ihrem Wesen Gen- oder Chromosomenmutationen darstellen, da für beide Vorgänge grundsätzlich verschiedene statistische Gesetzmäßigkeiten gelten." Die geringe Streuung, mit der sich unter der Wirkung krebserregender Stoffe Geschwülste entwickelten „und die Tatsache, dass eine Mindestzahl von Zellen in der Größenordnung von 100 bis 1000 primär von der zur Krebszelle führenden Änderung betroffen sein müssen, damit ein Tumor entsteht, zwingt zu der Annahme, dass die mutierenden Duplikanten – im Gegensatz zu den Genen – mehrfach in der Zelle vorkommen müssen; somit kann die Änderung nur an selbst reproduzierbaren Einheiten der Zelle angreifen, die nicht zum Genom gehören! […], eine Vorstellung, die eine Mutation von mehrfach vorhandenen Duplikanten an den Anfang setzt, (macht – K.L.) nicht nur die Anlage einer Geschwulst mit einer Mindestzahl von Krebszellen verständlich […], sondern auch seine langsame Entwicklung über präcanceröse Stadien sowie die verschieden lange Latenzzeit, die von der Einwirkung der Noxe bis zur Manifestation der Geschwulst vergehen kann."[328]

Zu 5: Bedeutsam für die Debatte zur Krebsentstehung war auch das Warburg'sche Konzept sowie dessen Verhältnis zu den anderen Richtungen der Krebsforschung: Die primäre Ursache der Geschwulstbildung sah O.H.Warburg in einer unumkehrbaren Störung der Zellatmung, die bei der Zellteilung bestehen bleibt.[329] Er verglich den Metabolismus von Tumorzellen mit dem normaler Zellen, und er nahm wesentliche Unterschiede zwischen dem einen und dem anderen Stoffwechsel wahr: Während normale Zellen die zum Leben notwendige Energie allein durch Atmung gewinnen, zeigt sich in Krebszellen noch eine weitere Kraftquelle ihres Bestehens, sie sind befähigt, sich auch bei vollständigem Ausschluss von Sauerstoff am Leben zu erhalten, und zwar durch Vergärung von Zucker zu Milchsäure. „Wahrscheinlich gibt es keine Ausnahme von der Regel, dass alle normalen Körperzellen nur atmen und nicht gären, während alle Krebszellen gären. Insbesondere das normale Wachstum der Körperzellen ist ein streng aerober Vorgang,

327 Nothdurft: Zur Theorie der primären Geschwulstursachen, loc. cit., S. 186 f.

328 Butenandt: Biochemische Untersuchungen zum Problem der Krebsentstehung, loc. cit., S. 363.

329 Warburg, O.H.: Krebsforschung. – In: Die Naturwissenschaften (Berlin). 41(1954)21, 485–486, S. 485.

der bereits durch die geringsten Hemmungen der Atmung gestört wird, während das Wachstum der Krebszellen ein partiell anaerober Vorgang ist."[330] Alle Gifte, die normale Zellen in ihrer Atmung schädigen, verändern diese Zellen so, dass sie schließlich ihre Lebensenergie vorrangig von der Zuckervergärung bestreiten, wobei die Veränderungen im Wesentlichen die Mitochondrien erleiden, die als Organellen für die Atmung verantwortlich sind (Warburg nannte diese Zellstrukturen „Grana", woran die Atmung gebunden ist).[331] Die Gärung korreliert in ihrem Umfang mit der Bösartigkeit und der Schnelligkeit des Geschwulstwachstums. In allen wachsenden Zellen erzeugt die Atmung ein geordnetes Wachstum. Im Krebs aber verursachen Atmung und Gärung ungeordnetes, bösartiges Wachstum.[332] Ausgehend davon, wie sich Warburg die Bedeutung der Atmungsstörung für die Tumorbildung vorstellte, versuchten dann Forscher, durch experimentell hervorgerufene Zirkulationsstörungen Tumoren zu erzeugen. So wurde von J.E.Davis 1937 bei 12 Ratten einer selten spontan an Krebs erkrankenden Zucht die Arteria uterina einer oder beider Uterushörner unterbunden. In kurzer Zeit, so Davis, hätten sich am Uterus Entzündungs- und Proliferationsprozesse entwickelt. Nach 3 bis 9 Monaten hätten sich von den Mammae ausgehende Geschwülste gebildet.

---

330 Warburg, O. (unter Mitwirkung von K.Gawehn et al.): Partielle Anaerobiose der Krebszellen und Wirkung der Röntgenstrahlen auf Krebszellen. – In: Die Naturwissenschaften (Berlin). 46(1959)2, 25–29, S. 25 Atkins verwies 1960 auf Studien, die gezeigt hätten, dass in den Krebszellen der „fermentative metabolism replaced oxidative metabolism to a very considerable degree. It was considered that the process occurred in two stages: first an irreversible damage was sustained by the normal mechanism of respiration, and this was followed by a prolonged period of replacement of respiration energy by fermentation energy." Atkins: Surgery, loc. cit., S. 29.

331 Es war seinerzeit noch strittig, ob Mitochondrien Zellbestandteile oder Eigenköper sind. Gegen Ende des 19. Jahrhunderts hatte Altmann winzige kugelförmige und längliche Partikel im Zellplasma gefunden. In diesen Körperchen (er nannte sie „Bioblasten", worunter er so etwas wie „Keime des Lebens" verstand) sah er autonome Organellen, die einen großen Teil der Arbeit in der Zelle verrichteten. Zu Beginn des 20. Jahrhunderts entdeckte man die schon fast vergessenen Bioblasten erneut im Ergebnis der Einwirkung eines neuen Farbstoffes (Janus-Grün) auf die Zelle. Diese Körperchen wurden bald in Mitochondrien umbenannt. Ihre Funktion blieb aber zunächst unbekannt. Später sah man in ihnen so etwas wie das „Kraftwerk der Zelle". Siehe Altmann, R.: Die Elementarorganismen und ihre Beziehung zu den Zellen. Leipzig: Veit & Co. 1894.

332 Siehe Warburg, O.H.: Über die Entstehung der Krebszellen. – In: Krebsforschung und Krebsbekämpfung. Vierte Jahrestagung des Deutschen Zentralausschusses für Krebsbekämpfung und Krebsforschung in Stuttgart vom 24. bis 27. Mai 1955. Hrsg. v. A.Dietrich. München - Berlin: Verlag von Urban & Schwarzenberg 1956, 3–13, S. 9.

Gewebsstoffwechselmessungen an den abgebundenen Uterushörnern hätten einen geringen Sauerstoffverbrauch und eine hohe Glykolyse gezeigt.[333]

Auch Warburgs Vorstellungen forderten zu kritischen Stellungnahmen heraus.[334] Von einigen Forschern wurde der von ihm ins Auge gefasste Zusammenhang als nicht so wesentlich für die Tumorbildung angesehen. Die Umstellung der normalen Körperzelle von Sauerstoffatmung auf Gärung wurde nur als eine Erscheinung, nicht als „Ursache" der Tumorbildung gewertet.[335] Deren Darstellung galt ihnen als etwas, das den Prozess lediglich beschreiben würde, und dieser Prozess könne vom Mechanismus her nicht bewiesen werden. Es wurden Untersuchungen betrieben, die belegt haben sollten, dass hinsichtlich der vom Stoffwechsel der Krebszelle eingeschlagenen Wege nur quantitative, aber nicht qualitative Unterschiede gegenüber der normalen Zelle bestehen.[336] Störungen der Kontrollfunktionen im Organismus, die das Zellwachstum beherrschen, schienen etwas zu sein, dem eher eine fundamentale Bedeutung für das Krebsgeschehen zugestanden werden müsste. Jede Hypothese zur allgemeinen Grundlage der Geschwulstentwicklung müsse, so Burnet 1957, direkt auf die Funktion der Kontrolle bezogen werden, die der Organismus als Ganzes auf die Zellentwicklung ausübe. "[...] any other type of associated change can only be regarded as secondary. It is therefore from our point of view impossible to accept Warburg's hypothesis that a change from aerobic to anaerobic glycolysis is the essential feature of cancer cells."[337] F.Büchner verwies in einem 1960 gehaltenen Tagungsvortrag darauf, dass Warburgs Position, dass im Geschwulstgewebe der Energiestoffwechsel ausschließlich über den Glykolyse-Stoffwechsel abläuft, in Untersuchungen von Geweben, die einem sauerstoffarmen Milieu ausgesetzt waren, nicht habe bestätigt werden

---

333 Davis, J.E.: The Production of Tumour and Tumour-like Growths in Rats. – In: Canadian Medical Association Journal (Ottawa). 36(1937)3, 237–241. Siehe auch Wetzler-Ligeti, C./ Willheim, R.: Koktosstabile Atmungskatalysatoren und Carcinom. – In: Klinische Wochenschrift (Berlin). 14(1935)35, 1255.

334 Zu den Gegnern gehörten Autoritäten wie Richard Willstädter, Hans Euler, Carl Oppenheimer und Thorsten Thunberg. Siehe Gentz-Werner, P.: Otto Heinrich Warburg - ein egozentrisches Genie? Versuch eines Essays. – In: Wissenschaftliche Zeitschrift der Friedrich-Schiller-Universität Jena. Naturwissenschaftliche Reihe (Jena). 37(1988)2, 289–293, S. 291.

335 Siehe Deich, F.: Bericht zum Deutschen Krebskongress 1959. – In: Naturwissenschaftliche Rundschau (Stuttgart). 12(1959)5, 192 (ohne Quellenangabe).

336 Siehe Rigler, R.: Probleme der Krebsforschung. – In: Universitas. Orientierung in der Wissenschaft (Stuttgart). 9(1954)1, 1. Bd., 45–49, S. 45 f.

337 Burnet: Cancer - a Biological Approach. I. The Processes of Control, loc. cit., S. 779 f.

können.[338] Auch A.A.Hadjiolov verwies auf Untersuchungen, deren Ergebnisse dem Warburg'schen Modell nicht zu gehorchen schienen, Untersuchungen, die Veränderungen der Sauerstoffaufnahme bei der Krebsbildung erfassen sollten, wobei man einen experimentell hervorgerufenen Leberkrebs als Objekt benutzt hatte. „Unsere Versuche zeigen, dass die Veränderungen der Sauerstoffaufnahme [...] nicht genügend hervortreten, um als Ursache für die Malignisierung angesehen zu werden."[339] Auch C.G.Schmidt (1955) vermochte im Lichte der damaligen Kenntnisse keine qualitativen Unterschiede zwischen dem Stoffwechsel normaler Gewebe und dem von Tumoren auszumachen. „Ein einmal entstandener, bösartig wachsender Gewebsverband bedient sich der gleichen Stoffwechselreaktionen wie normale Gewebe. Die [...] Unterschiede sind [...] nicht grundsätzlicher Art. Es kann festgestellt werden, dass der Stoffwechsel bösartiger Tumoren – vor allem in vivo – nicht durch die Konzentration ihrer Fermente begrenzt wird. Die Atmung von Geschwülsten darf als normal aufgefasst werden [...] Die intensive aerobe Glykolyse kann nicht als Folge einer mangelhaften Oxydationskatalyse oder als energetischer Ersatzvorgang aufgefasst werden."[340] J.Furth stellte fest (1959): "The evidence seems to suggest that reduced oxidative and heightened glycolytic metabolism is quantitatively associated with acquisition of autonomy by neoplastic cells". Er fügte aber die Frage hinzu, ob Atmungsgifte wie zum Beispiel Arsensäuren Karzinogene seien und ob Sauerstoffmangel tatsächlich eine neoplastische Veränderung im Gewebe fördere und ob es einen Nachweis dafür gebe, dass Karzinogene unumkehrbare Veränderungen in den für die Atmung verantwortlichen Organellen bewirkten.[341] S.Weinhouse gab zu bedenken (1962), dass es auch Tumoren gebe, die nicht gärten. Sie wüchsen langsam, seien aber

338 Büchner F.: Vortrag auf der 12. Deutschen Therapiewoche in Karlsruhe 1960. Hinweis v. Pollack, M.: Verhandlungsberichte. Zwölfte Deutsche Therapiewoche in Karlsruhe vom 28. August bis 3. September 1960. – In: Deutsche Medizinische Wochenschrift (Stuttgart). 85(1960)42, 1859–1860, S. 1860.

339 Hadjiolov, A.A.: Über die Atmungsveränderungen bei der Lebercancerogenese im Vergleich zu Veränderungen in der Desoxyribonucleinsäure. – In: Die Naturwissenschaften (Berlin). 45(1958)6, 136–137, S. 136 f.

340 Schmidt, C.G.: Über die biologische Oxydation und Glykolyse in Tumoren. – In: Klinische Wochenschrift (Berlin). 33(1955)17/18, 409–419, S. 418.

341 Furth, J.: A Meeting of Ways in Cancer Research: Thoughts on the Evolution and Nature of Neoplasms – In: Cancer Research (Philadelphia/Pa.). 19(1959)3, 241–258. Atkins fügt hinzu, dass solche Fragen zeigten, dass womöglich noch etliche Jahre sorgfältiger Untersuchungen nötig seien, "before the Warburg theory of anaerobic glycolysis can be asseverate with confidence." Atkins: Surgery, loc. cit., S. 30.

eindeutig bösartig und töteten nach einiger Zeit den Wirt.[342] „Wir wissen heute, dass das Phänomen der anaeroben Glykolyse [...] nicht für alle Tumoren gilt und dass somit die Krebstheorie von Warburg [...] heute nicht mehr aufrechterhalten werden kann", so H.Busch und S.Seeber Mitte der 1980er Jahre.[343]

Zu 6: Ein besonderes Thema, das sogar zu Spaltungen innerhalb der Partei infektionstheoretisch orientierter Forscher führte, bezog sich auf die Frage, ob Krebserkrankungen des Menschen der Wirkung von Viren zugeschrieben werden können. Etliche Forscher glaubten, sich auf das Tierreich beschränken zu müssen, weil sie keine Anhaltspunkte dafür finden konnten, dass irgendeine Form von Krebs auch beim Menschen von Viren erzeugt wird. Es seien „bis jetzt noch keine malignen, eventuell auch metastasierenden Geschwülste des Menschen bekannt, die [...] auf eine Virusinfektion zurückgeführt werden könnten. Aus der Tierpathologie dagegen kennen wir virusbedingte Wucherungen, die als echte Blastome aufgefasst werden können", so Fischer 1956. „Es sind dies vor allem die Virustumoren bei den Hühnervögeln [...], beim Kaninchen das Shope-Papillom, beim Leopardfrosch das Adenocarcinom der Niere, und vor allem die Mammatumoren bei der Maus, bei denen der sog. Bittnersche Faktor heute zu den Viren gerechnet wird."[344] Es wurde wohl auch Virus in menschlichem Geschwulstgewebe gefunden, doch wurde dies noch nicht als Beweis verstanden, dass Krebs von Viren verursacht würde.[345] Andere Forscher jedoch beharrten darauf, dass Viren durchaus

---

342 Weinhouse, S.: The Warburg Hypothesis Fifty Years Later. – In: Zeitschrift für Krebsforschung (Berlin). 87(1976)2, 115–126. Siehe auch Weinhouse, S. et al.: Glucose Metabolism in a Low-Glycolysing Tumour, the Morris Hepatoma 5123. – In: Nature (London). 195(1962)4837, 153–155 (mit dem Morris-Hepatom ist ein bestimmter Lebertumor gemeint – K.L.). Hinweis v. Langen, P.: Stoffwechsel der Tumoren. – In: Die Bedeutung Otto Warburgs für die Entwicklung der Biochemie, Zellbiologie und Medizin. Sitzungsberichte der Akademie der Wissenschaften der DDR (Berlin). Mathematik - Naturwissenschaften - Technik: (1985)3 N. Hrsg. v. S.M. Rapoport, P.Langen und E.Hofmann, 15–24, S. 17. Siehe auch Frisch-Niggemeyer, W.: Probleme der Biochemie von heute. – In: Naturwissenschaftliche Rundschau (Stuttgart). 12(1959)1, 254–257, S. 256. Morris, H.P.: Studies on the Development, Biochemistry and Biology of Experimental Hepatomas. – In: Advances in Cancer Research (San Diego - New York - Berkely). 9(1965), 227–302.

343 Busch, H./ Seeber, S.: Klinische Onkologie. Stuttgart - New York: Georg Thieme 1985, S. 111.

344 Fischer: Die Ätiologie der Geschwülste, loc. cit., S. 391.

345 Siehe Rusch, H.P.: Changing Horizons in Cancer Research. – In: Aktuelle Probleme aus dem Gebiet der Cancerologie. Symposium anlässlich des 75. Geburtstages von K.H.Bauer. Hrsg. v. R.Doerr, F.Linder und G.Wagner. Berlin et al.: Springer 1966,

auch beim Menschen Krebs hervorriefen, und sie waren davon überzeugt, dass die weitere Forschung dies belegen würde. Stanley, "one of the few investigators who is searching for viruses in human malignant tissues"[346], dachte sich, dass der Grund für den Umstand, dass man beim Menschen noch keine Krebsviren gefunden habe, vielleicht einfach darin liege, dass man sich bislang noch zu wenig um einen derartigen Nachweis bemüht habe. Die im Tierexperiment bewährte Technik der Virusforschung sei eben beim Krebs des Menschen noch nicht ausreichend angewandt worden, so dass man nicht berechtigt sei, Viren eine Bedeutung für die Herausbildung bösartiger Geschwülsten beim Menschen abzusprechen.[347] Etliche Anzeichen sprächen dafür, dass man einen Zusammenhang zwischen Krebs beim Menschen und der Wirkung von Viren nicht von der Hand weisen könne. Es seien gerade erst zahlreiche, zuvor unbekannte Viren im Menschen entdeckt worden. Er vermutete, dass womöglich jeder Mensch „schlafende" Krebsviren in sich trage, die durch Altern, hormonale Vorgänge, Ernährungsfehler, Chemikalien, Strahlen und andere Wirkkräfte oder auch durch eine Verbindung mehrerer dieser Bedingungen plötzlich aktiv würden. Man wisse, dass etliche Geschwulsterkrankungen bei Tieren von Viren herrührten, so dass man sich kaum der Schlussfolgerung entziehen könne, „dass Viren die Ursachen für die meisten, wenn nicht für alle Krebsarten, auch für die beim Menschen auftretenden Krebserkrankungen, darstellen." Neuere Entdeckungen, die zu weiteren Einblicken in die Virusnatur verhalfen, und neue Methoden der Virusforschung eröffneten daher günstige Aussichten für eine Bekämpfung des Krebsleidens[348], wenngleich "the road which still remains to be

---

151–155, S. 152. Man gehe nunmehr, so Modrow und Falke, davon aus, dass etwa 15 bis 20 % aller humanen Krebserkrankungen ätiologisch mit Virusinfektionen verbunden seien. Modrow, S./ Falke, D.: Molekulare Virologie. Heidelberg - Berlin - Oxford: Spektrum Akademischer Verlag GmbH 1997, S. 39.

346 Syverton, J.T.: Comments. – In: Cancer Research (Philadelphia/Pa.). 20(1960)5, 805, S. 805.

347 Stanley, W.M.: Die Virusätiologie des Karzinoms. – In: Der Krebsarzt (Wien). 12(1957)1, 31–32, S. 31 f.

348 Stanley, W.M.: Bericht über die Jahreskonferenz der Amerikanischen Gesellschaft für Krebsforschung im Jahre 1956. – In: Universitas. Orientierung in der Wissenschaft (Stuttgart). 11(1956)9, 2. Bd., 994. Köhler/ Mochmann: Meilensteine der Bakteriologie, loc. cit., S. 533. Die Zucht menschlicher Zellen in vitro in der Gewebskultur würde, so Stanley, bedeutende experimentelle Möglichkeiten eröffnen. Stanley: Beziehungen zwischen Viren und Krebs, loc. cit., S. 403.

traveled may prove long and arduous", aber sie müsse beschritten werden "to permit the conclusion that a virus can cause a human cancer."[349]

Dieser Standpunkt wurde auch von anderen Forschern vertreten. So war es für Charles Oberling einleuchtend, dass, weil bei Tierversuchen schon eine größere Anzahl Viren als krebserregend ermittelt worden sei, in Rechnung gestellt werden müsse, dass auch beim Menschen Viren als Krebserreger wirksam sein könnten, unbeschadet davon, dass man bis zur Stunde noch keine diesbezüglichen Beweise vorführen könne.[350] Auch Ostertag sah hier nur eine vorübergehende Schwierigkeit, die sich irgendwann würde bewältigen lassen. Beim „Menschen […] können die heute als entscheidend angesehenen Beweise für eine Virusgenese bis jetzt nicht erbracht werden: zellfreie Erzeugung histologisch gleichartiger Tumoren durch Tumorfiltrate […], Bildung von neutralisierenden Antikörpern usw." Es gebe aber auch Gründe dafür, dass diese Beweise, die auf Grund von Tierversuchsergebnissen gefordert würden, deswegen nicht erbracht werden könnten, weil der Ablauf der Krebsentstehung beim Menschen nach anderen Regeln erfolge. „Möglicherweise ergeben sich aber bei der weiteren Erforschung der latenten […] Virusinfektionen der Tiere und des Menschen doch Tatsachen, die unter Berücksichtigung der syncarcinogenen Wirkungen anderer Krebsnoxen eine Änderung der bisher vertretenen Auffassungen […] erforderlich machen."[351]

Zu 7: Auch außerhalb medizinischer Fächer wurde der Virusbegriff in Auseinandesetzungen hineingezogen, so auf dem Gebiet, wo es um die Erforschung der Ursprünge irdischen Lebens geht. Zu klären war, wie es zu jenen beiden Stoffklassen gekommen ist, die die Struktur lebendiger Materie besonders kennzeichnen, zu den Nukleinsäuren und Eiweißstoffen. Biochemiker fragten sich, „was wir auf Grund unserer heutigen biochemischen Kenntnis aussagen können über das Problem der Urzeugung." Es müsse organisch-chemische Substanz aus anorganischer entstanden sein. Doch könne ja „[…] das chemisch-stoffliche Ordnungsgefüge einer lebendigen Organisation […] erst entstehen, nachdem organisch-chemische Substanz verfügbar war […] Unter den gegenwärtigen Verhältnissen wird auf der Erde organische Substanz nur durch Lebewesen gebildet, weil in Gegenwart von Sauerstoff organisch-chemische Stoffe nicht beständig sind, sondern in Wasser,

349 Stanley, W.M.: Virus-Induced Neoplasia. Outlook for the Future. – In: Cancer Research (Philadelphia/Pa.). 20(1960)5, 798–804, S. 799.

350 Oberling, Ch.: Vortrag auf einem Symposion von Krebsforschern 1969 in Berlin (DDR). Siehe Tagungsbericht. – In: Universitas. Orientierung in der Wissenschaft (Stuttgart). 115(1960)2, 1. Bd., 232–233, S. 232.

351 Ostertag: Fortschritte in der Krebsforschung. I. Mikrobiologische Probleme in der ätiologischen Geschwulstforschung, loc. cit., S. 127.

Kohlensäure und Ammoniak zerfallen. Weil das thermodynamische Gleichgewicht stark auf der Seite dieses Zerfalls liegt, ist die Entstehung organischer Substanz aus anorganischer unter den jetzigen Verhältnissen ohne Mitwirkung von Lebewesen nicht möglich" so Butenandt 1955.[352] Dieses Problem hatte schon etliche Jahrzehnte vorher von Helmholtz beschäftigt: Wenn jede Bemühung scheitere, Organismen aus lebloser Substanz hervorgehen zu lassen, so müsse man sich fragen, ob überhaupt das Leben je entstanden, ob es nicht ebenso alt wie die Materie sei und ob nicht seine Keime von einem Weltkörper zum anderen gelangt seien und sich entwickelt hätten, nach günstigem Boden suchend.[353]

Gefragt wurde nun, inwiefern das zum Virus aufgekommene Verständnis zur Lösung dieses Problems beizutragen vermag. Die Antworten auf diese Frage fielen aber recht uneinheitlich aus. Schon seit langem sei hier, wie S.Podolsky ausführt, ein Streit darüber im Gange, ob sich ein auf den Zellkern oder den Stoffwechsel zentriertes bzw. ob ein auf „molekulares" (auf einzelne Moleküle zurückführbares) oder ein auf „metabolisches" Geschehen angelegtes Konzept besser für das Verständnis des Lebensursprungs eigne – eine Kontroverse zwischen den so genannten „nucleocentrists" und den „cytoplasmists".[354] Für die erstgenannte Richtung dient das Virus als Modellobjekt, dessen Ausdehnung einen Vergleich mit einem Molekül zulässt und weil es etwas Lebendiges zu sein scheint, obwohl es keinen eigenen Stoffwechselapparat besitzt, so dass es sich zur Behauptung des Primats des Kernmaterials für die Entstehung des Lebens und somit zur Entwicklung eines Gegenentwurfs zum Konzept der „cytoplasmists" anbietet. „Die anhand der Viren beschriebenen Mechanismen der Vererbung schienen so fundamental, dass eine Zeit lang Viren trotz ihres obligaten Stoffwechsel-Parasitismus als primitivste Lebensformen, als evolutionäre Vorform des Lebens auf dem Weg vom Molekül zur Zelle diskutiert wurden", wie C.Borck

352 Butenandt, A.: Was bedeutet Leben unter dem Gesichtspunkt der biologischen Chemie? – In: Universitas. Orientierung in der Wissenschaft (Stuttgart). 10(1955)1, 475–482, S. 478 f. Siehe auch id.: Neuartige Probleme und Ergebnisse der biologischen Chemie. – In: Die Naturwissenschaften (Berlin). 42(1955)6, 141–149.

353 Helmholtz, H. von: Vorrede. – In: Handbuch der theoretischen Physik, 2. Teil des 1. Bandes. Hrsg. v. W.Thomson und P.G.Tait. Autorisierte Übersetzung von H. von Helmholtz und G.Wertheim. Braunschweig: F.Vieweg 1874, S. VI-VII. Hinweis v. Engels, F.: Dialektik der Natur. Berlin: Dietz Verlag 1959, S. 317, 392. Siehe auch Wachholder, K.: Das Problem der Entstehung des Lebens auf der Erde. – In: Universitas. Orientierung in der Wissenschaft (Stuttgart).11(1956)6, 1. Bd., 613–623, S. 616.

354 Podolsky, S.: The Role of the Virus in Origin-of-Life Theorizing. – In: Journal of the History of Biology (Dordrecht et al.). 29(1996)1, 79–126.

ausführt.[355] Viren lassen sich demnach als primäre Elemente des Lebens betrachten, die einen selbständigen Zweig darstellen, woraus im Verlaufe der Evolution die zellulären Formen entstanden sind. Auch morphologische und chemische Vergleiche der Virusarten scheinen ein Bild vom Übergang lebloser zu lebender Struktur zu vermitteln.[356] Mitunter wurde erwogen, dass das Virus vielleicht einem Grenzzustand zwischen Belebtem und Unbelebtem entspreche.

Gegen die Vorstellung, die Virusarten seien Vorstufen der einfachsten lebenden Zellen und deshalb die phylogenetisch erste Form des Lebens, lasse sich aber einwenden, wie J.D.Bernal anmerkt, dass es solche Gebilde gar nicht geben könne, ehe nicht höher organisierte Zellen bestünden, die ihnen ihre Vermehrung ermöglichten. „Auf den ersten Blick […] könnte man glauben, dass die Viren ein Zwischenglied zwischen der lebenden und der unbelebten Materie seien. Die chemische Analyse eines Virus zerschlägt jedoch diese Vorstellung, da sie das Virus als Protein, und zwar nicht als einfaches, sondern als Nukleoprotein ausweist. Das sind Proteine, die Verbindungen mit Nukleinsäuren sind, die ihrerseits wieder eine Verbindung von Gruppen sind, welche Purine, Zucker und Phosphorsäure enthalten […] Nun sind sowohl Proteine als auch Nukleinsäure organische Produkte hoher Komplexität; Viren können also nicht die vermuteten primitiven Organismen sein, eher scheinen sie degeneriert.“ Es könne sich bei den Viren um „entartete Untereinheiten der Zellen höherer Organismen“ handeln, die sich unkontrolliert betätigten, da sie sich in einer fremden Umgebung befänden.[357] Manche Forscher sahen in Virusarten eher rückläufige Evolutionsformen ehemals größerer Organismen, rückgebildete, extrem parasitär entartete Organismen, Abkömmlinge von Mikroorganismen, die allmählich von ihren Wirten abhängig geworden seien, wobei ein Verlust an gewissen Strukturen und Funktionen eingetreten sei. Angenommen wurde, dass Viren von pathogenen Bakterien abstammten und die höchste Stufe des Schmarotzertums erreicht sowie die Fähigkeit zur Vermehrung außerhalb einer lebenden Zelle verloren hätten. Nach einer anderen Version entstammten die Viren normalen Zellkomponenten, die sich allmählich

---

355 Borck, C.: Vivarium des Wissens. Kleine Ontologie des Schnupfens. – In: Virus! Mutationen einer Metapher. Hrsg. v. R. Mayer und B.Weingart. Bielefeld: Transcript Verlag 2004, 34–60, S. 53. Siehe auch Morse, St. S.: Evolving Views of Viral Evolution. Towards an Evolutionary Biology of Viruses. – In: History and Philosophy of the Life Sciences (London). 14(1992)2, 215–248.

356 Siehe Butenandt: Was bedeutet Leben unter dem Gesichtspunkt der biologischen Chemie? Loc. cit., S. 480 f.

357 Bernal, J.D.: Die Wissenschaft in der Geschichte. Berlin: VEB Deutscher Verlag der Wissenschaften 1961, S. 623 f.

verselbständigt hätten. Sie stünden folglich nicht am Anfang des Lebenden, „da sie ja ohne Enzymapparat selbst Leben voraussetzen, doch erscheinen sie wie Teilsysteme lebender Zellen, da sie der genetischen Substanz derselben zu entsprechen scheinen", so G.Henneberg 1957.[358] Erst in der Wechselwirkung mit den stofflichen Bedingungen des Zellinnern und bei Nutzung der Energie des Metabolismus einer lebenden Zelle erfüllten Viren Kriterien des Lebens, Kriterien wie die zur Reproduktion ihrer Art nötige Vermehrungsfähigkeit und die für Lebewesen kennzeichnende Variabilität und Mutabilität. „Die rezenten Viren können nicht leben, ohne in höher organisierten Zell-Organismen zu parasitieren. Es ist daher wenig wahrscheinlich", wie N.V.Timofeeff-Ressovsky et al. versichern, „dass Viren die unmittelbaren Vorläufer der Urformen des Lebens auf der Erde waren, obwohl ihr Bau und ihre Funktionen augenscheinlich derartigen Vorläufern ähneln."[359]

358 Henneberg, G.: Entwicklung und Stand der Virusforschung. – In: Universitas. Orientierung in der Wissenschaft (Stuttgart). 12(1957)6, 1. Bd., 591–600, S. 591.

359 Timofeeff-Ressovsky, N.V./ Voroncov, N.N./ Jablokov, A.N.: Kurzer Grundriss der Evolutionstheorie. – In: Genetik. Grundlagen, Ergebnisse und Probleme in Einzeldarstellungen. Hrsg. v. H.Stubbe (Beitrag 7). Jena: VEB Gustav Fischer Verlag 1975, S. 42.

5. Sind empirische Fortschritte überhaupt von Bedeutung für den Abbau wissenschaftlicher Kontroversen?

„Nur dadurch, dass man an die Stelle der conflicting dogmas die conflicting facts und die realen Gegensätze stellt, die ihren verborgenen Hintergrund bilden, kann man die politische Ökonomie in eine positive Wissenschaft verwandeln“, wie sich Karl Marx in einem 1868 geschriebenen Brief äußert.[360] Soll das heißen, dass es lediglich darauf ankam, sich einer von Lehrmeinungen ungetrübten Faktenbewertung zu befleißigen, um Gegensätze zwischen politökonomischen Dogmen zu tilgen? Aber wie lässt sich eine solche Antwort auf die Frage damit vereinbaren, dass ja Fakten mit einander entgegengesetzten Bedeutungen dadurch zustande kommen, dass sie unter der Voraussetzung einander widersprechender Dogmen konstruiert worden sind, so dass man sich ihrer auch nicht einfach auf empirischem Wege entledigen kann? Die Vorstellung, dass „über die [...]Resultate empirischer Methoden die im Feld der Theorie fehlende Einheit des Faches gestiftet werden könne, scheint“, wie K.Amann und St.Hirschauer am Beispiel der Soziologie ausführen, „immer noch eine [...] verlockende Perspektive zu sein.“ Doch gehöre „die Pazifizierung theoretischer Kontroversen durch eindeutige Daten“ zu den uneinlösbaren Ansprüchen, die mit den Methoden verbunden würden[361], uneinlösbar deshalb, weil, wenn Forscher bei Untersuchungen eines Gegenstandes von divergenten theoretischen Orientierungen geleitet werden, sich auch unterschiedliche Erfahrungsbereiche herausbilden, die in der Tendenz das bestätigen, wovon die Akteure jeweils ausgegangen sind. Mit „eindeutigen Daten“ kann bei einer solchen Lage nicht gerechnet werden. Forscher, die ihren Fragen eine solche Fassung geben, dass sich zu deren Behandlung technische Bedingungen sowie Methoden zur Vorausberechnung der erwarteten Resultate anwenden lassen, die ihnen geläufig und ihren Konzepten dienlich sind, agieren in „experimentellen Zirkeln“, was daran erinnert, was Psychologen unter „confirmation bias“ verstehen: Die Neigung, Datensuche und Interpretation auf eine Weise zu betreiben, die

360 Marx, K.: Brief vom 10. Oktober 1868 an Friedrich Engels. – In: K.Marx/ F.Engels, Werke, Band 32: Briefe. Erster Teil: Briefwechsel zwischen Marx und Engels (Januar 1868 bis Mitte Juli 1870). Berlin: Dietz Verlag 1974, S. 181.

361 Amann, K./ Hirschauer, St.: Soziologie treiben. Für eine Kultur der Forschung. – In: Soziale Welt. Zeitschrift für sozialwissenschaftliche Forschung und Praxis (Göttingen). 50(1999)4, 495–506, S. 497.

zu etwas führt, das sich mit schon bestehenden Vorstellungen, Erwartungen und Hypothesen vereinbaren lässt.[362] Und mit der Ausformung angewandter Techniken zur Testung eines theoretischen Modells wird dieser Zusammenhang nicht sogleich aufgehoben, sie wird ja zu dessen Konsolidierung vorangetrieben. Die mit der Methodenentwicklung verbundenen Gestaltungsabsichten greifen nicht über das fragliche Modell hinaus.

Einem Wissenschaftsbild folgend, wonach empirisch Vorgefundenes über die Zulässigkeit von Konzepten richtet bzw. den Umfang ihrer Verwendbarkeit bestimmt, müsste sich auch, wenn man die Entdeckungsschübe in der Geschichte der Geschwulstforschung ins Auge fasst, nachweisen lassen, dass es im Laufe der Zeit zu einer wachsenden Übereinstimmung der Positionen der Krebsforscher gekommen wäre. Oder es müsste als möglich erachtet werden, gegeneinander ins Feld geführte Standpunkte zur Interpretation von Forschungsergebnissen daraufhin zu beurteilen, welcher von ihnen auf die „besseren" Befunde verweist und als korrekte Erweiterung des Wissens über einen Gegenstand anzuerkennen ist.[363] Messdaten gelten als eigenständige Gegebenheiten, die Wissen validieren und bei wissenschaftlichen Kontroversen die Funktion eines Schiedsrichters ausüben.[364] „Wissenschaftler denken und experimentieren. Wenn eine Unstimmigkeit auftritt – vielleicht eine Meinungsverschiedenheit mit Kollegen –, ist sie rasch aus der Welt geräumt: Der Mathematiker schreibt einen Beweis, der Physiker befragt

---

362 Siehe Nickerson, R. S.: Confirmation Bias: A Ubiquitous Phenomenon in Many Guises. – In: Review of General Psychology (New York). 2(1998)2, 175–220, S. 177 ff.

363 Es lassen sich Studien anführen, die belegen, dass es durchaus strittig ist, ob ein kontrovers verfochtener Standpunkt, der sich in der Rückschau als der überlegene dargeboten hat, unbedingt derjenige mit dem reiferen methodischen Hintergrund gewesen sein muss. Siehe Roll-Hansen, N.: Experimental Method and Spontaneous Generation: the Controversy between Pasteur and Pouchet, 1859–64. – In: Journal of the History of Medicine and Allied Sciences (Oxford). 34(1979)3, 273–281, S. 274, 278. Crellin, J.K.: The Problem of Heat Resistance of Micro-Organisms in the British Spontaneous Generation Controversies of 1860–1880. – In: Medical History (London). 10(1966)1, 50–58, S. 50 ff. Wenn man als Soziologe die Haltung der Forschermajorität im Hinblick darauf übernehme, welche der einander entgegengesetzten Positionen falsch sei, entspreche dies einer "'sociology of error': those who are wrong are analyzed to find out why." Martin, B./ Richards, E.: Scientific Knowledge, Controversy and Public Decision Making. – In: Handbook of Science and Technology Studies, loc. cit., 506–526, S. 509.

364 Vgl. Knorr-Cetina, K.: Wissenskulturen. Ein Vergleich naturwissenschaftlicher Wissensformen. Frankfurt a.M.: Suhrkamp 2002, S. 82.

die Natur mit einem Experiment." Jeder Wissenschaftler aber wisse, dass dies eine Fiktion sei und der Alltag anders aussehe, wie M.-D.Weitze hervorhebt.[365]

Das, was „zu einem gegebenen Zeitpunkt in einem gegebenen Forschungsprozess beispielsweise [...] ein Virus ‚darstellt', ist", so H.-J.Rheinberger, „ein Bündel von Spuren, die sich den Prozeduren des Experimentalsystems verdanken."[366] Doch in dem von mir betrachteten Geschichtsabschnitt waren es Spuren auf voneinander wegführenden Pfaden, die in der Forschung beschritten wurden. Methoden zur Kontrolle und Durchführung von Experimenten waren nicht daraufhin verwendbar, dass Meinungsdifferenzen darüber ausgemerzt werden konnten, was die „richtige" Bahn sei, die auf ein definitives Ende der Kontroversen hinführen würde.[367] Dass gemäß den je besonderen Herangehensweisen die technisch-theoretische Konstruktion biologischer Objekte, mit denen gearbeitet wurde, verschieden ausfiel, ließ es nicht zu, dass Vertreter verschiedener, gegeneinander argumentierender Parteien bei ihren Anstrengungen, der Erklärungsschwierigkeiten Herr zu werden, in dieselbe Richtung gelenkt wurden. In Anlehnung an Kuhn ausgedrückt: Das, was für die Akteure jeweils Tatsachen waren, hing zum Teil von der Theorie ab, an die sie glaubten.[368] Die Beobachtungen der einen Partei waren für die Gegenpartei nicht überzeugend und ohne Beweiskraft, weil die Opponenten nach Maßgabe ganz anderer Forschungsansätze urteilten, als es die Ansätze waren, nach denen man die fraglichen Beobachtungen vorgenommen hatte.

Wenn Forscher miteinander streiten, so verrät das, dass sie eben in verschiedenen Kreisläufen, in verschiedenen Erfahrungsbereichen handeln. Typisierte Krankheitsbilder beispielsweise, nosologische Einheiten werden nach

---

365 Weitze, M.-D.: Keine Wissenschaft ohne Kontroversen. – In: Universitas. Orientierung in der Wissenschaft (Stuttgart). 61(2006)6, 607–612, S. 607.

366 Rheinberger, H.-J.: Von Rous' ‚filtrierbarem Agens' zum Mikrosom. Eine Geschichte der Virologie und Zytomorphologie. – In: Tumult. Schriften zur Verkehrswissenschaft (Berlin). 19(1994), 102–118, S. 110 f. Hinweis v. Mayer, R./Weingart, B.: Viren zirkulieren: Eine Einleitung. – In: Virus! Mutationen einer Metapher, loc. cit., 7–41, S. 16.

367 Vgl. Collins H.M.: Die Soziologie des wissenschaftlichen Wissens: Studien zur gegenwärtigen Wissenschaft. – In: Soziale Welt. Zeitschrift für sozialwissenschaftliche Forschung und Praxis (Göttingen), Sonderband 3: Entzauberte Wissenschaft. Zur Relativität und Geltung soziologischer Forschung. Hrsg. v. W.Bonß und H.Hartmann. Göttingen: Otto Schwartz & Co. 1985, 129–149, S. 137.

368 Kuhn, Th.S.: Objektivität, Werturteil und Theoriewahl. – In: Thomas S. Kuhn. Die Entstehung des Neuen. Studien zur Struktur der Wissenschaftsgeschichte. Hrsg. v. L.Krüger. Frankfurt a.M.: Suhrkamp 1992, 421–445, S. 443.

Maßgabe verschiedenartiger Betrachtungsweisen des krankhaften Geschehens auf unterschiedlichen Wegen gewonnen, wie sich einer von A.Proppe 1949 veröffentlichten Studie entnehmen lässt: Auf einen bestimmten Abschnitt der Entwicklung des Ekzembegriffs bezogen, wird aufgezeigt, dass bei einem morphologischen Blickpunkt andere Phänomene zu einer Einheit zusammengefasst wurden als bei einer pathologisch-anatomischen oder ätiologischen oder „pathomechanischen" Betrachtungsweise. Infolgedessen konnte der Begriff des „Ekzems" nicht als Invariante in den verschiedenartigen Bezugssystemen aufgefasst werden. Vielmehr stellte er eine jedes Mal andersartige Einheit mit verschiedener Begrenzung und verschiedener Differentialdiagnose dar, der dem jeweiligen Blickpunkt gemäßen Abstraktion gehorchend. Die Nichtbeachtung dieser unvermeidlichen Konsequenz ist seinerzeit, Proppe folgend, die Ursache für die Schwierigkeit einer Verständigung über das Ekzem gewesen: Eine nach klinisch-morphologischen Gesichtspunkten abstrahierte Krankheitseinheit könne nicht zugleich pathologisch-anatomisch, ätiologisch oder pathomechanisch verstanden werden.[369]

Gewiss lässt sich sagen, um sich an dieser Stelle wieder dem weiter oben behandelten Fallbeispiel anzunähern, dass doch alle Akteure letztlich ein gemeinsames Interesse daran hatten, „Ursprung und Wesen des Lebens zu ergründen", wie Doerr ausführt. „[…] die Eigenschaften der virusartigen Infektionsstoffe, vor allem die minimalen und im Minimalen doch auch wieder begrenzten Dimensionen ihrer Einheiten" hätten zu der Erwartung berechtigt, diesem Ziel näher zu kommen. Wie sonst hätten die von Spezialisten erzielten Ergebnisse so rasch das Interesse weitester Kreise finden können. Nicht nur Biologen, sondern auch Chemiker und Physiker hätten sich mit der „wahren Natur der Virusarten" beschäftigt.[370] Doch wenngleich Forscher ganz verschiedener Disziplinen allgemein an der Aufklärung des Ursprungs irdischen Lebens interessiert waren, so ließen sie sich doch von je besonderen Gründen leiten, die es seinerzeit auf dieser und auf jener Seite für reflexive Bezüge auf Konzepte fremder Forschungsrichtungen dieser und jener Disziplin gegeben hatte. Indem Forscher den Virusbegriff zur Bewältigung von Interpretationskrisen auf ihrem Gebiet entlehnten, verfolgten sie zunächst oder überhaupt nur Ziele der eigenen Forschungskultur.

---

369 Proppe, A.: Der Ekzembegriff als Beispiel für die Schwierigkeiten einer Verständigung zwischen verschiedenen medizinischen Auffassungen. Bericht über ein Referat auf einer Sitzung der Medizinischen Gesellschaft Frankfurt vom 23. Februar 1949. – In: Klinische Wochenschrift (Berlin). 27(1949)33/34, 582.

370 Doerr, R.: Die Natur der Virusarten. – In: Handbuch der Virusforschung, 1. Ergänzungsband. Hrsg. v. R.Doerr und C.Hallauer. Wien: Julius Springer 1944, 1–87, S. 1.

Und so konnte auch jede der miteinander streitenden Parteien mit empirischen Belegen zur Rechtfertigung ihres jeweiligen Standpunktes aufwarten. Das Wort „Virus" bzw. „Krebsvirus" bildete, da mit ihm in verschiedenen Kontexten umgegangen wurde, eine heterogene diskursive Realität, es bezeichnete Objekte mit je eigenen Reaktionsweisen auf die jeweils eingesetzten Techniken. "[...] the various opponents ‚construed' widely diverging research objects which they identified as the ‚virus' ", wie van Helvoort die seinerzeit bestehende Forschungssituation beschreibt.[371] Weil die Akteure von ganz verschiedenen Positionen bei der Betrachtung der Natur von Geschwulstviren ausgegangen waren, mussten sie auch zu unterschiedlichen Problembestimmungen gelangen. Davon, ob man mehr in einem bakteriologischen, chemischen oder anderen Kontext tätig war, wurde die Entscheidung beeinflusst, welche Beobachtungen als relevant gelten, welche Fragen gestellt und welche Versuchsmethoden angewandt werden sollten.[372] „Tumorvirus" ließ sich eben nicht als Invariante dessen auffassen, was in den verschiedenartigen Bezugssystemen zu diesem Thema ausgeführt wurde. "Just as researchers from many different lines of work and biological disciplines traded in ideas, they similarly appropriated the experimental research tools constructed for specific purposes and creatively adopted and adapted them to their own purposes", wie es sich, so Fujimura, in der früheren Krebsforschung zugetragen habe.[373] "The biologist who regards the viruses as living studies them in living hosts where they behave as organisms; the chemist who considers them as chemicals studies them in the test tube where he sees only their chemical and physical properties", so K.S.Chester 1947.[374] Damit vergleichbar ist auch das, worauf H.Fraenkel-Conrat bei der Betrachtung der Geschichte der Erforschung des Tabakmosaik-Virus gekommen war: "Just as the five blind men may describe an elephant differently, so plant pathologists, virologists [...] and biochemists surely see TMV differently."[375]

Aber wie können dann unter solchen Bedingungen gegeneinander argumentierende Parteien zu einem Konsens gelangen? Wenn die beteiligten Seiten nach

371 Helvoort, T. van: History of Virus Research in the Twentieth Century: The Problem of Conceptual Continuity. – In: History of Science (Cambridge/ U.K.). 32(1994)96, 185–235, S. 202.

372 Siehe van Helvoort: Research Styles in Virus Studies in the Twentieth Century: Controversies and the Formation of Consensus, loc. cit., S. 208.

373 Fujimura: Crafting Science, loc. cit., S. 24.

374 Chester, K.S.: Nature and Prevention of Plant Diseases. Philadelphia: Blakiston 1947, S. 313.

375 Fraenkel-Conrat, H.: Portraits of Viruses. Tobacco Mosaic Virus. – In: Intervirology (Basel). 15(1981)4, 177–189, S. 185 f.

Maßgabe von miteinander nicht vereinbaren Orientierungen agieren, verharren sie in einer je besonderen, sozusagen parteigebundenen Schleife, weil geltend gemachte Befunde ausnahmslos auf das jeweilige Konzept rekurrieren. Anhand des hier vorgestellten Fallbeispiels lässt sich auch zeigen, dass die in die Kontroverse verstrickten Parteien wohl von der gleichen Anomalie ausgegangen waren, aber von ihnen wurden doch zunächst ganz verschiedene Fragestellungen in den Vordergrund gerückt, die sie dazu anhielten, auf je eigenen Wegen nach befriedigenden Antworten zu suchen, Antworten, die deshalb auch ganz verschieden ausfallen mussten. So musste, wie weiter oben dargetan, die eine Partei, die das Geschwulstvirus als etwas Lebendiges verstand, vornehmlich die Frage beschäftigen, wie sich die Winzigkeit der filtrierbaren Viren mit der Komplexität und Qualität der Organisation vereinbaren lässt, die gemeinhin als Merkmale von Lebewesen verstanden wurden. Hingegen hatte sich die Gegenpartei bei ihrem Verständnis, dass es sich bei dem Tumorvirus um chemische Agenzien handelte, mit dem Problem zu befassen, wie es kommt, dass die fragliche Substanz, wenn sie einen wesentlichen Anteil am Verhalten der transformierten Zellen hat, mit der Serie von Übertragungen nicht aus dem Körper verschwindet. Die an der Kontroverse beteiligten Seiten problematisierten also die Forschungssituation nach Maßgabe ihrer jeweiligen konzeptionellen Leitlinien auf unterschiedliche Weise, und so stießen sie auch auf verschiedene Probleme bzw. sie urteilten über Probleme und mögliche Lösungen ganz verschieden.

Aus den seinerzeit erreichten Fortschritten der experimentellen Geschwulstforschung ließen sich deshalb auch keine Folgerungen herleiten, nach denen alle Forscher einvernehmlich entweder der einen oder der anderen Richtung, die zum Verständnis der Virusnatur führen sollte, einen Vorzug hätten einräumen und die ihr jeweils entgegenstehende Position zurückweisen müssen, unabhängig davon, woran sie einst geglaubt haben mochten, Es wurden etliche Befunde gewonnen, „die sich [...] vorerst noch nicht zu einem klaren Bild zusammenfassen lassen“ und deshalb die Vertretung ganz unterschiedlicher Auffassungen und Vorstellungen erlaubte, wie E.Harbers die Lage seinerzeit kennzeichnete. Es gebe auch keine klare Antwort auf die Frage, ob es zulässig sei, alle geschwulsterzeugenden Agenzien, „von denen einige normalen Gewebspartikeln weitgehend zu entsprechen scheinen, im herkömmlichen Sinne als Virus zu bezeichnen.“[376]

So führten die in der Empirie erzielten Fortschritte nicht dazu, den Streit im Hinblick darauf, wie das Krebsvirus zu verstehen sei, schrittweise zu erübrigen,

376 Harbers, E.: Zur Frage der „Virusgenese“ von Neoplasmen. – In: Deutsche Medizinische Wochenschrift (Stuttgart). 85(1960)53, 2309–2315, S. 2309.

der Prozess tendierte eher nach der entgegengesetzten Richtung: Mit dem, was man im Ergebnis weiterer Verfahrensentwicklungen in den 1930er, 1940er Jahren gewonnen hatte, entfernte man sich noch weiter von einem allgemeinen Verständnis der Virusnatur, statt sich einem solchen anzunähern. „Bei dem heutigen Stande unserer Kenntnis“, so G.A.Kausche 1939, „scheint sich durch die Verfeinerung der Forschungsmethoden [...] (der – K.L.) Sammelbegriff ‚Virus‘ dahingehend aufzulösen, dass man nun zu unterscheiden hat zwischen Arten, die einem Lebewesen mit den Eigenschaften der Vermehrungsfähigkeit, der Atmung und eines eigenen Stoffwechsels ähnlich sind, und solchen, die offenbar dieser Kennzeichen ermangeln und auf Grund ihrer Wirkungsweise und Wirkungsbedingungen den Wirkstoffen der chemisch-unbelebten Natur zuzurechnen sind.“[377] Auch die Trennungslinien, die man zwischen der Welt der Viren und der der Bakterien, Protozoen usw. gezogen hatte, erschienen mit der Entwicklung der Verfahrensweisen, wie Doerr gegen Ende der 1930er Jahre feststellen musste, „vielmehr jetzt noch verschwommener, als das um die Jahrhundertwende der Fall war.“[378]

So ließ sich die Filtrierbarkeit nach weiteren Fortschritten in der Virusforschung nicht mehr so ohne weiteres als etwas auffassen, wonach sich Viren von anderen infektiösen Agenzien klar unterscheiden ließen. Mit der Vervollkommnung der Filtrationstechnik (vor allem mit graduierten Membranfiltern) konnte man wohl eine Trennung des infizierenden Agens von Flüssigkeiten bewerkstelligen, und mit Hilfe von Filtertypen mit standardisieren Porengrößen erreichte man, dass sich die Größe verschiedener Virusarten – je nachdem, ob die Poren passiert wurden oder nicht – vergleichend messen ließen. Doch auf diesem Wege wurde auch sichtbar, dass die Filtrierbarkeit eines Erregers weitgehend von Filtertyp und Filtrierungsbedingungen (beispielsweise Druck, Zeitdauer) abhängig ist, nicht allein von Größe und Oberfläche des Virus.[379]

---

377 Kausche, G.A.: Viruskrankheiten bei Mensch, Tier und Pflanze. – In: Wissenschaft und Praxis, Band 2. Berlin: Nicolaische Verlagsbuchhandlung 1939, S. 9 f. Siehe Ruska, H.: Virus. Eine kurze Zusammenfassung der Kenntnisse über das Virusproblem. Potsdam: Akademische Verlagsgesellschaft Athenaion 1950. Siehe auch Doerr: Die Natur der Virusarten, loc. cit., S. 25 f. Beim Übergang von einer älteren zu einer neueren Theorie tritt, Kuhn folgend, sehr oft nicht nur ein Gewinn, sondern auch ein Verlust an Erklärungskraft ein. Kuhn, Th. S.: Die Funktion des Messens in der Entwicklung der physikalischen Wissenschaften. – In: Thomas S. Kuhn. Die Entstehung des Neuen. Studien zur Struktur der Wissenschaftsgeschichte, loc. cit., 254–307, S. 286.

378 Doerr: Die Entwicklung der Virusforschung und ihre Problematik, loc. cit., S. 25 f.

379 „Unüberwindbar werden die Schwierigkeiten, wenn die Impferfolge mit den Filtraten ganz unsicher [...] ausfallen, wie bei der Grippe [...] Die Zurückhaltung der Erreger geschieht durch Oberflächenadsorption, teils durch wirkliche Verstopfung

Zu Schwierigkeiten führte auch die Vervollkommnung der Züchtungstechniken. Dass sich Viren nicht wie Bakterien auf künstlichen Nährböden kultivieren lassen, erwies sich als nicht zuverlässig genug, um beide Bereiche voneinander zu trennen. Es gab Bakterien, die zum Wachstum auf besondere Nährböden angewiesen waren, wohingegen manche filtrierbare Erreger wie Mycoplasmen (Mikroorganismen, die keine Zellwand haben) auch ohne direkte Berührung mit lebenden Zellen kultiviert werden konnten. Es stellte sich auch heraus, dass einige Virusarten bei Dauerzüchtung an Pathogenität einbüßen und dass Gewebe einige Virusmerkmale unterdrücken.[380] Man müsse bedenken, so Fischer, dass bei der Gewebskultur „doch recht künstliche Verhältnisse geschaffen werden, die denen im lebenden Organismus keineswegs entsprechen. Fällt doch in der Gewebskultur der weitgehend bestimmende Einfluss der Blutzirkulation und der Stoffaustausch mit den Nachbargeweben und Zellen weg, aber gerade diese beiden Dinge sind ja für das normale Wachstum und vielleicht noch mehr für das geschwülstige Wachstum von entscheidender Bedeutung."[381]

Auch daraus, dass dank der Elektronenmikroskopie ein unmittelbar sichtbarer Nachweis von Viren gelungen war[382] – man konnte nun ein Virus erstmalig morphologisch darstellen, das Virus der Tabakmosaik-Krankheit –, folgt keinesfalls, dass nun darüber völlige Klarheit erreicht worden wäre, was die Natur des Virus anbetrifft, es wurde sogar noch schwieriger, sich ein deutliches Bild vom Virus zu machen. Vorher hätte man noch, so Ruska, Formen der kleinsten Mikroben in den Sammelbegriff „Virus" einordnen können. Aber zehn Jahre nach Beginn elektronenmikroskopischer Arbeiten seien alle Kriterien hinfällig geworden, die sich auf methodische Besonderheiten stützten und als grundsätzliche Grenzen galten. Die Elektronenmikroskopie scheine nur zu bestätigen, „dass die Virusarten keine biologische Zusammengehörigkeit zeigen. Sie erwiesen sich

der ‚Engpässe' [...] Schmidt, P.: Über filtrierbares, ultravisibles Virus. – In: Klinische Wochenschrift (Berlin). 14(1935)46, 1661, S. 1661.

380 Siehe Seiffert: Virus und Viruskrankheiten bei Menschen, Tieren und Pflanzen, loc. cit., S. 15. "It may be [...] that the difficulty of cultivating them on artificial media will be solved when we can imitate sufficiently closely the essential features of the intracellular environment: pathogenic protozoa were not cultivated at the first trial. Very few bacteria live inside animal cells, and it is perhaps significant that those that do (e.g. *Brucella abortus* and *Bacterium tularense*) are among the smallest of the group." Boycott: President's Address: The Transition from Live to Dead: the Nature of Filterable Viruses, loc. cit., S. 63.

381 Fischer: Die Krebsforschung in den letzten 100 Jahren, loc. cit., S. 7.

382 Vgl. Kausche, G.A./ Pfankuch, E./ Ruska, H.: Die Sichtbarmachung von pflanzlichem Virus im Übermikroskop. – In: Die Naturwissenschaften (Berlin). 27(1939), 292–299.

teils als makromolekulare Infektionsstoffe, teils als allerkleinste Organismen, teils als Gebilde, für die vorerst nur der unbestimmte Ausdruck Virus zur Verfügung steht."[383] Das, was als Geschwulstvirus ausgegeben wurde, konnte, wie sich zeigte, als ein dem Einsatz des Gerätes geschuldeter Effekt gedeutet werden. So gab es Gründe, sich bei der Darbietung der „übermikroskopischen" Bilder vorsorglich mit dem möglichen Einwand zu befassen, „dass [...] (die – K.L.) neu gefundenen Strukturen Kunstprodukte wären, die durch das Vakuum oder die Elektronenstrahlen zustande kämen. Insbesondere liegt ein solcher Einwand nahe, wenn bislang nicht bekannte Hüllen oder Kapseln an den Bakterien erscheinen", wie Ruska et al. 1938 zu bedenken gaben.[384] Wohl gebe es, so J.Hillier 1950, verschiedene Veröffentlichungen zur Anwendung des Elektronenmikroskops bei der Untersuchung von Viren, verbunden mit dem Anspruch, die Existenz von virusähnlichen Partikeln in verschiedenen krebshaltigen Gewächsen nachgewiesen zu haben – von Partikeln, die für diese Gewächse kennzeichnend sein sollen –, doch "these can only be considered as highly speculative. In the sectioned material used, there are excessive artifacts which could be responsible for the results obtained. In any case, there is a complete absence at present of any criterion by which such particles could be identified. In the examination of 'purified' materials, ordinary controls are of little value owing to the gross differences in the properties and physical structures of normal and malignant tissue."[385]

---

383 Ruska, H.: Die Elektronenmikroskopie in der Virusforschung. – In: Handbuch der Virusforschung. II. Ergänzungsband. Hrsg. v. R.Doerr und C.Hallauer. Wien: Springer Verlag 1950, 223–417, S. 223.

384 Borries, B. von/ Ruska, E./ Ruska, H.: Bakterien und Viren in übermikroskopischer Aufnahme (mit einer Einführung in die Technik des Übermikroskops). – In: Klinische Wochenschrift (Berlin). 17(1938)27, 921–925, S. 923 f.

385 Hillier, J.: Electron Microscopy of Microorganisms and Viruses. – In: Annual Review of Microbiology (Palo Alto/Cal.). 4(1950)1, 1–20, S. 14 f. Zu Problemen in der modernen Tumorvirologie, die mit „stellvertretend für die Evidenz der demonstrierten Sachverhalte" stehenden bildlichen Darstellungen verknüpft sind, und zwar hinsichtlich hochauflösender computertomografischer Aufnahmen bestimmter Tumorentitäten bei Krebspatienten, siehe Rösl, F.: Visuelle Evidenz in der Biomedizin. – In: Gegenworte. Hefte für den Disput über Wissen (Berlin). (2008)20, 16–19. „Hier werden Bilder nicht mehr mit herkömmlichen [...] Techniken analog, sondern in digitalisierter Form produziert und genutzt. Die Digitalisierung und der damit verbundene Verlust einer ‚analogen Wirklichkeit' wird von vielen Bildwissenschaftlern als kritisch angesehen, da sowohl zwischen makroskopischen als auch mikroskopischen Arbeitsweisen, zwischen Beobachter und dem zu beobachtenden Objekt numerische Verfahren und Algorithmen stehen, die nur von Mathematikern, Informatikern sowie Computerspezialisten

Die angedeuteten Fortschritte in der Empirie ließen auch immer wieder Unternehmungen scheitern, die Virusphänomenologie auf weitere invariante Merkmale zu fokussieren, um daraus ein stabileres, der „natürlichen Ordnung" näher gerücktes Verständnis dieses Agens zu entwickeln. Beispielsweise wurde versucht, Viren von anderen Erregern auf Basis der bevorzugten Wirte abzugrenzen. Doch die Anstrengungen, sie nach der Wirtsaffinität einzuteilen, blieben erfolglos. Manche Viren ließen sich in mehreren Wirten vermehren, andere konnten die Fähigkeit einbüßen, einen bestimmten Wirt zu infizieren.[386] Geprüft hatte man u.a., ob sich aus der Analyse der Immunitätsverhältnisse, der Immunität gegen Virusinfektionen, der Antigenfunktionen (ob Viren eine bestimmte Antigenstruktur haben, die zur Bildung spezifischer Antikörper Anlass gibt) und der serologischen Reaktionen der Virusarten invariante Merkmale gewinnen lassen, die sich wesentlich von den Verhältnissen unterscheiden, die man bei anderen übertragbaren Agenzien beobachten konnte.[387] Doch mit den Wandlungen von Bedingungen der Faktenproduktion, mit der Verbesserung, Veränderung und der Einführung neuer experimenteller Bedingungen sowie der Spezialisierung konnten auch diese nicht mehr wie zuvor als Kohärenzbedingungen für die Herstellung von Ähnlichkeitsbeziehungen zwischen den untersuchten Agenzien wirken.

Dass manche Mikroorganismen, die man einst zu den Viren gezählt hatte, später als Protozoen, als Spaltpilze oder als etwas anderes bestimmt wurden, ließ sich erst unter der Voraussetzung eines moderneren Viruskonzeptes als die nötige Korrektur irrtümlicher Zuordnungen würdigen. Manche Bakterien konnten seinerzeit in der Tat nach Maßgabe der damals gegebenen Bedingungen ihrer Untersuchung als virusähnlich gelten, u.a. deshalb, weil sie sich durch die Poren einer Filterkerze pressen ließen.[388] Dass die nach verfahrensbedingten Merkmalen konstituierte Gruppe von Agenzien neben solchen, die nach moderner

---

verstanden werden. Somit kommt hier eine zweifache Unsichtbarkeit zum Ausdruck: zum einen die natürliche Unsichtbarkeit der Objekte außerhalb unserer kognitiven Nische, zum anderen die Unsichtbarkeit der bildbearbeitenden Verfahren, die der Generierung eines Bildes vorausgehen […] gerade diese ‚zweite Unsichtbarkeit' birgt die Gefahr, dass digitalisierte Bilder auch manipulierbar sind und eben nicht mehr zeigen, *was der Fall ist*'." Ibid., S. 17.

386 Siehe Fraenkel-Conrat, H.: Chemie und Biologie der Viren. Jena: VEB Gustav Fischer Verlag 1974, S. 11.

387 Vgl. Doerr: Die Entwicklung der Virusforschung und ihre Problematik, loc. cit., S. 90 f.

388 Siehe Seiffert: Virus und Viruskrankheiten bei Menschen, Tieren und Pflanzen, loc. cit., S. 185.

Auffassung Viren sind, auch solche enthielt, die dann später – mit veränderten Methoden – beispielsweise als sehr kleine Bakterien verstanden wurden, ließ sich erst unter Zugrundelegung später gewonnenen Wissens als unzutreffende Einordnung auffassen.[389] Es ist gewiss eine überholte Vorstellung, den in der Forschungsgeschichte eingetretenen Wandel von Kriterien, nach denen man sich bei der Klassifikation gerichtet hatte – etwa dass man sich vom Bild der von diesem und jenem Keim hervorgerufenen Krankheit trennte und zu den Viren innewohnenden Eigenschaften überging – als schrittweise Abkehr von Irrtümern bzw. als Weg zur Wahrheit hin aufzufassen.[390]

---

389 Damit Vergleichbares lässt sich einer Studie zur Begriffsgeschichte der chemischen Verbindungen entnehmen: Gase, Legierungen und Lösungen wurden einstmals zusammen mit Substanzen wie Salzsäure und Salz als Verbindungen aufgefasst. Die Anerkennung des Gesetzes der konstanten Anteile für chemische Verbindungen führte dazu, dass sie dann nicht mehr dazu gerechnet werden durften. Bloor meint nun, dass auch vor Akzeptierung des Gesetzes der Unterschied zwischen einer – nach moderner Auffassung – echten Verbindung und einer bloßen Mischung anhand jener später ausgegrenzten Phänomene durchaus mit Erfolg habe demonstriert werden können. Somit darf der frühere Begriff der Verbindung nicht von vornherein als Fehler aufgefasst werden, den man später ausgemerzt hätte. Bloor, D.: Klassifikation und Wissenssoziologie. Durkheim und Mauss neu betrachtet. – In: Kölner Zeitschrift für Soziologie und Sozialpsychologie. Sonderheft Wissenssoziologie, loc. cit., 20–51, S. 26. Siehe auch Ausführungen Flecks zum früheren Syphilisbegriff, dem auch – weil vorrangig von der Symptomatik des Krankheitsbildes ausgehend – Krankheiten wie Tripper und Schanker zugeordnet wurden, die nach modernem Verständnis gar nicht syphilitischer Natur sind. Fleck: Entstehung und Entwicklung einer wissenschaftlichen Tatsache, loc. cit., S. 5 ff.

390 "One may name and classify in several ways. There are trivial names: mumps, tobacco mosaic, polyeder-krankheit. Such names are perhaps the best to use when we recognize a disease and some of the properties of its causative agent, but now almost nothing of its relationships to other viruses. Again, one can use letters and numbers as is done in referring to the types of Coxsackie virus. Finally there is the Linnean binomial system with names for species, genera, families and other groups [...] this system [...] tries to denote phylogenetic relationships [...] as soon as we attempt a rational, orderly classification we have to consider very carefully before breaking away from the Linnean species-genus system. It is true that there are other systems of nomenclature, as we shall see when considering plant viruses. Here, and still more in such attempts as there are to classify animal viruses, there is a tendency to classify diseases and not the viruses which cause them. Such a course is a tempting one to follow because the diseases are easy to observe and the intrinsic properties of the viruses difficult to discover." Andrewes, C.H.: Classification and Nomenclature of

Wodurch kam es nun zu einem Übergang im Verständnis des Virus von einer phänomenologischen Beschreibung zur theoretischen Bestimmung? Nicht durch immer weitere Verfeinerung der Techniken des Filterns, der Mikroskopie und der Kultivierung auf Nährböden! Die Verbesserung der experimentellen Techniken brachte zunächst nur weitere Probleme mit sich. Dies förderte zwar die Einsicht, dass mit den gerätetechnisch erzeugten Eigenschaften noch wenig über die inneren biologischen Merkmale des Objekts ausgesagt war, führte aber nicht sukzessive mit der Technikverfeinerung zur Aufklärung der inneren Virusnatur. Die 1930er und 40er Jahre waren dann auch mit einem Anwachsen biochemischer Analysen des Virus verknüpft, und es konnten wesentliche Probleme der Virusnatur auf morphologischem und molekularem Niveau abgeklärt werden, was es dann erleichterte, Kontroversen zum Verständnis der Virusnatur abzubauen.

Viruses. – In: Annual Review of Microbiology (Palo Alto/Cal.). 6(1952)1, 119–138, S. 119.

6. In Kontroversen angewandte rhetorische Manöver, die es nicht erlauben, dass die Kontrahenten aufeinander zugehen

Das oben behandelte Fallbeispiel ermöglichte es vorzuführen, wie es in der Krebsforschung zu konfliktreichen Diskussionen gekommen war und dass eine Orientierung der Forscher an Erwartungen der Fachgenossen, um sie bei der Darbietung eigener Forschungsergebnisse in Rechnung zu stellen, nicht mehr in einer Weise gelingen konnte, die der Herstellung von Einmütigkeit aller Akteure in den Auffassungen dienlich gewesen wäre, weil es gegensätzliche Erwartungen gab. Inwiefern den vorgestellten Testergebnissen und Beobachtungen Faktizität zugesprochen werden konnte, war nicht etwas, worin sich alle Interpreten verständigen konnten. Forschungsresultate wurden je nach Lagerzugehörigkeit ganz verschieden beurteilt. In dieser Lage wird es auch nicht möglich gewesen sein, Expertisen so zu verfassen, dass sie von allen Akteuren einer Community akzeptiert werden konnten. Wenn eine Profession in Schulen gespalten sei, ließen sich Gutachten nur innerhalb einer Schule schreiben, so H.Steinert. „Zwischen den Schulen ist nur Auseinandersetzung möglich […]“[391]

391 Steinert, H.: Zur Professionalität des Gutachtens. – In: Soziologie. Forum der Deutschen Gesellschaft für Soziologie (Wiesbaden).33(2004)4, 36–43, S. 37. "The central and increasingly contentious role of science and technology […] has given to a plethora of […] controversies over scientific and technical issues. Such controversies often have profound social, political, and economic implications, and more and more often they feature public disagreements among scientific, technical, or medical experts […] many of them become involved not just as consultants or providers of expertise but as overt and committed defenders or opponents of one side or the other, as active participants in the debate", wie Martin und Richards ausführen. Martin/ Richards: Scientific Knowledge, Controversy and Public Decision Making, loc. cit., S. 506. Siehe auch Frey, B.S.: Gutachten im Wissenschaftsprozess. – In: Soziologie. Forum der Deutschen Gesellschaft für Soziologie (Wiesbaden). 34(2005)4, 166–173, S. 168. Hinweis v. Gross, Chr./ Jungbauer-Gans, M.: Erfolg durch Leistung? Ein Forschungsüberblick zum Thema Wissenschaftskarrieren. – In: Soziale Welt. Zeitschrift für sozialwissenschaftliche Forschung und Praxis (Göttingen). 58(2007)4, 453–471, S. 458. Siehe auch Heinze, Th./ Bauer, G.: Characterizing Creative Scientists in Nano-S&T: Productivity, Multidisciplinarity, and Network Brokerage in a Longitudinal Perspective. – In: Scientometrics (Dordrecht/Netherland). 70(2007)3, 811–830, S. 811.

M.J.Mulkay et al. folgend, gelangen in solchen Lagen zwei verschiedene rhetorische Techniken zur Wirkung,: Eine der beiden (dem „empiristic repertoire" zugeordnete) Techniken dient Forschern dazu, die eigenen Ansichten als empirisch untermauert zu präsentieren, wohingegen die andere (dem „contingent repertoire" zugewiesene) dazu eingesetzt wird, Vorstellungen der Opponenten abzuwerten. Ihren eigenen Beiträgen verleihen die Akteure das Gepräge einer unpersönlichen, kontextfreien Darbietung wissenschaftlicher Fakten, verbunden mit dem Anspruch universeller Anwendbarkeit, die zweitgenannte unterstützt das Vorhaben, Konzepte der Widersacher als etwas vorzuführen, worauf soziale und persönliche Faktoren Einfluss gehabt hätten. Mit anderen Worten: Das, was die am Streit Beteiligten von den Ergebnissen eigenen Forschens berichten, gilt ihnen in der Regel als etwas, das sich als objektive Tatsache hinreichend begründen lässt (und wenn nicht schon in der Gegenwart, dann doch irgendwann in der Zukunft), während sie das, was von der Gegenpartei als Forschungsergebnis mitgeteilt worden ist, als Fiktion bzw. Artefakt denunzieren.[392] Das Handeln der Gegner kann immer wieder auf diese Weise abgewertet werden, ohne dass man das abwertende Urteil irgendwann in Reaktion auf Weiterführungen und Ergänzungen des bekämpften Konzeptes zurückzunehmen hätte. Der Grund dafür besteht darin, dass jedes Experiment, wie Kuhn ausführt, „sich in Frage stellen (lässt – K.L.), sei es hinsichtlich seiner Relevanz oder seiner Exaktheit".[393] Und H.M.Collins: „[...] der scharfsinnige Kritiker eines Wissensanspruchs (braucht – K.L.) nicht mehr zu tun, als ein Experiment in all seinen kontingenten Details honorig umzuschreiben, um das wissenschaftliche Potential der experimentellen Befunde aufzulösen."[394]

392 Mulkay, M.J./ Potter, J./ Yearly, St.: Why an Analysis of Scientific Discourse is Needed. – In: Science Observed. Perspectives on the Social Study of Science. Hrsg. v. K.D. Knorr-Cetina und M.Mulkay. London et al.: Sage 1983, 171–203, S. 198. Siehe auch Gilbert, G.N./ Mulkay, M.: Opening Pandora's Box: A Sociological Analysis of Scientists' Discourse. Cambridge/Mass: Cambridge University Press 1984. Potter, J.: Representing Reality: Discourse, Rhetoric and Social Construction. London et al.: Sage 1996. Gilbert, G.N.: Referencing as Persuasion. – In: Social Studies of Science (London et al.). 7(1977)1, 113–122. Kemp unterscheidet ebenfalls zwei kommunikative Strategien in Kontroversen: „persuasion" und "criticism". Kemp, R.: Controversy in Scientific Research and Tactics of Communication. – In: The Sociological Review (Oxford et al.). 25(1979)2, 515–534, S. 520 ff., 531.

393 Kuhn, Th.S.: Logik oder Psychologie der Forschung? – In: Thomas S.Kuhn. Die Entstehung des Neuen. Studien zur Struktur der Wissenschaftsgeschichte, loc. cit., 357–388, S. 372.

394 Collins: Die Soziologie des wissenschaftlichen Wissens: Studien zur gegenwärtigen Wissenschaft, loc. cit., S. 145.

Ähnlich äußert sich S.Locke: Universell formulierten Wissensansprüchen könne stets begegnet werden mit Verweis auf besondere Umstände, unter denen es zu den Behauptungen gekommen sei. Beispielsweise ließen sie sich als etwas ausweisen, das von Verfahrensfehlern, Vorurteilen oder ideologischen Interessen beeinflusst worden wäre, was Kontroversen auslöse. Mit einem Wort, "the discourse is dilemmatical."[395]

Weil Ergebnisse eines Prozesses sozialer Konstruktion wiederum „dekonstruiert" werden können, bleibt jede Interpretation eines Phänomens dadurch angreifbar, dass die kontingente Herkunftsgeschichte einer im Labor erzeugten Tatsache, die von deren Befürwortern bei der Präsentation in der Fachöffentlichkeit ausgeblendet worden war, von Widersachern erneut eingeblendet wird, indem auf die Bindung der Experimente an die lokale Situation und die Beobachterabhängigkeit der Technikanwendung verwiesen wird. In das Vorgehen, die eigenen Fakten-Behauptungen mit positivem, die der Gegenpartei mit negativem Vorzeichen zu versehen[396], werden auch Texte einbezogen, die in früheren Etappen der Geschichte des jeweiligen Faches eine Rolle gespielt haben. "Scientists in current controversies construct and employ histories of medicine, technology, and science to support their arguments or to deconstruct opponent's arguments [...] This is more than a debating strategy. Constructing history is one means by which scientists (re)construct rules for verifying facts and findings; that is, constructing history is part of the verification process in science", wie Fujimura ausführt.[397]

So kann es wohl bei der Durchsicht der seinerzeit veröffentlichten Texte von Krebsforschern im berücksichtigten Geschichtsabschnitt kaum gelingen, Anhaltspunkte dafür zu gewinnen, dass ein im betrachteten Zeitraum verfolgter Abbau von Unzulänglichkeiten der angewandten experimentellen und Beobachtungsmittel jeder Seite die Möglichkeiten zur Infragestellung der Positionen der Gegenseite

---

395 Locke, S.: Sociology and the Public Understanding of Science: From Rationalization to Rhetoric. – In: British Journal of Sociology (London). 52(2001)1, 1–18, S. 13.

396 Siehe Latour: Science in Action. How to Follow Scientists and Engineers through Society, loc. cit., S. 23. Siehe auch Latour, B./ Woolgar, St.: Laboratory Life. The Social Construction of Scientific Facts. Introduction by J. Falk. London et al.: Sage 1980, S. 79 ff.

397 Fujimura: Standardizing Practices: A Socio-History of Experimental Systems in Classical Genetic and Virological Cancer Research, ca. 1920–1978, loc. cit., S. 53. Siehe auch id.: Crafting Science. A Sociohistory of the Quest for the Genetics of Cancer, loc. cit., S. 67. „Als Struktur dient Geschichte, sofern die Selektion von Relationen deshalb überzeugt, weil dieselben oder ähnliche Muster früher benutzt wurden und dies erinnert wird." Luhmann: Strukturauflösung durch Interaktion. Ein analytischer Bezugsrahmen, loc. cit., S. 3.

immer mehr eingeschränkt hätte. Ob mit den angewandten Techniken tatsächlich das ermittelt werden konnte, was behauptet worden war, ließ sich immer wieder in Frage stellen, wenn man zur Konfrontation mit deren Anwendern neigte, die die von ihnen verwendeten Techniken schon als robuste und ausgereifte Mittel zur Verfolgung ihrer Forschungsvorhaben betrachteten. An unserem Fallbeispiel lässt sich zeigen, dass das Vertrauen darauf, dass mit den angewandten Techniken ein klares Bild erforschter Sachverhalte gewonnen wird, dass sie genau das messen, was sie messen sollen, sich einfach dadurch erschüttern ließ, dass Wechselwirkungen zwischen Bedingungen auf Seiten des Experimentators, zwischen den technischen Versuchs- und Beobachtungsbedingungen und den jeweils untersuchten Phänomenen in den Vordergrund gerückt, dass kontingente Details von Forschungswegen und -verfahren (beispielsweise nicht einkalkulierte Faktoren in der Zubereitungstechnik der Präparate) ausgegraben und eingeblendet wurden, und das war etwas, das sich zu jedem Zeitpunkt inszenieren ließ. Und so ließen sich jederzeit Zweifel ausstreuen, ob den Fakten-Behauptungen überhaupt eine wissenschaftliche Relevanz zukommt.[398] Die Anforderungen, denen die Techniken nach Auffassung von Kritikern zur Absicherung der Objektivität der Ergebnisse zu genügen hatten, konnte man überdies von Fall zu Fall verschärfen, so dass sich Debatten immer wieder von Neuem anstacheln ließen. Fortwährend gab es Auseinandersetzungen zur Funktionstüchtigkeit solcher Verfahren wie der Filtrierung, der Färbung, der Zentrifugation oder der Trocknung bei der Behandlung von Tumorgewebe vor dessen Überimpfung auf gesunde Tiere.

Einige Beispiele, die die weiter oben angedeutete Argumentationsweise bei der Austragung von Streitigkeiten beleuchten: Der Vorwurf, seine Theorie sei nicht bewiesen, habe ihn, so Bauer, nicht gestört. Zunächst sei sie eine Arbeitshypothese gewesen, so dass es nicht auf deren Beweisbarkeit, sondern auf deren Eignung ankomme, zu neuen Fragestellungen zu führen. Die Mutationstheorie habe auch immer wieder die Richtung für neue Experimente gewiesen und Voraussagen über neue Versuche ermöglicht. „Darüber hinaus bringt sie eine bis

398 Ein Satz verliere an Fakt-Charakter, wenn die Leser dahin zurückgingen, wo der Satz entstanden sei, zu den Mündern und Händen derjenigen, die ihn aufgestellt hätten. Latour: Science in Action. How to Follow Scientists and Engineers through Society, loc. cit., S. 25. Siehe auch Knorr-Cetina, K.D.: Zur Produktion und Reproduktion von Wissen: Ein deskriptiver oder ein konstruktiver Vorgang? – In: Entzauberte Wissenschaft, op. cit., 151–177. Dieselbe: Soziale und wissenschaftliche Methode oder: Wie halten wir es mit der Unterscheidung zwischen Natur- und Sozialwissenschaften? – In: Entzauberte Wissenschaft, op. cit., 275–297. Latour/ Woolgar: Laboratory Life. The Social Construction of Scientific Facts, loc. cit., S. 40 f.

jetzt widerspruchslose Erklärung aller [...] Beobachtungen und aller neu hinzugekommenen experimentellen Ergebnisse [...] (Sie – K.L.) bietet nicht nur eine begriffliche Erklärung alter Tatsachen, sondern leitet zugleich auch methodisch alles formale Krebsgeschehen [...] aus einem einheitlichen biologischen Grundvorgang ab." Sie werde solange gültig sein, bis weitere Fortschritte Klarheit darüber bringen, „welcher Natur der Mutationsvorgang überhaupt und welcher Art der kanzerisierende Mutationsschritt selbst ist. Aber auch wenn wir dies dereinst wissen sollten, [...] wird die Theorie immer noch nicht falsch. Sie wird nur [...] eine exaktere [...] Formulierung erfahren. Bis dahin aber ist die Theorie und mit ihr die Krebsforschung Nutznießerin aller Fortschritte der experimentellen Mutationsforschung [...] Bis dahin wird sie auch, nachdem sie sich immer wieder an der Erfahrung neu bewährt hat, nicht bloß als eine Hypothese, sondern als eine echte Theorie bewertet werden dürfen, d.h. als eine Betrachtungsmethode, die die [...] gegebenen Tatsachengebiete richtig zu ordnen, zu vereinheitlichen und zu beherrschen geeignet ist."[399] Vertretern der Virustheorie hingegen kreidete Bauer an, dass von einer kleinen, im Gesamttumorgeschehen wenig bedeutungsvollen „Sonderklasse tierischer Tumoren per analogiam auf alle Tumoren rückgeschlossen" werde. Der Analogieschluss sei nun aber die naturwissenschaftlich schwächste Form der Beweisführung.[400]

So wie Bauer war auch Warburg davon überzeugt, eine allzeit gültige Antwort auf Fragen zur Krebsbildung gefunden zu haben. „Was früher nur wahrscheinlich war, ist sicher geworden. Die Ära, in der die Gärung der Krebszellen oder ihre Bedeutung bestritten werden konnte, ist vorüber, und niemand kann heute noch daran zweifeln, dass wir die Entstehung der Krebszellen verstehen, wenn wir wissen, wie ihre große Gärung entsteht, oder [...] wenn wir wissen, wie die geschädigte Atmung und die zu große Gärung der Krebszellen entstehen."[401] Der Stoffwechsel der Tumoren spreche nicht zugunsten eines körperfremden, in den Krebszellen lebenden Erregers. „Im Gegenteil, es ist das Ergebnis der Arbeiten über den Stoffwechsel der Tumoren, dass Krebs eine Infektion mit körpereigenen Zellen ist, die aus normalen Körperzellen durch chronische Schädigung entstanden sind", beispielsweise durch Tabakgenuss.[402] Das Tumorvirus-Konzept

---

399 Bauer: Die Mutationstheorie der Krebsentstehung im Lichte ihrer physikalischen und chemischen Beweismittel, loc. cit., S. 686.

400 Bauer: Das Krebsproblem, loc. cit., S. 323.

401 Warburg: Über die Entstehung der Krebszellen, loc. cit., S. 3. Siehe auch Schneider, F.: Die aerobe Glykolyse der Tumorzelle. – In: Die Naturwissenschaften (Berlin). 68(1981)1, 20–27.

402 Warburg: Krebsforschung, loc. cit., S. 485.

wie auch die Mutationstheorie hingegen hielt er für abwegige Ideen. „‚Mutation' und ‚krebserregendes Agens' sind keine Alternativen, sondern inhaltsleere Worte. Aber mehr noch als leere Worte schaden der Krebsbekämpfung die immer wieder entdeckten Krebserreger und Krebsviren, weil sie, indem sie Unsicherheit erzeugen, die notwendigen Präventivmaßnahmen verhindern und dadurch einen großen Teil der Krebserkrankungen verschulden."[403]

Einer teilweise ähnlichen Argumentationsweise bediente sich Oberling, nur dass es ihm nicht um die Verteidigung der Mutations- oder der Warburg'schen Theorie, sondern um die Verteidigung der von Bauer und Warburg abgewiesenen Virustheorie gegangen war, ähnlich jedenfalls insofern, als für die Befürwortung der eigenen Position objektiv gültige, logisch zwingende Gründe geltend gemacht, während auf Seiten der Opponenten vorrangig subjektive Momente gesehen wurden, die deren Haltung erklärten. Für Oberling war die Virustheorie der einzig logische Ausweg bei dem Versuch, alle ätiologisch bekannten Faktoren der Krebsentstehung auf einen gemeinsamen Nenner zu bringen. „Wenn man […] zwangsläufig dazu kommt, die Virustheorie der Mutationstheorie gegenüberzustellen, so ist dies auf den ersten Blick unlogisch, denn Virus ist etwas Ursächliches, während Mutation sich auf den Entstehungsmechanismus (Pathogenie) der Krankheit bezieht. Dies ist aber nur scheinbar der Fall, denn die Virustheorie vereint Ätiologie und Pathogenie, und hierin liegt gerade ihre Stärke."[404] Sie stehe in keinerlei Widerspruch zu dem, was man bereits über die Ursache des Leidens wisse. Wenn diese Theorie noch nicht die verdiente Beachtung gefunden habe, so sei dies „einer systematischen Opposition zuzuschreiben, die nicht immer auf objektiven Tatsachen, sondern oft auf einer vorgefassten Meinung beruht, also viel eher einer gefühlsmäßigen Einstellung als einer wissenschaftlich begründeten Auffassung entspricht."[405] Die meisten Einwände gegen die Virustheorie des Krebses führte Oberling auf eine unzureichende Kenntnis der allgemeinen Bakteriologie und Virologie zurück. Die irrige Meinung, dass „pathogene Bakterien und Viren immer sofort und unter allen Umständen krankheitserregend sind", werde von vielen geteilt. Meist werde die „ungeheure Wichtigkeit und Verbreitung latenter Infektionen […] ignoriert. Diesem Umstand ist es zuzuschreiben, dass immer wieder das Auftreten von bösartigen Geschwülsten in besonderen Lebensabschnitten in enger Beziehung mit hormonalen und anderen Bedingungen des Terrains als

403 Warburg, O.H.: Über die Entstehung der Krebszellen. – In: Die Naturwissenschaften (Berlin). 42(1955)14, 401–406, S. 404.

404 Oberling, Ch.: Krebs, das Rätsel seiner Entstehung. Hamburg: Rowohlt Taschenbuch Verlag GmbH 1959, S. 148 f.

405 Ibid., S. 155.

Beweis gegen die Virushypothese angeführt wird."[406] Die Virustheorie sei auch dadurch in Misskredit geraten, dass oftmals „Unberufene, gewissenlose Pseudowissenschaftler und Scharlatane [...] Kunstprodukte als Krebsviren bezeichnet haben, die weder mit Viren noch mit Krebs das Geringste zu tun haben." Und er führte in seiner harschen Kritik weiter aus: Man würde auch oft Ansteckung und Entzündung gleichsetzen. Bei besserer Kenntnis der Virusschäden, von denen etliche rein zellulärer Natur seien, käme eine solche Verkettung nicht auf. Leider liege hier einer der Hauptgründe dafür, dass viele Ärzte instinktiv Geschwulst und Infektion trennten.[407] In dieser Art argumentierten auch andere Forscher. So kritisierte beispielsweise Blond eine Reihe von zellpathologisch ausgerichteten Konzepten, deren Mangel er in einer Überbewertung der Zellulartheorie Virchows und der morphologisch-histologischen Betrachtungsweise sah, die zur Ätiologie des Krebses nichts beitrage.[408]

Wohl waren sich die Forscher dessen bewusst, dass auch ihren eigenen Überzeugungen manche Schwächen und Unzulänglichkeiten anhafteten. Doch schrieben sie die mangelnde Beweiskraft lediglich Schwierigkeiten zu, die technischen Bedingungen zur Bestätigung ihrer Annahmen herzustellen, Schwierigkeiten, von denen man meinte, dass sie sich mit weiteren Fortschritten würden aus der Welt schaffen lassen. Sie machten auf Eigenheiten des Forschungsobjektes aufmerksam, die sich experimentellen Zugriffen noch verweigerten. Geäußert wurde u.a., dass das Virus, nachdem es den Tumor hervorgerufen habe, am weiteren bösartigen Prozess unbeteiligt sei und deshalb auch nicht notwendigerweise nachweisbar sein müsse. Es dränge sich, so Ostertag, „die virologisch durchaus zu begründende Hypothese auf, dass entweder ein Krebs verursachendes Virus in der viel später einsetzenden Malignisierung gar nicht mehr nachweisbar ist

---

406 Ibid., S. 154.

407 Ibid., S. 155 f.

408 Blond, K.: The Liver and Cancer - a New Cancer Theory. Mit einem Vorwort von E.Stanley Lee. Bristol: John Wright & Sons 1955. Hinweis v. Druckrey, H.: Buchbesprechung. – In: Klinische Wochenschrift (Berlin). 33(1955)31/32, 774–775 (ohne Seitenangabe). Die Lehrmeinungen würden ihre Überzeugungskraft meist der einseitigen Auswahl der Argumente und der Unterschlagung von Widersprüchen verdanken. Blond selber sah, in Anknüpfung an die Humoralpathologie, die eigentliche Krebsursache in einer primären Leberschädigung. Toxische Stoffwechselprodukte würden dadurch nicht mehr entgiftet. Die hinzukommende Rückstauung im Pfortadersystem führe zu einer Überflutung des Organismus mit Toxinen, deren dauernde Einwirkung die Zellen zu einer Adaption zwinge und schließlich unumkehrbar verändere. Etliche solcher Schäden, die später zu Krebs führten, würden durch Wurmparasiten verursacht. Ibid.

oder dass […] (es – K.L.) so fest in bestimmte Zellbestandteile eingebaut […] wird, dass es eben als isolierbares Virus mit den üblichen Verfahren nicht mehr nachweisbar ist."[409] Stanley (den Doerr in Debatten verwickelt sah, die mehr auf hypothetische Gedanken und weniger auf Fakten ausgerichtet seien, in Debatten, in denen die Phantasie zu Wort käme[410]) verwies auf die extreme Spezifität der Viren, die, damit sie identifiziert werden könnten, oft erst durch mühsame Anpassung an einen Zwischenwirt übertragen werden müssten.[411]

Die Idee, dass es sich bei der Geschwulstursache um ein exogenes Agens handele, ließ sich mit Verweis auf die so genannte Latenz von Viren verteidigen. „Die Vermehrung der Viren innerhalb der lebenden Zelle ist kein einfaches Wachstum durch Teilung", wie Butenandt hervorhob. „Man erkannte, dass die in die Zelle eingedrungenen Viren in der ersten Phase der sich anschließenden Entwicklung ihre Individualität vollkommen verlieren. Innerhalb einer ‚Latenzzeit', die sich an die Virus-Infektion der Zelle anschließt, sind keine Viren in der Zelle mehr nachweisbar, sie sind in kleinere Untereinheiten zerfallen, die offenbar mit dem genetischen Apparat der Zelle verschmelzen und mit ihm gemeinsam ein neues ‚Steuerungsprogramm' ergeben."[412]

Den Misserfolg beispielsweise bei den Versuchen, Atmungsprozesse bei Viren zu belegen, führten Forscher, die das Virus für ein Lebewesen hielten, u.a. darauf

---

409 Ostertag: Fortschritte in der Krebsforschung. I. Mikrobiologische Probleme in der ätiologischen Geschwulstforschung, loc. cit., 126 f. Behauptet wurde auch, dass das Virus der Mäuseleukämie erst bei der „vertikalen" Übertragung durch mehrere Generationen seine volle Aktivität erlange. Siehe Simon, K.H.: Neues zum Krebsproblem. – In: Naturwissenschaftliche Rundschau (Stuttgart). 17(1964)2, 63–64, S. 63.

410 Doerr: Die Natur der Virusarten, loc. cit., S. 4. Vgl. Stanley, W.M.: The Reproduction of Virus Proteins. – In: American Naturalist (Chicago). 72(1938)739, 110–127, S. 110.

411 Stanley: Die Virusätiologie des Karzinoms, loc. cit., S. 31 f.

412 Butenandt: Neuartige Probleme und Ergebnisse der biologischen Chemie, loc. cit., S. 145. Der durch das Erbgut der Zelle in seinem Ablauf festgelegte normale Stoffwechsel werde durch das veränderte System umgelenkt. „Von der infizierten Zelle wird ein neuer, ihr bisher fremder und ihrem individuellen Leben nicht mehr dienender Weg des Stoffwechsels eingeschlagen, dessen Ziel in der Synthese von Stoffen besteht, die zum Aufbau neuer Virusteilchen benötigt und verwendet werden. Zur Herstellung dieser neuen Baustoffe für die Virussynthese wird zunächst das vorhandene normale Zellmaterial verwendet, das ab- und umgebaut wird; anschließend können zum gleichen Zweck auch niedermolekulare Stoffe aus dem Kulturmedium der Zellen hinzugenommen werden. Das Ende der Latenzzeit ist durch das plötzliche Entstehen vieler neuer Virusteilchen aus ihren inzwischen bereitgestellten spezifischen Bausteinen gekennzeichnet." Ibid.

zurück, dass unter den gegebenen künstlichen Versuchsbedingungen das Virus vielleicht geschädigt worden sei. Hingegen sahen Opponenten im Misserfolg etwas, das gegen eine lebendige Natur des Agens sprach.[413] Nach L.C.Strong wurden Argumente gegen die Hypothese von der somatischen Mutation angeführt, „deren Gewicht zumeist von der technischen Schwierigkeit, eine Vorstellung zu beweisen, herstammt."[414] Doch, wie oben erwähnt, sah Warburg in diesem Konzept nur eine völlig abwegige Idee, Andrewes nur reine Spekulation, also etwas, das sich nicht über technische Fortschritte dereinst würde überwinden lassen.

413 Siehe Seiffert: Virus und Viruskrankheiten bei Menschen, Tieren und Pflanzen, loc. cit., S. 7.

414 Strong, L.C.: Eine neue Theorie über Mutation und Krebsentstehung. – In: Zeitschrift für Krebsforschung (Berlin). 56(1949)3, 290–296, S. 290 f.

7. Der Prozess, in dem Forschungsergebnisse zu wissenschaftlich bedeutsamen Beiträgen avancieren

In der Geschichte jeder Wissenschaft könne, so H.Stubbe in einer Studie zur Geschichte der Genetik, „belegt werden, dass wichtige Entdeckungen von den Zeitgenossen nicht in ihrer Bedeutung erkannt wurden".[415] Diese Behauptung lädt zu der Vorstellung ein, dass das, was die Entdeckungen wissenschaftlich bedeuteten, schon daran hafte, was entdeckt worden sei, wovon anfangs nur die Entdecker etwas wüssten. Im Weiteren ginge es lediglich darum, das Wissen um jene Bedeutungen in der Fachwelt auch zu verbreiten bzw. durchzusetzen. Die wissenschaftlichen Bedeutungen der entdeckten Prozesse und Erscheinungen gäbe es schon, bevor sich dazu ein wissenschaftlicher Diskurs entwickelt bzw. bevor sich eine Schar von Forschern als eine wissenschaftliche Gemeinschaft etabliert hätte, die das Entdeckte öffentlich zu würdigen und als Beitrag zur Entwicklung allgemeingültigen Wissens zu bewerten verstünde. Dass Forschungsbeiträge unberücksichtigt blieben, folge, so Laitko, einer „Bewertung durch die zur betreffenden Zeit aktiven Forscher [...] Aus der Sicht jener Probleme, mit denen sie jeweils befasst sind, halten sie die nichtzitierten Arbeiten für irrelevant." Es wäre aber unberechtigt, aus der Beschaffenheit des aktuellen Aufmerksamkeits- und Wertungshorizonts auf eine etwaige kognitive Belanglosigkeit des Nichtzitierten zu schließen. Dies käme vielleicht dem jeweiligen wissenschaftlichen Zeitgeist entgegen, aber einer seriösen erkenntnistheoretischen und wissenschaftshistorischen Kritik hielte er nicht stand. „Ein indirekter Einwand gegen das selbstgerechte Vorurteil von der wissenschaftlichen Bedeutungslosigkeit der nichtbeachteten Arbeiten liegt auch in dem Nachweis, dass das kognitive Potential solcher Aufsätze, deren Bedeutung frühzeitig bemerkt wurde, mit ihrer Verwertung innerhalb des schmalen Zeitfensters von wenigen Jahren, in dem sie sich an der ‚Forschungsfront' befanden, keineswegs ausgeschöpft worden ist."[416]

Das, was neu Entdecktes wissenschaftlich bedeutet, wäre somit etwas, worüber man bei Vermeidung von Informationslücken, bei mehr Umsicht, Seriosität oder

415 Stubbe, H.: Kurze Geschichte der Genetik bis zur Wiederentdeckung der Vererbungsregeln Gregor Mendel's. Jena: Fischer 1963, S. 81.

416 Laitko, H.: Das Buch in der Wissenschaft. Betrachtungen eines Wissenschaftshistorikers. – In: Wissenschaftsforschung. Jahrbuch 1998 „Wissenschaft und Digitale Bibliothek", loc. cit., 91–105, S. 101.

Beharrlichkeit auch gar nicht streiten müsste. Doch blieb manchen großartigen Entdeckungen selbst vonseiten überragender Forscherpersönlichkeiten die Anerkennung versagt, denen es gewiss an solchen Qualitäten nicht gefehlt hat. So ließ sich Rudolf Virchow nur mit Widerwillen von der Bedeutung der Kochschen Entdeckungen überzeugen. Noch 1881, also 5 Jahre nach Kochs Milzbrandentdeckungen und ein Jahr vor der Auffindung des Tuberkelbazillus, polemisierte er gegen den damals am Kaiserlichen Gesundheitsamt tätigen Koch mit den Worten, „dass junge Leute die Staatsautorität, die Firma des Kaiserlichen Gesundheitsamtes, dazu missbrauchten, um ihren unbewiesenen Lehren einen offiziellen Anstrich zu erteilen."[417] Doch ein paar Jahre später war Virchow sogar im Falle maligner Geschwülste der Annahme einer infektiösen Ätiologie gar nicht mehr abhold. „Die [...] immer zahlreicher werdenden Nachweise parasitärer Mikroorganismen in krankhaften Theilen haben bei Vielen die immer zuversichtlicher auftretende Hoffnung erregt, es werde sich auch ein Krebsbacillus auffinden lassen. Bis jetzt sind die Ergebnisse auch der eifrigsten Forschung noch nicht zu einer überzeugenden Demonstration vorgelegt worden. Indess ist die Möglichkeit eines solchen Vorkommens nicht einfach abzuweisen." Mit dem Auffinden eines „specifischen Bacillus" würde „ein wichtiger Fortschritt in der Diagnose und Prognose des Carcinoms gemacht werden [...] Der Versuch, alle Erscheinungen der Krebswucherung bis zur Dissemination und Metastase auf die Verbreitung von Krebszellen zurückzuführen, ist keineswegs durch anatomische und experimentelle Feststellungen so sicher unterstützt, dass für einen anderen Modus der Erklärung kein Raum übrig bliebe. Umgekehrt ist aber auch das Bedürfnis nach einem Krebsbacillus kein so grosses, dass wir ohne denselben jeder Möglichkeit eines Verständnisses beraubt sein würden. Thierische oder menschliche Zellen besitzen ebenso gut, wie Bakterien, die Fähigkeit, auf den Stoffwechsel bestimmend einzuwirken und wirkungsfähige Secretstoffe der verschiedensten Art zu erzeugen."[418] Zu fragen ist, ob Virchow dann doch nachträglich zu einem Verständnis gekommen war, das er – bei einem genaueren Studium – schon vor 1881 hätte haben und vor dessen Hintergrund die Kochschen Entdeckungen als Beiträge zum Wissensfortschritt hätte anerkennen müssen. Oder waren mit den „immer zahlreicher werdenden Nachweisen", zu deren Gewinn gewiss Fortschritte im methodischen Zugriff zu „parasitären Mikroorganismen in krankhaften Theilen" und im Verständnis ihrer

---

417 Zitiert n. Podach, E.F.: Robert Koch. – In: Kurzbiographien, Leben und Schaffen. Berlin - Leipzig: Volk und Wissen 1947, S. 9 (ohne Quellenangabe).

418 Virchow, R.: Zur Diagnose und Prognose des Carcinoms. – In: Archiv für pathologische Anatomie und Physiologie und für klinische Medicin (Berlin). Bd. 11, 10. Folge, Bd. 1 (1888), 1–24, S. 18.

Natur nötig gewesen sind, Bedingungen dafür *erst entstanden*, so dass Virchow nicht umhin konnte, das von Koch Entdeckte als wissenschaftlich bedeutsam anzuerkennen? War überhaupt das, wogegen er einstmals polemisiert hatte, noch identisch damit, wofür er sich dann später erwärmen konnte, hatte seine und die anderer Akteure Polemik, hatte die Auseinandersetzung mit Vertretern konträrer Auffassungen womöglich erst zu etwas geführt, das dann als die wissenschaftliche Relevanz des Entdeckten aufgefasst werden konnte, als etwas, womit womöglich Koch selber noch nicht vertraut gewesen sein konnte?

Ein weiteres Beispiel, das solche Fragen zu stellen veranlasst: Die Bedeutung der DNA-Struktur war zum Zeitpunkt ihrer Entdeckung noch nicht so beschaffen, dass sich seinerzeit die Genetiker dafür hätten interessieren müssen. Lebendiges war für sie etwas von „toter" Materie völlig Getrenntes.[419] Wie Watson, der zusammen mit Crick ein Modell dieser Struktur entworfen hatte, meinte, schien keiner von ihnen seinerzeit „die Erkenntnis, dass die Gene aus DNS bestanden, ernst zu nehmen [...] Das war ihnen alles zu chemisch."[420] Bis in die 1940er Jahre hinein konnte man sich nicht vorstellen, wie in den sehr gleichförmigen, aus identischen Tetranukleotiden bestehenden DNA-Molekülen genetische Informationen verschlüsselt sein sollten. Die Erkenntnis, dass die Erbinformation in der DNA-Struktur verschlüsselt ist, schien zu bedeuten, Leben wäre nur eine Entfaltung chemischer Strukturen, das heißt, die Grundbausteine der Erbmasse wären als Elemente einer chemischen Struktur zu denken. „Die enge Auffassung von der Materie als eines Stoffs, der zur Entwicklung nicht fähig sei, bildete eine Schranke für das Interesse der Genetiker an chemischen Strukturen [...]", wie K.Ueberschär ausführt.[421] Sie waren es gewohnt, Gene allein nach ihren biologischen Effekten zu bestimmen. Und so wie die Genetiker an der Chemie kaum interessiert waren, erwarteten die Chemiker, die an der DNA arbeiteten, kaum etwas von der Entwicklung der Genetik, das ihre Forschung beflügeln könnte. „[...] die Chemiker [...] (waren – K.L.) fast ausnahmslos organische Chemiker,

---

419 Siehe dazu Lüdtke, K.: Der Unterschied zwischen der Entstehung von Entdeckungen und ihrer Anerkennung. Die Darstellung dieses Unterschiedes an einigen Aspekten der DNS-Struktur-Aufklärung. – In: Kolloquien. Schriftenreihe des Instituts für Theorie, Geschichte und Organisation der Wissenschaft an der Akademie der Wissenschaften der DDR (Berlin). (1985)47: Beiträge zum Institutskolloquium am 5. Juli und 6. September 1984 (Manuskriptdruck), 56–71.

420 Watson, J.D.: Die Doppel-Helix. Reinbek bei Hamburg: Rowohlt 1969, S. 102.

421 Ueberschär, K.: Der Einfluss von reduktiver und integrativer Methode auf die Veränderung der methodologischen Struktur der modernen Genetik. – In: Deutsche Zeitschrift für Philosophie (Berlin). 26(1978)6, 750–768, S. 763.

die sich für Genetik überhaupt nicht interessierten", so der Physiker Max Delbrück, dem sich die Frage gestellt hatte, ob sich Leben aus Gesetzen der Physik erklären lässt.[422] Die Bedeutung, die das DNA-Konzept heute aufweist, ist erst mit dem Zusammenwirken von organischen Chemikern, Genetikern, Physikern und Vertretern anderer Disziplinen *entstanden*.

Anregungen, um die Geschichte von Entdeckungen unter einem solchen Blickwinkel zu betrachten, lassen sich auch einer Studie Lothar Läskers entnehmen, worin dargelegt wird, dass der unabhängig von Gregor Mendels Untersuchungen stattgefundene Werdegang der Wissenschaft den 1866 publizierten Ergebnissen seiner Versuche zu Pflanzen-Hybriden[423] erst eine Bedeutung verliehen habe, an die Mendel selbst noch gar nicht habe denken können, eine Bedeutung, die ihnen aber später zugeschrieben worden sei. Dessen bahnbrechende Arbeit über die Vererbungsgesetze sei erst 16 Jahre nach seinem Tode in der wissenschaftlichen Öffentlichkeit gewürdigt worden. Zu seiner Zeit habe sich dessen Arbeit nur dem Wissenskorpus der – Bastardisierungsexperimente betreibenden – Hybridforschung einverleiben lassen, mit deren Fortführung die Genetik aber gar nicht entstanden sei. Erst 1900, „nachdem die Vererbung erworbener Eigenschaften als mögliche Erklärung ausgeschlossen und experimentelle Forschungen zu den Mechanismen der Befruchtung, Zellteilung und Embryologie zu ersten Ergebnissen geführt waren, konnten und mussten die Mendelschen Texte anders gelesen und verstanden werden, als sie Mendel selbst gemeint hatte (und verstehen konnte). Das ist aber kein Sonderfall, sondern Merkmal aller wissenschaftlichen Arbeiten."[424] Nun erst war es möglich, die Ergebnisse der Mendel'schen Arbeiten

---

422 Delbrück in einem Gespräch mit H.F.Judson. Judson: Der 8. Tag der Schöpfung, loc. cit., S. 46.

423 Veröffentlicht wurde die Arbeit unter dem Titel „Versuche über Pflanzen-Hybriden" in den „Verhandlungen des Naturforschenden Vereins in Brünn".

424 Läsker, L.: Gibt es vorzeitige Entdeckungen? – In: Kolloquien. Schriftenreihe des Instituts für Theorie, Geschichte und Organisation der Wissenschaft an der Akademie der Wissenschaften der DDR (Berlin). Beiträge zum Institutskolloquium am 5. Juli und 6. September 1984 in Berlin, loc. cit., 1–29, S. 19. Vgl. Laitko: Das Buch in der Wissenschaft. Betrachtungen eines Wissenschaftshistorikers, loc. cit., S. 100 ff. Dass sich allgemeingültige Bedeutungen von etwas Entdecktem erst in einem nachfolgenden Prozess herausbilden, zeigt auch die Geschichte der 1913 durchgeführten Versuche zur Erforschung der Stoßprozesse zwischen den von der Glühkatode emittierten Elektronen und Quecksilberatomen. Elektronen ließen sich in einer mit Hg-Dampf angefüllten Röhre beschleunigen, die auf dem Wege zur Anode mit Hg-Atomen kollidierten, wobei sich zeigte, dass die Atome bei der Kollision nicht jede beliebige Strommenge aufnehmen konnten. Nur bei einem bestimmten Betrag wurden sie

so zu deuten, als ob mit ihnen Erkenntnisse der später aufgekommenen Genetik vorweggenommen worden wären. Die Mendel'schen Regeln werden ja auch als etwas betrachtet, das später „wiederentdeckt" worden wäre (von Hugo de Vries, Erich Tschermak und Carl Correns). „Wenn Anerkennung einer Hypothese als Ausdruck der Bedeutungsbildung aufgefasst wird, wie das historische Analysen von sog. vorzeitigen Entdeckungen nahelegen, dann müssen die bestätigende Messung und erst recht die kontroversen Diskussionen als bedeutungsbildend angesehen werden. Nur ist diese Bedeutungsbildung […] nicht als den Gegenstand und auch nicht den Text verändernder Prozess rekonstruierbar", wie Läsker den Ergebnissen seiner Studie entnimmt.[425] Das heißt, dass das, was später vorbehaltlos als großartige Leistung dieses oder jenes Entdeckers anerkannt werden musste, sich nicht damit deckt, was zuvor ignoriert worden war.[426] Und es deckt sich auch

---

durch Elektronen angeregt. Daraufhin trat ein Abfall des Stromflusses in der Röhre ein. Angenommen wurde zunächst, die Ionisierungsspannung von Hg gemessen zu haben. Franck und Hertz, die Entdecker dieser Prozesse, dachten, sie hätten die Hg-Atome ionisiert, also ein Elektron aus deren Hülle herausgeschlagen. Doch nicht darin wurde später die Bedeutung ihrer Forschungsergebnisse gesehen: Mit ihren Versuchen konnte die seinerzeit kontrovers debattierte Atomtheorie von N. Bohr experimentell bestätigt werden. Dazu war es nicht gekommen, weil das fragliche Modell die Vorlage für ihre Versuche gewesen wäre. Sie hatten gar nicht beabsichtigt, die Quantenpostulate experimentell zu belegen. Ihnen war es nur darum gegangen, das Stoßverhalten von Elektronen zu ergründen. Sie interessierten sich vor allem für die Messung der zur Ionisierung von Hg-Atomen nötigen Energie. Franck, J./ Hertz, G.: Über Zusammenstöße zwischen Elektronen und den Molekülen des Quecksilberdampfes und die Ionisierungsspannung desselben. – In: Verhandlungen der Deutschen Physikalischen Gesellschaft. 16(1914)6, 457–467. Siehe auch „James Franck". – In: Encyclopedia of World Biography 2004. Franck, J.: Niels Bohrs Persönlichkeit. – In: Die Naturwissenschaften (Berlin). 50(1963)9, 341–343. Hertz, G.: Bohrsche Theorie und Elektronenstoß. – In: Die Naturwissenschaften (Berlin). 11(1923)27, 564–567. Kaiser, W.: Das Problem der „entscheidenden Experimente" – In: Beiträge zur Wissenschaftsgeschichte (Weinheim). 9(1986)1, 109–125, S. 117: Dass Experimente „in einem bestimmten historischen Kontext geplant werden, dass sie aber erst in einem anderen Kontext und im Nachhinein ihre volle Bedeutung erhalten, lässt sich auch in der Geschichte der Quantentheorie beobachten. Wenn man etwa die experimentellen Grundlagen der Bohr'schen Atomtheorie betrachtet, so kamen zu den Serienspektren rasch zwei weitere Gebiete hinzu: die charakteristischen Röntgenspektren und die Elektronenstoßversuche von James Franck und Gustav Hertz." Und gerade diese Versuche „lieferten offenbar eine ‚direkte' Bestätigung der Bohrschen Theorie."

425 Läsker: Gibt es vorzeitige Entdeckungen? Loc. cit., S. 24 (Hervorhebung von K.L.).

426 So ist es wohl auch problematisch, wissenschaftliche Koryphäen als „Vorläufer" späterer Entwicklungen zu verstehen. Die „Suche nach Vorläufern […] trägt zweifellos

nicht damit, worin die Entdecker selber die Bedeutung ihrer Entdeckungen gesehen hatten.

Zu der Bedeutung, die Forschungsresultate dadurch erlangen, dass sie ins Verhältnis zu dem in der Geschichte des jeweiligen Faches bereits Errungenen gesetzt werden, äußern sich W.Krohn und G.Küppers wie folgt: „Jede Veröffentlichung verortet sich in der Forschungslandschaft eines Gebietes, indem sie Anknüpfungspunkte aufweist. Dies geht aber nur durch eine gedrängte Zusammenfassung wesentlicher Ergebnisse anderer. Jede Veröffentlichung leistet damit ein gewisses Minimum an ‚historiographischer' Tätigkeit: sie rekonstruiert die eigene Fachgeschichte [...] die Rekonstruktion ist eine Stilisierung, die der Anknüpfbarkeit der gegenwärtigen Forschung dient. Für andere Forschungsgruppen, die Gegenstand dieser Stilisierung sind, sind dies Informationen darüber, wie ihre Arbeiten wahrgenommen werden. Dieser Zwang zur Modellierung des gegebenen Wissens ist ein Korrektiv gegen die Spezialisierung der Forschung und der erste Aspekt der Dezentrierung: Man muss seine eigenen Erkenntnisse aus der ‚historischen' Perspektive eines Beobachters des Gebietes wahrnehmen."[427] Und wenn nun zunächst unbeachteten, nichtzitierten bzw. umstrittenen Forschungsresultaten zu einem späteren Zeitpunkt dann doch wissenschaftliche Relevanz zugebilligt wird, deutet das nur darauf hin, dass sich die fraglichen Ergebnisse und der Wissenskorpus einander angenähert und mit dieser Veränderung auch die Anschlussbedingungen zugunsten der vormals für irrelevant gehaltenen Arbeiten gewandelt haben.

Vorgänge, worin Forschungsergebnisse in den Rang wissenschaftlichen Wissens versetzt werden, lassen sich nicht erschließen, wenn man das Studium auf das Geschehen in Forschergruppen und Laboratorien begrenzt. Die Spezifikation als Wissenschaft besitzt Forschertätigkeit nicht schon deshalb, dass sie im Rahmen von Laboratorien betrieben wird. Ein noch nicht als wissenschaftliches Wissen aufgerücktes Forscherwissen ist nur innerhalb jener Forscherschar

---

dazu bei, Traditionen zu stiften und hilft, die Unerhörtheit des Neuen zu mildern, mit einem Wort, sie linearisiert. Im Prinzip aber setzt sie die Existenz einer unverzerrten Vergangenheit ‚da hinten' voraus, welcher der historische Betrachter im Idealfall als neutrales Medium gegenübersteht. Die Bewertung des Epistemologen erfordert und impliziert dagegen eine Krümmung des Denkens, die vonseiten der Historiker wiederum oft als eine Form der Rückprojektion, also eine Art negative Teleologie kritisiert, damit aber gründlich missverstanden worden ist." Rheinberger, H.-J.: Experimentalsysteme und epistemische Dinge. Eine Geschichte der Proteinsynthese im Reagenzglas. Göttingen: Wallstein Verlag 2002 (2. Aufl.), S. 194.

427 Krohn, W./ Küppers, G.: Die Selbstorganisation der Wissenschaft. Frankfurt a.M.: Suhrkamp 1989, S. 12.

begründbar, wo es entstanden ist, entstanden in einem Prozess, wo noch mit ungenauen Termini, saloppen Beweisen und nicht sicher reproduzierbaren Versuchen gearbeitet wird. Laboraufzeichnungen, Graphiken usw. für sich genommen lassen sich noch nicht als wissenschaftliche Texte betrachten. Aus der Betrachtung dessen, was Forscher in einem Labor getan haben, was sich dort ereignet hat, lässt sich deshalb gar nicht herleiten, ob sie etwas wissenschaftlich Bedeutsames oder nur einen Artefakt hervorgebracht haben. "Science is certainty; research is uncertainty", so Latour. "Science is supposed to behold, straight, and detached; research is warm, involving, and risky. Science puts an end to the vagaries of human disputes; research creates controversies. Science produces objectivity by escaping as much as possible from the shackles of ideology, passions, and emotions; research feeds on all of those to render objects of inquiry familiar."[428] Die Forschung selber – im Vorfeld dessen, dass deren Resultate dem Urteil von Öffentlichkeiten ausgesetzt worden sind –, sei nicht „selbstkorrektiv", wie auch Krohn und Küppers meinen. Sie habe keine inneren Möglichkeiten, abwegige von fruchtbaren Forschungsrichtungen zu trennen.[429] Darüber entscheidet erst die über die Grenzen eines Labors hinausgreifende wissenschaftliche Community.[430] Ehe nicht solcherart Entscheidungen gefallen sind, erscheinen die Feststellung eines Ereignisses und dessen Deutung eher als Handlung einzelner Forscher bzw. einzelner Forschergruppen, weniger als personenentrückte Manifestation einer in Gegenständlichem verkörperten Bedeutung.

Die in den 1980er Jahren in den Vordergrund getretenen „Mikroanalysen wissenschaftlicher Laborarbeit handelten sich in unterschiedlicher Weise den Vorwurf ein, zugunsten der Detaillierung und Präzisierung lokaler Ereignisse die translokalen, universellen Ordnungsmuster von Wissenschaft, Themen, die bislang in der Wissenschaftsforschung bearbeitet wurden, aus dem Blick zu verlieren", wie Amann feststellt.[431] Es bleibe, so Weingart, die Frage zu beantworten, wie sich

428 Latour, B.: From the World of Science to the World of Research? – In: Science (Washington). 280(1983)5361, 208–209, S. 208.

429 Krohn/ Küppers: Die Selbstorganisation der Wissenschaft, loc. cit., S. 28.

430 Siehe Collins, H.M.: An Empirical Relativist Programme in the Sociology of Scientific Knowledge. – In: Science Observed. Perspectives on the Social Study of Science, loc. cit., 85–113, S. 104 f.

431 Amann, K.: Menschen, Mäuse, Fliegen. Eine wissenssoziologische Analyse der Transformation von Organismen in epistemische Objekte. – In: Zeitschrift für Soziologie (Stuttgart). 23(1994)1, 22–40, S. 23. Siehe auch Knorr-Cetina, K.D.: Die Fabrikation von Erkenntnis. Zur Anthropologie der Naturwissenschaft. Frankfurt a.M.: Suhrkamp 1984, S. 24, 63. Latour, B.: Give me a Laboratory and I will Raise the

„die kommunikative Vernetzung der Wissenschaftler und schließlich die Akzeptanz der Forschungsergebnisse eines Labors durch die scientific community (erklärt – K.L.), wenn der Forschungsprozess selbst so kontingent verläuft und von lokalen Bedingungen bestimmt ist. Indem die Laborstudien mittels des mikrosoziologischen Zugangs die Partikularität des im Labor produzierten Wissens ins Zentrum rücken, müssen sie die nachträgliche ‚Universalisierung' dieses Wissens als eine weitere Konstruktionsleistung erklären."[432] Auf diese Fragestellung verweist auch J.Gläser: Vornehmlich „explizit mikroskopisch orientiert(e)", auf die „Mikroordnungen der Konstruktion wissenschaftlichen Wissens" im Labor ausgerichtete Untersuchungen stellt er in einen Zusammenhang damit, dass sich das Interesse an der Funktionsweise delokaler (Laborgrenzen überschreitender) wissenschaftlicher Gemeinschaften verringert habe.[433] Der Ertrag der so genannten „Laborstudien" besteht im Grunde nur darin, dass sie aufgedeckt haben, dass das Forschungshandeln allein keine „universellen Ordnungsmuster" hervorbringt. Sie haben es vielmehr als eine Produktionsweise enthüllt, für die sich weder besondere kognitive noch soziale Faktoren nachweisen lassen, die den epistemologischen Sonderstatus wissenschaftlichen Erkennens gegenüber anderen Wissenskulturen erklären könnten.

Auf die Herauslösung von Forschungsergebnissen aus dem (noch nicht normierten) Kontext ihrer Produktion, damit die Öffentlichkeit sie zu beurteilen vermag, muss zuvor hingearbeitet worden sein.[434] Herausgelöst werden sie dadurch,

---

World. – In: Science Observed Science. Perspectives on the Social Study of Science, loc. cit., S. 141, 160.

432 Weingart: Wissenschaftssoziologie, loc. cit., S. 69.

433 Gläser: Wissenschaftliche Produktionsgemeinschaften: Die soziale Ordnung der Forschung, loc. cit., S. 30 f. Vgl. Mackay, H./ Gillespie, G.: Extending the Social Shaping of Technology (SST) Approach. – In: Social Studies of Science (London). 22(1992)4, 685–716, S. 690 f.: "Much of the SST approach has been informed by macro perspectives, which prioritize the role of structure over that of subject; they explain the subject's action in terms of the determining constraints of social structures and institutions. The subject is relegated to a passive determined role, as opposed to one which actively constructs the social world. The remainder has focused on the micro, elevating the subject (in preference to the structure), and has focused on the active role of the subject in determining the conditions of his or her experience."

434 Siehe Lüdtke, K.: Die Entwicklung wissenschaftlichen Wissens in interdisziplinären Diskursen. – In: Interdisziplinarität - Herausforderung an die Wissenschaftlerinnen und Wissenschaftler. Festschrift zum 60. Geburtstag von Heinrich Parthey. Hrsg. v. W.Umstätter und K.-F.Wessel. Bielefeld: Kleine Verlag 1999, 62–107, S. 62 ff.

dass die Forscher bei der Verschriftlichung der von ihnen erzeugten Fakten Wissensbestände ihrer Adressaten als Referenzaspekte präsentieren, dass sie bei der Begründung dessen, was sie an Sachverhalten berichten, Sichtweisen und Standpunkte der Fachöffentlichkeit geltend machen. Das, was sie in ihrer Forschung hervorgebracht haben, muss sich als relevant erweisen für die Bearbeitung von Problemen, mit denen sich Fachgenossen befassen. Es muss glaubhaft gemacht werden, dass eine solche Bezugnahme die notwendige Realisationsbedingung der Ziele und Wahrnehmungsbedingung der behandelten Forschungsprobleme gewesen, dass voraussehbare Zweifel und kritische Einwände von Fachgenossen bei der Beweisführung, der Testgestaltung, der Auswertung der Messreihen usw. berücksichtigt worden sind.[435] „In der Verschriftlichung der Forschungsergebnisse werden der theoretische Ansatz, die Methoden und die beobachteten Tatsachen bildhaft entworfen. Dieses Bild muss wegen der sprachlichen Nichtreproduzierbarkeit des impliziten Wissens aus der Perspektive des Außenstehenden (‚des idealen Lesers') entworfen werden, wobei die Vereinfachungen und Verallgemeinerungen einen Gewinn an Kohärenz zur Folge haben sollen", wie Krohn und Küppers dartun.[436]

---

435 Die Leser hätten ein vorgefasstes Urteil, das bereits vor der Lektüre „steht". Hirschauer, St.: Publizierte Fachurteile. Lektüre und Bewertungspraxis im Peer Review. – In: Soziale Systeme (Stuttgart): „Wissenschaftliches Publizieren: Stand und Perspektiven". Hrsg. v. E. Esposito. 11(2005)1, 52–82, S. 80. Siehe auch Mulkay, M.J.: Science and the Sociology of Knowledge. Boston: Allen & Unwin, 1979, S. 60 f. Hinweis v. Keller, R.: Wissenschaftliche Kontroversen und die politische Epistemologie der Ungewissheit: Diskurstheoretische und diskursanalytische Perspektiven. – In: Kontroversen als Schlüssel zur Wissenschaft? Loc. cit., 39–55, S. 47.

436 Krohn/ Küppers: Die Selbstorganisation der Wissenschaft, loc. cit., S. 85. „Insbesondere wird in der Modellierung versucht, […] Schwachstellen in den Beziehungen zwischen Theorie, Methode, Tatsache so zu glätten, dass die Entscheidungslast des Forschungsprozesses minimal, die durch die Ergebnisse aufgezwungene Interpretation maximal wird. Hierdurch erzeugt die Forschungsgruppe selbst ein der eigenen Spezialisierung entgegenwirkendes Bild ihrer Tätigkeit." Ibid. Siehe auch Ernst, G.: Radikaler Kontextualismus. – In: Zeitschrift für philosophische Forschung (Frankfurt a.M.). 59(2005)2, 159–178, S. 160 f. Siehe Ausführungen Luhmanns zum Unterschied zwischen Herstellung und Darstellung von Wissen. Luhmann: Die Wissenschaft der Gesellschaft, loc. cit., S. 433. Siehe auch S. 243, 319. Die Herausbildung „objektiven" Wissens vollzieht sich, so Läsker, in einer Reihe von Transformationen, in deren Ergebnis Texte eine Bedeutung erlangen, die sowohl den Intentionen des Produzenten als auch dem Verständnis der Rezipienten vorausgesetzt ist. Mit der „Serie von Transformationen" ist eine Abfolge mehrerer Phasen gemeint, wobei die letzte das beinhaltet, wie im Laboratorium, dem Ursprungsort des neuen Wissens, "the

Im Falle von Forschungsresultaten, die sich dem überlieferten Wissen auf jenem Gebiet, wo sie aufgekommen sind, nicht fügen und auf den Widerstand von Fachgenossen stoßen, kann sich das, was Krohn und Küppers mit „Stilisierung“ bzw. „Modellierung“ ins Auge fassen, zunächst nur darin äußern, dass dieselben so dargeboten werden, dass sie sich an Forschungsinteressen einer Schar potentieller Partner anschließen lassen, die sich außerhalb der Grenzen der eigenen Forschungsstätten, der eigenen Fachgenossenschaft finden lassen, an Interessen einer Schar „externer“ Partner sozusagen, die dem Druck jenes überlieferten Wissens, dem sich die neu entdeckten Phänomene entziehen, nicht ausgesetzt sind. Ein Forum, auf dem nach einhellig vertretenen Grundsätzen über die wissenschaftliche Bedeutsamkeit dessen geurteilt werden könnte, was aus Forschungen hervorgegangen ist, besteht ja in einer solchen Lage noch nicht. So kann es nur darum gehen, Interaktionspartner zu gewinnen, die auf diesen und jenen Gebieten tätig sind, von deren Mitwirkung man sich etwas zur Bewältigung aufgekommener Erklärungskrisen verspricht und die ihrerseits sich etwas von der Partnerschaft versprechen. Es gilt, ein Netz von Beziehungen mit ihnen aufzubauen, von Beziehungen, die sich in frühen Etappen der Netzwerkbildung, besonders im Falle von Erstbegegnungen, durch wechselseitige Suggestibilität und Lernoffenheit auszeichnen dürften, schon wegen der Unsicherheit im Hinblick auf den Informationsstand der Kommunikationspartner. Bereits so – über die wechselseitige Dezentrierung in den Partnerschaften bzw. über Bezüge dessen, was Akteure in der Forschung aufgedeckt haben, auf Belange potentieller Partner – gewinnen umstrittene Forschungsergebnisse, wenn auch in einem sehr elementaren Sinne, eine *objektive* Bedeutung, nämlich eine Bedeutung in Trennung von subjektiven Momenten auf Seiten ihrer Produzenten. Der weitere Prozess, in dem sich eine wissenschaftliche Bedeutsamkeit derselben herausschält, wird

---

reception is received (and influences) what is done in the laboratory." Die erste Phase betreffe die Tätigkeit im Labor. Es folgten Transformationen des Forschungs- in wissenschaftliches Wissen: Die Forscher verträten ihre Ergebnisse vor Fachgenossen und publizierten sie. Sodann würden die Texte vom Fachpublikum und von der weiteren Öffentlichkeit rezipiert, um schließlich in der Rezeption der Rezeption seitens jener Forscher zu münden, die die Forschungsergebnisse zustande gebracht hätten. Läsker, L.: Objective Knowledge and the Social Structure of Transformations in its Production. – In: Science Studies - an Interdisciplinary Journal for Science and Technology Studies (Finland). 5(1992)1, 13–28, S. 14. Wissenschaftliche Behauptungen machten in kontroversen Debatten eine Menge von Transformationen durch, die entweder in einer neuen Behauptung mündeten oder sie mit neuen Elementen verknüpften. Latour, B./ Mauguin, P./ Teil, G.: A Note on Socio-Technical Graphs. – In: Social Studies of Science (London). 22(1992)1, 33–57, S. 34.

vom Werdegang der Form bestimmt, worin sich die Partnerschaftsverhältnisse realisieren. Die Genese einer solchen Form, die sich auf die Institutionalisierung neuer wissenschaftlicher Communities zubewegt, ist es, wovon bestimmt wird, dass sich die Früchte dessen, was Forscher leisten, schließlich als Beiträge zu einer folgerichtigen Naturerkenntnis präsentieren lassen, die eine fachöffentliche Würdigung verdienen, womit all jene Merkmale ausgelöscht werden, die deren Herkunftsgeschichte verraten.[437] Um es aus diesem Prozess herauszulösen, muss es von der Indexikalität und interpretativen Flexibilität befreit und so zu objektiv gerechtfertigtem, allgemeingültigem Wissen umgeformt werden, damit es als Bedingung weiterer Forschungstätigkeit wirksam wird.[438] Die Möglichkeit, von Einzelheiten zu abstrahieren, indem alle als irrelevant erachteten „Indizes" ausgeblendet würden, mache erst, so Alfred Schütz, eine intersubjektive Welt zugänglich. Er spricht in diesem Zusammenhang von „Anonymisierung", ohne die die Individuen in einer bruchstückhaften Welt von Augenblicken lebten.[439]

Hier geht es um einen Prozess, der erst zur Konstitution eines Forums hinführt, wo die wissenschaftliche Bedeutung von Forschungsergebnissen begründet beurteilt werden kann, um einen Prozess der Reorganisation wissenschaftlicher Gemeinschaften, der die Austragung von Kontroversen beinhalten muss, damit überkommene Gemeinschaften zersetzt und – mit der Schließung von Kontroversen – neue gebildet werden, in denen das Wissen um die neuen Phänomene nunmehr unstrittig ist. Anders gesagt: Die Herausbildung allgemein anerkannter Bedeutungen dessen, was sich im Falle grundlegender Neuerungen den Forschern

---

437 Vgl. Marx, K.: Das Kapital. Kritik der Politischen Ökonomie. Erster Band: Buch I. Der Produktionsprozess des Kapitals. Nachwort zur 2. Auflage. Berlin: Dietz Verlag 1959, S. 17: Die Darstellungsweise eines wissenschaftlichen Ergebnisses müsse sich formell von der Forschungsweise unterscheiden. „Die Forschung hat den Stoff sich im Detail anzueignen, seine verschiedenen Entwicklungsformen zu analysieren und deren inneres Band aufzuspüren." Erst nachdem man dies getan habe, könne „die wirkliche Bewegung entsprechend dargestellt werden. Gelingt dies und spiegelt sich nun das Leben des Stoffs ideell wider, so mag es aussehen, als habe man es mit einer Konstruktion a priori zu tun."

438 "An idea is useful if other scientists can build upon it or use it in their own work." Cole, S.: Making Science: Between Nature and Society. Cambridge/ Mass.: Havard University Press 1992, S. 47. Zitiert n. Bornmann: Grundlegende Kommunikationsprozesse und stabilisierte Mechanismen für die Erzeugung gesicherter Erkenntnisse, loc. cit., S. 184.

439 Schütz, A.: Über die mannigfaltigen Wirklichkeiten. – In: Das Problem der sozialen Wirklichkeit. Hrsg. v. A.Schütz. Gesammelte Aufsätze, Bd. 1. Den Haag: Martinus Nijhoff Publishers 1971, 237–298, S. 263, 267.

darbietet, muss in einem Zusammenhang mit Wandlungen bzw. Neubildungen wissenschaftlicher Öffentlichkeiten stehen, in einem Prozess, in dessen Verlauf einst in Kontroversen verwickelte Forscherparteien eine Rolle gespielt hatten.

Im Folgenden soll die Geschichte einiger Entdeckungen auf dem Felde der Geschwulstforschung unter dem Gesichtspunkt der Bedeutungsbildung angeschaut werden. Wenigstens soll angedeutet werden, dass sich die wissenschaftlichen Bedeutungen der von Tumorforschern gemachten Entdeckungen erst mit der Schließung kontroverser Debatten zur Natur der Geschwulstviren und der Formierung disziplinär gemischter Öffentlichkeiten herausgebildet hatten, herausgebildet in einem Prozess, der die Weiterentwicklung des methodischen Herangehens an Prozesse der Tumorbildung und des Verständnisses derselben vorangetrieben hatte.

Die Entdeckung, die Rous am Rockefeller-Institut für Medizinische Forschung Anfang der 1910er Jahre gemacht hatte, nämlich dass zellfreie Auszüge bestimmter, bei Hühnern auftretender Sarkome in anderen Hühnern neue Sarkome induzieren konnten, war seinerzeit schlecht aufgenommen worden. Lange Zeit wurde sie von der wissenschaftlichen Welt als „eine biologische Kuriosität ohne weitreichende Bedeutung" beurteilt.[440] Sogar mit der Entdeckung weiterer Arten von Virustumoren bei Vögeln ließ sich die Reserviertheit von Fachgenossen nicht zerstreuen bzw. deren Zerstrittenheit dämpfen. Die Rous zu verdankenden Forschungsergebnisse und die daraus gezogenen Folgerungen "were not so much questioned as totally rejected by the majority of his contemporaries [...] the writings of [...] Rous studies of chicken sarcomas remained as voices crying in the wilderness", wie Waterson und Wilkinson diese Lage in ihrer Studie zur Geschichte der Tumorvirologie beschreiben.[441] Wegen der Missbilligung seiner Kollegen gab Rous schließlich die Untersuchung von Agenzien der Sarkombildung auf und wandte sich anderen Forschungsaufgaben zu, weil er sich, so V.S.Parnes, außerstande gesehen habe, „die allgemeine Geisteshaltung zu verändern."[442] Der Grund dafür, dass es so lange dauerte, bis Rous den Nobelpreis erhielt (zusammen mit Ch.B.Huggins für dessen Entdeckung hormonabhängiger Geschwülste[443]),

440 Zitat übernommen von Glasmacher, S./ Hecker, E./ Schlesinger, M.: Krebsforschung und Kooperation. Deutsch-Israelische Zusammenarbeit in der Krebsforschung. Die ersten 20 Jahre. Hrsg. v. Deutschen Krebsforschungszentrum Heidelberg und dem Ministry of Science Jerusalem 1999, S. 31 (ohne Quellenangabe).

441 Waterson/ Wilkinson: An Introduction to the History of Virology, loc. cit., S. 159.

442 Parnes: Krebsviren. Suche, Gedanken, Theorien, Ausblick, loc. cit., S. 6.

443 Siehe Huggins, Ch. B./ Hodges, C.V.: Studies on Prostatic Cancer. I. The Effect of Castration, of Estrogen and of Androgen Injection on Serum Phosphatases in

bestand gewiss nicht im Konservativismus und Skeptizismus der Zeitgenossen[444], auch nicht etwa in der „Langsamkeit der Juroren“, wie R.Knauer und K.Viering ausführen. Aber worin dann? Sie meinen, dass niemand, auch Rous nicht, habe erkennen können, „wie wichtig sein Ergebnis war.“[445] Den Rous'schen Forschungsresultaten ließ sich eben noch nicht sogleich eine Bedeutung zumessen, worüber einhellige Urteile hätten gefällt werden können. Und so konnten eben ganz unterschiedliche – gewissermaßen parteigebundene, von den verschiedenen Strömungen der Krebsforschung nicht zu trennende – Auffassungen zur Natur dessen entstehen, was Rous entdeckt hatte.

Auch die Entdeckung von Ellermann und Bang wurde erst Jahre später als etwas gewürdigt, das für die Erkenntnis der Krebsbildung wissenschaftlich bedeutsam ist. In der Zeit, als den Forschern eine zellfreie Übertragung der Hühnerleukose gelang, wurde diese Krankheit noch zu den Systemerkrankungen des Blutbildungsgewebes gezählt. „Die klinische Beobachtung Krebskranker (Carcinom und Sarkom) führte schon früh“, wie E.Noeldechen in einem 1922 publizierten Artikel berichtet, „zu systematischen Blutuntersuchungen, da die in späteren Stadien des Leidens schon äußerlich ins Auge fallenden Zeichen einer Anämie auf einen Zusammenhang mit der Geschwulst hinwiesen. Während man anfangs glaubte, im Blut kreise eine ‚Materia cancerosa‘, die von den Blutgefäßen absorbiert werde [...], oder das Blut sei selbst der primäre Entstehungsort der

---

Metastatic Carcinoma of the Prostate. – In: Cancer Research (Philadelphia/Pa.). 1(1941)4, 293–297.

444 Vgl. Parnes: Krebsviren. Suche, Gedanken, Theorien, Ausblick, loc. cit., S. 6.

445 Knauer, R./ Viering, K.: Charles Brenton Huggins. Francis Peyton Rous. – In: Nobelpreise. Chronik herausragender Leistungen. Mannheim - Leipzig: F.A. Brockhaus GmbH 2001, 616–617, S. 616. Es dauert einer Studie von Santo Fortunato zufolge überhaupt verhältnismäßig lange – in der Regel mehr als 20 Jahre –, bis sich das Nobelkomitee darüber einig wird, ob eine wissenschaftliche Entdeckung preiswürdig ist. Oftmals kann man Entdecker gar nicht mehr auszeichnen, weil, wenn man dahinter gekommen ist, dass sie es verdient hätten, sie vorher schon gestorben sind (posthum dürfen Preise nicht vergeben werden). Eine späte Vergabe ist den Nobel-Jurys zufolge aber oft die einzig gute Lösung. Vorher wäre sie nicht nachvollziehbar. Fortunato, S.: Growing Time Lag Threatens Nobels. – In: Nature (London). (2014)508, 186, S. 186. Es brauche Zeit, bis man die volle Bedeutung einer neuen Entdeckung verstehen könne, hatte der Vorsitzende des Chemie-Nobelkomitees, Sven Lidin, der Nachrichtenagentur dpa in einem früheren Interview gesagt. Zitiert n. Neues Deutschland vom 12./13. April 2014, S. 27: Weg zum Nobelpreis zu lang. Ehrung erreicht Forscher zunehmend erst am Ende ihres Lebens (ohne Quellenangabe).

Geschwülste [...], führten die Forschungen im Laufe der Zeit zu dem Ergebnis, die Blutveränderungen als eine Folgeerscheinung der Geschwülste anzusehen."[446]

In der Phase, in der die erwähnten Entdeckungen noch keine umfassende Anerkennung gefunden hatten, hat es jedoch auch Fortschritte gegeben, „advances in other fields", so J.Wyke, "that would later become very signifikant [...] By the beginning of the 1960s our views on tumour viruses were changing rapidly. The momentum behind this change had several sources, the main ones being our growing understanding of both viruses and neoplastic growth and the development of techniques to advance this understanding by studies in tissue culture".[447] E.W.Shrigley (1951) sieht die Voraussetzung dafür, dass die „wahre" Bedeutung der Erkenntnis, dass bestimmte Viren bösartige Tumoren auslösen können, erst in den 1950er Jahren offenbar wurde, darin, dass zuvor eine Vielzahl weiterer tumorproduzierender Virusarten entdeckt werden und sich weitere Erkenntnisfortschritte eingestellt haben mussten. Die Aufgeschlossenheit für die Tatsache, "that viruses or virus-like agents may possess the ability to elicit growths in animal tissues is entering the thinking of an ever-widening circle of modern oncologists [...]"[448] In dieser Zeit wurde erkannt, dass Viren Teile ihres Erbmaterials in ihre Wirtszellen übertragen, ohne den Wirt zu töten. Dieses Viruserbgut wird dann genau wie das eigene Erbgut von der Zelle an ihre Nachkommen weitergereicht. So bewirkt das Virus eine dauernde Veränderung der Zelle, wobei das Virus aufhört sich zu vermehren, sobald der Vorgang der Transformation von Zellen einsetzt, eben weil das genetische Material der viralen DNA nicht mehr für den Reproduktionsprozess zur Verfügung steht, da es sich in die DNA der Zelle eingefügt hat.[449] Das Rous-Sarkom-Virus beispielsweise greift so in die

---

446 Noeldechen, E.: Blutveränderungen beim übertragbaren Sarkom der Hühner. – In: Zeitschrift für Krebsforschung (Berlin). 18(1922)1/2, 367–382, S. 367.

447 Wyke, J.: Viruses and Cancer. – In: Introduction to the Cellular and Molecular Biology of Cancer. Hrsg. v. C.M.Franks und N.M.Teich. Oxford - New York - Tokyo: Oxford University Press 1997, 151–168, S. 152.

448 Shrigley, E.W.: Virus-Induced Tumors of Animals. – In: Annual Review of Microbiology (Palo Alto/ Cal.). 5(1951), 241–264, S. 241.

449 Dulbecco wies nach, dass im Reagenzglas gezüchtete Tierzellen mittels geschwulsterregender Viren in maligne Zellen umgewandelt werden. Und er fand heraus, dass in diesem Vorgang äußerst kleine Abschnitte aus der kettenförmigen Erbsubstanz der Virus-DNA an bestimmten Stellen der DNA der Wirtszellen eingefügt werden. Von dort können sie auch die Zellteilung steuern. Die fremden Genabschnitte nehmen folglich auf zerstörerische Weise Einfluss auf das Programm, wonach Zellen arbeiten. Siehe Dulbecco: A Consideration of Virus-Host Relationship in Virus-Induced Neoplasia at the Cellular Level, loc. cit., S. 758 f.

Zelle ein, dass diese zu einer Geschwulstzelle wird. Und erst „nach dieser Erkenntnis bekam Rous den Medizinnobelpreis zugesprochen", heißt es bei Knauer und Viering.[450] Die Auseinandersetzungen zum Verständnis der Rolle von Viren wurden dann noch durch andere Entdeckungen virusbedingter Geschwulstarten beeinflusst, die Rous gelungen waren. Mit weiteren Entdeckungen wurden dann auch von ihm entwickelte besondere Verfahren zur Kennzeichnung und Identifizierung von Geschwulstviren zum Bestandteil einer allgemeinen Methodik zur Erforschung und zum Nachweis geschwulsterzeugender Virusarten. Im Gelingen weiterer Entdeckungen, in der Weiterentwicklung der angewendeten Methoden und Verfahren, in der Intensivierung der wissenschaftlichen Debatten, so dass sich weitere wissenschaftliche Probleme bewältigen ließen, in all dem war der Prozess wirksam, der erst zu der Bedeutung seiner 1911 gelungenen Entdeckung hingeführt hat, die dann von der wissenschaftlichen Öffentlichkeit als etwas Allgemeingültiges wertgeschätzt wurde.[451] Wir müssen uns an dieser

---

450 Knauer/ Viering: Charles Brenton Huggins. Francis Peyton Rous, loc. cit., S. 617. Neuere Untersuchungen haben ergeben, dass es auch Bakterien gibt, die ihre DNA in Wirtszellen einbauen, ein Vorgang, der „lateraler Gentransfer" (LTG) genannt wird und die Frage zu stellen anregt, ob LTG womöglich Krebs auslösen kann oder ob Geschwulstzellen einfach anfälliger für Gen-Attacken von Bakterien sind. Als man die DNA von an Krebs Erkrankten untersuchte, entdeckte man bei ihnen vieltausendfach mehr Fälle von LTG als bei Normalpatienten. Die DNA von Patienten mit dem seltenen Blutkrebs „Akute Myeloische Leukämie" war besonders hoch mit Bakterien-DNA belastet. Magenkrebszellen zum Beispiel hatten dagegen besonders viel DNA von Pseudomonas-Bakterien integriert. Für eine Art Lackmustest schleust man nun Bakterien-DNA in menschliche DNA-Proben. Entarten diese dann krebsartig? Wenn ja, dann könnte man vielleicht künftig mit Antibiotika etwas gegen die bakteriellen Krebsauslöser tun. Siehe dazu Berichte von Forschern der University of Maryland, die in etwa einem Drittel der Genome von gesunden Menschen Bakterien-DNA fanden, in Krebszellen aber einen sehr viel größeren Anteil. Riley, D.R. et al.: Bacteria-Human Somatic Cell Lateral Gene Transfer Is Enriched in Cancer Samples. – In: PlOS Computional Biology (Cambridge/UK et al.). 9(2013)6. Zitiert n. Renneberg, R./ Tricolor, J.: Bakterien-Erbgut als Krebsquelle? – In: Neues Deutschland vom 03./04. August 2013, 28 (ohne Seitenangabe).

451 Wyke vermutet, dass die Zurückhaltung der Fachöffentlichkeit gegenüber solchen Entdeckungen (er erwähnt in diesem Zusammenhang auch die von Ellermann, Bang, Inamoto und Fujinami) damit zu tun hatte, dass seinerzeit den von den Entdeckern untersuchten Erkrankungen der Hühner gar keine Bedeutung zum Verständnis menschlicher Erkrankungen eingeräumt wurde. In den folgenden drei Jahrzehnten habe man die Verfolgung von Hühnertumorviren eher als eine esoterische Beschäftigung gesehen. Wyke: Viruses and Cancer, loc. cit., S. 151 f.

Stelle allerdings fragen, zu welchen Vorgängen es gekommen sein musste, damit die geschilderten Fortschritte ewas zur Bewältigung der Kontroversen beitragen bzw. dass von ihnen solche Wirkungen ausgehen konnten, wenn wir auf die weiter oben aufgestellte Behauptung beharren wollen, dass die Schließung von Auseinandersetzungen nicht Resultat voranschreitender empirischer Forschung allein sein könne.

8. Interdisziplinarität und die Entfaltung wissenschaftlicher Kontroversen

Dass die Problematisierungen, die die verschiedenen Forscherparteien vorgenommen hatten, in einander entgegengesetzte Richtungen wiesen, findet eine Erklärung darin, dass getrennt voneinander entstandene Konzepte zur Auseinandersetzung mit den Fragestellungen zu Rate gezogen worden waren, die in keinem geordneten, theoretisch begründeten Verhältnis zueinander standen. Sie wurden zur Erklärung eines Problems herangezogen, das zu behandeln in ihrem Rahmen auch gar nicht vorgesehen war. Weder der Rückgriff auf Begriffe dieser noch auf Begriffe jener Disziplin konnte als eine sich aus den empirischen Arbeiten der Krebsforscher ergebende zwangsläufige Konsequenz vertreten werden, in deren Auffassung alle Forscher hätten übereinstimmen müssen. Es handelte sich dabei – hier sei noch einmal ein bereits zitierter Gedanke Luhmanns wiedergegeben –, nicht „um Arbeit an einem immer genaueren Abbild der Umwelt, wohl aber um eine Vermehrung der Hinsichten, in denen das System intern auf […] Irritationen durch die Welt reagieren kann.“[452]

In einem 1944 erschienenen Aufsatz erörtern O.Th. Avery et al., dass die induzierende Substanz zum einen mit dem Gen verglichen werden könne, dass zum anderen auch an eine Analogie zwischen der Aktivität des transformierenden Agens und der eines Virus gedacht werden könne. „Was immer auch die korrekte Interpretation sein möge, diese unterschiedlichen Gesichtspunkte weisen hin auf Verknüpfungen des Phänomens der Transformation mit ähnlichen Problemen in der Genetik, Virologie und der Krebsforschung.“[453] In diesem Zitat sind Begriffe versammelt, deren Verknüpfung miteinander noch Fragen offenließ, inwiefern sie wirklich hinreichend begründbar ist. Heutzutage wird unter einem Virus eine aus

452 Siehe Kapitel 1. Der Umgang mit der Komplexität der Umwelt werde „zu dem Leitproblem für die Entwicklung von Strukturen, die unter diesen Bedingungen standhalten.“ Luhmann: Die Wissenschaft der Gesellschaft, loc. cit., S. 371.

453 Avery, O.Th./ MacLeod, C.M./ McCarty, M.: Studies on the Chemical Nature of the Substance Inducing Transformation by a Desoxyribonucleic Acid Fraction Isolated from Pneumococcus Type III. – In: Journal of Experimental Medicine (New York). 79(1944)2, 137–158. Zitat aus deutscher Übersetzung: Untersuchungen über die chemische Natur einer Substanz, die Transformation von Pneumokokken-Typen induziert. – In: Molekulargenetik. Beiträge zu ihrer Entwicklung. – In: Ostwalds Klassiker der exakten Wissenschaften. Bd. 254. Leipzig: Akademische Verlagsgesellschaft Geest und Portig 1975, 35–63, S. 60 f.

Nukleinsäure und Protein bestehende biologische Einheit verstanden, es wird als ein Komplex von Makromolekülen bestimmt, deren genetisches Material entweder aus DNA oder RNA besteht und zu deren Replikation geeignete Wirtszellen anwesend sein müssen. In dieser – unvollständig wiedergegebenen – Definition nehmen die aufgeführten Begriffe schon ein geordnetes Verhältnis zueinander ein. Doch zunächst hatten sie nichts miteinander gemein. Ob es berechtigt war, sie aufeinander zu beziehen, konnte in der früheren Geschichte der Virusforschung nur vermutet werden. Hier tauchen ja auch Termini auf, die unabhängig vom Kontext der Krebs- und der Virusforschung entstanden waren. "[…] our knowledge of viruses has grown up in the same half century as genetics. But the concepts used have been quite independent until recently", so C.D.Darlington 1951.[454] Als sie später zur Bestimmung des Virusbegriffes eingesetzt wurden, führte dies zunächst auch nur zu einer Reihung von Äquivalenzen, von „Entsprechungen."[455]

---

454 Darlington, C.D.: Mendel and the Determinants. – In: Genetics in the 20th Century. Essays on the Progress of Genetics during its First 50 Years. Hrsg. v. C.C. Dunn. New York: The MacMillan Company 1951, 315–331, S. 321.

455 Vygotsky verweist auf ein Gesetz der Äquivalenz von Begriffen, mit dessen Anwendung eine Interpretationsarbeit geleistet werde, die die höheren Stufen in der Entwicklung von Wortbedeutungen bestimme: Zunächst komme zu einer Aneinanderreihung von Äquivalenzen, bis sich dann eine Ordnung dieser auf metareflexiver Ebene ergebe. Vygotsky, L.S.: Thought and Language. Cambridge/ Mass: MIT Press 1962, S. 112 f. Die „Logik" der aus der Aneinanderreihung von Begriffen gebastelten Ordnung erinnere an das Denken in der Form von „Entsprechungen", das dem mittelalterlichen Denken so selbstverständlich gewesen sei, dass man es gar nicht als Methode beschrieben habe. Es sei beispielsweise von den Alchimisten einfach nur angewandt worden, so Dieckmann, und er führt aus, dass das Denken in Entsprechungen auch heute noch in unserem Unbewussten weiterlebe und sogar oftmals die Basis unserer kreativen Prozesse bis hin zur Bildung naturwissenschaftlicher Theorien sei. Es gipfle in der Vorstellung, dass eine bestimmte „Ur-Tatsache" sich auf den verschiedensten Gebieten auswirke und in den unterschiedlichsten Entsprechungen manifestiere, die dann füreinander analog gedacht werden könnten. „So ist dieses Denken kein logisches, sondern ein analogisches Denken, das bei den Denkprozessen mit dem Begriff des ‚sicut' = gleichwie arbeitet und nicht mit dem Wort ‚Weil', wie das logisch-kausale Denkprozesse tun." Dieckmann, H.: Methoden der analytischen Psychologie. Eine Einführung. Freiburg i.Br.: Walter Verlag 1979, S. 16. Dieckmann betrachtet hier etwas, das Lévy-Strauss „wildes Denken" nennt, ein Denken, das er auch als „Analogiedenken" bestimmt, woraus Ordnungen (in Entsprechungen) erwüchsen, wie sie sich beispielsweise in der von einem Naturvolk entwickelten Systematik der Flora offenbarten. Lévy-Strauss, C.: Das wilde Denken. Frankfurt a.M.: Suhrkamp Taschenbuch Wissenschaft 1973, S. 57, 172, 303.

Die Heranziehung des „Gen" oder des „Makromoleküls" zur Vertiefung dessen, wie nach der Meinung dieser und jener Forscherpartei die Virusnatur verstanden werden sollte, wurde auch nicht von allen Krebsforschern gutgeheißen, zumal diese Begriffe selber seinerzeit noch ganz umstritten waren. Die Beantwortung der Frage, ob Viren „Organismen oder [...] chemische Moleküle sind, (ist – K.L.) sehr schwierig, da über die Definition dieser beiden Grundbegriffe weder in der Chemie noch in der Biologie eine allgemeingültige Auffassung besteht", wie Schramm 1942 feststellte.[456]

So konnten seinerzeit „Virus", „Gen", „Makromolekül" usw. lediglich als füreinander analog gedacht werden, worin eine Vorstufe für jenen Entwicklungsabschnitt besteht, in dem sich schließlich eine festgefügte Ordnung dieser Termini in ihrem Verhältnis zueinander herstellte. Es herrschte keine Einmütigkeit unter den Virusforschern darin, ob und in welchem Sinne die genannten Begriffe zur Ausreifung des Verständnisses der Natur des „Krebsvirus" herangezogen werden sollten. Und den unterschiedlichen Ausgangspunkten entsprechend deckten sich auch nicht die Erwartungen und Hoffnungen der Akteure, auf welchen Gebieten sich Fortschritte einstellen würden, die ihre Forschungen voranbrächten. Mit den Rückgriffen der gegeneinander argumentierenden Seiten auf Begriffe verschiedener Wissenschaftszweige zum Ausbau der jeweils bezogenen Position kam es im Verlauf der Kontroverse zu einem Aufeinanderprall genetischer, biochemischer und anderer disziplinärer Erfahrungsbereiche bei der Deutung und Erforschung der Virenherkunft und -wirkung. „Die Krebsforschung steht", so H.Lettré 1953, „in einem Niemandsland [...] zwischen den einzelnen Disziplinen, der Biologie, Medizin, Pathologie, Genetik, Virusforschung, Biochemie und Biophysik. So sehr sich alle Disziplinen um eine Klärung des Krebsproblems mit ihren Methoden bemühen, so verschiedenartig sind auch die Betrachtungsweisen"[457], was zur Entfaltung von Streitigkeiten unter den Forschern führte, die, wie van Helvoort darlegt, größtenteils daraus hervorgegangen seien, dass man die filtrierbaren Agenzien nach Maßgabe ganz verschiedener disziplinärer Herangehensweisen untersucht habe.[458] "It is my experience that those who have studied viruses from the widest point of view, including not only their intrinsic properties but their reactions with the cell they infect and the host they infect, are more apt to consider

456 Schramm, G.: Neuere Ergebnisse und Probleme in der Untersuchung der Virusarten. – In: Deutsche Medizinische Wochenschrift (Leipzig). 68(1942)32, 791–794, S. 791.

457 Lettré, H.: Neuere Ergebnisse der Krebsforschung. – In: Naturwissenschaftliche Rundschau (Stuttgart). 7(1954)3, 101–110, S. 101.

458 Helvoort, van: History of Virus Research in the Twentieth Century: The Problem of Conceptual Continuity, loc. cit., S. 189.

them as organisms while others who have looked at them from perhaps a more restricted point of view – chemists, physicists, geneticists – are more apt to toy with other hypotheses", wie Andrewes Anfang der 1950er Jahre die Forschungssituation beschrieb.[459]

Weiter unten wird uns die Frage beschäftigen, wie es denn ungeachtet dieser Ausgangssituation dazu gekommen war, dass die Entwicklung schließlich etwas hervorbrachte, wodurch sich die eingangs angedeutete moderne Virusbestimmung auszeichnet, nämlich dass in ihr in verschiedenen Disziplinen entstandene, unabhängig voneinander aufgekommene und zunächst sogar umstrittene Begriffe eine geordnete Ganzheit darbieten. Hier wird etwas ins Auge gefasst, worauf Boveri im Jahre 1904 auf einem anderen Gebiet gestoßen war, auf Verknüpfungen verweisend, die sich seinerzeit zwischen Zell- und Vererbungsforschung eingestellt und das Verständnis der Mendel'schen Regeln weitergeführt hatten: „Wir sehen […] auf (verschiedenen – K.L.) Forschungsgebieten, die sich unabhängig voneinander entwickelt haben, Resultate erreicht, die so genau zusammenstimmen, als sei das eine theoretisch aus dem anderen abgeleitet."[460]

Forscher, die der Anschauung zuneigten, dass das Virus kein lebender Organismus, sondern ein chemischer, ein enzymartiger Stoff sei, erwarteten, dass es eines Tages gelingen werde, ein chemisch reines Geschwulstvirus zu gewinnen, und so erhofften sie sich vor allem von Fortschritten der Chemie der Makromoleküle eine Erweiterung der Kenntnisse zur Virusnatur.[461] Die Kristallisierbarkeit bestimmter Virusarten festigte eine solche Hoffnung. Der Standpunkt, Viren generell als „chemische Moleküle" zu bezeichnen, ließ sich weiter verfolgen, nachdem es gelungen war, auch tierpathogene Virusarten in Form einheitlicher Eiweißstoffe darzustellen. In dieser Weise konnte man u.a. das Virus der Encephalomyelitis und das des Kaninchenpapilloms präsentieren. Die Hypothese von der Proteinnatur des Virus wurde von Schramm so weitgehend verallgemeinert, dass alle Viren

459 Andrewes, C.H.: Viruses as Organisms. – In: Poliomyelitis. Papers and Discussions Presented at the Second International Poliomyelitis Conference. Philadelphia/Pa: Lippincott Williams & Wilkins 1952, 3–5, S. 3. Zitiert n. Helvoort, van: History of Virus Research in the Twentieth Century: The Problem of Conceptual Continuity, loc. cit., S. 189. "I believe we have confused advances in molecular biology and its attendant technology with deepened understanding of the nature of malignancy." Rubin: Letter to the Editor, loc. cit., S. 1170.

460 Boveri, Th.: Ergebnisse über die Konstitution der chromatischen Struktur des Zellkerns. Jena: Fischer 1904, S. 21.

461 Siehe Schmidt-Lange, W.: Fortschritte der Virusforschung. – In: Münchner Medizinische Wochenschrift (München). 90(1943)50/51, 709–712, S. 711.

als Proteine und selbst die größten lichtmikroskopisch noch sichtbaren Einheiten (Elementarkörper) als Moleküle betrachtet werden konnten. Der Idee, man könne wenigstens die tierpathogenen Virusarten als Mikroben auffassen, hielt Schramm entgegen, dass eine solche Trennung zwischen pflanzen- und tierpathogenen Viren willkürlich sei, nachdem man schon für das Maul- und Klauenseuchevirus sowie das Kaninchenpapillom eine stoffliche Zusammensetzung ermittelt habe, die es gestatte, sie ebenfalls als chemische Moleküle zu bestimmen, wenigstens jene, bei denen eine chemische Reindarstellung habe erreicht werden können, wenngleich es noch nicht gelungen sei, sie in kristallisierter Form zu gewinnen.[462] Dies war auch gegen die beim Mikroskopieren von pflanzenpathogenen Viren gewonnenen Eindrücke gerichtet, die dazu anhielten, pflanzenpathogene Viren als eine endogen entstandene Ursache der Geschwulstbildung zu betrachten, wohingegen tierpathogene Viren unter dem Elektronenmikroskop eher als mit Leben begabte Partikel erschienen.

Forscher hingegen, die das Virus als etwas Lebendiges auffassten, sahen vor allem im Rückgriff auf die Genetik Möglichkeiten, ihre Auffassung einsichtiger zu begründen. So klein Gene auch sind, Vererbungsforscher billigten ihnen den Rang von Lebenseinheiten zu. Gene wurden nicht nur als bloße Bestandteile der Zellsubstanz, sondern als Fundamentaleigenschaft der lebendigen Substanz, als eine der ersten Lebensäußerungen dargetan.[463] Sie nähmen, so Bail 1925, „in der neueren Erblichkeitsforschung wirklich eine sehr selbständige Stellung ein, erscheinen fast wie Organismen im Organismus." So könne man auch Eigentümlichkeiten des Virus verständlich machen (Bail hatte hier das Bakterienvirus im Auge), die es einerseits einem Organismus ähnlich erscheinen, andererseits wichtige Kennzeichen eines solchen vermissen ließen, wie das Fehlen einer selbständigen Vermehrung.[464] Auch W.Kaplan kennzeichnet Viren in einem 1956 erschienenen Aufsatz als "Fast-Organismen", die lediglich aus in einer Proteinhülle

462 Schramm: Neuere Ergebnisse und Probleme in der Untersuchung der Virusarten, loc. cit., S. 793. Siehe auch Butenandt, A.: Die moderne Virusforschung in ihrer Bedeutung für Chemie, Biologie und Medizin. – In: Deutsche Medizinische Wochenschrift (Leipzig). 70(1944)27/28, 379–384, S. 379.

463 Darányi rechnete sie zu den ersten Lebensäußerungen, die eine Zelle vergleichsweise so zusammensetzen, wie die Zellen den Organismus aufbauen. Diesen Ansatz vertrat er im Rahmen seiner „Protosomatheorie". Darányi, A.H.: Biologischer Zusammenhang zwischen Virus, Bakteriophag, Gen und Krebserreger. – In: Deutsche Medizinische Wochenschrift (Leipzig). 63(1937)33, 1266–1267, S. 1267.

464 Bail, O.: Der Stand und die Ergebnisse der Bakteriophagenforschung. – In: Deutsche Medizinische Wochenschrift (Leipzig). 51(1925)1, 13–16, S. 15.

verborgener Nukleinsäure bestünden.[465] Es scheine, so A.H.Darányi 1937, als ob eine solche Einheit wie das Gen, das Virus und der Bakteriophage „im allgemeinen die kleinste Einheit des Lebens ist."[466] Auch später noch sahen Forscher in Viren, so Graffi, „die kleinsten frei vorkommenden Lebenseinheiten", die kleinsten Formen von Krankheitserregern, die durch intrazellulären Parasitismus gekennzeichnet seien und lebendes Gewebe für ihre Vermehrung benötigten.[467]

Die Annahme eines Zusammenhanges des Virus mit dem Gen schien die Frage überflüssig zu machen, wie etwas, das aus so wenigen Molekülen besteht, so organisiert sein kann, dass es alle komplexen Funktionen eines lebenden, selbständigen Organismus zu erfüllen vermag.[468] Der Rückgriff auf das Gen-Konzept wurde eben, obgleich er nur hypothetischer Natur war und auch auf Widerspruch stieß[469], dadurch gefördert, dass die Vererbungsforschung den Genen einen hohen

---

465 Kaplan, W.: Die Mutation als fundamentaler Lebensprozess. – In: Naturwissenschaftliche Rundschau (Stuttgart). 9(1956)11, 430–435, S. 432.

466 Darányi: Biologischer Zusammenhang zwischen Virus, Bakteriophag, Gen und Krebserreger, loc. cit., S. 1267. Avery kommentierte das von ihm entdeckte transformierende Prinzip wie folgt: „Wenn wir [...] recht haben, dann bedeutet das, dass sowohl die chemische Natur des induzierenden Stimulus als auch die chemische Struktur der produzierten Substanz bekannt ist, wobei das erstere Thymus-Nukleinsäure, letzteres Typ-III-Polysaccharid ist, und dass beide dann in den Tochterzellen redupliziert werden und dass nach zahllosen Teilungen ohne weitere Zugabe des induzierenden Agens die gleiche aktive [...] Substanz wiedergewonnen werden kann in einer weit größeren Menge, als der ursprünglich zur Induktion der Reaktion benutzten. *Das klingt wie ein Virus – es könnte auch ein Gen sein.*" Diesen Gedanken äußerte er in einem Brief an seinen Bruder Roy Avery, einen medizinischen Bakteriologen. Zitiert n. Hotchkiss, R.D.: Gen, transformierendes Prinzip und DNS. – In: Phagen und die Entwicklung der Molekularbiologie, loc. cit., 178–187, S. 184 f. (Hervorhebung von K.L.).

467 Graffi: Experimente und Betrachtungen zur Natur und Ursache des Krebses, loc. cit., S. 11.

468 Burnet und Andrewes stellten sich diese Frage im Hinblick darauf, dass das einzelne Virusteilchen der Maul- und Klauenseuche nicht größer als 10–20 Hämoglobinmoleküle sein kann. Sie rechneten aber zugleich mit unüberwindlichen Schwierigkeiten bei einem Versuch, „die ganzen komplizierten Erscheinungen der Viruskrankheiten als durch ein nicht korpuskular organisiertes Agens hervorgerufen zu deuten." Burnet/Andrewes: Über die Natur der filtrierbaren Vira. Überblick über neuere Virusuntersuchungen, unter besonderer Berücksichtigung der einschlägigen Arbeiten aus dem National Institute for Medical Research, London, loc. cit., S. 167. Siehe auch Butenandt, A.: Biochemie der Gene und Genwirkungen. – In: Die Naturwissenschaften (Berlin). 40(1953)3, 91–100, S. 93.

469 Dass Virusformen wie die übertragbaren Tumoragenzien Gene der Wirtszellen sein könnten, die sich von den Zellen gelöst und als „nackte Gene" eine gewisse Autonomie

Grad von Autonomie und Stabilität zuerkannte, der mit einer gewissen, alle Organismen auszeichnenden Plastizität einherging. Und in physiologischer Hinsicht ließ sich das Wachstum der Gene in den Zellen, weil es sich als Vermehrung individueller Einheiten offenbarte, als etwas betrachten, das der Virusvermehrung ähnlich ist: Dass die Gene im Verlaufe der Vermehrung – beurteilt nach ihrer phänotypischen Auswirkung – eine erhebliche Zähigkeit in der Bewahrung ihrer Eigenschaften bekundeten, kombiniert mit einem gewissen Grad von Veränderlichkeit, wie er in den spontanen und experimentell induzierten Mutationen zum Ausdruck kommt, half Virusforschern, sich den Zusammenhang zwischen konstanten Eigenschaften des Virus und der Stabilität bzw. Veränderlichkeit der Symptome verständlich zu machen.[470]

In einem 1955 gehaltenen Referat zu neueren Forschungsergebnissen äußerte H.Friedrich-Freska, dass die in der Virusforschung gewonnene Erkenntnis der Möglichkeit und Vererbungsfähigkeit von Mutationen, der Kreuzbarkeit verwandter Stämme sowie der gelungene Nachweis von Entwicklungszyklen die Viren wieder mehr in die Nähe von Mikroorganismen rücke, wenngleich ihnen auch ein

---

gewonnen hätten, ließ sich entgegenhalten, dass die Gene physiologische Einheiten seien, die sich nicht nur als solche fortpflanzten, sondern Reaktionsketten einleiteten und steuerten und mit der Ausbildung erblich bedingter Merkmale endeten, Virusarten hingegen sich lediglich selbst reproduzierten und ihren Wirt schädigten. Gene finde man, so Kausche 1939, „in jedem lebenden Organismus, der sich fortpflanzt und seine Eigenschaften an seine Nachkommen weitergibt." Virusproteine kämen nur in kranken Organismen vor. „So gestellt, ist die Frage nach der Analogie dieser bei den Elementareinheiten also falsch." Kausche: Viruskrankheiten bei Mensch, Tier und Pflanze, loc. cit., S. 73. Doerr hielt den Verfechtern besagter Gleichsetzung vor, sie hätten „alle Einwände, welche sich der Identifizierung von Viruspartikel und Gen entgegenstellen, durch hemmungsloses Türmen von Hypothesen zu überbrücken gesucht." Zuerst müsse man prüfen, ob denn das Gen in chemisch-physikalischer Hinsicht ein selbständiges Gebilde darstelle, das wie ein Virus gebaut sei oder einem jener Viruselemente entspreche, die als Moleküle angesprochen würden. Doerr: Die Natur der Virusarten, loc. cit., S. 64, 69. „Mag die Analogie mit den Genen [...] bestechend sein, so verblasst dieser Eindruck doch sofort bei einer eingehenderen Analyse. Wenn wir auch wenig über die Natur der Gene wissen und die Hypothesenbildung infolgedessen weiten Spielraum hat, erscheint doch die Idee äußerst gewagt, dass sie aus dem Zellverband ohne Schädigung ihrer Eigenschaften losgelöst und dann bei der Übertragung auf gesunde Zellen wieder eingefügt werden können." Doerr: Die Entwicklung der Virusforschung und ihre Problematik, loc. cit., S. 102.

470 Siehe Melchers, G.: Warum interessiert den Biologen das Tabakmosaikvirus? – In: Jahrbuch 1960 der Max-Planck-Gesellschaft zur Förderung der Wissenschaften e.V. München: Generalverwaltung der Max-Planck-Gesellschaft 1960, 85–113, S. 97.

eigener Energiestoffwechsel fehle.[471] Tatsächlich kann man den oben vorgestellten Beispielen etwas entnehmen, das in diese Richtung zielt. So gehörte es in den 1940er Jahren noch zu den besonders strittigen Fragen, ob mit den Entdeckungen auf dem Gebiete der Viren und der Nukleinsäuren weiterhin die Zelle als letzte lebende Einheit zu betrachten „und somit das Prinzip der Cellularpathologie strictu sensu noch gültig ist", wie Oberling 1959 ausführte. Den Schrei nach kleineren Einheiten habe man schon zu Virchows Zeiten vernommen. Vielfach werde nun die Frage gestellt, ob nicht die Viren solche Lebenseinheiten darstellten und ob sie nicht bewiesen, dass der Begriff des Lebens mit Stufen der Organisation vereinbar sei, die unter derjenigen der Zelle stünden. „Dieses Problem, das vor etwas über 20 Jahren so brennend aktuell erschien, als die Welt noch frisch unter dem Eindruck der von Stanley, von Bawden und Pirie entdeckten Kristallisierbarkeit einiger Pflanzenviren stand, hat heute viel an Interesse verloren. Dank unserer besseren Kenntnisse der Tatsachen haben sich die widersprechenden Meinungen bedeutend genähert." So habe sich gezeigt, dass selbst kristallisierbare Viren „nicht aus einer Reinkultur von Molekülen bestehen, sondern übermolekular organisiert sind. Viele Viren besitzen sogar, im Elektronenmikroskop betrachtet, mit ihren Nucleoiden, multiplen Plasmamembranen, kontrahierbaren Fortsätzen (bei Bakteriophagen), receptorzerstörenden Enzymen usw. eine Organisation, die sich erstaunlich derjenigen einer Zelle annähert."[472]

Von Interesse ist in diesem Zusammenhang eine Studie, die van Helvoort einer in den 1940er Jahren aufgekommenen Auseinandersetzung zwischen Stanley auf der einen und Bawden und Pirie auf der anderen Seite zum Verständnis der Natur von Pflanzenviren wie dem Tabakmosaik-Virus widmete. Sie verhilft zu der Einsicht, dass die Kontroverse in „different approaches to the study of tobacco mosaic disease by these scientists" begründet war.[473] Das Verständnis des Virus als eines

---

471 Friedrich-Freska, H.: Erkenntnisse und Probleme der Virusforschung. Hauptreferat auf der 61. Tagung der Deutschen Gesellschaft für innere Medizin vom 18. bis 21.4.55 in Wiesbaden (Bericht). – In: Klinische Wochenschrift (Berlin). 33(1955)27/28, 682.

472 Oberling, Ch.: Ausblicke der Cellularpathologie. – In: Virchows Archiv für Pathologie und Physiologie und für klinische Medizin (Berlin - Göttingen - Heidelberg). 332. Bd. (1959)1, 6–16, S. 11.

473 Helvoort, T. van: The Early Study of Tobacco Mosaic Virus. – In: Microbe Hunters - Then and Now. Hrsg. v. H.Koprowski und M.B.A.Oldstone. Bloomington (Ill.): Medi-Ed Press 1996, 21–29, S. 21 ff. Siehe auch id.: The Controversy between John H.Northrop and Max Delbrück on the Formation of Bacteriophage: Bacterial Synthesis or Autonomous Multiplication? – In: Annals of Science (New York et al.). 449(1992)6, 545–575, S. 548 f. Northrop betrachtete Virusarten als missgebildete

scharf abgegrenzten Partikels, eines Eiweißkörpers bzw. Proteinmoleküls mit einer spezifischen Länge entsprach Stanleys physikochemischem Herangehen. Für Pirie und Bawden, die vor allem physiologisch vorgingen, waren hingegen die Pflanzenviren aus Substanzen (Nukleoproteinen) zusammengesetzt, die zu den normalen Zellbestandteilen gehörten. Sie verstanden das Virus als Teil des Metabolismus des Wirtsorganismus, eng verbunden mit Zellkomponenten in vivo, bestimmt durch den physiologischen Zustand des Wirtes. Virusbedingte Krankheiten gingen aus einer Störung des Stoffwechsels der Wirtszelle hervor, die dann auf weitere Zellen übertragen würde. Wegen der engen Verquickung des Virus mit dem Wirt hielten sie es für geboten, es auf der Basis seiner physiologischen Merkmale zu kennzeichnen.[474] Die Erforschung der Viruskrankheit musste deshalb nach ihrer Überzeugung mehr als nur die Partikel mit ihrer wohlbestimmten Größe und Form einschließen. Um, so Pirie, Ansteckungen zu verstehen, "all the anomalous nucleoprotein must be studied."[475] Auszugehen sei davon, dass "the complex form of the virus is the most relevant in any study of the details of virus multiplication and it is unwise to assume that anything removable from a virus preparation, without loss of infectivity, is an impurity."[476] Unhaltbar erschien die Idee, dass die Virusvermehrung die direkte Replikation von infizierenden Partikeln sei, "giving a single endproduct resembling the initial inoculum."[477]

Enzyme. Northrop, J.H.: Concentration and Purification of Bacteriophage. – In: Journal of General Physiology (New York). 21(1938)3, 335–366.

474 Bawden, F.C.: Some Effects of Host-Plant Physiology on Resistance to Viruses. – In: Proceedings of the Royal Society of London (London). 135(1948)879, Series B, 187–195.

475 Pirie, N.W.: A Biochemical Approach to Viruses. – In: Nature (London). 166(1950)4221, 495–496, S. 496.

476 Id.: Pirie, N.W.: Retrospect on the Biochemistry of Plant Viruses. – In: Biochemical Society Symposium (London). 30(1970), 43–56, S. 53. Der physikochemische Reinigungsvorgang könne dazu führen, dass Teile der aktiven Struktur des Virus fehlten. Ibid. Zitiert n. van Helvoort: The Early Study of Tobacco Mosaic Virus, loc. cit., S. 23.

477 Bawden, F.C.: Some Reflexions on Thirty Years of Research on Plant Viruses. – In: The Annals of Applied Biology (London). 58(1966)1, 1–11, S. 11.

9. Wie bei den Versuchen, Kontroversen zu entschärfen, praktische Anliegen zulasten theoretischer Abhandlungen in den Vordergrund gerückt wurden

Zur Tumorentstehung hatte es einer Anfang der 1950er Jahre getroffenen Einschätzung D.Kotsovskys zufolge mehr Theorien als Fakten gegeben, Theorien, die er auch noch als einseitig und subjektiv gefärbt beurteilte. Und er vermutete darin die Hauptursache für das Ausbleiben größerer Erfolge bei der Krebsheilung.[478] „[…] in der Konkurrenz der diskutierten Möglichkeiten (geriet – K.L.) […] mal die eine, mal die andere Theorie in den Vordergrund des Blickpunktes", ohne dass „der Schleier des Geheimnisses über der die Menschheit bewegenden Frage" habe gelüftet werden können, „wie die Krebskrankheit entsteht", wie auch F.Deich 1960 feststellen musste.[479]

Weiter oben wurde dargetan, dass sich der Streit um die Natur des Krebsvirus nicht über die empirischen Fortschritte in der Tumorforschung sukzessive abbauen ließ. Weil die Forscher in ihrer Tätigkeit je besonderen Orientierungen folgten und deshalb mit je besonderen Seiten des Forschungsgegenstandes zu tun hatten, konnten Argumentationen, die sich auf Faktisches bzw. auf Prozesse der Faktenproduktion bezogen, auch nicht zu einem Abschluss der Auseinandersetzungen hinlenken. Wie es dennoch dazu gekommen ist und was dafür geleistet

---

478 Kotsovsky, D.: Buchbesprechung zu F.Korthner: Das Rätsel der Krebskrankheit. Energetische Zusammenhänge zwischen Altern und Krebs. Wien: Verlag Wilhelm Mandrich 1952. – In: Universitas. Orientierung in der Wissenschaft (Stuttgart). 7(1952)8, 2. Bd., 758–759, S. 758. "Developments in the sciences bearing on the genesis of tumors took place so rapidly in the […] nineteenth century that terminology was unable to keep pace", wie Rather ausführt. Rather, L.J.: The Genesis of Cancer: A Study in the History of Ideas. Baltimore - London: John Hopkins University Press 1978, S. 4. Zitiert n. Wunderlich, V.: „Er korrigiert meine Anschauung und führt sie weiter fort." Kommentare von David von Hansemann zu der Schrift von Theodor Boveri „Zur Frage der Entstehung maligner Tumoren" (1914). – In: Berichte zur Wissenschaftsgeschichte (Weinheim). 34(2011)3, 263–283, S. 264.

479 Deich, F.: Neue medizinische Erkenntnisse. Berichte von der 77. Tagung der Deutschen Gesellschaft für Chirurgie in München, 20.-23. April 1960, und der 66. Tagung der Deutschen Gesellschaft für Innere Medizin in Wiesbaden, 25.-28. April 1960. – In: Naturwissenschaftliche Rundschau (Stuttgart). 13(1960)7, 264–266, S. 264.

werden musste, stellt sich im Ergebnis der Fallstudie wie folgt dar: Eine Reihe von Forschern, die sich mit den oben angedeuteten Schwierigkeiten nicht abfinden wollten, drangen um der Bewältigung forschungs- und heilpraktischer Anforderungen willen auf ein Zusammenwirken aller in der Krebsforschung vertretenen Parteien, ungeachtet dessen, dass es Parteien waren, die einander widersprechenden Kognitionen und Entscheidungsprämissen folgten. Weil sich das Krebsleiden zu einer besonders häufig auftretenden Krankheit entwickelt hatte[480], hielten sie es einfach für nicht mehr vertretbar, den Meinungsstreit immer wieder anzufachen, statt alle Energien auf die Beantwortung praxisrelevanter Fragen zu konzentrieren. Die gegeneinander verfochtenen Positionen sollten gleichermaßen als Gesichtspunkte angenommen werden, die es verdienten, bei der Realisierung heilpraktischer Anliegen beachtet zu werden. Es sollten die Eigenschaften des Geschwulstvirus vor allem im Hinblick auf pathologische Wirkungen erforscht werden, wofür jeder sich dafür anbietende Forschungsansatz verfolgt werden sollte. Den allein gangbaren Pfad in einem Wirrwarr von Wegen entdecken zu wollen, auf dem man sich von den Erklärungsnöten entfernen kann, erschien als ziemlich aussichtslos. „Die Krebsforschung bedient sich heute", so Haagen 1936, „soweit sie experimenteller Natur ist […], fast aller wissenschaftlicher Disziplinen, um der Lösung des Krebsproblems […] näher zu kommen. Die bisher gewonnenen Erfahrungen weisen darauf hin, dass es in der Tat wohl aussichtslos zu sein scheint, die Ursache des Krebses durch Einschlagen nur eines Weges […] finden zu wollen."[481] Und so wurde „nahezu jeder aussichtsreich erscheinende Ansatz […] intensiv verfolgt."[482] Auch Jahrzehnte später noch traten Forscher mit dem Wunsch in der Fachöffentlichkeit auf, dass man doch an die Aufklärung der Geschwulstverursachung auf konzeptionell pluralistische Weise herangehen möge. So äußerte G. Melchers 1971, dass es eine unannehmbare Vereinfachung sei, „für alle Tumoren ein und dieselbe Ursache anzunehmen. Es ist vielmehr von Fall zu Fall zu prüfen, ob 1. spontane oder induzierte Mutation, 2. Infektion oder 3. eine

480 Um 1900 fielen auf Krebs 2% aller Todesfälle, um das Jahr 2000 dann schon 22%. Für 2020 wurde vorausgesagt, dass dann etwa 40% der Gesamtsterblichkeit durch Krebs verursacht sein dürften. Siehe Kümmel, W.F.: Krebs - die „Leitkrankheit" unserer Zeit im Lichte der Geschichte. – In: Acta Historica Leopoldina (Halle). 39(2004), 41–58. Hinweis v. Wunderlich: „Er korrigiert meine Anschauung und führt sie weiter fort." Loc. cit., S. 282.

481 Haagen, E.: Das Krebsproblem. – In: Deutsche Medizinische Wochenschrift (Leipzig). 62(1936)49, 1997–2001, S. 1998.

482 Wunderlich: „Er korrigiert meine Anschauung und führt sie weiter fort." Loc. cit., S. 276.

Modifikation der Entwicklung […] vorliegt. Auch die Schädigung der normalen Atmung, die Übernahme der Energieproduktion im Zellstoffwechsel durch Gärung kann Folge einer Mutation, einer Infektion, warum nicht auch einer Modifikation der Entwicklung […] sein. Wenn sie durch einen Außeneinfluss, wie z.B. Sauerstoffmangel über die Rückkopplung zur Enzymregulation erzwungen wird, spricht viel für den dritten Mechanismus. Aber es können auch andere, für viele Tumoren charakteristische Eigenschaften wie etwa hemmungslose Kern- und Zellteilung, Aufhebung der sonst bei Kulturen von Tier- und Menschenzellen typischen Einhaltung von Abständen, Aufgabe der gewebsspezifischen Zellform usw. Folgen aller drei genannten Ursachen sein.“[483]

Es meldeten sich Forscher zu Wort, die sich Erfolge „weniger von einer grundsätzlichen Lösung des Problems […], als von der Aufklärung bestimmter Phänomene einzelner Tumorarten“ erhofften, wie es in einem Text von K.H.Simon heißt[484], Forscher, die es für geboten hielten, sich vor allem die Lösung von Teilproblemen und weniger die des Gesamtproblems vorzunehmen und sich von spekulativen Arbeiten auf dem Gebiet der Tumorforschung abzuwenden.[485] Wohl gehörten sie zumeist entweder diesem oder jenem Lager an, doch sie „unternahmen […] von Zeit zu Zeit Versöhnungsversuche zwischen den Lagern“, so van Helvoort.[486] Sie machten Vorschläge, deren Annahme zur

483 Melchers, G.: Tumoren als Folge von Mutation, Infektion oder Modifikation der Entwicklung. – In: Biologie in unserer Zeit (Weinheim). 1(1971)3, 77–85, S. 78.

484 Simon: Neues zum Krebsproblem, loc. cit., S. 63.

485 So kennzeichnete Lettré im Jahre 1953 die Einstellung von US Forschern. Lettré, H.: Krebsforschung in den USA. – In: 59(1953)5, 594–599, S. 598. Siehe auch Heisenberg: Der Teil und das Ganze, loc. cit., S. 115–123. Hier werden Auffassungen amerikanischer Physiker zu Fortschritten in der Kernphysik wiedergegeben, die gleichfalls ein betont pragmatisches Herangehen an Inhalte wissenschaftlicher Streitfragen verrieten. „Während in Europa die unanschaulichen Züge der neuen Atomtheorie, der Dualismus zwischen Teilchen und Wellenvorstellung, der […] statistische Charakter der Naturgesetze, in der Regel zu heftigen Diskussionen, manchmal zu erbitterter Ablehnung der neuen Gedanken führten, schienen die meisten amerikanischen Physiker bereit, die neue Betrachtungsweise ohne jede Hemmung zu akzeptieren.“ Ibid., S. 132 f.

486 Helvoort, T. van: Viren, Wissenschaft und Geschichte. – In: Virus! Mutationen einer Metapher, loc. cit., 61–77, S. 71. In einem Aufsatz von Edge zur Geschichte der *Science and Technology Studies (STS)* stößt man auf damit Vergleichbares. Ausgehend von der Frage: “Toward a creative reconciliation?”, führt er aus, dass diese Forschungsrichtung bestimmt gewesen sei “by conflict and a lack of communication […] Co-citationists […], strong programmers and reflexive discourse analysts, ethnomethodologists and policy analysts, have been guilty of such standoffishness. But now the mood seems to be changing – and not just within the STS community

Schließung der Kontroversen führen sollte, nachdem ihnen klar geworden war, dass sich ohne derartige Anstrengungen die Debatten zur Natur des Tumorvirus wohl endlos fortsetzen und sich ein für alle Forscher tragbarer Konsens nicht einstellen würde.

So wirkten jene Forscher mit ihren Vorschlägen auf die Schlichtung der Kontroversen hin, schon bevor man darauf hoffen konnte, dass bald ein allgemeinverbindliches, schlüssig geordnetes Verständnis der Krebsbildung aufkommen werde. Im Interesse einer rascheren Bewältigung heilpraktischer Herausforderungen drangen sie auf ein *pragmatisches Herangehen* an die umstrittenen Fragestellungen, auf ein Herangehen, das alle Parteien einbeziehen sollte. Die Streitigkeiten zurückdrängen zu wollen schon zu einer Zeit, wo man noch gar nicht auf allgemeingültige Auffassungen zur Orientierung der Tumorforschung verweisen konnte, die genügt hätten, die Auseinandersetzungen zu schließen, macht es erklärlich, dass es sich bei dem, was vorgebracht worden war, nur um der Fachöffentlichkeit unterbreitete *Kompromiss*angebote handeln konnte, um Angebote, deren Annahme es den am Streit beteiligten Parteien ermöglichen sollte, auf gedeihliche Art miteinander umzugehen, ohne deswegen den eigenen Standort räumen zu müssen. Die von den Initiatoren verfassten Texte präsentieren sich als etwas, das einem „Patchwork" von Theoriestücken nahekommt.[487] Hervorgegangen ist es aus „assoziativem Zusammenlesen" von mehreren Standpunkten, den Lesern wurden „offene Texte" unterbreitet, die „plurale Lektüren" ermöglichten[488] – dies zur Stimulierung der

---

itself […] Historians and philosophers have now got their message – the debates that their findings provoke are truly interdisciplinary. Political scientists (and scientists themselves) have proved more resistant but are increasingly joining in the game […] there are more general signs of a coming rapprochement." Edge, D.: Reinventing the Wheel. – In: Handbook of Science and Technology Studies, loc. cit., 3–34, S. 15 f.

487 Vgl. Schulze, A./ Wenzel, V.: Faszination Licht. Porträt einer wissenschaftlichen Gemeinschaft. Münster - New York: Waxmann Verlag GmbH 1996, S. 60 f.: Es wird der Verlauf eines Streites geschildert, der in den 1990er Jahren in der Elektrolumineszenzforschung aufgekommen war. Die Vorstellung zu diesem Gegenstand sei dann „an der Schnittstelle mehrerer Disziplinen wie der Quantenmechanik, Thermodynamik, Halbleiterphysik, Photolumineszenz u.a." fortgeführt worden. Gemäß dieser Idee werde der Elektrolumineszenz-Mechanismus in einzelne Schritte zerlegt: Generierung von freien Elektronen, ihre Beschleunigung, Stoßerregung der Lumineszenzzentren und die Lichtemission. „Das ist sozusagen ein ‚Patchwork' aus den genannten Disziplinen […]", wobei nur der letzte Schritt zufriedenstellend erklärt werden könne.

488 In Anlehnung an de Man ausgedrückt. Man, P. de: Allegorien des Lesens. Frankfurt a.M.: Edition Suhrkamp 1988, S. 105. Zur Beantwortung der Frage, wie es zwischen verschiedenen Diskursen mit je eignen Konstitutionsregeln zu Verbindungen

Interpretationsarbeit der Rezipienten in einem die Kontroversen entschärfenden und die Herausbildung eines geordneten Gefüges von Auffassungen fördernden Sinne.

In den von mir durchgesehenen Texten stoßen verschiedene Konzepte zur Geschwulstherkunft aufeinander, ohne dass deren Beziehungen zueinander in einem zu ihrem Verständnis hinreichenden Maße explizit formuliert sind. Bei diesen Vorschlägen ging es weniger darum, der Fachöffentlichkeit theoretisch fundierte, schlüssige Erklärungen zu unterbreiten. Vielmehr sollten Belange der Forschungs*praxis* im Vordergrund stehen. Die auf Ausgleich und Harmonisierung der Standpunkte drängenden Krebsforscher bedienten sich zur Lenkung der Interpretationsarbeit ihrer Leser einer Strategie, die die von ihnen berücksichtigten Perspektiven weniger im Sinne einer rationalen Erwägung, sondern mehr nach pragmatischen Gesichtspunkten in Reihenfolge und Vollständigkeit präsentierten. Ein solches Vorgehen brachte so etwas wie eine hybride Terminologie hervor, die eine reichere Perspektive auf die erörterten Erscheinungen erlaubte.[489] Eine

---

kommt, wenn es keinen integrierenden „Metadiskurs" gibt, geht Lyotard davon aus, dass sich Brücken zwischen den Diskursen schlagen ließen, die eine Koexistenz derselben erlaubten, herstellbar mit Hilfe „kleiner Erzählungen", die vom Erzähler in Gestalt neuer Spielzüge erfunden werden müssten. Theorieansätze in der Art von „Vereinheitlichungstheorien" hält Lyotard für ungeeignet, um einen Zusammenhang zwischen verschiedenen Diskursen herzustellen. Lyotard, J.-F.: Postmodern Condition: A Report on Knowledge. Minneapolis: Minnesota University Press 1984, S. 7–10, 36. Id.: Das postmoderne Wissen. Ein Bericht. Wien: Passagen Verlag 1994, S. 16. Geißler macht (auf Wertheimer und Duncker verweisend) auf eine Parallele aufmerksam: Gestaltpsychologen führten die Erzeugung einer neuen kognitiven Disposition auf das „Zusammensehen" von zuvor Getrenntem zurück. Geißler: Zur Komplementarität von Individualität und Gruppenidentität, loc. cit., S. 158. Wertheimer, M.: Productive Thinking. New York: J.Harper 1945. Duncker, K.: Zur Psychologie des produktiven Denkens. Berlin: Julius Springer 1935.

489 Es gibt Wissensgebiete, die wohl über ein Entwicklungsniveau nicht hinausgelangen, das sie als „hybride Disziplinen" kennzeichnet. Burren verweist auf eine Untersuchung, mit der „deutliche Unterschiede" der Betriebswirtschaftslehre „zu einer – auf die freie Wissensproduktion fokussierten – wissenschaftlichen Disziplin" hätten kenntlich gemacht werden können. „Als hybride Disziplin war die Betriebswirtschaftslehre durch eine Doppelorientierung auf Wissenschaft und Praxis geprägt, während sie gleichzeitig divergente wissenskulturelle Muster und wissenschaftliche Denktraditionen in sich vereinte." An einem schweizerischen Fallbeispiel beleuchtet die Verfasserin Strukturmerkmale einer Wissenskultur im Spannungsfeld von Wissenschaftlichkeit und Praxisorientierung, und sie stellt sich dann der Frage, „ob und inwiefern sich in jüngerer Zeit in der Betriebswirtschaftslehre Anzeichen für den

hybride Form des theoretischen Aufbaus von Forschungen ist etwas, das dazu einlädt, verschiedene und einander entgegengesetzte Ansätze gleichermaßen in das Licht reflexiver Bezüge zu rücken und in Frage zu stellen, dass angeblich allein diese oder jene Orientierung eine hinreichende Bedingung der Erkenntnissuche sei. Hier wird ein Denken praktiziert, das den Zwang zu einer empirischen Rechtfertigung eingenommener theoretischer Standorte lockert, das unterschiedlichen subjektiven Bedeutungen Rechnung trägt, die ein in der Widersprüchlichkeit seiner Erscheinungen wahrgenommener Sachverhalt für die Forscher hat, ohne dass damit der Fortgang der Wissensentwicklung zum Erliegen kommt. Die Forscher werden sich eher noch – einem von Jürgen Habermas geäußerten Gedanken folgend – „von einem problematischen Augenblickskonsens zum nächsten tasten." Auf diesem Entwicklungsniveau unterscheidet sich der Forschungsalltag gar nicht so sehr von der kommunikativen Alltagspraxis, in der „Stabilität und Eindeutigkeit (ausgehandelter Gemeinsamkeiten bei der Deutung von Situationen – K.L.) [...] eher die Ausnahme" bildeten.[490]

Van Helvoort führt in einer seiner weiter oben erwähnten Arbeiten aus, "that the formation of consensus about the concept of virus could not be a consequence of the existence of a natural category of viruses [...] the reverse was the case, i.e. the category of 'viruses' resulted from the formation of consensus. Therefore, the 'landmarks' in virus research cannot be seen as discoveries of the true nature but must be regarded as the recognition of a scientist's achievement by his peers and subsequently by 'historians'."[491] Das zeigt sich eben auch darin, dass mit den Anstrengungen zur Zurückdrängung der Streitigkeiten der Verlauf der Kontroversen zunächst nur bis zu einem Punkt gelangen konnte, der sich als „rhetorical closure" umschreiben lässt.[492] Mit den Vorschlägen zur Entspannung des Diskurses bzw.

Abbau der Spannungsdynamiken [...] ausmachen lassen." Burren, S.: Die Wissenskultur der Betriebswirtschaftslehre. Aufstieg und Dilemma einer hybriden Disziplin. Bielefeld: Transcript Verlag 2010, S. 11 ff.

490 Habermas, J.: Theorie des kommunikativen Handelns. Erster Band: Handlungsrationalität und gesellschaftliche Realisierung. Frankfurt a.M.: Suhrkamp 1988, S. 180.

491 Helvoort, van: Research Styles in Virus Studies in the Twentieth Century: Controversies and the Formation of Consensus, loc. cit., S. 203. Siehe auch id.: Viren, Wissenschaft und Geschichte, loc. cit., S. 62.

492 Vgl. Pinch, T.J./ Bijker, W.E.: The Social Construction of Facts and Artifacts: Or How the Sociology of Science and the Sociology of Technology Might Benefit Each Other. – In: The Social Construction of Technological Systems: New Directions in the Sociology and History of Technology, loc. cit., 17–50, S. 44. An einem Fallbeispiel will van Dyk im „rhetorischen Konsens" etwas erkannt haben, das faktische Divergenzen fortbestehen ließ. „Die in der Figur des rhetorischen Konsenses angelegte

mit den Harmonisierungsvorstellungen wurde eine veränderte Wahrnehmung der Forschungsobjekte erst vorgeformt und so ein neues Entwicklungspotential für empirische Forschungsprozesse in Aussicht gestellt.[493] Forschungsgebiete, zwischen denen sich Gegensätze entfaltet hatten, wurden über besagte Vorschläge in der Hoffnung gedanklich zusammengeführt, dass sich deren Resultate irgendwann werden ineinander transformieren lassen – und zwar in gegenständlich-praktischer, nicht nur symbolischer Hinsicht.[494]

Texte, mit denen zur Versöhnung der Konfliktparteien aufgerufen wird, reichen mitunter sprachlich über die Grenzen des in Forscherkreisen gepflogenen

[...] Multiinterpretabilität ist [...] auf engste verknüpft mit den Machtbeziehungen zwischen den Akteuren [...]" Dyk, van: Die Ordnung des Konsenses, loc. cit., S. 221.

493 Siehe Krüger, H.-P.: Kritik der kommunikativen Vernunft. Kommunikationsorientierte Wissenschaftsforschung im Streit mit Sohn-Rethel, Toulmin und Habermas. Berlin: Akademie-Verlag 1990, S. 50, 53.

494 In dem Maß, in dem Ideen unterschiedliche Standpunkte zu einer Perspektive vereinten, verlören sie graduell ihre situationsspezifische Abhängigkeit. Man könne sich eine Perspektive dieser Art zu Eigen machen, indem man mit einer Vielzahl von Perspektiven zu vergleichbaren Vorkommnissen und Phänomenen experimentiere. Dies wiederum erfordere, „dass man sein tägliches Leben in sozialen Gruppen führt, die sich in ihrem Stil und ihrer Funktion überschneiden." Horowitz: Mannheims Wissenssoziologie und C.W.Mills' soziologisches Wissen, loc. cit., S. 363. Die Partikularität eines Standpunktes dürfe man sich nicht als eine bloß quantitative vorstellen. Bestünde die Gespaltenheit politischer Einsichten *nur* darin, dass sie jeweils eine andere Seite im geschichtlichen Geschehen beleuchten, „so wäre eine summative Synthese ohne weiteres möglich: man müsste eben die Teilwahrheiten addieren und auf diese Weise zu einer Ganzheit zusammenfügen." Doch die Standortgebundenheit parteilicher Einsichten gründe sich nicht nur auf inhaltliche Elemente, sondern bekunde sich schon „in einer Spaltung der Aspekte, der Problemstellungen" und beruhe „auf einem Auseinandergehen der Denkkategorien und Ordnungsprinzipien [...] Die Frage ist die: Können auch Denkstile (darunter ist diese soeben charakterisierte Verschiedenheit der Denkweisen zu verstehen – K.L.) sich verbinden, Synthesen eingehen? Auch hier beweist der geschichtliche Verlauf die Möglichkeit einer solchen Verbindung. Jede konkrete, soziologisch stilgeschichtliche Analyse des Denkens zeigt, dass Denkstile sich ununterbrochen mischen und gegenseitig durchdringen." Mannheim: Ideologie und Utopie, loc. cit., S. 133. Das, was Mannheim zu Prozessen ausführt, in denen sich verschiedene politische Denkweisen mischen, ist m.E. hilfreich bei der Anstrengung, sich einen Zugang zu dem Problem zu verschaffen, wie sich das Zueinander konkurrierender wissenschaftlicher Konzepte entwickelt.

Fachjargons hinaus, um auch außerwissenschaftlichen Positionen für die Schließung von Auseinandersetzungen Geltung zu verschaffen.[495] Aufschlussreich sind in diesem Zusammenhang neuere Arbeiten und Ansätze aus der Kommunikationsforschung, Psychologie, Pädagogik sowie Wissenschaftssoziologie. Sie zeigten, wie G.Ruhrmann et al. hervorheben, „dass die Grenzen zwischen dem Wissen, das für Laien potenziell verständlich ist, und dem Fachwissen, das nur Spezialisten zugänglich ist, unscharf geworden sind."[496] Erwähnt seien an dieser Stelle

495 Vor 50 Jahren gab es einen Streit zwischen Mitgliedern des Beirates für „Arzneimittelsicherheit" Deutschlands und Medizinern (der Beirat war gegründet worden, nachdem Zweifel aufgekommen waren, ob sich die Schlankheitspille „Menocil" bedenkenlos verschreiben lasse). Die Front verlief zwischen „Schulmedizinern" und Ärzten, die auch alternative Verfahren nutzten. Die Appetithemmer wurden verdächtigt, Lungenhochdruck zu verursachen. Vorher waren sie noch für den Markt registriert worden. Die gegeneinander gerichteten Argumente griffen über fachsprachliche Grenzen hinaus. Alternativ tätige Ärzte warfen Schulmedizinern vor, einer naturwissenschaftlichen Orthodoxie zu gehorchen, während ihnen selber die Verletzung wissenschaftlicher Leitsätze und die Abwehr bewährter Tests vorgehalten wurden. Alternativmediziner verlagerten die Debatte um ein neues Arzneimittelrecht von einer wissenschaftlichen auf eine soziale Ebene. Ihnen gelang es, die Arzneimittelregulierung „als Konfliktort des Bürger-Staat-Verhältnisses zu inszenieren [...]" Kessel, N.: Umstrittene Expertise. Der Beirat „Arzneimittelsicherheit" in der bundesdeutschen Arzneimittelregulierung 1968–1976. – In: Medizinhistorisches Journal (Stuttgart). 44(2009)1, 61–93, S. 75–81. Siehe auch Casey, B.P.: The Surgical Elimination of Violence? Conflicting Attitudes towards Technology and Science during the Psychosurgery Controversy of the 1970s. – In: Science in Context (Cambridge/ U.K.). 28(2015)1, 99–129, S. 114–121: Betrachtet wird ein in den 1970er Jahren entbrannter Streit zu der Frage, wie der mit herkömmlichen Mitteln nicht mehr beherrschbaren Gewaltkriminalität beizukommen sei, ein Streit, woran auch u.a. Parteien und Wohlfahrtsverbände teilnahmen. Die eine Seite sah in gehirnchirurgischen Eingriffen einen gangbaren Weg. Erbforscher vermuteten genetische Gründe der Gewaltneigung, Pharmakologen untersuchten Korrelationen zwischen hormonellem Ungleichgewicht und Aggression. Die Gegenpartei meinte, dass mit einer solchen Position die Selbstbestimmung des Individuums angegriffen würde und eine Rückkehr zur Leukotomie begünstigte. Sie erwarteten die Lösung der Probleme mehr von sozialpolitischen Maßnahmen. "These diverging commitments made the dispute ultimately irresolvable." Ibid., S. 99.

496 Ruhrmann, G./ Zillich, A.F./ Milde, J.: Von der wissenschaftsdominierten zur gesellschaftlich kontextualisierten Wissenschaftskommunikation? Ausblick und Perspektiven. – In: Molekulare Medizin und Medien: Zur Darstellung und Wirkung eines kontroversen Wissenschaftsthemas, loc. cit., 209–220, S. 215. Siehe auch Wolff, E.: Perspectives on Patients' History: Methodological Considerations on the Example

auch Studien zu Auseinandersetzungen in Medizinerkreisen, die in der Frage gipfelten, ob zur Rechtfertigung der Verwendbarkeit neuer Heilmittel nicht schon ärztliche und Patientenerfahrungen hinreichend sind oder doch einer ausgiebigen Fundierung durch theoretische Anstrengungen sowie Verfahren der Laborforschung bedürfen.[497]

---

of Recent German-Speaking Literature. – In: Canadian Bulletin of Medical History (Montreal). 15(1998)1, 207–228, S. 221 f. Jasen, P.: Breast Cancer and the Language of Risk, 1750–1950. – In: Social History of Medicine (Oxford). 15(2002)1, 17–43, S. 22 ff., 31, 36. Seale, C.: Cancer Heroics: A Study of New Reports with Particular Reference to Gender. – In: Sociology. A Journal of the British Sociological Association (London et al.). 36(2001)1, 107–126, S. 108, 114 f. Knorr-Cetina: Wissenskulturen. Ein Vergleich naturwissenschaftlicher Wissensformen, loc. cit., S. 49 ff.

497 Siehe Vimieiro Gomes, A.C.: "Too Good to Be True": The Controversy over the Use of Permanganate of Potash as an Antidote to Snake Poison and the Circulation of Brazilian Physiology in the Nineteenth Century. – In: Bulletin of the History of Medicine (Baltimore, Md.). 86(2012)2, 153–177: Es geht um einen in den 1880er Jahren entbrannten Streit zur Wirksamkeit von Kaliumpermanganat als Mittel gegen Schlangenbiss-Vergiftungen. Gegner dieses Konzeptes hielten es für fragwürdig, dieses Salz als ein spezifisch physiologisch wirkendes Mittel aufzufassen, weil das Gift ja alle Körperteile angreife. Neue Therapien müsse man mit chemischen und anderen Tests prüfen. Ihre Gegner meinten, dass zur Validierung vor allem Erfahrungen von Ärzten und Patienten heranzuziehen seien, weniger Theorien oder Tests. Ibid., S. 154 ff., 171 ff. Siehe auch Richards, E.: Vitamin C and Cancer: Medicine or Politics? London: MacMillan 1991: Strittig war, ob Vitamin C Krebs heilt. Pauling und Cameron versprachen sich davon zumindest eine Linderung des Leidens. Ihnen hielt man entgegen, dass hierzu statistisch geprüfte Versuche nötig seien. Pauling, L./ Cameron, E.: Cancer and Vitamin C: A Discussion of the Nature, Causes, Prevention, and Treatment of Cancer. With Special Reference to the Value of Vitamin C. Milton Park Abingdon: CRC Press Taylor and Francis Group 1993. Siehe auch Sharp, D.: Prostate Cancer: Hopes and Controversies. – In: Lancet (London). 361(2003)9360, 798, S. 798: "At one stage in the development of the series on prostate cancer […] it was suggested that two papers of screening might be needed – one 'for', the other 'against' […] Similar differences can be found on how aggressive management should be once the diagnosis has been confirmed […] how can men make informed choices on the merits of screening by, say, a blood test for prostate-specific antigen (PSA) or on whether early cancers should be tackled aggressively or by 'wait and see', when professional opinion is divided, sometimes fiercely so? Siehe auch die in den 1970er Jahren geführte Debatte zur aortokoronaren Bypass-Operation! Skeptiker forderten eine Auswertung von Sterblichkeitsdaten. Befürworter meinten, deren Wirksamkeit hätten schon klinische Methoden belegt. Jones, D.S.: Virions of a Cure: Visualization, Clinical Trials, and Controversies in Cardiac Therapeutics, 1968–1998. – In: ISIS

Um Positionen einander ähnlich erscheinen zu lassen, die doch in den Kontroversen gegeneinander vertreten werden, werden mitunter Fiktionen oder Metaphern verwendet. „Nützliche Fiktionen erhalten ihre Legitimation durch den lebenspraktischen Zweck, damit sind sie für viele Bereiche unentbehrlich“, so H.Vaihinger.[498] Gleichermaßen unverzichtbar sind auch Metaphern. "[...] the use of theory-constitutive metaphors encourages", wie R.Boyd ausführt, "the discovery of new features of the primary and secondary subjects, and new understanding of theoretically relevant respects of similarity, or analogy, between them."[499] Nach Ph.Sarasin besteht der „eigentliche metaphorische Vorgang im „Gleichmachen“, im „Herstellen einer ‚as if‘-Beziehung [...]“[500] Oder wie Th.R.Kray diese Funktion

(Philadelphia). 91(2000)3, 504–541. Keating und Cambrosio verweisen auf Studien, die zeigten, dass die Anwendung der "RCT (randomized clinical trials) methodology has been highly contentious, if not controversial", dass "RCTs are not the panacea of objectivity that their proponents sometimes claim. In this respect, RCTs differ little from other methods [...] in biomedicine: they make sense only within a particular clinical or experimental context [...]" Keating, P./ Cambrosio, A.: From Screening to Clinical Research: The Cure of Leukemia and the Early Development of the Cooperative Oncology Groups, 1955–1966. – In: Bulletin of the History of Medicine (Baltimore/ Md.). 76(2002)2, 299–334, S. 302.

498 Vaihinger, H.: Die Philosophie des Als Ob. System der theoretischen, praktischen und religiösen Fiktionen der Menschheit auf Grund eines idealistischen Positivismus. Mit einem Anhang über Kant und Nietzsche. Leipzig: Felix Meiner 1911, S. 14. Hinweis v. Schulze, T.N.: Vom Ursprung der Fiktionen. Evolution und Literaturtheorie. – In: Gegenworte. Hefte für den Disput über Wissen (Berlin). (2011)25, 62–63, S. 62.

499 Boyd, R.: Metaphor and Theory Change: What is ‚Metaphor‘ a Metaphor for. – In: Metaphor and Thought. Hrsg. v. A.Ortony. Cambridge/ Mass.: Cambridge University Press 1979, 481–532, S. 489.

500 Sarasin, Ph.: Die Visualisierung des Feindes. Über metaphorische Technologien der frühen Bakteriologie. – In: Geschichte und Gesellschaft. Zeitschrift für Historische Sozialwissenschaft (Göttingen). 30(2004)2, 250–276, S. 257. An die Bedeutung einer Metapher zu glauben könne nur innerhalb eines Textes gerechtfertigt werden. „Die Metapher, die den Mut Achills konnotiert, indem sie ihn einen Löwen nennt, ist innerhalb der Texttradition des *Ilias* korrekt, da sie sich auf einen Charakter innerhalb einer Fiktion bezieht, dessen Funktion es ist, gemäß den referentiellen Implikationen der Metapher zu leben. Sobald man den Rahmen des Texts verlässt, wird sie zu einem Irrtum – zum Beispiel, wenn man seinen Sohn Achill nennt, in der Hoffnung, dies würde aus ihm einen Helden machen.“ Man, P. de: Die Ideologie des Ästhetischen. Hrsg. v. Chr.Menke und K.H.Bohrer. Frankfurt a.M.: Edition Suhrkamp 1993, 231–262, S. 248. Siehe auch id.: Allegorien des Lesens, loc. cit., S. 115. Mevissen et al. verweisen auf metapherngestützte Bezüge zwischen Anliegen der Grundlagen- und Anwendungsforschung in außeruniversitären Einrichtungen.

beschreibt: Metaphern schlössen Heterogenes bzw. „eigentlich Unzusammenhängendes" kurz, so dass man von „ausgetretenen Denkpfaden" eher wegkomme.[501] Keinesfalls sind sie rhetorischem Beiwerk zur Textausschmückung gleichzusetzen, vielmehr kommt ihnen ein Platz in der Genese wissenschaftlichen Wissens zu, der auch in der modernen Wissenschaftsforschung besondere Beachtung gefunden hat.[502] Sie sind als etwas zu verstehen, worüber sich zuvor miteinander nicht verträgliche Standpunkte assoziieren, worüber sich Brüche im Theoriengefüge eines Fachgebietes kitten lassen. Hier zeigt sich ein Vorgehen, das, in Foucaults Worte gekleidet, „mehr imaginär als diskursiv, mehr affektiv als rational und dem Wunsch näher ist als dem Begriff; ihre Kraft belebt die einander am weitesten entgegengesetzten Figuren, um sie sogleich in einer langsam transformierbaren

So werde die Metapher der „Gratwanderung" verwandt, die „in weiteren Bildern ihren Ausdruck" finde. „Die ‚Balance finden' oder den ‚Spagat bewältigen' werden als Synonyme für Kompromisslösungen gebraucht, in denen die Kategorien Anwendungsorientierung und Grundlagenforschung für konfligierende Orientierungen innerhalb des Instituts belegt sind." Mevissen/ Simon: „Vielfältige" Organisationen. Der Wissens- und Technologietransfer als Herausforderung für die außeruniversitäre Forschung, loc. cit., S. 374.

501 Siehe Kray, Th.R.: Metapher und Sozialwissenschaftliche Terminologie. Anmerkungen zur räumlichen Metaphorik bei Bruno Latour. – In: Sociologia Internationalis. Internationale Zeitschrift für Soziologie, Kommunikations- und Kulturforschung (Berlin). 48(2010)1, 113–142, S. 123 ff., 137 f. Latour, B.: Eine neue Soziologie für eine neue Gesellschaft. Einführung in die Akteur-Netzwerk-Theorie. Frankfurt a.M.: Suhrkamp Verlag 2007. Callon, M./ Latour, B.: Don't Throw the Baby out with the Bath school! - a Reply to Collins and Yearley. – In: Science as Practice and Culture. Hrsg. v. A.Pickering. Chicago/Ill.: University of Chicago Press 1992, 343–368, S. 347.

502 Anhand der Geschichte der Blutgruppenforschung untersuchte Spörri die Funktion von Metaphern für die Erzeugung wissenschaftlicher Fakten, anknüpfend an die seit den 1990er Jahren von der Wissenschaftshistoriografie betriebenen Untersuchungen von Metaphern. Diese „‚Metaphormania' ist [...] Produkt der für dieses Gebiet zentralen Fragen nach der Genese wissenschaftlicher Erkenntnis [...]" Spörri, M.: Reines und gemischtes Blut. Zur Kulturgeschichte der Blutgruppenforschung. Bielefeld: Transcript Verlag 2013, S. 16–19, S. 17. Hinweis v. Keller, D.: Rezension (zur Publikation von M.Spörri). – In: Berichte zur Wissenschaftsgeschichte (Weinheim). 37(2014)2, 174–176, S. 174. Die Metaphernforschung in Diskursen wie Philosophie und Wissenschaftstheorie wachse unaufhaltsam an. Ein der analytischen Philosophie zu verdankender Fortschritt zeige sich darin, „dass den Metaphern überhaupt eine Rationalitätsstruktur nachgewiesen werden konnte, die für jegliche Aufwertung von Sprache unentbehrlich ist." Mikulić, B.: Der Abgesang der Metapher? Eine Übersicht der neueren philosophischen Metaphern- und Modellforschung. – In: Zeitschrift für philosophische Forschung (Frankfurt a.M.). 33(1999)1, 131–139, S. 131.

Einheit zu verschmelzen […]"[503] Forscher seien bemüht, im Diskurs enthaltene Widersprüche zu tilgen und „auf einer mehr oder weniger tiefen Ebene ein Kohäsionsprinzip zu finden, das den Diskurs organisiert und ihm eine verborgene Einheit wiedergibt."[504] Die Kohärenz, die die Forscher suchten, „definiert die letzten Einheiten, die die Analyse abschließen; sie legt die innere Organisation eines Textes […] oder den Begegnungsort verschiedener Diskurse frei."[505]

Von Interesse ist in diesem Zusammenhang, was Fleck 1927 zu einigen besonderen Merkmalen ärztlichen Denkens äußerte, wonach das Denken in der medizinischen Praxis so verfasst zu sein scheint, dass es nicht allzu sehr von theoretischen Meinungsgegensätzen irritiert werden kann oder sollte, was womöglich die Abfassung von Texten wie auch die Empfänglichkeit für dieselben erleichtert, mit denen der Wirkung von Kontroversen auf die medizinische Forschung entgegengearbeitet werden soll. Bei jeder ärztlichen Frage ergebe sich die Notwendigkeit, „den Blickwinkel zu wechseln, von einem konsequenten Denkstandpunkt zurückzutreten […] Wie es auf der einen Seite nur ein weitgehendes Abstrahieren des medizinischen Denkens erlaubt, Typen inmitten atypischer Erscheinungen zu finden, so erlaubt es auf der anderen Seite nur der Verzicht auf Konsequenz, ein Gesetz auf nicht gesetzmäßige Phänomene anzuwenden. Und die Folge davon ist die Inkommensurabilität der Ideen, sie ergibt sich aus der jedes Mal anderen Weise, die Krankheitsphänomene zu fassen, und führt dazu, dass es unmöglich ist, sie einheitlich anzuschauen."[506] Und an anderer Stelle: Die heutige wissenschaftliche

---

503 Foucault, M.: Archäologie des Wissens. Frankfurt a.M.: Suhrkamp 1995, S. 214.

504 Ibid., S. 213.

505 Ibid.

506 Fleck, L.: Über einige besondere Merkmale des ärztlichen Denkens [1927]. – In: Ludwik Fleck. Erfahrung und Tatsache. Gesammelte Aufsätze. Hrsg. v. L. Schäfer und Th. Schnelle. Frankfurt a.M.: Suhrkamp Taschenbuch Wissenschaft 1983, 37–45, S. 42 f. Solchen Merkmalen gewährt ärztliches Denken womöglich schon seit jeher einen größeren Spielraum, als er auf anderen Gebieten zugelassen wird. Auch die berühmtesten Ärzte seien Eklektiker und sehr laxe Systematiker gewesen, so von Helmholtz in einem 1903 gehaltenen Vortrag. Helmholtz, von: Das Denken in der Medicin, loc. cit., S. 176. Man müsse „dem […] Sterbenden und dem Jammer der verzweifelnden Familien gegenüber gestanden" und sich gefragt haben, „ob man selbst Alles gethan habe, was man zur Abwehr des Verhängnisses hätte thun können, und ob die Wissenschaft auch wohl alle Kenntnisse und Hülfsmittel vorbereitet habe, […] um zu wissen, dass […] Fragen über die Methodik der Wissenschaft auch […] eine fruchtbare praktische Tragweite erlangen können. Der bloß theoretische Forscher mag vornehm kühl darüber lächeln, wenn Eitelkeit und Phantasterei sich für eine Zeit in der Wissenschaft breit zu machen […] suchen." Ibid., S. 169. Kennzeichnend

Medizin sei mit der Naturwissenschaft untrennbar verbunden, doch beziehe sich dieses Bündnis mehr auf die Untersuchungsmethoden als auf den gedanklichen Aufbau. „Jede physikalische oder chemische Methode findet sehr bald Verwertung in der Medizin, die gedanklichen und begrifflichen Errungenschaften der Naturwissenschaft, wie sie z.B. aus der Atomphysik hervorgehen, bleiben aber der Medizin immer vollkommen fremd, die manche veraltete Begriffe verwendet. Und doch verspricht eine Zusammenarbeit gerade in dieser Hinsicht beiderseitigen Nutzen: für die Medizin Anregung und Überwindung veralteter Gedankengänge, für die Naturwissenschaft neues Material für eine rationelle Erkenntnistheorie."[507] Th.Schnelle und L.Schäfer, die die Neuausgabe der in den 1920er und 1930er Jahren von Fleck verfassten Arbeiten besorgt haben, fassen diesen Gedanken so zusammen: „In anwendungsbezogenen Wissenschaften, besonders extrem in der Medizin, findet sich ein Forscherkollektiv viel eher mit theoretischen Widersprüchen ab, wenn nur der praktische Erfolg gesichert ist. Dagegen ist es immer das Bestreben der theoretischen Wissenschaftler, ihre jeweiligen Denkgebäude als möglichst umfassend aussagefähig zu erweisen. Erfolg misst sich hier daran, inwieweit schlüssige Erklärungen möglich werden."[508]

---

für die Schulen, die auf „als Dogmen angenommenen Hypothesen ihr System errichteten, ist die Intoleranz [...] Wer auf wohlgesicherter Basis arbeitet, kann einen Irrthum gern zugeben; ihm wird dabei nichts genommen als das, worin er sich geirrt hat. Wenn man aber den Ausgangspunkt auf eine Hypothese gestellt hat, die entweder durch Autorität gewährleistet erscheint oder nur gewählt ist, weil sie dem entspricht, was man für wahr halten zu können *wünscht*, so kann jeder Riss das ganze Gebäude der Ueberzeugungen [...] einreissen. Die überzeugten Anhänger müssen deshalb für jeden einzelnen Theil eines solchen Gebäudes denselben Grad von Infallibilität in Anspruch nehmen, für die Anatomie des *Hippokrates* ebenso viel wie für die Fieberkrisen; jeder Gegner kann ihnen nur als dumm oder schlecht erscheinen, und die Polemik wird [...] um so leidenschaftlicher und persönlicher, je unsicherer der Boden ist, der vertheidigt wird. Bei den Schulen der dogmatisch deductiven Medicin haben wir reichlich Gelegenheit, diese allgemeinen Regeln bestätigt zu finden. Ihre Intoleranz wandten sie theils gegen einander, theils gegen die Eklektiker, die bei verschiedenen Krankheitsformen verschiedene Erklärungsgründe herbeiholten." Ibid., S. 176. Siehe auch Autorenkollektiv unter Leitung von F.Jürss: Geschichte des wissenschaftlichen Denkens im Altertum, loc. cit., S. 573–579: Ausführungen im Kapitel „Eklektizismus und Synthese in der medizinischen Forschung".

507 Fleck, L.: Zur Frage der Grundlagen der medizinischen Erkenntnis. – In: Klinische Wochenschrift (Berlin). 14(1935)35, 1255–1259, S. 1255.

508 Schnelle, Th./ Schäfer, L.: Die Aktualität Ludwik Flecks in Wissenschaftssoziologie und Erkenntnistheorie. – In: Ludwik Fleck. Erfahrung und Tatsache, loc. cit., 9–43, S. 25 (Hervorhebung von K.L.).

Diese Überlegungen lassen sich m.E. so verstehen, dass mittels Einführung von konzeptionell wohl nicht schlüssigen, nicht zwingenden, aber doch heilpraktisch vertretbaren Bezugspunkten theoretisch „eigentlich Unzusammenhängendes“ gewissermaßen „gleichgemacht“, dass ihm eine „‚as if‘-Beziehung“ aufgesetzt wird. Weil es in der Medizin zuallererst um den Erfolg bei der Bekämpfung von Krankheiten geht, kann und muss sie auch verschiedene Konzepte zulassen und in sich vereinen, auch wenn sie einander widersprechen. In der Heilkunst können Schulmediziner mit Vertretern alternativer Richtungen (etwa mit Homöopathen, mit Vertretern der anthroposophisch erweiterten Medizin oder mit Akupunktur Betreibenden) durchaus zusammenwirken, obgleich sich bislang deren Wissenssysteme in Bezug auf den menschlichen Körper nicht ineinander übersetzen lassen, „die Eigenstrukturen der Wissenssysteme sperren sich gegenüber einer durchgehenden kognitiven Vermischung. Es (das medizinische Wissen – K.L.) ist eher eine Kombination verschiedener Elemente in der medizinischen Praxis, weniger eine theoretische Fusion“, wie Th.Schwinn hervorhebt.[509] Für das ärztliche Tun gelte, so T.Trappe, „dass es [...] stets mehr

509 Schwinn, Th.: Konvergenz, Divergenz oder Hybridisierung? Voraussetzungen und Erscheinungsformen von Weltkultur. – In: Kölner Zeitschrift für Soziologie und Sozialpsychologie (Wiesbaden). 58(2006)2, 201–232, S. 224 f. Vgl. Roth, G.: Der „Antimonstreit“ und die Wiener medizinische Fakultät. Statuten und Eidesformeln. – In: Gesnerus. Schweizerische Zeitschrift für Geschichte der Medizin und der Naturwissenschaften (Basel). 20(1963)1/2, 165–169, S. 168: Auch die „Potenz von Außenseitermethoden vermag der so genannten Schulmedizin mitunter neue Impulse zu verleihen; die Schulmedizin aber hat notwendig als Korrektiv zu wirken und einer rationalen Therapie zum Durchbruch zu verhelfen“, denn nichts sei in der Welt hartnäckiger, als es die Tatsachen sind, „insbesondere in der Medizin, da das Leben selbst, die Gesundheit des Menschen der Maßstab für (therapeutische) Güte ist.“ In einer „konzeptionellen Vermittlungsbasis transdisziplinären Charakters“ und einer sich daraus ergebenden integrierenden Begrifflichkeit sieht Greshoff etwas, wonach sich „Gemeinsamkeiten der jeweiligen Disziplinen [...] konzeptualisieren“ ließen, so dass „von dieser Begrifflichkeit her die disziplinären Unterschiede, Begrenztheiten usw. nachvollzogen und damit adäquater eingeschätzt werden können. Dies soll eine Interdisziplinarität ermöglichen, „die an die disziplinären Konzepte anknüpfen, sie vermitteln und deren Begrenztheiten überwinden lässt.“ Greshoff, R.: Wie kann Interdisziplinarität gefördert werden? – In: Ethik und Sozialwissenschaften. Streitforum für Erwägungsliteratur (Opladen). 8(1997)4, 543–546 S. 544. Siehe auch id.: Interdisziplinarität und Vergleichen. –In: Vergleichende Wissenschaften. Interdisziplinarität und Interkulturalität in den Komparatistiken. Hrsg. v. P.Zima. Tübingen: Gunter Narr Verlag 2000, 29–60. Hier sollte man hinzufügen, dass eine solche *transdisziplinäre* Vermittlungsbasis nicht von vornherein gegeben und nur

und anderes ist als der quasi ausrechenbare ‚Fall' eines Allgemeinen, dass es nie aufgeht im vernünftig Objektivierbaren, sondern fortgesetzt durchzogen ist von einer Spannung oder gar Inkommensurabilität von ‚Leben', ‚Praxis', ‚Anschauung' einerseits, ‚Wissenschaft', ‚Theorie', ‚Erkenntnis' andererseits."[510] Texte auf medizinischem Gebiet lassen sich auch nicht einfach als objektive, neutrale Berichte auffassen. "[...] chronic illness narratives might be called 'factions' rather than fact or fiction", wie M.Bury sie kennzeichnet. Angaben zur Krankheit und zu deren Verlauf böten sich in einer Version dar, die es gestatte, den vor der Erkrankung praktizierten Lebensstil umzubilden oder zu erhalten. Sie würden vom sozialen Kontext beeinflusst und ließen sich als Form praktischen Managements eines Leidens und seiner Symptome zur Regelung der Beziehungen zur sozialen Umwelt verstehen.[511] „Oft muss die Entscheidung, ein Heilmittel für eine ansteckende Krankheit zu suchen [...], ziemlich unabhängig vom Stand der entsprechenden Wissenschaften gesucht werden", wie Kuhn ausführt.[512] So wird in der praktischen medizinischen Forschung wohl häufig getestet, ob ein Medikament dafür verwendbar ist, gewisse Krankheiten zu heilen, aber „ohne die Basis zu kennen oder zu untersuchen", so R.Rheinwald.[513] Zwar basiert die Medizin auf

---

aufzudecken wäre. Vielmehr entsteht sie erst im Ergebnis interdisziplinären Zusammenwirkens.

510 Trappe, T.: Kranker Mensch. Vorüberlegungen zur Substanzanthropologie. – In: Allgemeine Zeitschrift für Philosophie (Hildesheim). 28(2003)1, 5–19, S. 13.

511 Bury, M.: Illness Narratives: Fact or Fiction? – In: Sociology of Health & Illness (Oxford). 23(2001)3, 263–285, S. 283. Auch zum Krankheitsbegriff selber hat es in den letzten Jahren eine Debatte gegeben. Sie sei, so Mazouz, klar polarisiert, da normativistische und naturalistische Bestimmungen des Begriffs als sich einander ausschließend aufgefasst würden. Nun gehe es weniger darum, was Krankheit *sei*, sondern darum, als was wir Krankheit und Gesundheit verstehen sollten. Mazouz, N.: Krankheit, Gesundheit, gutes Leben und liberale Ethik. – In: Dialektik. Zeitschrift für Kulturphilosophie (Hamburg). 14(2004)1, 97–116, S. 97 f.

512 Kuhn, Th.S.: Die grundlegende Spannung: Tradition und Neuerung in der wissenschaftlichen Forschung. – In: Thomas S. Kuhn. Die Entstehung des Neuen. Studien zur Struktur der Wissenschaftsgeschichte, loc. cit., 308–326, S. 322.

513 Rheinwald, R.: Dispositionen als Ursachen. – In: Zeitschrift für philosophische Forschung (Frankfurt a.M.). 63(2009)3, 365–391, S. 373. So lässt sich auch das mancherorts erlaubte Vorgehen würdigen, Heroinabhängigen reinen Stoff zu verschreiben, was sie von ihrer Sucht wohl nicht befreit, doch körperlichen Beschwerden entgegenwirkt, die sich aus den schlechten hygienischen Bedingungen bei der Einnahme illegal erworbener, mit Beimischungen gestreckter minderwertiger Rauschmittel ergeben. Die ursprüngliche Auseinandersetzung um die Frage, ob Betäubungsmittel verschrieben werden sollten oder nicht, scheine immer mehr „einer pragmatischen

wissenschaftlichen Erkenntnissen, sie lässt sich diesen jedoch, einer Einschätzung M.Bergs zufolge, nicht unterordnen.[514]

Doch zurück zum Fallbeispiel! Etwa gegen Ende der 1940er Jahre gelangte eine Reihe von Forschern zu der Auffassung, dass man weitere fruchtlose theoretische Spekulationen vermeiden sollte. Abstrakte Erörterungen darüber, was Viren seien und woher sie kämen, hielten sie für wenig hilfreich, wo es doch so viele neue Dinge zu entdecken gebe, wie Viren ihre Wirkungen erzeugten, so Andrewes 1953.[515] "[...] it became evident that the endless discussions of the nineteen thirties, with arguments for and against the living nature of viruses had not only been fruitless, but in fact pointless. We now have electron micrographs showing not just the general outline of individual virus particles, but in some

---

und ergebnisorientierten Diskussion Platz zu machen." Uchtenhagen, A. et al.: Betäubungsmittelverschreibung an Heroinabhängige. Wichtigste Resultate der Schweizerischen Kohortenstudie. Basel: Karger Verlag 2000, S. 141. Zitiert n. Herbold, R./ Krohn, W.: Realexperiment und Gesellschaft. – In: Nachrichten aus der Wissensgesellschaft. Analysen zur Veränderung von Wissenschaft, loc. cit., 266–291, S. 286.

514 Berg, M.: Turning a Practice into Science: Reconceptualizing Postwar Medical Practice. – In: Social Studies of Science (London et al.). 25(1995)3, 437–476, S. 443 f., 451. Hinweis v. Vogd, W.: Medizinsystem und Gesundheitswissenschaften - Rekonstruktion einer schwierigen Beziehung. – In: Soziale Systeme. Zeitschrift für soziologische Theorie (Stuttgart). 11(2005)2, 236–270, S. 243 f. In den 1970er Jahren sei aber die wissenschaftliche Vereinheitlichung der ärztlichen Praxis zum Diskursthema geworden, mit der Neigung, die Heilkunst wissenschaftlicher Rationalität anzunähern. „Die komplexen sozialen und systemischen Bezüge ärztlicher Praxis und medizinischer Institutionen wurden [...] in kognitivistischer Manier und in individualistischer Zurechnung" wegen mangelnder wissenschaftlicher Rationalität „zugunsten eines scheinbar bestechenden Erklärungsmodells getilgt." Verdichtet habe sich „die Kritik in einer mittlerweile internationalen Bewegung der Medizinmodernisierung, die unter dem programmatischen Titel *evidence based medicine* (EBM) den Anspruch vertritt, klinische Praxis auf die jeweils beste ‚externe Evidenz' aus kontrollierten wissenschaftlichen Studien zu gründen [...]" Ibid.

515 Andrewes, C.H.: Introduction: Viruses Yesterday, Today and Tomorrow. – In: British Medical Bulletin (London). 9(1953)2, 69–171, S. 170. Hinweis v. Smith Hughes, S.: The Virus - A History of a Concept. London - New York: Heinemann Educational Books 1977, S. 105. Vgl. Ausführungen Partheys zur „praktischen Bedeutsamkeit von Forschungssituationen" und zur „Bewertung der Probleme nach dem Beitrag ihrer möglichen Lösung sowohl für den Erkenntnisfortschritt als auch für die Lösung von gesellschaftlichen Praxisproblemen." Parthey, H.: Forschungssituation und Forschungsinstitut - Analyse ihrer Formen und Beziehungen. – In: Wissenschaftsforschung. Jahrbuch 2006: Wissenschaft und Technik in theoretischer Reflexion, loc. cit., 9–29, S. 12.

cases the nucleoprotein helix; other show viruses invading cells, and yet others their progeny leaving cells after replication", wie Waterson und Wilkinson meinen.[516] Und so hielten es doch einige Krebsforscher für angebracht, sowohl die eine als auch die andere Position als konzeptionelle Richtlinie der Forschungsarbeit zuzulassen. "In the field of virology, we are very fortunate in having two excellent theories, one that viruses are molecules and the other that they are organisms [...] It doesn't make any real difference which is right, or even if neither is right", so Lauffer im Jahre 1946.[517]

Eine Kluft zwischen Modellen exogener und endogener Krebsverursachung wollte man nicht in Rechnung stellen.[518] Sinnvoller erschien es, wie van Helvoort ausführt, den Graben zwischen "the exogenous and endogenous thought styles" zu überbrücken. "This eventually led to the 'modern concept of virus.'" Zur Geschichte der Phagenforschung stellt er fest: "The formation of consensus was the very reason that bacteriophage could be regarded simultaneously as a bacterial virus and as a product of the bacterium; or as a corollary to this point of view, that *the exogenous nature of the virus in general was reconciled with the notion of a virus as a product of the host cell*."[519]

Statt darüber zu debattieren, ob das Virus belebt sei oder nicht, wollten sich manche Forscher lieber den drückenden praktischen Fragen zuwenden, die sich im Kampf gegen den Krebs einstellten. Mit der Frage, ob das Virusteilchen belebt sei oder nicht, sei erst, so Schramm „ein Pseudoproblem" geschaffen worden, ein Problem, „auf das es keine oder keine kurze Antwort mit ja oder nein gibt. Das Lebensproblem als solches bleibt [...] an die lebende, virusproduzierende Wirtszelle gebunden."[520] Und an anderer Stelle: Bei der Gruppe größerer Virusarten sei

516 Wilkinson, L./ Waterson, A.P.: The Development of the Virus Concept as Reflected in Corpora of Studies on Individual Pathogens. 2. The Agent of Fowl Plague - a Model Virus? – In: Medical History (London). 19(1975)1, 52–72, S. 65. Siehe auch Waterson, A.P.: Aims, Possibilities and Objectives. – In: Waterson/Wilkinson: An Introduction to the History of Virology, loc. cit., 9–13, S. 12. Smith Hughes: The Virus - A History of a Concept, loc. cit., S. 75 ff. Vgl. van Helvoort: History of Virus Research in the Twentieth Century: The Problem of Conceptual Continuity, loc. cit., S. 187.

517 Lauffer, M.: Viruses: From the Twentieth Annual Priestley Lectures. Pennsylvania: State College 1946, S. 54. Zitiert n. Podolsky: The Role of the Virus in Origin-of-Life Theorizing, loc. cit., S. 113.

518 Siehe van Helvoort: The Construction of Bacteriophage as Bacterial Virus, op. cit.

519 Helvoort, van: Research Styles in Virus Studies in the Twentieth Century: Controversies and the Formation of Consensus, loc. cit., S. 154 (Hervorhebung von K.L.).

520 Schramm, G.: Chemie der Viren. – In: Klinische Wochenschrift (Berlin). 31(1953)9/10, 198–205, S. 198.

es bislang „ein Streit um Worte, ob wir sie als weiterentwickelte Zellelemente oder als Lebewesen ohne eigenen Stoffwechsel bezeichnen wollen.“[521] Auch die Frage zu debattieren, ob „ein Virus aus distinkten Teilen (besteht – K.L.) oder nicht“, schien nicht weiterzuführen. „Wir können [...] darüber ebenso wie über viele andere, gänzlich unfruchtbare Diskussionen hinweggehen“, wie sich 1953 W.Weidel dazu äußerte.[522] Stanley hatte schon einige Jahre zuvor das Dilemma, dass Viren Charakteristika sowohl des Lebens als auch eines nichtlebendigen Stoffes aufweisen, mit dem Argument in den Hintergrund gerückt, dass es in der Realität ein Kontinuum von einfachen zu komplexen Strukturen gebe, von Molekülen zu Organismen, und dass es zwischen beiden Seiten keine große Differenz gebe.

In einem 1953 von Danneel verfassten Aufsatz heißt es, Geschwülste würden sowohl durch zellfremde Elemente (durch als Organismen verstandene Viren) als auch durch zelleigene Duplikanten hervorgerufen werden. Für den erstgenannten Fall spräche u.a. der Brustkrebs der Maus, für den anderen Fall der Buttergelbkrebs der Ratte. Für ihn war es völlig klar, „dass insbesondere zwischen den Viren und den zelleigenen Duplikanten *keine grundsätzlichen, sondern nur graduelle Unterschiede bestehen* [...] Wir kennen nämlich eine ganze Anzahl von Viren, die bisher überhaupt noch nicht ohne Verlust ihrer Wirkung aus der Zelle extrahiert werden konnten und wissen andererseits, dass manche Plasmastrukturen [...] isoliert und wieder in die Zelle eingeführt werden können, ohne ihre Vermehrungsfähigkeit einzubüßen.“[523] Man hätte eigentlich „schon lange zu der Überzeugung kommen müssen, dass die Fehlleitung, die zum malignen Wachstum führt, von allen an der Reaktionsfolge beteiligten autoreproduktiven Zellbestandteilen ausgehen kann, seien es Gene, zelleigene multiple Duplikanten oder eingedrungene Viren, dass es also *keine universelle Theorie der Krebsentstehung* gibt.“[524]

F.Blumenthal (1935) kam zu dem Schluss, dass es ein unspezifisches Krebsagens gebe, wobei er weder die eine noch die andere Bestimmung des Virus ausklammerte: Es sei stark an die Zelle gebunden, womöglich in ihr enthalten. In jedem Falle müsse man aber annehmen, dass es in der Zelle vorgebildet sei. Aus dem latenten Zustand könne das Agens in den manifesten durch chemische Produkte überführt werden. Werde beim Zerfall der entarteten Zelle das Agens

521 Ibid., S. 202.

522 Weidel, W.: Entwicklung und Problematik der Virusforschung. Vortrag anlässlich der Tagung deutscher Naturforscher und Ärzte 1952 in Essen. – In: Klinische Wochenschrift (Berlin). 31(1953)9/10, 193–198, S. 193.

523 Danneel, R.: Grundprobleme der Krebsforschung. – In: Zeitschrift für Krebsforschung (Berlin). 59(1953)2, 167–179, S. 178 (Hervorhebung von K.L.).

524 Ibid. (Hervorhebung von K.L.).

frei, so könne es in anderen Organismen latente Anlagen manifest werden lassen. So etwa sei die „Infektiösität" aufzufassen. Eine Infektion im klassischen Sinne dagegen sei unmöglich, ebenso eine solche durch heteroplastisches Zellmaterial, da hier eine Artspezifität vorliege.[525]

U.Henschke (1944) wollte die Gegensätze zwischen den debattierten Standpunkten dadurch auflösen, dass er die Positionen je besonderen Teilfragen zuordnete. Er meinte, man müsse davon wegkommen, dass „bei der Erörterung über Geschwulsttheorien immer wieder Theorien, die ganz verschiedene Teilprobleme behandeln, miteinander vermengt wurden."[526] Je besondere theoretische Positionen beträfen erstens „die Frage nach der Herkunft der Geschwulstzelle, zweitens die Frage nach der Ursache der Entstehung der Geschwulstzelle, drittens die Frage nach der Ursache des schrankenlosen Wachstums der Geschwulstzelle und viertens die Frage nach der Ursache der Entwicklung der Geschwulstzelle zur Geschwulstkrankheit. *Eine Theorie über eine dieser Teilfragen steht einer Theorie über eine andere Teilfrage nicht entgegen.*"[527] Indem Henschke die in den Debatten gegeneinander ins Feld geführten Konzepte je besonderen Teilfragen zuordnete, wurden die Gegensätze gleichsam ausgeklammert. So ließ sich einer der Teilfragen der Gedanke zuordnen, dass das Virus etwas sei, das von außen Zellen angreifen und so Krebsbildungen auslösen würde, der weitere Prozess würde dann zellintern ablaufen, was sich einer anderen Teilfrage zuordnen ließe.

Eine zusammenfassende Theorie entwerfen zu wollen, hielt auch Schramm bei der seinerzeit bestehenden Situation der Virusforschung für wenig erfolgversprechend. „Es würde nahe liegen, die vielen Einzelbeobachtungen, die über die Virusvermehrung vorliegen, durch eine zusammenfassende Theorie zu deuten. Bei der erstaunlichen Kurzlebigkeit aller Theorien auf dem Virusgebiet möchte ich davon Abstand nehmen. Sehr vieles […] ist noch problematisch und dunkel."[528] Eigentlich gebe es gar kein singuläres, klar und kurz formulierbares Virusproblem. „Es gibt nur eine große Reihe miteinander verknüpfter Einzelprobleme, die alle zum Oberbegriff ‚Virus' in Beziehung stehen." Die Viren „sind weder als rein statische Gebilde zu begreifen, als ‚Moleküle' oder ‚komplexe Strukturen', obwohl sie diesen Aspekt zweifellos nicht nur zulassen, sondern zu ihrem

525 Blumenthal, F.: Wesen und Bedeutung des Canceragens. – In: Acta cancrologica (Budapest). 1(1935), 193–204.

526 Henschke, U.: Über Geschwulsttheorien und die Möglichkeit der Entstehung der Geschwulstzelle durch Spontanmutation. – In: Zeitschrift für Krebsforschung (Berlin). 54(1944)1, 11–25, S. 15.

527 Ibid., S. 11 (Hervorhebung von K.L.).

528 Schramm: Chemie der Viren, loc. cit., S. 205.

wirklichen Verständnis auch erfordern. Sie sind aber ebenso wenig rein unter dem dynamischen Aspekt zu fassen, in letzter begrifflicher Unschärfe also durch die Bezeichnung ‚lebend, lebendig'. Fruchtbar ist erst die Erkenntnis, dass die gegenseitige Ablösung statischer und dynamischer Phasen den Gesamtkomplex ‚Virus' charakterisiert."[529]

Andere Autoren konnten sich hingegen nicht dazu entschließen, beide Erklärungsarten einfach als gleichermaßen zulässig zu akzeptieren. Sie favorisierten eines der Modelle, räumten aber dem Gegenmodell wichtige Funktionen ein. So war für Haagen (1936), der allein „die exogenen Faktoren [...] als eigentlich ursächlich für den Krebs" betrachtete, die Vererbung etwas, das „für die Entstehung der Tumoren von ausschlaggebender Bedeutung" ist. Die ererbten Faktoren hätten wohl nichts mit der Ätiologie des Krebses zu tun, könnten aber als Krebsdisposition gedeutet werden, „ich (möchte – K.L.) sie als die eigentlichen endogenen Faktoren für die Krebsentstehung bezeichnen, als exogene Faktoren nur jene, die von außen her in irgendeiner Form auf den Organismus einwirken. Nach unseren bisherigen Erfahrungen darf man außerdem wohl auch zu der Annahme berechtigt sein, dass es einer ganz bestimmten Kombination und gegenseitigen Abstimmung solcher endogener und exogener Faktoren bedarf, damit ein Krebs entstehen kann." Diese Auffassung würden Berufskrebse bestätigen. „Hier muss [...] erwähnt werden, dass nur ein [...] kleiner Teil der an sich den ganz gleichen Bedingungen ausgesetzten Individuen diese sog. Berufskrebse bekommt. Es muss also neben der äußeren Beeinflussung des eigentlichen zur Krebsentstehung führenden exogenen Faktors noch ein anderer Faktor eine Rolle spielen, den wir als Prädisposition bezeichnen können und der [...] als endogener Faktor erbbedingt ist. Fehlt demnach dieser endogene Faktor, so bleibt trotz Bestehens des äußeren Reizes der Krebs aus."[530] Hinweisen van Helvoorts zufolge, versuchte Constatin Levaditi (1937), einen mittleren Kurs zwischen den gegensätzlichen Standpunkten zu steuern: Viren könnten entweder exogene Erreger oder endogene Produkte der Wirtszellen sein. Nach dessen Vorstellung „existieren alle Zellen im Spannungsfeld zweier konkurrierender Prozesse: Assimilation und Dissimilation. In Levaditis' Denkmodell konnte eine Virusinfektion das Kontrollzentrum einer Zelle sozusagen kidnappen und ihm die Anweisung vermitteln, sich ungehemmt zu vermehren oder Virennachwuchs zu erzeugen, was dann zum Absterben der Zelle [...] führte."[531]

529 Ibid., S. 198.

530 Haagen: Das Krebsproblem, loc. cit., S. 1998.

531 Helvoort, van: Viren, Wissenschaft und Geschichte, loc. cit., S. 71 (ohne Quellenangabe).

Auch auf dem schon erwähnten außermedizinischen Gebiet, wo das Viruskonzept in Kontroversen einbezogen wurde – auf jenem Gebiet, wo Fragen zum Ursprung des Lebens erforscht werden –, wurde auf diesem Wege versucht, konzeptionelle Gegensätze zu entschärfen, angeregt von Virusforschern, die bestrebt waren, die Kluft zwischen lebendiger Substanz und unbelebter Materie zu überbrücken. Man konnte auf aktuelle Beispiele verweisen, dass es mitunter äußerst schwierig war zu entscheiden, ob man nun Lebewesen oder bloß „Fermentsysteme" vor sich hatte.[532] In einem von Butenandt verfassten Text heißt es: Obwohl es zunächst so ausgesehen habe, als ob die Virusforschung nicht viel über die Herkunft der Lebewesen aussagen könne, hätten die Erkenntnisse dieser Forschungsrichtung große Bedeutung für das Problem der Urzeugung. Viren seien „Modelle [...] für Vorstufen des Lebens, die in einer Umgebung, die ihnen Baustoffe und Energie liefert, Vermehrungs- und Mutationsfähigkeit aufweisen. Es wäre in der Tat denkbar, dass Vorfahren der Viren unter Bedingungen existiert haben, unter denen die für ihre Vermehrung benötigten Baustoffe und Energien nicht von einer lebenden Zelle, sondern vom Außenmedium geliefert wurden. Dann würde die Entstehung der ersten lebenden Zelle die Vereinigung beider Systeme zu einem einzigen bedeuten."[533] J.Alexander (1936) sah im Nachweis von ultramikroskopischen Lebenseinheiten (Phagen, filtrierbare Virusarten) eine Unterstützung der Auffassung, dass das Leben auf Erden mit Gebilden von molekularer oder fast molekularer Beschaffenheit begonnen habe. Je einfacher die Urform des Lebens

---

532 Dem Vitalismus habe man die Hoffnung entgegengesetzt, dass es dereinst gelingen werde, die spezifischen Gesetze des Organischen aus jenen Grundsätzen abzuleiten, die für Anorganisches gelten würden. Man behaupte nicht, dass diese Erwartung insofern bereits erfüllt sei, dass die Virusproteine den Übergang von jenem Organisationstypus im Atom oder Molekül, das den Chemiker interessiere, zum Organisationstypus der Zelle, mit dem sich bislang die Biologen befasst hätten, repräsentierten. Doerr: Die Entwicklung der Virusforschung und ihre Problematik, loc. cit., S. 105. Siehe auch Boycott: President's Address: The Transition from Live to Dead: the Nature of Filterable Viruses, loc. cit., S. 55 ff. "Vitalism is often mysticism, and [...] any dualistic interpretation of the world is always repugnant to natural human instincts. But it is possible to escape dualism in another way, and I suggest that the vitalistic controversy in anything like the form it has taken during the last forty years is out of date, that instead of emphasizing the differences between live and dead things we should make as much as we can of their similarities, and instead of dividing the world into two distinct categories we should regard it as being made up of one series of units with properties which differ more in degree than in kind." Ibid., S. 55.

533 Butenandt: Neuartige Probleme und Ergebnisse der biologischen Chemie, loc. cit., S. 145.

gedacht werde, desto höher dürfe man die Aussichten ihrer Verwirklichung durch die Urzeugung einschätzen, und die einfachste Form, die man sich vorstellen könne, sei eben der hypothetische „Molekülbiont", ein Molekül, das die nötigen chemischen Prozesse katalytisch einleiten und unterhalten könne und das zugleich seine eigene Verdopplung zu bewirken imstande sei.[534] Friedrich-Freska hatte 1954 ähnliche Überlegungen angestellt: „Ein vermehrungs- und mutationsfähiges Gebilde in einer energie- und baustoffliefernden Umgebung ist noch kein Lebewesen. Ein Lebewesen ist erst dann entstanden, wenn energieumsetzendes und genetisches Material zu einem Gebilde vereinigt sind. Wie diese Verbindung zustande kommen könnte, ist uns noch völlig verborgen, aber wir ahnen, in welcher Richtung wir suchen müssen."[535] Als ein weiteres Beispiel sei der Versuch Haldanes erwähnt, das viruszentrierte Modell – wobei er insbesondere das Bakterienvirus (den „Phagen") im Auge hatte – dem Gegenmodell dadurch anzunähern, dass er das Bild, das man sich von diesem Virus machte, in einer bestimmten Hinsicht modifizierte: Ihm schrieb er eine „Protomembran" zu. Und so gestand er zellulärem Leben eine wesentliche Rolle für den Lebensursprung zu, ohne deswegen eine viruszentrierte Sicht aufgeben zu müssen.[536] "[...] to untangle himself from his reliance upon the phage as a phylogenetically primordial self-replicating molecule he made", so lässt sich nach Podolsky dieser Eingriff in das überkommene Phagenverständnis verstehen, "a careful strategic decision: rather than ignoring the phage altogether, he simply recasts it in new form, into the functional representation of a self-replicating molecule existing within a membrane. Haldane chose (a) [...] *conciliatory approach* of attempting to utilize the bacteriophage as an operational model capable of accommodating the common strengths of both the nucleocentric and cytoplasmic emphases" Diese Sicht hätten auch weitere prominente Wissenschaftler übernommen. "[...] the virus, through a *curious hybridization of conceptual components* procured from a number of scientific professions,

534 Alexander, J.: Physico-Chemical Determinism in Life and Disease: As Viewed by the Physical Chemist. – In: Journal of Heredity (Washington - Baltimore/ Md.). 27(1936)4, 139–150, S. 141, 143.

535 Friedrich-Freska, H.: Die stammesgeschichtliche Stellung der Virusarten und das Problem der Urzeugung. – Die Evolution der Organismen. Jena: Gustav Fischer 1954 (2. Aufl.). Zitiert n. Butenandt: Neuartige Probleme und Ergebnisse der biologischen Chemie, loc. cit., S. 145 (ohne Seitenangabe).

536 Haldane, J.B.S.: The Origins of Life. – In: The New Biology (New York). (1954)16, 12–27. Hinweis v. Podolsky: The Role of the Virus in Origin-of-Life Theorizing, loc. cit., S. 107.

had in the minds of many scientists acquired the dual status of both a nucleic acid and a living organism."[537]

Zur Förderung solcher Harmonisierungsideen wurden, wie einige der vorgestellten Beispiele verraten, auch Modifikationen der fraglichen Konzepte eingeführt, die diesen oder jenen Grund für die Fortführung der Auseinandersetzungen hinfällig machen sollten. Manche Forscher gingen so weit, dass sie, um sich Gegenkonzepten anzunähern bzw. um Vorstellungen von Rivalen dem eigenen Ansatz einzufügen, Zugeständnisse machten und ihren Anspruch auf Geltung eigener Forschungsresultate relativierten und dafür Argumentationen umstellten. Als besonders überzeugend dürften wohl Verknüpfungsvorschläge gewirkt haben, wenn vom Verfasser die eigenen Ideen so dargetan wurden, dass sie den Adressaten Anhaltspunkte für die Annahme boten, ihr Wissen sei eine notwendige Voraussetzung für die Erfüllung seiner Forschungsvorhaben bzw. eine notwendige Bedingung für die Beobachtung der von ihm behandelten Forschungsgegenstände gewesen. Oder es wurde – umgekehrt – der Gedanke nahegelegt, dass die vertretenen Ansichten den Forschungszielen des Adressaten dienlich sein könnten. So wurde beispielsweise, wie bereits weiter oben erwähnt, von einigen Forschern, die das Virus als exogenes Agens betrachteten, die Idee propagiert, dass es versteckte Virusinfektionen gebe, dass in Pflanzen und Tieren Viren vorhanden seien bzw. Infektionen von Generation zu Generation fortbestehen könnten, ohne dass eine Erkrankung ausbreche. Dieses Bild sollte das Verständnis des Krebsvirus als eines exogenen Erregers mit der Auffassung verbinden, dass es endogener Herkunft sei. Diese Idee entlastete davon, einen Einfall von außen glaubhaft machen zu müssen, was die Gegenseite immer wieder zu Attacken gereizt hatte. Die „Hypothese der intracellulären Symbiose als eines bereits vorhandenen und in der Natur weit verbreiteten Zustandes […] (stellt eine – K.L.) weitgehende Annäherung an jenen Standpunkt dar, welche die endogene Virusbildung als die wahrscheinlichste Lösung betrachtet […] Die These hält (aber – K.L.) […] an dem Gedanken des eingedrungenen körperfremden Keimes fest und schiebt das Hindernis, welches die Invasion (die ‚Ansteckung') repräsentiert, beiseite, indem sie dieses Ereignis von der Erkrankung zeitlich trennt […]", so Doerr 1938.[538] So konnte man sich von der Auffassung entfernen, wonach das Virus als eine autonome, sich selbst vermehrende Einheit in einem für sie geeigneten Medium der infizierten Wirtszelle gilt, allerdings ohne die erstgenannte Version ganz aufzugeben.

537 Podolsky: The Role of the Virus in Origin-of-Life Theorizing, loc. cit., S. 112 (Hervorhebung von K.L.).

538 Doerr: Die Entwicklung der Virusforschung und ihre Problematik, loc. cit., S. 56 f.

Nun Beispiele dafür, wie versucht wurde, das Viruskonzept mit der Theorie der somatischen Mutation zu verknüpfen! Auch solche Verbindungen ließen sich vor dem Hintergrund einiger Modifikationen des Virusbegriffes anbahnen. So wurde u.a. behauptet, dass Viren genähnliche Entitäten seien, die sich vor langer Zeit aus normalen Genen durch eine abnorme Transformation oder Mutation herausgebildet und sich in ihrer neuen Form innerhalb lebender Zellen erhalten hätten. Es wurde erwogen, dass Gene zu Viren mutieren könnten. Die Aufnahme von genetischem Material (von Nukleinsäuren) des Virus in das genetische Material des Wirtes konnte man als Sonderfall der Mutation betrachten. Solche mutierten („vagabundierenden") Gene würden eine normale Zelle, wenn sie in sie eindrängen, mit einer neuen Eigenschaft ausstatten, die für sie schädlich sein könne. In Einklang mit dieser Hypothese gingen Viren, die auf Tiergewebe einwirkten, ursprünglich auf Tiergene zurück. Jene, die auf Pflanzen einwirkten, waren ursprünglich pflanzlichen Ursprungs.

Für Nothdurft (1949) stellte die Hypothese einer endogenen Entstehung von Tumorvirus „de facto eine Variante der Mutationshypothese" dar. Die Lösung des Problems, ob nun das eine oder das andere Konzept – die Vorstellung, dass Geschwülste zellintern entstünden oder dass sie durch etwas Zellexternes hervorgerufen würden – richtig sei, *brauche aber nicht „in einer Entweder-Oder-Entscheidung zu liegen*", da ihnen im Lichte der Genetik eine gemeinsame Auffassung zugeschrieben werden könne: „Den Tumorzelleigenschaften liegt stets ein sich selbst vermehrendes bzw. identisch reproduziert werdendes, mutationsfähiges Zellsubstrat zugrunde. Diese Einsicht ist mit größter Wahrscheinlichkeit bleibend und grundlegend. Dagegen ist es völlig offen, ob alle Tumoren (wie im Falle des Rous-Sarkoms […]) durch ein irgendwann von außen eingeschlepptes, autoreproduktives Agens verursacht werden. Wir wissen bereits, dass das mit sog. Tumorviren nur dann möglich wäre, wenn diese einerseits in einem ganzen Heer verschiedener Sorten vorlägen, andererseits von fast jedem gesunden Individuum beherbergt und vermehrt würden. Neben Infektion oder Nichtinfektion wäre eine bisher unbekannte Störung des Zusammenlebens von infektiösen Viren und normaler Zelle für die eigentliche Entartung zusätzliche Voraussetzung." Es gehe hier um „die Hypothese einer Addition von eingeschlepptem Tumorvirus und späterer Störung der zunächst reaktionslosen Symbiose".[539] Die „autoreproduktiven Einheiten bereits organisierter Zellen sind letztlich ebenfalls ‚Virus' […] Die Isolierbarkeit,

539 Nothdurft: Über ein Modell der Geschwulstzellentstehung und über die experimentelle Erzeugung plasmatisch vererbter Tomatenmerkmale mittels cancerogener Kohlenwasserstoffe, loc. cit., S. 235 (Hervorhebung von K.L.).

die zellfreie Übertragbarkeit und andere Merkmale, die methodisch den Virusbegriff bestimmen, erscheinen dann nur noch als zufällige Sondereigenschaften autoreproduktiver Materie schlechthin. Gene, autosynthetische Plasmaelemente und Virus werden grundsätzlich identisch. Die [...] tumorbildenden Viren sind mit dieser Problematik der Herkunft und der Bewertung im besonderen Maße verknüpft." Zur somatischen Mutation als Tumorursache „ist damit bereits eine *spekulative Brücke* geschlagen, und die Einordnung eines kausalen, autoreproduktiven Agens als ‚Virus' wird möglicherweise zur Frage der zukünftigen Definition dieses Begriffes."[540]

Auch Butenandt versuchte (in demselben Jahr), das Verhältnis zwischen verschiedenen Konzepten zum Geschwulstproblem nach Maßgabe von Einsichten der Genetik und insbesondere der Duplikantentheorie zu harmonisieren: So habe dem Verständnis, wonach Krebsentstehung als somatische Mutation aufzufassen sei, die These gegenübergestanden, Krebs entstehe aus Somazellen dadurch, dass ihre in der Embryonalentwicklung vollzogene Determination zu bestimmten Geweben in andere Bahnen gelenkt werde. Dass also die Determination der Zelle – durch die Veränderung der Zellduplikanten – auf anderen Wegen vor sich gehe, mache das Wesen des Übergangs von einer normalen zu einer Krebszelle aus. Es vermindere sich die Differenzierungshöhe, woraus eine starke Wachstumspotenz folge. „Nachdem von biologischer Seite u.a. die Vorstellung entwickelt wurde, dass die normale Differenzierung einer Zelle unter der Wirkung von selbst reproduzierbaren Einheiten verläuft, bahnt sich hier möglicherweise ein Weg, der die zwei gegensätzlichen Thesen Mutation – Umdetermination einander nähern lässt."[541] Jene Einheiten verstand er eben als „Zellduplikanten". Die Krebszelle sei gegenüber der normalen Mutterzelle durch einen Gehalt von veränderten, selbst reproduzierbaren Einheiten, eben Zellduplikanten, ausgezeichnet. Die Noxe greife an diesen Zellbestandteilen an, diese würden verändert, ohne dass sie ihre Vermehrungsfähigkeit einbüßten.[542] Über das Wesen der Veränderung der von karzinogenen Noxen getroffenen Duplikanten könne man aber noch keine gesicherte Aussage machen. Es könne noch nicht gesagt werden, ob Duplikanten unter Erhaltung ihrer Autoreproduzierbarkeit verändert würden, oder ob es sich lediglich um eine

540 Nothdurft: Zur Theorie der primären Geschwulstursachen, loc. cit., S. 177 (Hervorhebung von K.L.).

541 Butenandt: Biochemische Untersuchungen zum Problem der Krebsentstehung, loc. cit., S. 363.

542 Butenandt, A.: Beitrag auf dem 5. Internationalen Krebskongress in Paris. Nach einem Bericht von Hinsberg/ Berendt: Bericht über den 5. Internationalen Krebskongress in Paris vom 16- bis 22. Juli 1950, op. cit., 191–213.

Eliminierung, einen Verlust spezifischer Duplikanten handele. „*Die erste Annahme schlägt eine Brücke zur Lehre von der Virusätiologie der Tumoren.* Viren teilen mit Zellduplikanten die Autoreproduzierbarkeit der lebenden Zellen. Da es virusbedingte Tumoren gibt, hat man nach Beziehungen zwischen den durch cancerogene Stoffe veränderten Duplikanten und Viren gesucht."[543] Und an anderer Stelle: „Nehmen wir als Ursache der Krebsentstehung allgemein das Auftreten bestimmter selbst reproduzierbarer aber nicht zum Genom zu zählender Einheiten in der Zelle an, die spontan oder unter der Einwirkung cancerogener Noxen entstehen, so zeichnet sich auch eine Brücke zur Virushypothese der Krebsentstehung ab: Ob die charakteristischen Duplikanten 1. aus der Zelle extrahierbar und nach Art vieler Viren imstande sind, verschiedene gesunde Gewebe der gleichen Tierart zu infizieren und ‚virusspezifische' Tumoren zu bilden (Virustumoren der Hühner und Enten bzw. des Kaninchens), 2. aber auf Grund höherer Ansprüche an die Vermehrungsbedingungen nur ganz spezifisch disponierte und vorbereitete Gewebe als Substrat verwenden und zur Krebsbildung veranlassen können (Brustdrüsenkrebs der Maus), oder aber 3. streng an die Zellen gebunden bleiben, in denen sie entstanden sind (bei allen übrigen Tumoren), erscheint möglicherweise nur noch als gradueller, nicht aber prinzipieller Unterschied."[544]

Michaelis (1949) vertrat die Idee, dass die Theorie der plasmatischen Vererbung eventuell „nicht nur manche bisher unverständliche Eigenarten der Krebsentstehung zu erklären vermag, sondern die gleichzeitig in der Lage sein dürfte, die *wesentlichsten bisherigen Theorien zur Krebsentstehung einzuschließen und zusammenzufassen.*"[545] Die Möglichkeit, dass gewisse Tumoren aus einer

---

543 Butenandt/ Dannenberg: Die Biochemie der Geschwülste, loc. cit., S. 155 (Hervorhebung von K.L.): Man habe daran gedacht, dass Duplikanten mit kanzerogener Veränderung in besonders gelagerten Fällen zugleich ihre obligate Bindung an die Zelle verlören und andere Zellen in Krebszellen umwandeln könnten. Ibid., S. 155 f. Butenandt: Beitrag auf dem 5. Internationalen Krebskongress in Paris, loc. cit., S. 191 f.: Die Forschung habe die veränderten Duplikanten als charakteristische morphologische Bestandteile der Tumorzellen nachzuweisen, zu isolieren und ihre chemische Natur zu klären. Die Unterschiede zwischen Krebs- und Normalzelle im Hinblick auf chemischen Bau und Stoffwechsel seien Folgezustände, die sich aus der veränderten Determination ergäben. Hierzu gehörten besonders Reaktionsketten veränderter Fermentsysteme.

544 Butenandt: Biochemische Untersuchungen zum Problem der Krebsentstehung, loc. cit., S. 364.

545 Michaelis, P.: Über die Beziehungen zwischen Krebsentstehung und plasmatischer Vererbung. – Zeitschrift für Krebsforschung (Berlin). 56(1949)3, 225–233, S. 225 (Hervorhebung von K.L.).

Veränderung des Erbmaterials im Zellplasma herrühren könnten, erschien als plausibel, weil man DNA in Mitochondrien und in anderen Organellen im Plasma entdeckt hatte. Dieses Konzept schien Michaelis auch berufen zu sein, „*manche Meinungsverschiedenheiten ausgleichen zu können*“[546], wobei er u.a. solche zum Wert des Viruskonzeptes für die Klärung des Geschwulstproblems im Auge hatte. Michaelis sah einen engen Zusammenhang der Bakterien- und Virusvererbung zur Plasmavererbung. „[...] zwischen dem Erbplasma und dem Virus“ würden „enge Beziehungen“ bestehen.[547] „Die Viren haben mit den plasmatischen Konstituenten so große Ähnlichkeiten, dass sogar ein genetischer Zusammenhang zwischen beiden im Sinne einer endogenen Entstehung der Viren aus plasmatischen Erbkonstituenten zur Diskussion gestellt wurde.“[548] Und in einem anderen von ihm geschriebenen Aufsatz heißt es, dass die von ihm vertretene Hypothese es erlaube, „die Entstehung übertragbarer Tumoren durch Viren und anderer durch Parasiten induzierten Tumoren einzubeziehen. Die Vermehrung z.B. der Viren und ihre Wirkung auf den Organismus ist nur zu verstehen, wenn man annimmt, dass die Viren in das lebende System der Zellen einbezogen und in diesem vermehrt werden. Sie können dabei dieses System in derselben Weise abändern, wie mutierte arteigene, genetische Komponenten. Auch hier würden nicht nur die Eigenschaften der Viren, sondern vor allem auch die systembestimmten Eigenschaften im Vordergrund stehen. Dementsprechend wird das Bild mancher Viruserkrankungen auch plasmonbedingten Entwicklungsstörungen entsprechen können.“ Michaelis wies überdies darauf hin, dass die Viren meist mit den Kerngenen verglichen würden, doch habe die Annahme einer Virusneuentstehung durch Plasmonmutation eine wesentlich höhere Wahrscheinlichkeit und würde das Krebsproblem noch enger mit der Plasmavererbung verknüpfen.[549]

---

546 Ibid., S. 232.

547 Ibid.

548 Ibid., S. 227 f.

549 Michaelis: Zur Theorie der Krebsentstehung, loc. cit., S. 169 (Hervorhebung von K.L.). So wurde erwogen, ob nicht Beziehungen zwischen den Agenzien filtrierbarer Hühnersarkome und Genen der Kerne bestimmter Hühnerzellen bestehen, so dass das Rous-Agens genetisch von den Kerngenen der Hühnerzelle ableitbar sein müsste, mithin das Rous-Agens ein bösartig abgewandeltes (mutiertes) Gen der Hühnerzelle darstellt. Dagegen ließ sich u.a. die Unvereinbarkeit des Ergebnisses des weiter oben erwähnten Entenversuches von Gye mit dem Fujinami-Sarkom anführen. Der Kern und damit auch die einzelnen Kerngene seien, so Graffi unter Verweis auf bestimmte Experimente, in Bezug auf die Artspezifität autonom, die Erbmasse eines Kernes behalte im artfremden Plasma ihre ursprüngliche Artspezifität unter allen Umständen

Jordan stellte 1939 einen Gegensatz zwischen der Mutations- und der Virustheorie wie folgt in Frage: „Da serologische Erfahrungen eine Verwandtschaft zwischen den Viren von Geflügeltumoren und Bestandteilen normaler Zellen des Huhnes gezeigt haben, liegt es nahe, *zwischen den beiden konkurrierenden Deutungen des Krebsproblems [...] eine Synthese* im Sinne einer Ausnutzung der Ähnlichkeiten von Viruselementen und Genen *in Betracht zu ziehen.*“[550] Berenblum äußerte 1952: Chemisch betrachtet, seien Viren "related to the gene-bearing chromosomes, and that according to one theory viruses are actually altered genes. *According to the mutation theory, the permanently altered gene, resulting from carcinogenic action, and the tumor virus, extractable from certain tumors, are one and the same thing*".[551] Er betrachtete die Mutationstheorie als einen Weg, um Ergebnisse, die man im Hinblick auf chemisch- und strahlenbedingte Krebsbildung gewonnen hatte, mit Untersuchungsergebnissen zur virusbedingten Krebsbildung zu verbinden. Gerade darin sah er einen besonders interessanten Gesichtspunkt dieser Theorie.[552]

Oberling (1959) stellte sich den fraglichen Zusammenhang wie folgt vor: Es gebe Proviren, die über Generationen hinweg als Zellschmarotzer liegen blieben. Durch kanzerogene Reize könne aber eine Induktion eines solchen Provirus erfolgen, wodurch ein abnormer Stoffwechsel eingeleitet werde, der entweder zur Lysis der Zelle oder aber zur Krebsbildung führe. Die Proviren müssten also in der Erbstruktur der scheinbar gesunden Zelle vorhanden sein. Ein bestimmtes Virus bewirke auch die Bildung eines ganz bestimmten Tumors. Also beeinflusse das Virus die Morphologie der Zelle. Das wirksame Prinzip der Viren sei wahrscheinlich der Nukleinsäurekomplex, der in den Genen zur Wirkung gelange. „*Hier könnten*

---

bei. Wäre nun das Agens der Hühnersarkome genetisch von der Erbmasse des Zellkernes abzuleiten, so müsste man auch erwarten, dass das Fujinami-Sarkomagens auch in der Entenzelle seine Hühnerspezifität beibehalte. Doch Gyes Versuch zufolge habe eine Wandlung der serologisch feststellbaren Artspezifität des Agens von der Hühnerspezifität in die Entenspezifität stattgefunden. Graffi: Einige Betrachtungen zur Ätiologie der Geschwülste, speziell zur Natur des wirksamen Agens der zellfrei übertragbaren Hühnertumoren, loc. cit., S. 545.

550 Jordan, P.: Die Stellung der Quantenphysik zu den aktuellen Problemen der Biologie. – In: Archiv für die gesamte Virusforschung. Hrsg. v. R.Doerr. Wien: Julius Springer 1939, Bd.I, Heft 21, 1–20, S. 12 (Hervorhebung von K.L.).

551 Berenblum, I.: Man against Cancer: The Story of Cancer Research. Baltimore: John Hopkins University Press 1952, S. 159 (Hervorhebung von K.L.).

552 Ibid.

sich Mutations- und Induktions-Virustheorie treffen.“[553] Und an anderer Stelle: Entscheidend sei „der Nucleinsäurekomplex der Viren, der sich in die Erbstrukturen des Wirtes einnistet und von dort aus die synthetische Tätigkeit der infizierten Zellen dirigiert [...] Krebsbildung durch Virus wäre dann dem Eindringen eines fremden Genkomplexes in die Zelle gleichzusetzen, der den Zell-Stoffwechsel in fremde Bahnen leitet und der Wachstumszügelung des Körpers entzieht. *Damit aber ist die Virustheorie der Mutationstheorie viel näher gebracht, als man dies je für möglich gehalten hätte.*“[554] Die weitreichende Verallgemeinerung der Virusinfektion als zellulärer Mutation hatte noch keine weitgehende Akzeptanz gewonnen, aber von einigen Forschern wurde sie doch dazu verwendet, *„den Gegensatz der Vorstellungen ‚Krebs durch somatische Mutation‘ und ‚Virusinduktion des Krebses‘ aufzulösen“*, wie Harbers seinerzeit äußerte.[555] Auch von S.E.Luria (1960) wurde sie so gefasst, dass in deren Licht die Mutations- und die Virushypothese zum Krebsursprung nicht mehr als einander ausschließende Erklärungen betrachtet werden sollten. “Rather, virus infection may be considered as a class of cellular mutations: a class of mutations, in fact, in which we know that the primary change, the entry of the viral genome, is a genetic change.”[556]

Auch Graffi, der das Hauptgeschehen der Krebsbildung nicht im Kern, sondern im Plasma an den Mitochondrien und Mikrosomen lokalisierte, hielt eine Synthese von Mutations- und Viruskonzept für möglich. Ergebnisse umfassender experimenteller Arbeiten bestärkten ihn in der Auffassung, dass die Entstehung des Agens selbst ein Mutationsvorgang sei, der sich eventuell in erster Linie an den von den karzinogenen Substanzen besonders stark angegriffenen Nukleoproteiden der Organellen des Zytoplasmas abspiele.[557] F.Schmidt (1953), obgleich er, wie schon weiter oben angedeutet, eine ganze Reihe von Gründen zu nennen wusste, die ihn zu einer skeptischen Beurteilung der Mutationstheorie bewogen, hielt es dennoch für möglich, dass sich diese und die Virustheorie im Ergebnis weiterer Forschungen einander annähern würden. Es bestehe wohl kein Zweifel

553 Oberling, Ch.: Vortrag zum Verhältnis zwischen Virus und Krebs auf dem Deutschen Krebskongress vom 12. bis 14. März 1959 in Berlin. – In: Forschungen und Fortschritte (Berlin). 33(1959)8, 228–242 (Hervorhebung von K.L.).

554 Oberling: Krebs, das Rätsel seiner Entstehung, loc. cit., S. 156 (Hervorhebung von K.L.).

555 Harbers: Zur Frage der „Virusgenese“ von Neoplasmen, loc. cit., S. 2313 (Hervorhebung von K.L.).

556 Luria, S.E.: Viruses, Cancer Cells, and the Genetic Concept of Virus Infection. – In: Cancer Research (Philadelphia/Pa.). 20(1960)5, 677–688, S. 679 f.

557 Graffi: Einige Betrachtungen zur Ätiologie der Geschwülste, speziell zur Natur des wirksamen Agens der zellfrei übertragbaren Hühnertumoren, loc. cit., S. 545.

mehr daran, dass der Krebs nicht nach dem Alles- oder Nichts-Gesetz aus heiler Haut entstehen könne, sondern dass das Zwischenstadium regenerativer Zellteilungen eine Vorbedingung sei. Aber alles sei im Flusse. „Die schroffen Formulierungen einer Alles- oder Nichtsmutation werden möglicherweise mit der Zeit geschmeidigere Formen annehmen, so dass selbst eine gemeinsame Ebene zwischen Induktion und Mutation nicht ganz ausgeschlossen ist [...] Die Übergänge und Eigenschaften von Genen, Enzymen und Virusarten, die Zusammensetzung der Eiweiße kennen wir [...] noch [...] zu wenig, um endgültige Schlüsse ziehen zu können. Es entsteht dabei nur zu leicht die Gefahr, dass in einem Streit um Worte endet, was auf dem schwankenden Boden unsicherer Befunde begann. Insbesondere die Wechselwirkungen zwischen Enzymen und Genen, sekundären Veränderungen von Zellbestandteilen nach Beeinflussung anderer [...] Zellelemente lassen bei dem derzeitigen Stand unseres Wissens Ursache und Wirkung nicht sicher auseinanderhalten [...] Es steht jedoch fest, dass die Zelle eine funktionelle Einheit ist, und da gerade die Induktionshypothese sich um eine gemeinsame Schau aller Krebsphänomene bemüht, so muss die große Problematik der angeschnittenen Fragenkreise ein Grund für sie sein, *die Möglichkeit einer* [...] *Synthese gerade auch mit der Mutationshypothese nicht aus den Augen zu lassen.*“[558]

Bei der Durchsicht der von mir berücksichtigten Texte bin ich auch darauf gestoßen, dass neben Versöhnungsversuchen weiterhin Positionen vertreten wurden – von weithin anerkannten Forschern –, die sich gegen solche Überlegungen wandten, worin ein weiterer Ausdruck dafür gesehen werden kann, dass die Verknüpfungen der verschiedenen Konzepte nicht aus empirischen Fortschritten gefolgert werden mussten. Häufig wurde ja auch von den Autoren selber eingeräumt, dass sie ihre Ideen noch nicht beweisen könnten, wenngleich sie sie für plausibel hielten. Neben den Versuchen, konzeptionelle Gegensätze aufzulösen, setzten sich auch Prozesse der Zurückweisung von Theorien fort. So gab Andrewes auf einer Tagung 1960 in den USA zu bedenken: “It has been suggested that some rival views of cancer causation could be fused if viruses could be shown to cause somatic mutations. I find it much easier to believe in the incorporation of virus material into the genome, a process which seems nearer to hybridization than to mutation.”[559] Auch Rous wandte sich gegen eine solche Verschmelzung: Auf Untersuchungen verweisend, die gezeigt hätten, dass von somatischen Mutationen betroffene Zellen wieder in den Normalzustand zurückkehrten, folgert

558 Schmidt: Über die Virustheorie - Induktionstheorie - der Krebsentstehung, loc. cit., S. 53 ff. (Hervorhebung von K.L.).

559 Andrewes, C.H.: Discussion of Dr.Luria's Paper. – In: Cancer Research (Philadelphia/Pa.). 20(1960)5, 689–694, S. 691.

Rous: "Here is no somatic mutation".[560] Und an anderer Stelle: "The physical character and chemical activities of the neoplastic viruses, as such, may well be the cause for the neoplastic changes they produce, changes passed on from one cell to another because the viruses themselves multiply and are passed on [...] the somatic mutation hypothesis, after more than half a century, remains an analogy."[561]

An den Versöhnungsvorschlägen zeigt sich auch, dass für den Brückenschlag vom Verständnis einer endogenen Virusherkunft zu dem einer exogenen Herkunft mitunter eine vom wissenschaftlichen Sprachgebrauch abweichende, Metaphern einbeziehende Ausdrucksweise verwandt wurde. Wie weiter oben erwähnt, wurde beispielsweise von einigen Forschern, die das Virus als exogenes Agens betrachteten, die Idee propagiert, dass es „versteckte Virusinfektionen" gebe, dass in Pflanzen und Tieren Viren vorhanden bzw. Infektionen von Generation zu Generation fortbestehen könnten, ohne dass eine Erkrankung ausbreche. Dieses Bild sollte das Verständnis des Krebsvirus als eines exogenen Erregers mit der Auffassung verbinden, dass es endogener Herkunft sei, was eine Annäherung an das Verständnis eines zellinternen Ursprungs des Virus gestatten sollte, ohne deshalb den Glauben an eine exogene Herkunft, an eine „Invasion" zellfremder Keime von außen in das Zellinnere aufgeben zu müssen. Die „Invasion" wurde einfach, wie von Doerr umschrieben, in die „ontogenetische oder gar [...] phylogenetische Vorgeschichte des Individuums verlegt; aus dem ‚endogenen' Agens wird das [...] an Ort und Stelle entstandene, das aber gleichwohl kein Erzeugnis des Wirtes, sondern ein eingebürgerter, sein eigenes Leben führender Gast ist."[562] Bauer wertete die Frage, ob das Virus belebt oder unbelebt sei, mit den Worten ab, dass, wenn sich ein Virus vermehre, dann nur mit Substanzen, „die es sich von seinem Wirte borgt, ohne sie je wieder zurückzugeben."[563] In diese Richtung zielt auch die von Luria ausgdrückte Charakterisierung der Viren-Reproduktion als „genetischen Parasitismus." Auch Rous bediente sich einer Metaphern einschließenden Redeweise: Er gab wohl – wie oben erwähnt – im Grundsätzlichen die Position nicht auf, dass in bestimmten Viren eine exogene Krebsursache zu sehen sei, bewegte sich aber dennoch auf das Verständnis des Virus als eines endogenen Faktors zu, indem er die Idee einer "working partnership" von Zelle und Keim entwickelte. Jede Viruserkrankung, gleich, wie kurz das Virus zugegen sein möge, nötige die

560 Rous: Surmise and Fact on the Nature of Cancer, loc. cit., S. 1361.

561 Ibid. Siehe auch Ardenne, M. von / Rieger, F.: Zu den Wegen der Krebstherapie und möglichen Ursachen der Krebsentstehung sowie ihre wechselseitigen Beziehungen. – In: Zeitschrift für Naturforschung (Tübingen). 236(1968)3, 357–368, S. 362.

562 Doerr: Die Entwicklung der Virusforschung und ihre Problematik, loc. cit., S. 56 f.

563 Bauer: Das Krebsproblem, loc. cit., S. 311.

betroffenen Zellen zu einer Reaktion, rege sie zu Wucherungen an, und so sei eine fortwährende Interaktion zwischen beiden Seiten möglich.[564] Noch weitere Beispiele, die wir weiter oben wiedergegeben haben: Friedrich-Freska sah in neueren virologischen Ergebnissen etwas, das Viren wieder mehr in die „Nähe von Mikroben rücken" würde. Andere Forscher, in Rechnung stellend, das Viren einerseits Organismen ähnelten, andererseits sich aber von ihnen in mancher Hinsicht unterschieden, zum Beispiel darin, dass sie sich nicht autonom vermehren konnten, vertraten die Idee, dass im Virus vielleicht ein „Grenzzustand" zwischen Belebtem und Unbelebtem gesehen werden müsse.

---

564 Rous: Viruses and Tumors, op. cit. Hinweis v. Helvoort, van: A Century of Research into the Cause of Cancer: Is the New Oncogene Paradigm Revolutionary? Loc. cit., S. 311.

10. Von Kompromissen zu einem (rhetorischen) Konsens, schließlich zu etwas, das allen Akteuren als objektiv-reale Gegebenheit galt – das Paradigma der Onkogene

Nach Kuhn ist es kaum möglich, konkurrierende Theorien „im Geiste einander gegenüberzustellen und Punkt für Punkt miteinander und mit der Natur zu vergleichen. Doch ein solcher Vergleich muss vorliegen, wenn es angemessen sein soll, von so etwas wie Wahl zu sprechen."[565] Aber kann, wenn Fakten wirklich spezifisch sind für die jeweils befolgte Konzeption, von den Vorzügen einer Theorie gegenüber einer anderen überhaupt die Rede sein, die man dann, den Konflikt hinter sich lassend, auszuwählen hätte? Die Bewältigung einer Kontroverse läuft nicht auf die Auswahl (vs. Zurückweisung) einer der gegeneinander ins Feld

565 Kuhn: Objektivität, Werturteil und Theoriewahl, loc. cit., S. 443 f. Id.: Die Struktur wissenschaftlicher Revolutionen, loc. cit., S. 57. Es gebe "no neutral algorithm for theory choice, no systematic decision procedure which, properly applied, must lead each individual in the group to the same decision." Kuhn, Th.S.: Postscript - 1969. – In: Thomas S.Kuhn: The Structure of Scientific Revolutions. Chicago - London: University of Chicago Press 1970, 174–210, S. 200. Was er damit meint, läuft aber nicht auf eine völlige Unvergleichbarkeit von gegeneinander gerichteten Theorien hinaus. Vergleichen könne man Theorien nach Maßgabe paradigmaunabhängig geteilter Werte, wie Präzision, Fruchtbarkeit, Konsistenz und Einfachheit des Theorieaufbaus. Kuhn, Th.S.: Objectivity, Value Judgments, and Theory Choose. – In: The Essential Tension. Selected Studies in Scientific Tradition and Change. Hrsg. v. Th.S.Kuhn. Chicago: University of Chicago Press, 320–339, S. 331. "Most readers [...] have supposed that when I spoke of theories as incommensurable, I meant that they could not be compared. But 'incommensurability' is a term borrowed from mathematics, and it there has no such implication. The hypotenuse of an isosceles right triangle is incommensurable with its side, but the two can be compared to any required degree of precision." Kuhn, Th. S.: Theory-Change and Structure-Change: Comments on the Sneed Formalism. – In: Erkenntnis - an International Journal of Analytical Philosophy (Dordrecht). 10(1976)2, 179–199, S. 190 f. Siehe auch id.: Possible Worlds in History of Sciences. – In: Possible Worlds in Humanities, Arts, and Sciences. Hrsg. v. S. Allen. Berlin: Walter de Gruyter 1989, 9–32. Chen, X.: Thomas S. Kuhn's Latest Notion of Incommensurability. – In: Journal for General Philosophy of Science (Dordrecht). 28(1997)2, 257–273.

geführten Positionen hinaus[566], zumal die Konzepte, wie sie am Ende der Auseinandersetzungen von den Akteuren gesehen werden, nicht mehr identisch sind mit jenen, deren Gegensätze den Streit ausgelöst hatten. Die Standpunkte verändern sich im Verlaufe der Debatten, wobei dieser Prozess, wie sich an unserem Fallbeispiel vorführen lässt, von Forschern eingeleitet wird, die sich für ein praxisorientiertes, pragmatisches Herangehen an die Erforschung eines Phänomens einsetzen. Es geht ihnen nicht darum, eines der vertretenen Konzepte abzuwerten und ein anderes zu favorisieren.[567] Die Schließung der geschilderten Kontroverse bestand ja auch nicht in der Lösung des Problems, ob Krebsviren nun als Lebewesen oder als zellintern entstandene Stoffe aufzufassen sind, es wurde im Ergebnis der Auseinandersetzungen auch gar nicht gelöst, nicht in dem Sinne, dass sich nun sagen ließ, dass diese oder jene Vorstellung wahr sei. Das Problem wurde vielmehr beseitigt, wofür jene Forscher, die sich für ein pluralistisches Herangehen an die Forschungsaufgaben eingesetzt hatten, eine Voraussetzung dafür schufen, indem sie sich weigerten, jene Fragestellung, die der Ausgangspunkt der Auseinandersetzungen gewesen war, als zu lösendes Forschungsproblem anzuerkennen.

In den Urteilen der auf Harmonisierung der Standpunkte drängenden Wissenschaftler wurden tatsächlich verschiedene Theorieentwürfe zum Verständnis der Krebsverursachung miteinander verglichen, und sie liefen auf die Behauptung hinaus, dass sich die fraglichen Konzepte bei näherer Betrachtung gar nicht

566 Siehe u.a. Moore, R.: Die Lebensspirale. Die großen Entdeckungen der Naturwissenschaften. Stuttgart: Gustav Fischer Verlag 1967, S. 238 f. Weitze: Keine Wissenschaft ohne Kontroversen, loc. cit., S. 608 f. Es handelt sich hierbei um Studien zu wissenschaftlichen Kontroversen, die zu dem Ergebnis führen, dass keine der strittigen Positionen als verfehlt verworfen werden musste. Selbst die Standpunkte, die zurückgedrängt wurden, hatten sich wenigstens zum Teil oder zeitweilig als berechtigt erwiesen. Moore schildert Auseinandersetzungen um das Verständnis der Verbrennung von Nahrungsmitteln im Organismus, Weitze solche um das Verständnis des Vakuums.

567 Theorienvergleiche könnten, wie Stäheli am Beispiel soziologischer Theorien darlegt, nur auf der Basis von „parasitären Lektürestrategien" zustande kommen, weil darüber die Theorien als Vergleichsgegenstände erst gebildet würden. Stäheli, U.: Sinnzusammenbrüche. Eine dekonstruktive Lektüre von Niklas Luhmanns Systemtheorie. Weilerswist: Velbrück Wissenschaft 2000, S. 19 f. Zitiert n. Hamp, A.: Bericht über die Tagung „Vergleich der Theorienvergleiche in der deutschen Soziologie". – In: Soziologie. Forum der Deutschen Gesellschaft für Soziologie (Wiesbaden). 34(2005)4, 485–487, S. 486. Vgl. Ausführungen von Kühn zur „konfrontativen Lektüre": Kühn, R.: Zur Kritik der modernen Biologie. – In: Berichte zur Wissenschaftsgeschichte (Weinheim). 11(1988)1, 35–41, S. 37 f.

so unversöhnlich gegenüberstünden. Behauptungen solcherart wurden aber erst durch Einbeziehung von mehr oder weniger weitläufigen Bezugspunkten in die Argumentation ermöglicht. Einbezogen wurden Bezugspunkte, die, wenn sie auch theoretisch nicht schlüssig und gelegentlich unter Verwendung von Metaphern und Fiktionen formuliert worden sind, so doch wenigstens – dank der durch sie geschaffenen Konvergenz von Standpunkten – zu einer vorläufigen Ordnung verhalfen, zu einer „assoziativen Verknüpfung" verschiedener Auffassungen zum Krebsvirus. Einer der von den „Versöhnlern" zunächst bevorzugten Bezugspunkte war eben ein in Aussicht gestellter heilpraktischer Nutzen von Leistungen der nach dieser und jener Konzeption betriebenen Forschungsrichtungen. Es folgten engere Zusammenhänge stiftende Bezugspunkte, beispielsweise eine irreguläre Bildung neoplastischer Zellen.

Schon das Renommee eines auf Versöhnung drängenden Wissenschaftlers oder der Umstand, dass sowohl der eine wie der andere Standpunkt von weithin anerkannten Forschern vertreten wurde, kann ein solcher (wenngleich sehr weitläufiger und von mir im Weiteren nicht weiter beachteter) Bezugspunkt sein, der nicht ohne Wirkung auf die Einstellung der Adressaten zum Streitgegenstand ist. Was K.-S. Rehberg „religiösen oder herrschaftlichen Vereinheitlichungsleistungen" zuschreibt, nämlich dass sie „symbolische Einheits- und Eindeutigkeitsfiktionen" produzierten, lässt sich wohl auch wissenschaftlichen Autoritäten nachsagen.[568]

Von einem praxisbezogenen Standpunkt aus betrachtet, wonach es darum ging, verschiedene Elemente dessen, was Forscher zu wissen meinten – ob sie nun als gegeneinander gerichtet vorgefunden wurden oder nicht –, für die ärztliche Praxis zu kombinieren, statt einer „theoretischen Fusion" zuzuarbeiten, ließ sich die Auffassung vertreten, dass es nur geringe Relevanz habe, zwischen einem Virus im Sinne eines unbelebten kristallinen Proteins und einem Virus im Sinne eines winzigen Schmarotzers zu unterscheiden.[569] Weil weniger der theoretische Aufbau, als vielmehr pragmatische Aspekte in den Vordergrund der Betrachtungen gerückt wurden, ließen sich die Forschungsobjekte in einer Weise präsentieren, die es beispielsweise zuließ, das Virus und autoreproduktive

568 Rehberg, K.-S.: Institutionenwandel und die Funktionsveränderung des Symbolischen. – In: Leviathan. Zeitschrift für Sozialwissenschaft (Opladen). Sonderheft Institutionenwandel. Hrsg. v. G. Göhler. (1996)16, 94–118, S. 106. Eine vereinheitlichende symbolische Struktur ergebe sich oft aus einer oppositionellen Verkehrung zu den herrschenden Zeichensystemen. Ibid.

569 Siehe Rivers, T.M.: Virus Infections. – In: Bulletin of the New York Medicine (New York). 17(1941)4, 245–258, S. 257.

Einheiten bereits organisierter Zellen oder autosynthetische Plasmabestandteile als einander ähnlich wahrzunehmen. Die Frage etwa, ob man nun von einer endogenen Herausbildung von Krebsviren oder eher von einer somatischen Mutation ausgehen solle, sollte sich damit erübrigen. In diesem Bezugsrahmen konnte ja die Herausbildung von Geschwulstviren als eine Spielart der Mutationshypothese gedacht werden.[570] Mit einer so hergestellten Kohärenz wurde eine Entwicklung angestoßen, die einen Weg zu der Einsicht bahnte, dass – in Worte Foucaults gekleidet – „die unmittelbar sichtbaren Widersprüche nichts weiter als ein Schillern der Oberfläche sind und dass man dieses Spiel verstreuten Glanzes auf einen einzigen Fokus zurückführen muss."[571]

Doch mit dem in den fraglichen Kompromissvorschlägen gebastelten, theoretische Widersprüche duldenden Gefüge von Zusammenhängen hat man noch nicht das Niveau erreicht, auf dem Forschungsergebnissen der Status *wissenschaftlicher Bedeutsamkeit* zugebilligt wird. Man könne „dem verständigen ‚Entweder-Oder' [...] nicht das ‚Und' oder ‚Sowohl-als-auch' einfach nur entgegensetzen [...]", wie sich in Anlehnung an J.Stadlinger und D.Sauer sagen lässt.[572] Dies ist aber gerade das, was die Aufrufe zur Entschärfung konzeptioneller Divergenzen kennzeichnet. Es bedarf im weiteren einer Erklärung, wie die Vorschläge der geschilderten Art zu Modellen führen, die nicht mehr nur als streitschlichtende Kompromisse gelten, zu einem Konsens, der mehr ist als lediglich Folge einer „Balancierung von Überzeugungen, Motiven, Wünschen etc. zwischen alter und ego"[573], der nicht auf der Entwicklungsstufe eines „rhetorischen Konsens bei faktischer Divergenz" stehen

570 Siehe Nothdurft: Zur Theorie der primären Geschwulstursachen, loc. cit., S. 177.

571 Foucault: Archäologie des Wissens, loc. cit., S. 213. Bei der Suche nach Kohärenzen gebe es engere Bezugspunkte wie die Biografie der Autoren, und weiter auseinanderliegende Bezugspunkte, etwa solche, die den Zusammenhängen „die kollektiven und diachronischen Dimensionen einer Epoche, einer allgemeinen Bewusstseinsform, eines Gesellschaftstyps, eines Traditionsganzen [...] verleihen." Ibid.

572 Hier geht es den Verfassern darum, das Wesen bzw. die Widersprüchlichkeit der industriegesellschaftlichen Moderne zu verstehen. Stadlinger, J./ Sauer, D.: Marx & Moderne: Dialektik der Befreiung oder Paradoxien der Individualisierung? – In: Prokla. Zeitschrift für kritische Sozialwissenschaft (Berlin). 40(2010)2, 195–215, S. 199 f.

573 So bestimmt Cappai „Konsens" im Hinblick auf Prozesse interkulturellen Verstehens. Cappai, G.: Kulturrelativismus und die Übersetzbarkeit des kulturell Fremden in der Sicht von Quine und Davidson. Eine Beobachtung aus sozialwissenschaftlicher Perspektive. – In: Zeitschrift für Soziologie (Stuttgart). 29(2000)4, 253–274, S. 269.

bleibt.[574] Davon wird erst die Rede sein dürfen, wenn sich zeigen lässt, dass der Verlauf der Auseinandersetzungen um das Verständnis der Natur eines Gegenstandes bzw. eines Phänomens letztlich zu einer neuen Konstituierung des Umstrittenen geführt hat und jener Gegenstand schließlich keine Rolle mehr spielt, worüber man zu keinem theoretisch fundierten Konsens hatte gelangen können, wie dessen Natur zu verstehen sei. Es gilt, einen Weg zu beschreiten, der dahin führt, dass, wie sich Engler folgend sagen lässt, die „wilde Logik des praktischen Sinns […] der sublimierten, sachverhaltsorientierten Logik des theoretischen Sinns untertan" wird.[575]

Auf Kompromisse lenkende Vorschläge in der weiter oben angedeuteten Art orientieren, so van Dyk, auf einen Konsens „über die Notwendigkeit und Existenz konsensualer Lösungsstrategien", und es wird eine Kommunikation über den Konsens und dessen Darstellung in die Wege geleitet (gleich „symbolischer Konsens"). Von dieser Ebene der Übereinkunft müsse aber zu einer materialen Ebene übergegangen werden, zur Bildung eines gemeinsamen Forschungsgegenstandes. „Der Fokus auf die materiale Ebene ermöglicht es […] zu erfassen, inwiefern die symbolische Inanspruchnahme des Gütesiegels Konsens materiell gerechtfertigt ist, inwiefern also […] tatsächlich entsprechende Übereinstimmung(en) zu konstatieren" seien[576], wobei wir zur Würdigung dieses Gedankens aufgerufen sind, mitzudenken, dass besagte „materiale Ebene" in diesem Prozess *erst hergestellt* wird. Um einem solchen Prozess nachzugehen – der Herausbildung einer empirischen Erfahrungsgrundlage, auf die sich alle Parteien gleichermaßen beziehen können –, untersuchte Fujimura, "how scientists negotiated their various […] and often conflicting demands from many audiences in their efforts to construct and solve problems. Scientists juggle and fiddle with one of the practices in order to adjust it to changes in other

574 Wie van Dyk ausführt, sagten „Pragmatismus" so wie „Verantwortung" und „Vernunft" zunächst noch wenig über ihre inhaltliche Fundierung aus, sie seien „leere Signifikanten", die durch ihre Offenheit Differenzen unter dem Schein von Äquivalenz vereinen könnten und so ohne Zwang zu einer *inhaltlichen* Übereinstimmung einen *rhetorischen Konsens bei faktischer Divergenz* ermöglichten. Mit diesem Ansatz beschäftigt sich van Dyk im Hinblick darauf, wie sich ein Konsens in den Positionen von Akteuren bei der Bewältigung arbeits- und wirtschaftspolitischer Probleme in Holland herstellen ließ. Dyk, van: Die Ordnung des Konsenses, loc. cit., S. 219.

575 Engler: Docta Ignorantia. Pierre Bourdieus soziologische Kritik der wissenschaftlichen Vernunft, loc. cit., S. 192. „Künftige Kooperationen setzen die schon erzeugten Invarianten und Synthesen voraus und gewinnen Zeit für gegenstandsbezogene Objektivierung." Ibid.

576 Dyk, van: Die Ordnung des Konsenses, loc. cit., S. 213.

practices in a continuous interactive process. Throughout this continuous process, scientists patch together some coherence among scientific tools, scientific representations of nature, and audience demands."[577] Im Einklang mit diesen Vorstellungen wird angenommen, dass die oben erwähnten Aufrufe zur Harmonisierung des Verhältnisses zwischen den seinerzeit vertretenen Standpunkten zu Anstrengungen ermunterten, die Kluft zwischen den Strömungen nicht nur auf spekulativer, sondern auch auf empirischer Ebene zu überbrücken, zu Anstrengungen, die Vorgänge bewirkten, welche sich mit Fujimura als "particular way of cohering", als "a long process of coherence-making activities"[578] oder mit M.Callon und Latour als "processes of meshing" von aus verschiedenen Forschungsrichtungen herrührenden Daten sowie Techniken der Dateninterpretation und Datenbeurteilung beschreiben lassen.[579]

Es soll nun wenigstens skizziert werden, was denn aus dem "process of coherence-making activities" in der von uns betrachteten Forschungsrichtung herausgekommen war. „Unsere heutigen Kenntnisse über die Grundlagen der Tumorvirologie verdanken wir nicht mehr allein der Suche nach einem ‚Krebserreger' im Sinne der klassischen Mikrobiologie. In den Mittelpunkt des Interesses ist das molekulare Wechselspiel Virus – Zellgenom getreten, indem das onkogene Virus sowohl Agens als auch Produkt sein kann", wie St.Tanneberger et al. in einem 1974 erschienenen Aufsatz darlegen.[580] Es setzte sich die über die ältere Krebsvirusforschung hinausführende Ansicht durch, dass gerade die Tumorvirologie zur Aufhellung der molekularen Basis für das maligne Verhalten von Zellen führen werde. Im Gegensatz zur bakteriellen Virologie, „deren […] Glanzpunkte nun in der Vergangenheit liegen, (hat sie – K.L.) den größten Teil ihres Weges noch vor sich", wie Rubin 1966 ausführte.[581] Zunächst habe „paradoxerweise […] die Entdeckung der Onkogene in den späten 1970er Jahren

577 Fujimura: Crafting Science, loc. cit., S. 208.

578 Ibid., S. 219.

579 Callon/ Latour: Don't Throw the Baby out with the Bath School! – a Reply to Collins and Yearley, loc. cit., S. 4.

580 Tanneberger, St./ Matthes, Th./ Graffi, A.: Grenzen und Möglichkeiten der experimentellen und klinischen Onkologie. – In: Spektrum (Berlin). 5(1974)8, 21–24, S. 24.

581 Rubin, H.: Quantitative Tumor-Virologie. – In: Phagen und die Entwicklung der Molekularbiologie, loc. cit., 277–286, S. 286. „Weil […] Viren viel einfacher gebaut sind, lassen sie sich auch viel leichter untersuchen und verstehen als eine komplexe Zelle." Bishop, J.M.: Krebsgene. – In: Krebs - Tumoren, Zellen, Gene. Mit einem Vorwort von V.Schirrmacher. – In: Spektrum der Wissenschaft: Verständliche Forschung. Deutsche Ausgabe von Scientific American. Heidelberg: Spektrum der Wissenschaft - Verlagsgesellschaft 1990, 52–64, S. 52.

durch zahlreiche nicht bestätigte Berichte über tumorassoziierte Viren fast zum Erliegen der Tumorvirologie als wissenschaftlicher Disziplin geführt." Zu einem Umschwung sei es zu Beginn der 1980er Jahre gekommen, so Harald zur Hausen 2000 in einem Kongressbeitrag.[582] Seitdem gelang es der Tumorvirologie, die genaueren Mechanismen der Geschwulstinduktion durch Viren in einer Reihe von Fällen aufzuklären. In welchem Zusammenhang das Virus zur Geschwulstverursachung steht, konnte nun unter veränderten Voraussetzungen verstanden werden. "The new model of oncogenesis was advantageously substituted for the previous unsuccessful theories, which had emphasized the role of viruses", wie sich Ausführungen M.Moranges entnehmen lässt. "I would like to argue that the most dramatic change that occurred during these crucial years (1975–1985) was not the renunciation of the viral theory of oncogenesis – in fact, in the new model, cancer might also result from a viral infection – but the disappearance of the previous mundane regulatory vision of cancer that was dominant when the oncogene paradigm came into being."[583] Dies beeinflusste auch die Auseinandersetzung um die Rolle von Viren für die Geschwulstbildung beim Menschen. Die Untersuchung von Viren, so J.M.Bishop, „die auf den ersten Blick wenig mit den Belangen des Menschen zu tun hatte, (hat – K.L.) uns wirkungsvolle Instrumente in die Hand" gegeben, „um eine so gefährliche Krankheit des Menschen studieren zu können. Trotz der Niederlagen bei der Suche nach Viren, die für die Entstehung menschlicher Krebserkrankungen verantwortlich sind, ging die Tumorvirologie als Sieger hervor, das Virus gewann in der Krebsforschung die Funktion eines bedeutenden Untersuchungsmodells. Die Frage lautet nun nicht mehr, ob Viren menschliche Krebserkrankungen verursachen (einige Viren sind hier möglicherweise nicht ganz so unschuldig), sondern vielmehr, was uns die Tumorvirologie über die Mechanismen lehren kann, durch die menschliche Tumoren entstehen."[584]

582 Hausen, H. zur: Referat (Kurzfassung), enthalten im Bericht über einen medizinhistorischen Kongress im Deutschen Krebsforschungszentrum in Heidelberg, 18. bis 20. Februar 2000: "100 Years of Organized Cancer Research" (Berichterstatter R.Bröer). – In: Berichte zur Wissenschaftsgeschichte (Weinheim). 24(2001)1, 53–54, S. 54. Hinweis v. Bröer: Bericht über einen internationalen medizinhistorischen Kongress im Deutschen Krebsforschungszentrum in Heidelberg, 18.-20. Februar 2000, loc. cit., S. 54 (ohne weitere Angaben zu diesem Beitrag). Siehe auch Hausen, H. zur: Infections Causing Human Cancer. Hoboken (New Jersey/USA): Wiley - VCH 2007.

583 Morange, M.: From the Regulatory Vision of Cancer to the Oncogene Paradigm. – In: Journal of the History of Biology (Dordrecht). 30(1997)1, 1–29, S. 1.

584 Bishop: Krebsgene, loc. cit., S. 64.

Als Ergebnis der Anstrengungen, die anfangs vor allem nach Maßgabe praktischer, vielleicht darf man auch sagen: „forschungspolitischer“ Erwägungen geknüpften Zusammenhänge zwischen Konzepten verschiedener Forschungsrichtungen nunmehr nach Art „sachverhaltsorientierter Logik des theoretischen Sinns“ zu behandeln, kann das in dieser Zeit aufgekommene *Paradigma der Onkogene* betrachtet werden, in dessen Rahmen geordnete Zusammenhänge zwischen solchen Begriffen wie dem „Gen“, „Virus“, „Krebs“ und „Leben“ festgelegt sind, den Entwicklungsabschnitt hinter sich lassend, wo es nur um die Herausbildung einer hybriden Terminologie gehen konnte.[585] Nach dessen Maßgabe erhöhte sich wiederum der Druck auf Festigung des Zusammenhalts von Erklärungsweisen, die mit den Forschungspraktiken assoziiert waren. Es entstanden neue theoretische Leitlinien, unter deren Voraussetzung Gründe für die Fortführung der Kontroversen entfielen.

Dabei ist die Erörterung des Verhältnisses zwischen Virus und Gen ein besonders wichtiger Baustein bei der Errichtung des Gedankengebäudes in der Tumorforschung gewesen: die Fähigkeit, eine Gewebsneubildung zu bewirken, wurde als ein dieses Verhältnis vermittelnder Bezugspunkt ins Zentrum des Blickfeldes gerückt. P.Karlson (1982) sah das Verbindende der „zahlreiche(n) exogene(n) und endogene(n) Faktoren“ – kurzwellige elektromagnetische Strahlen, chemische Faktoren und Viren – darin, dass sie „eine neoplastische Transformation auslösen können.“ Die hier vorgetragene Hypothese postuliert, dass diesen Faktoren eines gemeinsam ist, nämlich die Aktivierung bestimmter Gene, die auch als Onkogene oder Tumorgene bekannt geworden sind.“[586]

Die Entdeckung, dass die genetische Information, die die Umwandlung von Zellen durch Geschwulstviren bewirkt, auch in normalen Zellen des Gewebes

---

585 Das, was sie miteinander verbunden habe, sei die Struktur der Nukleinsäure. Stanley, W.M.: Penrose Memorial Lecture: On the Nature of Viruses, Cancer, Genes, and Life - a Declaration of Dependence. – In: Proceedings of the American Society (Philadelphia). 101(1957)4, 317–324. Als ein damit vergleichbares Beispiel lässt sich eventuell die Entwicklung der Verhältnisse zwischen Begriffen wie „Atom“, „Gen“, „Bit“ und „Neuron“ verstehen, worin sich eine Konvergenz verschiedener Schlüsseltechnologien herausgebildet hat, die Konvergenz der Nano-, Bio-, Informations- und der Kognitions- bzw. Neurotechnologie. „Für diese vier Technologien hat sich, von den englischen Ausdrücken abgeleitet, die Abkürzung NBIC etabliert, sodass man auch von NBIC-Konvergenz spricht.“ Kogge, W.: Technologie des 21. Jahrhunderts. Perspektiven der Technikphilosophie. – In: Deutsche Zeitschrift für Philosophie (Berlin). 56(2008)6, 935–956, S. 940.

586 Karlson, P.: Wie entstehen Krebszellen? – In: Naturwissenschaftliche Rundschau (Stuttgart). 35(1982)9, 356–365, S. 357.

latent vorhanden ist, und zwar schon vor einer Virusinfektion, war für die Herausbildung des genannten Paradigmas von besonderer Bedeutung. Das Erbgut der normalen Zelle beinhaltet in bestimmten Nukleotidsequenzen zelluläre Onkogene, die auch „Protoonkogene" genannt werden. Teile dieser Sequenzen sind homolog mit Sequenzen von Tumorviren. Zu den besagten Erbanlagen gehören auch so genannte Tumor-Suppressor-Gene, die eine unkontrollierte Zellvermehrung unterdrücken können. In der Krebsforschung ist man nunmehr weitgehend darin übereingekommen, die Geschwulstentstehung auf die Schädigung des zellulären Genoms zurückzuführen, verursacht durch endogene Mechanismen oder durch Einflüsse der Umwelt. Der Ursprung von Krebs lässt sich auf eine einfache Mutation von normalen zellulären Genen und auf einen dadurch bewirkten Mikroevolutionsprozess zurückverfolgen. Das heißt, mit diesem neuen Paradigma wird Krebs als etwas bestimmt, das abhängig ist von strukturellen Modifikationen einer begrenzten Anzahl von Genen, genannt „Onkogene", die auf verschiedenen Wegen zur Wirkung gelangen können, u.a. über direkte Mutation durch ein Virus.

Morange fasst dieses Paradigma als Ergebnis eines Prozesses auf, der sowohl die Umbildung eines kognitiven Feldes als auch die Herstellung eines neuen Objektes einschloss.[587] Ihm ordnet er verschiedene Modelle zur Erklärung des Krebsursprungs zu, die aber, wie er ausführt, im Rahmen des neuen Paradigmas nicht mehr in Konkurrenz zueinander stünden.[588] Von den früheren Krebskonzepten unterscheide es sich schon darin, dass es sich auf eine bestimmte Anzahl von das neue Modell bildenden Hypothesen begrenzen lasse, „in contrast to the abundance of contradictory […] theories and datas on cancer at the end

587 Morange: From the Regulatory Vision of Cancer to the Oncogene Paradigm, loc. cit. S. 9. Vgl. Fujimura, J.H.: The Molecular Biological Bandwagon in Cancer Research: Where Social Worlds Meet. – In: Social Problems (Berkeley/Cal.). 35(1988)3, 261–283. Hier legt Fujimura dar, wie es zwischen Mitte der 1970er und Mitte der 1980er Jahre zur Vorherrschaft einer bestimmten Theorie und Methodik in der Forschung kommen bzw. wie der molekularbiologische Ansatz und die Theorie von „Onkogenen" als etwas, das in erster Linie Krebs verursacht, vorher genutzte epidemiologische, immunologische, ökologische und andere Konzepte verdrängen konnte. Ibid., S. 261, 278. Eine Betrachtung dieses Beitrages findet sich in einem Aufsatz von Strübing. Strübing: Symbolischer Interaktionismus revisited: Konzepte für die Wissenschafts- und Technikforschung, loc. cit., S. 375 f.

588 Morange, M.: A History of Molecular Biology. Cambridge/ Mass.: Havard University Press 1998, S. 221.

of the 1970s."[589] Diese verschiedenen Konzepte "were linked with different research strategies, different disciplines, and different tools. This link was very loose and precluded a clear distinction between schools. Moreover [...], these different conceptions of cancer were not in conflict, and some expressions, such as dysregulation, made it possible to reconcile opposing views."[590] Es lasse wohl durchaus verschiedene Vorstellungen zur und Herangehensweisen an die Tumorbildung erkennen, aber eben nicht so, dass sie sich wechselseitig ausschlössen und gegeneinander vertreten würden. An anderer Stelle kennzeichnet er das neue Paradigma so: Es habe zur Vereinigung verschiedener Vorstellungen geführt, die man zum Krebs gehabt habe, zur Verknüpfung von Konzepten der Molekularbiologie mit Konzepten anderer Disziplinen. Sogar einander entgegengesetzte Vorstellungen vom Krebs seien in diesem neuen Paradigma miteinander in Einklang gebracht, sie seien im neuen Paradigma miteinander vereinigt worden.[591]

Dass mit ihm über Gegensätze von Erklärungen zur Geschwulstherkunft hinausgegriffen wird, formuliert van Helvoort wie folgt: "[...] the oncogene paradigm may be seen as revolutionary because it succeeded in uniting the exogenous and endogenous explanations of cancer in a single paradigm."[592] Die „einstmals hitzige Kontroverse, ob Viren Lebewesen seien oder nicht", wurde, wie J.Lindenmann rückblickend feststellt, „weitgehend gegenstandslos." Viren „enthalten zwar, wie Bakterien, wie wir, ein genetisches Programm, das Mutationen unterworfen ist und damit Anpassungsfähigkeit an wechselnde Umstände ermöglicht. Aber zu ihrer Vermehrung sind sie auf lebende Wirtszellen angewiesen."[593]

Man kann sich vorstellen, dass mit der Entwicklung einer von „Versöhnungsvorschlägen" angeregten Forscherkommunikation ein Weg zu einer Organisation des Verkehrs gebahnt wurde, der – rückgekoppelt an die verschiedenen

589 Morange: From the Regulatory Vision of Cancer to the Oncogene Paradigm, loc. cit., S. 8 f.

590 Ibid., S. 8 (Hervorhebung von K.L.).

591 Morange: A History of Molecular Biology, loc. cit., S. 228 f. Siehe auch Gaudilliére, J.-P.: Cancer. – In: The Cambridge History of Science. Vol. 6: The Modern Biological and Earth Sciences. Hrsg. v. P.J.Bowler und J.V.Pickstone. Cambridge et al.: Cambridge University Press 2009, 486–503, S. 497 f.

592 Helvoort, van: A Century of Research into the Cause of Cancer: Is the New Oncogene Paradigm Revolutionary? Loc. cit., S. 293.

593 Lindenmann, J.: Die Anfänge der Virologie vor hundert Jahren. – In: Naturwissenschaftliche Rundschau (Stuttgart). 48(1995)2, 43–45, S. 45.

Forschungspraxen, instrumentell bedingte Zusammenhänge von zuvor separaten Erfahrungsbereichen herstellend – ein neues Entwicklungspotential für empirische Prozesse freilegte. Zwischen heterogenen Wissenssystemen entwickelte sich ein Verhältnis, der zu „hybriden Agglomerationen", zu „Interferenzzonen zwischen etablierten Fächern mit ihrem bisher wechselseitig exklusiven Methodenkanon" führte.[594] In Worten R.Stichwehs ausgedrückt, der einen solchen Prozess im Hinblick auf das Entwicklungsverhältnis von Physik und Elektrotechnik betrachtet hat, geht es hier um einen „Interpenetrationsvorgang", wofür die Instrumenten- bzw. Experimentiertechnik als „Interpenetrationszone" fungiert.[595]

Wenigstens lässt sich so eine Vorstellung dazu gewinnen, wie es in einem Prozess unter den skizzierten Voraussetzungen dazu kommen konnte, dass die Krebsforscher zu einem gemeinsam vertretenen Konzept gelangten, dessen Basis von ihnen einhellig als sachlich fundiert verstanden wurde, wie es gelingen konnte, ausgehend von einer hybriden Gestalt dessen, wovon sie ausgegangen waren, die Phänomene neu und anders als zuvor zu erfassen und den Gegenstand von Auseinandersetzungen neu zu konstituieren.[596]

So hatten die von den Akteuren durchgestandenen Streitigkeiten schließlich zu einem Konsens in den Auffassungen geführt, zu dessen wissenschaftlicher Würdigung nicht bedacht werden musste, dass sie ja zuvor auf eine Harmonie im Verhältnis von einander widerstreitenden Konzepten hingearbeitet hatten, was zu Veränderungen der gegeneinander verfochtenen Standpunkte geführt hat. Zuvor mussten sich erst Interessen von mit dem Krebsproblem befassten Medizinern an Entwicklungen in der experimentellen Vererbungsforschung, in der organischen Chemie und auf anderen Gebieten und – vice versa – Interessen

594 Diese Formulierung habe ich einem Text entnommen, der „Ziele, Programm und Struktur des Graduiertenkollegs ‚Die Figur des Dritten'" zum Inhalt hat. Universität Konstanz. http://www.uni-konstanz.de/figur3/prg4.htm. Konstanz 2014, 1–10, S. 10.

595 Stichweh, R.: Wissenschaftliche Instrumente und die Entwicklung der Elektrizitätslehre. – In: Kölner Zeitschrift für Soziologie und Sozialpsychologie (Opladen). 40(1988)4, 684–705, S. 702. Es bilden sich "Experimentalkulturen" heraus, die, so Rheinberger, „ebenso wenig homogene Räume wie die Experimentalsysteme" seien, „aus denen sie bestehen. Sie sind ebenso zusammengestückelt und gebastelt wie diese. Zusammengehalten werden sie durch eine besondere Art Kitt: durch eine materiale, nicht eine institutionell formalisierte Wechselwirkung: durch epistemische, nicht durch im engeren Sinne theoretische Kompatibilität." Rheinberger: Experimentalsysteme und epistemische Dinge, loc. cit., S. 150.

596 In Anlehnung an Kray ausgeführt. Kray: Metapher und Sozialwissenschaftliche Terminologie, loc. cit., S. 115.

von Genetikern, organischen Chemikern usw. an Entwicklungen in der Krebsforschung herausbilden. Sie sind nicht von vornherein gleichgerichtet gewesen, hervorgerufen durch „objektive" Problemstellungen. Es lief nicht von vornherein auf das Gleiche hinaus, wenn Virusforscher das Virus dem Gen und wenn Genetiker das Gen dem Virus ähnlich sahen, die daran die Hoffnung knüpften, dass die Erforschung von Viren einen neuartigen Zugang zum Gen-Problem eröffnen könnte[597], während Tumorforscher, die sich mit Krebsviren befassten, vermuteten, dass sich mit der Erforschung von Genen ein neuer Zugang zu ihrem Objekt finden lasse.

Nachträglich werden Ambivalenzen und Vielschichtigkeiten, die in den Kontroversen offengelegt wurden, ausgeblendet. Das neue Wissen bietet sich nunmehr als Wiederherstellung einer in der Natur begründeten Einsicht dar. Es wird eine historische Kontinuität konstruiert, die die Geltung dessen, worin man sich nunmehr einig ist, von der Genese dieser Einmütigkeit abkoppelt. „Das heißt, rückwirkend wird dann das, was nunmehr gilt", so Rehberg, „von den Entstehungszusammenhängen und ursprünglichen Veranlassungen [...]" abgehoben. Dem Vergangenen wird die Kontingenz genommen, so dass die hergestellte Ordnung als eine Verkettung von Notwendigkeiten erscheint.[598] Der nun bestehende

597 Schon in den 1920er Jahren äußerte Muller, dass Eigenschaften von Genen und Viren miteinander übereinstimmten, worauf er eine solche Hoffnung gründete. Muller, H.J.: Variation due to Change in the Individual Gene. – In: The American Naturalist (Chicago). 56(1922)642, 32–50. 1936 äußerte er die Vermutung, dass das Gen das Äquivalent zu einem Proteinmolekül sei. Id.: Physics in the Attack on the Fundamental Problems of Genetics. – In: Scientific Monthly (New York). 44 (1936), 210–214.

598 Rehberg: Institutionen als symbolische Ordnungen. Leitfragen und Grundkategorien zur Theorie und Analyse institutioneller Mechanismen, loc. cit., S. 64. „Erkenntnis" lässt sich nun so denken, als ginge es hierbei darum, etwas zu erfassen, das schon vor dem Akt des Erkennens vorhanden ist, so dass dann auch die Tätigkeit des Erkennens selbst keinen Einfluss auf die Beschaffenheit des Erkannten hätte. Siehe Glazersfeld, E. von: Abschied von der Objektivität. – In: Das Auge des Betrachters. Beiträge zum Konstruktivismus. Festschrift von Heinz von Foerster. Hrsg. v. P.Watzlawik und P.Krieg. München - Zürich: Piper 1991, S. 18.

Konsens stellt sich als Resultat eines erfolgreich absolvierten Lernprozesses dar. Es entsteht eine, so van Dyk, „rückwirkende Konsensfiktion".[599]

599 Dyk, van: Die Ordnung des Konsenses, loc. cit., S. 224. „Die Einzelheiten der Geschichte, die ausweisen, wie Begriffe im praktischen Leben und in komplizierten technisch-experimentellen und theoretisch-argumentativen Handlungen gebildet wurden, [...] gehören in einen Wissenszusammenhang, der mit dem Forschungsergebnis mehr oder weniger grundlegend verändert wird. Sich ihrer zu erinnern wäre aufwendig, denn er setzt die reflektierende Rekonstruktion voraus, eine geistige Anstrengung, die für die Bewältigung der Alltagsprobleme nutzlos ist und der einzelwissenschaftlichen Forschung nur in [...] Situationen revolutionärer Umbrüche behilflich sein kann." Läsker, L: Das Realismusproblem in der Diskussion über „Bedeutungen". Hilary Putnams Wende. – In: Objekt- und Selbsterkenntnis, loc. cit., 83–106, S. 85. Die ältere Geschichtsschreibung blendet die nichtkumulative Fortschrittsform aus und stellt den wissenschaftlichen Fortschritt *notwendigerweise* als ein rein kumulatives Geschehen dar. Ihre methodische Anlage „lässt gar kein anderes Ergebnis zu [...] Die Fortschrittskonzeption [...] darf nicht durch die methodische Anlage der Historiographie bereits vorbestimmt sein, sondern muss das Ergebnis der historischen Forschung selbst sein", so Hoyningen-Huene, bezugnehmend auf das Geschichtsverständnis Thomas S.Kuhns. Hoyningen-Huene, P.: Thomas S. Kuhn und die Wissenschaftsgeschichte. – In: Berichte zur Wissenschaftsgeschichte (Weinheim). 24(2001)1, 1–12, S. 9. Zur Geschichte der ökonomischen Wissenschaft führt Engels aus, sie sei oft „sprungweise und im Zickzack" gegangen. Wollte man ihr in der Darstellung folgen, so würde man „viel Material von geringer Wichtigkeit" aufnehmen. Der „Gedankengang (müsste) oft unterbrochen werden." Deshalb sei „die logische Behandlungsweise [...] allein am Platz [...] Diese aber ist in der Tat nichts anderes als die historische, nur entkleidet [...] der störenden Zufälligkeiten." Engels, F.: Karl Marx „Zur Kritik der Politischen Ökonomie". – In: K. Marx/ F.Engels, Werke, Band 13. Berlin: Dietz Verlag 1961, S. 474.

11. Die Entstehung von wissenschaftlich Neuem im Verhältnis zur Reproduktion des Bestehenden

„Was […] von vornherein den schlechtesten Baumeister vor der besten Biene auszeichnet, ist, dass er die Zelle in seinem Kopf gebaut hat, bevor er sie in Wachs baut. Am Ende des Arbeitsprozesses kommt ein Resultat heraus, das beim Beginn desselben schon in der Vorstellung des Arbeiters, also schon ideell vorhanden war. Nicht dass er nur eine Formveränderung des Natürlichen bewirkt; er verwirklicht im Natürlichen zugleich seinen Zweck, den er weiß, der die Art und Weise seines Tuns als Gesetz bestimmt und dem er seinen Willen unterordnen muss“, heißt es bei Marx.[600] Hier ist nicht einfach von „Individuen“ die Rede, sondern gemeint ist jemand, der über einen Begriff zur Zelle verfügt, was ihn befähigt, real verschiedene Dinge bzw. Erscheinungen gleichermaßen als Zelle zu identifizieren und etwas mit dem Wachs zustande zu bringen, worin sich wiederum etwas Zellförmiges erkennen lässt, was also mit dem vorausgesetzten Begriff übereinstimmt. Es ist für ihn Bedeutungsträger, Repräsentant von Gegenstände umfassenden Gesamtheiten. Nur dies erklärt ja auch erst, dass der „Baumeister“ das Handlungsergebnis ideell vorwegzunehmen vermag. Man missverstünde diese Aussage, folgerte man daraus, Arbeit sei schlechthin mit zielabhängiger Tätigkeit gleichzusetzen, wie sie einem Individuum, das nach vorausgesetzten Konzepten agiert, zugestanden wird: Der Gegenstand der Tätigkeit erscheint als etwas, das „aus dem konkreten Begriff der Arbeit ausgeschlossen wird und den Status einer der Arbeit äußerlichen Bestimmung erhält“, wie P.Ruben und C.Warnke hervorheben.[601] Ausgegangen wird hier von der Innenperspektive des

600 Marx: Das Kapital. Kritik der Politischen Ökonomie. Erster Band, loc. cit., S. 193.

601 Dann könne der wiederherzustellende Zusammenhang der Tätigkeit mit dem Gegenstand „nur teleologisch vermittelt sein. Gegenständliche Tätigkeit kann sich unter dieser Voraussetzung nur als auf Objekte gerichtete Tätigkeit darstellen.“ Ruben, P./ Warnke, C.: Arbeit -Telosrealisation oder Selbsterzeugung der menschlichen Gattung? – In: Deutsche Zeitschrift für Philosophie (Berlin). 27(1979)1, 20–30, S. 22. Vgl. Arendt: Vita activa oder Vom tätigen Leben, loc. cit., S. 441 f. Siehe auch Habermas, J.: Erläuterungen zum Begriff des kommunikativen Handelns (1982). – In: Denken, das die Welt veränderte. Schlüsseltexte der europäischen Geistes- und Wissenschaftsgeschichte. Band 2: Vom 18. Jahrhundert bis zur Gegenwart. Hrsg. v. R.G.Renner. Freiburg i.Br. – Basel – Wien: Verlag Herder 1991, 348–369, S. 349 f.

Handelnden. Das Verständnis von Arbeit muss aber auch Herkunft und Genese der Ziele und der die Akteure leitenden Vorstellungen sowie die Produktion des Handlungsgegenstandes erhellen.[602]

Um dieser Anforderung auch im Hinblick auf den Begriff der Forschungsarbeit nachzukommen, muss darüber hinausgegangen werden, was im Rahmen des Kuhnschen Konzeptes mit dem Begriff der „normalen" Wissenschaft gemeint ist. Kuhn sieht darin ein „höchst kumulatives Unternehmen"[603], wo es allein um „Präzisierung oder Ausdehnung eines alten Paradigmas"[604], um Sicherung und Verfeinerung der „Übereinstimmung der Forschungsgegenstände mit der vorausgesetzten Theorie […]" geht.[605] Kaum irgendwelche Forschungen auch der größten Wissenschaftler geschähen in revolutionärer Absicht.[606] Ziel der normalen Wissenschaft sei es nicht, fundamentale Neuigkeiten aufzudecken, nach neuen Phänomenen zu suchen, die sich mit gegebenen Theorien nicht vereinbaren ließen. Vielmehr sei sie „auf die Verdeutlichung der vom Paradigma bereits vertretenen Phänomene und Theorien ausgerichtet."[607] Die Frage, ob Ergebnisse

602 Es ist dann auch keine *Arbeit* vollbracht worden. Diese Argumentation stellt sich einem Arbeitsbegriff entgegen, der allein als zielgesteuertes, instrumentell ausgerichtetes Handeln bestimmt ist. Siehe Läsker, L.: Neue Forschungsrichtungen - reproduktions-, kulturtheoretische Aspekte. Bedingungen für die Entstehung und Entwicklung neuer Forschungsrichtungen, loc. cit., S. 9. Siehe auch Arendt: Vita activa oder Vom tätigen Leben, loc. cit., S. 196.

603 Kuhn: Die Struktur wissenschaftlicher Revolutionen, loc. cit., S. 133.

604 Ibid., S. 119. Später verwandte Kuhn anstelle des Paradigmabegriffs den der „disziplinären Matrix", unter deren Voraussetzung verschiedene Wissenschaftler zu einer einheitlichen Gruppe zusammengeschlossen sind. Siehe Kuhn, Th.S.: Bemerkungen zu meinen Kritikern. – In: Kritik und Erkenntnisfortschritt. Hrsg. v. I. Lakatos und A.Musgrave. Braunschweig: Vieweg 1974, 223–69, S. 263. Id.: Second Thoughts on Paradigms. – In: The Essential Tension, loc. cit., 293–319, S. 293 ff. Vgl. Mormann: A Place for Pragmatism in the Dynamics of Reason? Loc. cit., S. 33: Der Autor verweist auf pragmatische Gesichtspunkte der Kuhn'schen Paradigmabestimmung. Vielleicht lassen sie sich als etwas betrachten, das eine frühe Stufe in der Entwicklung dessen kennzeichnet, wonach sich die Mitglieder einer wissenschaftlichen Gemeinschaft in ihrer Forschungstätigkeit orientieren, als etwas, dessen Gewicht für die Legitimierung von Wissensansprüchen sich dann später zugunsten einer theoretischen Geordnetheit in der Bewertung von Ansprüchen vermindert.

605 Siehe Kuhn: Die Funktion des Messens in der Entwicklung der physikalischen Wissenschaften, loc. cit., S. 267.

606 Kuhn, Th.S.: The Essential Tension. Tradition and Innovation in Scientific Research. – In: The Essential Tension, loc. cit., 225–239, S. 233.

607 Id.: Die Struktur wissenschaftlicher Revolutionen, loc. cit., S. 45.

eines Versuches von wissenschaftlicher Bedeutung sind, wird der Experimentator nur dann bejahen dürfen, wenn sich die Resultate in eine Folgebeziehung zu in herkömmlichem Wissen verankerten Erwartungen setzen lassen, wonach er seine Versuche bzw. Beobachtungen auszurichten pflegt. Von gelungenen Versuchen wird zunächst nur im Falle solcher Resultate gesprochen, die wenigstens annähernd vorausgesehen werden konnten.

Worum es Forschern geht und was sie sich vornehmen, ist die Umformung vorgefundener Forschungsinhalte in Resultate, die der „Präzisierung oder Ausdehnung" bestehender Konzepte und Verfahrensweisen dienlich sind. Sofern sich die Befunde ihren Erwartungen entziehen, wird erforscht, was es sein könnte, das die Erzielung erwartungsgetreuer Befunde nicht zugelassen hat. Zunächst wird man dies als unerwünschte Störmomente auszugrenzen oder wenigstens abzuschwächen geneigt sein. Nicht selten werden Entdeckungen von etwas Neuem zunächst missachtet bzw. als Effekte misslungener Versuche denunziert. Oder man wird die Konzepte soweit modifizieren und ergänzen, dass sich diese mit den Befunden vereinbaren lassen, woraus nichts Neuartiges hervorgeht, das die überkommenen theoretischen und methodischen Voraussetzungen wissenschaftlicher Betätigung in Frage stellen würde. Die Frage, ob es im Falle erwartungswidriger Forschungsresultate nötig sein könnte, den theoretischen Weg, den man im Forschungsprozess zur Erlangung derselben beschritten hatte, zu verlassen und einen neuen Weg zu suchen, stellt sich nicht sogleich.

Erkenntnisfortschritte, die über bloße Konsolidierung und Ausdehnung von bereits Gewusstem hinausgreifen, sind nur möglich, wenn es etwas gibt, das der „Beharrungstendenz" wissenschaftlicher Betätigung[608] entgegenwirkt, das den Reproduktionskreislauf durchbricht und somit einen Weg hin zu erneuter Differenzierung zwischen Subjekt und Objekt, zwischen Handlungsvermögen und Gegenständlichkeit eröffnet. Dies ist der Fall, wenn Anomalien, „hartnäckige Diskrepanzen"[609] (Reproduktionsfehler, die nicht kompensierbar sind) aufkommen, Erklärungsprobleme, die zur Unterminierung disziplinärer Gewissheiten führen, weil sie sich nach deren Maßgabe nicht bewältigen lassen und dazu motivieren, andere Erklärungen zu erwägen, andere Konzepte, hierbei den Pfad verlassend, auf dem man nur zu bloßen Modifikationen jenes theoretischen Wissens hingeführt wird, wovon man zuvor ausgegangen war. Auf diesem Wege lernen

608 Siehe Fleck: Entstehung und Entwicklung einer wissenschaftlichen Tatsache, loc. cit., S. 40 ff., 53.

609 Kuhn: Die Funktion des Messens in der Entwicklung der physikalischen Wissenschaften, loc. cit., S. 279.

Wissenschaftler, die Wirklichkeit auf andere Weise zu sehen, als sie es vorher gewohnt waren.

„[…] die Erzeugung von Neuem, die Transformation, aus der der geschichtliche Prozess besteht, (ist – K.L.) an die Bedingung der Krise gebunden. Krise und Neuerung bedingen einander, u.a. deshalb, weil die Autonomie der Lebenspraxis sich erst in der Krise manifestiert und materialisiert", wie U.Oevermann ausführt. Die unmittelbare Erfahrung sei „erst als Krisenerfahrung zugleich eine Erfahrung der Unmittelbarkeit als solche. Das in die Krise geratene Alte stellt plötzlich eine objektive Bedingung für die Lösung des Problems dar, das es zugleich konstelliert. Aber es determiniert die Lösung nicht, sonst wäre die Krise gar nicht erst eingetreten."[610] Wir nähern uns diesem Gedanken, indem wir plausibel machen, dass sich Neuerungen nicht unberührt davon herausbilden, worauf die „normale" wissenschaftliche Arbeit abzielt, also auf Bewahrung, auf Verteidigung bzw. Verfeinerung dessen, was bereits an Wissen vorliegt. Eine unerwartete Entdeckung (eine „unmittelbare Erfahrung"), der die Isolation einer Anomalie entspricht, kann, Kuhn folgend, nur solchen Forschern gelingen, die „ihre Apparate wie auch das theoretisch geforderte Verhalten der Natur gut kennen."[611] Nur jene, „die in der herrschenden wissenschaftlichen Tradition fest verwurzelt sind", könnten auch „mit dieser zu brechen und eine neue zu schaffen Aussicht haben."[612] Und an anderer Stelle: "With or without tests, a puzzle-solving tradition can prepare the way for its own displacement."[613] Lorenz Krüger greift diesen

610 Oevermann, U.: Genetischer Strukturalismus und das sozialwissenschaftliche Problem der Erklärung des Neuen. – In: Jenseits der Utopie. Theoriekritik der Gegenwart. Hrsg. v. St. Müller-Dohm. Frankfurt a.M.: Suhrkamp 1991, 267–335, S. 314 f.

611 Kuhn, Th.S.: Die historische Struktur wissenschaftlicher Entdeckungen. – In: Thomas S. Kuhn. Die Entstehung des Neuen. Studien zur Struktur der Wissenschaftsgeschichte, loc. cit., 239–253, S. 247.

612 Id.: Die grundlegende Spannung: Tradition und Neuerung in der wissenschaftlichen Forschung, loc. cit., S. 310. Normale Forschungsaufgaben seien „Tätigkeiten, mit denen alle Wissenschaftler, auch die größten, den überwiegenden Teil und viele ihr ganzes Leben zubringen. Offensichtlich ist es weder beabsichtigt noch wahrscheinlich, dass dabei grundlegende Entdeckungen oder revolutionäre Veränderungen der wissenschaftlichen Theorie herauskommen […]" Doch habe immer wieder „der fortgesetzte Versuch, eine anerkannte Tradition zu verdeutlichen, schließlich zu einer jener Wandlungen der grundlegenden Theorien, der Problemgebiete und der wissenschaftlichen Maßstäbe geführt, die ich als wissenschaftliche Revolution bezeichnet habe." Ibid., S. 317 f.

613 Id.: Logic of Discovery or Psychology of Research? – In: Criticism and the Growth of Knowledge. Hrsg. v. I.Lakatos und A.Musgrave. Cambridge/ Mass.: Cambridge University Press 1970, 1–23, S. 6.

Gedanken mit folgenden Worten auf: „Je mehr sich der Erfolg glücklich gegriffener Paradigmata in Disziplinen oder Subdisziplinen verfestigt, desto gründlicher sind Abschirmungen von anderen Problemen und Paradigmen verankert. Wiederum darf man sich an Thomas Kuhn erinnern, der – freilich in monodisziplinärer Perspektive – ausgeführt hat, wie gerade das, was paradigmageleitete ‚normale' Forschung so erfolgreich macht, eben das nämliche ist, was sie unaufhaltsam in die nächste Krise steuert."[614]

Ein Beispiel aus der Geschichte der Bakteriologie! Nach Maßgabe des Pasteur-Kochschen Konzeptes galt es, Reinkulturen von Bazillen zu züchten und darüber theoretisch vorgesehene Effekte durch Übertragung auf lebendes Material zu erzielen. Die Kochschen Methoden erlaubten „das zielbewusste [...] Herausfinden geeigneter Tierarten für experimentell zu erzeugende Infektionen, die Trennung der verschiedenen Mikroorganismen in den Krankheitsprodukten durch Züchtung auf festen Nährböden, die Ausscheidung derjenigen Mikroorganismen, welche für das Zustandekommen des spezifischen Charakters der Krankheit unwesentlich sind, die künstliche Zeugung der mutmaßlichen Krankheitserreger in Reinkultur und das genaue morphologische Studium derselben, endlich die willkürliche Erzeugung einer Infektion durch die Reinkulturen des parasitären Erregers", wie 1894 von Emil von Behring dargetan.[615] Weil sich auf diesem Forschungsfeld, so Fleck, ein „starrer [...] Denkstil (herausgebildet hatte – K.L.)", und „da man nur eine streng orthodoxe Methode anerkannte", sei man auf Abweichungen der Züchtungsergebnisse vom Erwarteten, also auf alle sekundären Veränderungen der Kulturen, die den Ausgangspunkt der Variabilitätslehre im neuen Stile bildeten, zunächst kaum aufmerksam geworden oder sie seien als technische Fehler geahndet worden. Nach besagter Methode „erhielt man sehr eng-gleichmäßige Befunde." Man habe im Allgemeinen „nur ein je 24-Stunden-Umimpfen der Kulturen verwendet, ganz frische, etwa 2–3 Stunden alte Kulturen und sehr alte (etwa 6 Monate alte) hielt man für nicht untersuchungswürdig." Erst Beobachtungen M.Neissers und R.Massinis (1906) zur Variabilität eines Koli-Stammes habe man ernst genommen. Sie hätten, vom Dogma abweichend, Kulturen sowohl nach 24 Stunden als auch nach einigen Jahren untersucht. Das, was sie beobachtet hätten, sei dann später nicht als „Variabilität [...], sondern

614 Krüger: Einheit der Welt - Vielheit der Wissenschaft, loc. cit., S. 119.

615 Behring, E. von: Die Bekämpfung der Infektionskrankheiten. Leipzig: G.Thieme 1894. Zitiert n. Zeiss, H./ Bieling, R.: Behring. Gestalt und Werk. Berlin: Bruno Schultz Verlag 1941, S. 31 (ohne Seitenangabe).

als Bakteriophagenwirkung" aufgefasst worden.[616] Die bakterielle Variabilität war eben zuvor noch ohne wissenschaftliche Bedeutung gewesen, man hatte sich ihr gegenüber abgeschirmt, galt es doch, Bakterien als Erreger zu *identifizieren*, wofür die Stabilität der morphologischen Merkmale unterstellt werden und der experimentelle Zugriff zu den Kulturen so eingerichtet sein musste, dass sich der Variabilität besagter Merkmale wirksame Sperren entgegensetzen ließen, wozu es eben gehörte, vorgeschriebene Grenzen des Kulturen-Alters zu respektieren. Man wurde nur „fixer Arten" gewahr, „da man eine begrenzte fixe Methode ihrer Untersuchung anwandte."[617] Nun hielten sich Neisser und Massini jedoch nicht an besagte Grenzen, und man muss sich fragen, wieso sie die Festlegungen missachtet hatten.[618] Wenn es sich auch nicht so ohne weiteres belegen lässt, so kann doch folgendes der Fall gewesen sein: Oftmals mussten zur Begegnung von Massenerkrankungen oder in Kriegszeiten notgedrungen auch Kulturen zur Impfstofferzeugung genutzt werden, die eigentlich noch zu frisch oder schon zu alt waren.[619] Über das Alter der verwendeten Kulturen wurden in

616 Fleck: Entstehung und Entwicklung einer wissenschaftlichen Tatsache, loc. cit., S. 122 f. Siehe auch Gildemeister, E.: Weitere Mitteilungen über Variabilitätserscheinungen bei Bakterien, die bereits bei ihrer Isolierung aus dem Organismus zu beobachten sind. – In: Centralblatt für Bakteriologie, Parasitenkunde und Infektionskrankheiten (Jena). Abt.I., Orig., 79(1917)2, 49–62, S. 54 ff.: Er ermittelte, dass sich auf Stuhlausstrichplatten in manchen Fällen eine bei den verschiedenen Bakterienarten in ihren Hauptmerkmalen übereinstimmende Gruppe von unregelmäßig gestalteten Kolonien bildete. Einzelne Formen dieser Gruppe schlugen bei der Weiterzucht ständig ineinander um und spalteten Normalformen ab. Er sah es nach Bekanntwerden der 1917 gelungenen Entdeckung des Phagen – einer bakterienauflösenden bzw. -verändernden Substanz, die sich in beliebig langen Reihen weiter übertragen ließ –, als erwiesen an, dass dieses Phänomen in das Gebiet der Variabilitätserscheinungen gehöre. Siehe Twort, F.W.: An Investigation on the Nature of Ultramicroscopic Viruses. – In: The Lancet (London). 2(1915), 1241–1243. D'Herelle, F.: Das bakteriophage Virus. Seine Rolle in der Immunität. – In: Zeitschrift für ärztliche Fortbildung (Jena). 18(1921), 664–667.

617 Fleck: Entstehung und Entwicklung einer wissenschaftlichen Tatsache, loc. cit., S. 122.

618 Neisser, M.: Die Mutation nach de Vries bei Bakterien. – In: Centralblatt für Bakteriologie, Parasitenkunde und Infektionskrankheiten (Jena). 38(1906), Abt.I, Referate, 98. Massini, R.: In biologischer Beziehung interessierender Kolibacillen-Stamm (Bacterium coli mutabile). – In: Archiv für Hygiene (Leipzig - München). 61(1907), 250–292. Siehe auch Bernhardt, G.: Über Variabilität pathogener Bakterien. – In: Zeitschrift für Hygiene und Infektionskrankheiten (Berlin et al.). 79(1915)2, 179–248.

619 Siehe Gutfeld, F. von: Über Fachausdrücke in Bakteriologie und Serologie. – In: Zeitschrift für ärztliche Fortbildung (Jena). 20(1923)4, 110–114, S. 111. Vgl. Hüntelmann,

den Veröffentlichungen auch häufig keine näheren Angaben gemacht.[620] Die infolge der häufigen Verletzung jener Vorschrift ins Blickfeld gelangte Variabilität mag dann einige Forscher veranlasst haben, sie als untersuchungswürdigen Faktor anzuerkennen – so ließen sich ja auch Abweichungen vom Schema rechtfertigen. Die Fragestellungen zu Variabilitätserscheinungen der Bakterien und deren Zusammenhang mit allgemeinen biologischen Problemen (Erörterung belebten Eiweißes, Möglichkeit der Entstehung neuer Arten) führten schon über die traditionelle Bakteriologie hinaus. Neisser und Massini „fanden, dass innerhalb der Kolonie nach einigen Tagen Knöpfe wachsen, die modifizierte Keime enthalten. Die Knopfimpfungen wurden bald beliebter Untersuchungsgegenstand, mit ihnen auch andere sekundäre Wachstumserscheinungen in den Kolonien der Bakterien."[621] Mitunter war man wohl schon vorher auf die bakterienauflösende und -verändernde Erscheinung gestoßen, die der Identifikation der Bakterien häufig „Schwierigkeiten" bereitete. Zunächst wurden sie aber „teilweise auf äußere Schäden zurückgeführt [...], z.B. (auf – K.L.) Abkühlung [...]", wie R.Otto und H.Munter in einem Rückblick auf die seinerzeit bestehende Forschungssituation

A.C.: The Dynamics of *Wertbestimmung*. – In: Science in Context (Cambridge/ U.K.). 21(2008)2, 229–252, S. 244 ff.: Der Autor schildert die Lage der Ämter, die für Serumproduktion und -testung während des 1. Weltkrieges zuständig waren, aber unter den kriegswirtschaftlichen Bedingungen dafür geltende Standards nicht mehr einhalten konnten, wobei man nicht nur bei der Altersbegrenzung der Kulturen recht lax zu verfahren sich genötigt sah. Die Aufgaben mussten mit weniger Mitarbeitern bei sinkender Qualität der Wirts- und Versuchstiere gemeistert werden, die man nicht mehr unter exzellenten hygienischen Bedingungen halten konnte. Anstelle der Pferde, Rinder und Schafe wurden auch andere Tierarten zur Gewinnung von Diphtherie-Serum verwendet, auch wenn diese weniger wirksames Serum erzeugten. Die Serumprüfung musste auch beschleunigt werden. Tetanus-Serum wurde früher nur in kleinen Mengen und nach strengen Maßstäben geprüft. Doch nun nahm der Umfang des zu Prüfenden enorm zu, das man für vorbeugende Immunisierung Verwundeter benötigte, und es wurde schließlich bereits nach einer eher laschen Kontrolle zugelassen. Vgl. Stukenbrock, K.: Der Krieg in der Heimat: „Kriegsamenorrhoe" im Ersten Weltkrieg. – In: Medizinhistorisches Journal (Stuttgart). 43(2008) 3+4, 264–293.

620 Dies wurde u.a. von Lehmann 1917 kritisiert. Er verwies auf den Zusammenhang zwischen dem Alter der Kultur, unterschiedlichen Wachstumsgeschwindigkeiten der verschiedenen Stämme und der Variationsbreite. Lehmann, E.: Zur Kenntnis des Paratyphus A II. Das Verhalten und die Variabilität des B.parathyphosus A in Manitnutroselösung. – In: Centralblatt für Bakteriologie, Parasitenkunde und Infektionskrankheiten (Jena). Abt.I., Orig., 79(1917)2, 97–113, S. 111.

621 Fleck: Entstehung und Entwicklung einer wissenschaftlichen Tatsache, loc. cit., S. 123.

in der Bakteriologie dartun.[622] F.Hoder führte darauf (im Jahre 1932) „eine beträchtliche Komplikation der Bakteriologie und […] ein endgültiges Durchbrechen ihrer allzu starren Systematik“ zurück, „die dank der Mutationsforschung ohnehin […] ins Wanken gekommen ist und bedenkliche Lücken aufweist.“ Sie sei am Widerstand der Natur gescheitert, die keine Schematisierung dulde.[623]

Wissenschaftler arbeiten ungewollt der nächsten Krise zu, indem sie ihre Energie darauf verwenden, die gegebenen Anforderungen umfassender und produktiver als zuvor zu bewältigen, um die Konsolidierung voranzutreiben, worauf sie umso mehr drängen müssen, je umfangreicher, detaillierter oder praxisnäher die Anforderungen sind, die sich ihnen stellen, Anforderungen beispielsweise, die dazu nötigen, die Datenerfassung zu erweitern, zu verfeinern oder die Messgenauigkeit zu erhöhen. Dies ist es vor allem, weswegen auch die Mittel verändert werden. Verändert werden sie zu dem Zwecke – so Kuhn –, „eine vernünftige Übereinstimmung zwischen Theorie und Natur“ zu sichern und zu verfeinern.[624] Da das Kriterium dessen, was als „vernünftige Übereinstimmung“ gilt, „auch im besten Fall […] nicht schärfer sein kann als die Messgenauigkeit der verwendeten Instrumente“[625], muss die Verfeinerung, Präzisierung des Paradigmas in vervollkommneten, spezialisierten Mitteln wurzeln. Verfeinerung des Spezialistentums, Beschränkung auf bzw. Verlagerung der Forschungsschwerpunkte u.a.m. sind es, die zur Produktivitätserhöhung beitragen sollen. Diesem Prozess müssen die Techniken angeglichen, sie müssen Veränderungen in der Art und Weise ihres Einsatzes angepasst werden, die eintreten, wenn sich die Forscher, die sich der Geräte bedienen, spezialisiert haben oder wenn sie den Anwendungsbereich der Technik ausdehnen. Das heißt, es ist nötig, die experimentellen und Beobachtungstechniken veränderten Gebrauchsweisen anzugleichen.[626] Damit werden aber die Wechselwirkungen zwischen verfahrenstechnischen Bedingungen und dem Untersuchungsgegenstand beeinflusst, es kann dazu kommen, dass von den

---

622 Otto, R./ Munter, H.: Bakteriophagie. – In: Handbuch der pathogenen Mikroorganismen, Bd. 1. Jena: Gustav Fischer 1928, S. 422.

623 Hoder, F.: Bakterienveränderung durch Bakteriophagenwirkung. Jena: Gustav Fischer 1932, S. 100 f.

624 Kuhn: Die Struktur wissenschaftlicher Revolutionen, loc. cit., S. 267.

625 Ibid., S. 260.

626 “The history of instruments shows that a general approach to improve the reliability of an instrument is to narrow its application scope, that is, to make it special for a limited range of subjects […] the proliferation of instruments provides a material base for the specialisation of science.” Chen: Thomas S. Kuhn’s Latest Notion of Incommensurability, loc. cit., S. 271.

unerschöpflichen Reaktionsmöglichkeiten der Forschungsobjekte auf die technischen Bedingungen andere als die theoretisch erwarteten und bislang praktisch beherrschten realisiert werden.[627]

Mit den oben angedeuteten Veränderungen reagieren Messgeräte sensibler auf Erscheinungen, die für das Messvorhaben irrelevant waren, empfindlicher etwa auf Unterschiede untersuchter Materialien oder auf Unterschiede in der Herkunft der Gegenstände, gegenüber denen sich die Techniken zuvor indifferent verhalten hatten. So kommen neue Probleme auf, deren Behandlung weitere Eingriffe in die Techniken erheischt, um nicht beabsichtigte Effekte wenigstens unter Kontrolle zu halten. Damit treten weitere Veränderungen im Verhältnis zwischen Gerät und Objekt ein, was erneut zu entsprechenden Maßnahmen nötigt usf. Auf diesem Wege kommt es schließlich zu nicht mehr kompensierbaren „Störungen" des Reproduktionszirkels, zu etwas, das sich nicht in gewohnter Weise erklären lässt.

So verhielt es sich auch im Hinblick auf die Entdeckung filtrierbarer Tumoragenzien. Man stieß auf ganz neue Probleme, als man über weiterentwickelte Techniken verfügte, u.a. über Filterkerzen mit soweit verfeinerten Poren, dass sich Zellen nicht mehr durch dieselben pressen ließen und man auf die tumorinduzierenden Filtrate stieß. Ursprünglich hatte man in der Bakteriologie Papierfilter verwendet. Mit solchen Filtern ließen sich nur grob ausgefällte Substanzen von einer Flüssigkeit trennen. Mikroben wurden auf diese Weise aber nicht zurückgehalten, die man seit der Mitte des 19. Jahrhunderts als Erreger von Gärungsvorgängen und von Infektionskrankheiten kennen gelernt hatte. Sie waren zu klein. 1871 kam E.Klebs darauf, als Filtermaterial feinporösen Ton zu gebrauchen. Mit dieser Technik wollte er prüfen, ob die Ursache des Milzbrandes tatsächlich an die stäbchenförmigen Bazillen gebunden ist, die man im Blute verendeter Tiere mit dem Mikroskop sehen konnte, oder ob diese Stäbchen nur Artefakte sind. Das Blut wurde durch eine Tonzelle filtriert. Das Filtrat, frei von Stäbchen, erwies sich als unfähig, Milzbrand auszulösen. Die vom Filter abgekratzten und wieder aufgeschwemmten Bazillen hingegen waren ansteckend.[628] Wohlgemerkt: Die Weiterentwicklung der Filtertechnik war zu dem Zwecke vorangetrieben worden, die Möglichkeiten der Identifizierung krankheitsverursachender Mikroben

---

627 Siehe Kuhn: Die Struktur wissenschaftlicher Revolutionen, loc. cit., S. 79.

628 Klebs, E.: Die Ursache der infectiösen Wundkrankheiten. Bern: Francke Verlag 1871. Vgl. Wernich, A.: Die Entwicklung der organisierten Krankheitsgifte. Nebst einem offenen Brief an Herrn Professor Klebs in Prag. Berlin: G.Reimer 1880, S. 137 ff. Siehe auch Klebs, A.C.: Die wissenschaftlichen Arbeiten von Edwin K. – In: Verhandlungen der Deutschen Pathologischen Gesellschaft (Berlin). 17(1914), 590–597.

zu vervollkommnen, und dieser Zweck wurde ja auch bei gewissen Erkrankungen wie dem Milzbrand erreicht: Die Mikroben ließen sich herausfiltern, und das Filtrat erwies sich als steril. Doch bei der Erforschung anderer Krankheiten wie dem Krebs führte die vervollkommnete Filtertechnik mit der Entdeckung infektiöser Filtrate zu Irritationen, die sich auf gewohnten Wegen nicht aus der Welt schaffen ließen.

Dass Forscher auf Erscheinungen treffen, die sich mit eingelebten Gewissheiten nicht mehr vereinbaren lassen, setzt also voraus, dass die Forschungsinstrumente entsprechend entwickelt sind. „Ohne die Spezialapparate, die in erster Linie für erwartete Funktionen konstruiert werden" und die vervollkommnet würden im Interesse eines „exakteren Zusammenspiels" von Beobachtung und Theorie, „könnten die zur Neuheit führenden Ergebnisse nicht eintreten", wie Kuhn ausführt.[629] Sie ergäben sich „aus dem normalen Verlauf der [...] Forschung erst dann, wenn sowohl die Instrumente als auch die Begriffe soweit entwickelt sind, dass die Anomalie wahrscheinlich und als solche erkennbar wird."[630] An anderer Stelle führt Kuhn weiter aus: „Die ersten Angriffe auf das Widerstand leistende Problem werden sich eng an die Paradigmaregeln halten. Aber bei fortdauerndem Widerstand werden immer neue Angriffe mehr oder weniger entscheidende Paradigmapräzisierungen erfordern [...]"[631] Gelingt es nicht, die Abweichung der aufgedeckten Phänomene von dem, was konzeptionell zu erwarten war, als Fehler bzw. Störbedingungen aufzuklären und auszuschalten bzw. durch Paradigmapräzisierungen aufzufangen, könnte der Forscher „zu der Erkenntnis gezwungen sein, dass etwas nicht in Ordnung ist." An diesem Punkt würde er „sehr viel mehr als an jedem anderen anfangen, aufs Geratewohl zu suchen und alles auszuprobieren, was nach dessen Auffassung möglicherweise eine Aufklärung über die Natur seiner Schwierigkeit liefern könnte. Hält diese lange genug an, so mögen er und seine

629 Kuhn: Die Struktur wissenschaftlicher Revolutionen, loc. cit., S. 95.

630 Kuhn: Die historische Struktur wissenschaftlicher Entdeckungen, loc. cit., S. 247. Der Betrachtung dieses Zusammenhangs kommt es entgegen, dass die Rekonstruktion experimenteller Unternehmungen in der Wissenschaftshistoriografie immer mehr Aufmerksamkeit findet, wie Rheinberger und Hagner feststellen. Laborprotokolle, Korrespondenzen, Forschungsanträge, Forschungsberichte oder Interviews dienten dafür als Quellen. „Daneben ist es nur konsequent, dass derzeit auch die praktische Rekonstruktion historischer Instrumente und Experimente starkes Interesse gewinnt". Rheinberger/ Hagner: Plädoyer für eine Wissenschaftsgeschichte des Experiments, loc. cit., S. 14. Siehe auch Rheinberger: Experimentalsysteme und epistemische Dinge, loc. cit., S. 150 f., 153.

631 Kuhn: Die Struktur wissenschaftlicher Revolutionen, loc. cit., S. 117 f.

Kollegen sich sogar allmählich fragen, ob nicht der gesamte Ansatz auf dem jetzt so problematischen Gebiet der Naturerscheinungen irgendwie schief sein könnte."[632]

Aber auch dann, wenn man „aufs Geratewohl" sucht, hat man eine Vorstellung davon, wonach man sucht.[633] Wenn Forscher bei einer Konfrontation mit Anomalien schließlich doch feststellen müssen, dass sie sie mit überkommenen Konzepten nicht zu deuten vermögen, so bedeutet das nicht, dass sie beim weiteren Umgang mit solchen Erscheinungen konzeptionsfrei verfahren würden. Die Aufklärung unerwarteter Effekte kann selber nur ein zielgeleiteter Vorgang sein, man hat eine Vorstellung davon, was sich auszuprobieren lohnt, um vielleicht die Diskrepanz aufzuklären. Es kann auch bei der Bildung ganz neuer Sichtweisen in der Forschung keinen von theoretischen Referenzsystemen unabhängigen Anfang geben. Zunächst kommt es dazu, dass Forscher, wenn sie sich mit Anomalien befassen, ihre Untersuchungspräferenzen umgestalten, indem sie andere schon bestehende Konzepte anwenden (es kommt zu einem Paradigmen*wechsel*). Sie „erfinden" nicht ein völlig neuartiges Paradigma, wonach sich im Forschungsprozess aufgekommene Rätsel lösen ließen. „Nur im Rekurs [...] auf die Wechselwirkungen der unterschiedlichen Formen des Wissens", so G.Abel, „können wir Aufschluss auch im Blick auf die Frage erlangen, wie es zur Generierung radikal neuen Wissens [...] kommt. Alle kreativen Durchbrüche und Revolutionen in Wissenschaft, Philosophie und anderen Künsten zeichnen sich nicht zuletzt dadurch aus, dass in ihnen nicht bloß rein innerdisziplinär, sondern unter Einbeziehung verschiedener und teils recht unterschiedlicher Wissensformen gedacht, konstruiert und in Laboratorien experimentiert wurde."[634]

---

632 Ibid., S. 279.

633 Miteinander kommunizierende Akteure würden, so Paul Watzlawik, eine Ordnung, eine gedankliche Struktur in den Lauf der Dinge hineinlesen, die sie dann als etwas „dort draußen"erlebten. Solcherart Zuschreibungen bezeichnet Watzlawik - G.Bateson und Don D.Jackson folgend - als „Interpunktion". Zu fragen sei dann, wie sich Menschen in einer Lage verhielten, die für sie so ungewöhnlich und neuartig sei, so dass frühere Erfahrung keinen Schlüssel zu ihrer Bewältigung biete, „eine Situation [...], für die nicht bereits ein Interpunktionschema vorliegt." Unmöglich sei es, einen Ereignisablauf *nicht* zu interpunktieren. Watzlawik, P.: Wie wirklich ist die Wirklichkeit? Wahn, Täuschung, Verstehen. München – Zürich: Piper 2013 (erstmals erschienen 2005), S. 99. Bateson, G./ Jackson, D.D: Some Varieties of Pathogenic Organization. – In: Disorders of Communication, Band 42. Hrsg. v. D.McK. Rioch. New York: Association for Research in Nervous and Mental Disease 1964, 270–283.

634 Abel, G.: Die Transformation der Wissensordnungen und die Herausforderungen der Philosophie. – In: Allgemeine Zeitschrift für Philosophie (Hildesheim). 34(2009)1, 5–28, S. 25.

Wissenschaftlicher Fortschritt erfordere, wie es Dulbecco ausdrückt, der gemeinsam mit David Baltimore und Howard M.Temin 1975 den Nobelpreis für Physiologie erhalten hatte, die „gegenseitige Befruchtung verschiedener Gebiete und die Bereitschaft der Forscher [...], von einem Gebiet zum anderen überzuwechseln, wenn sich die Möglichkeit oder die Notwendigkeit ergibt."[635] Es finden sich Gelehrte, die in dem Falle, dass sie auf Anomalien stoßen, auf Konzepte anderer Fachgebiete zurückgreifen, in deren Licht sich die Schwierigkeiten möglicherweise beheben lassen, auf Konzepte, die in anderen Forschungsgebieten beheimatet sind, als es das Gebiet ist, wo besagte Schwierigkeiten eingetreten sind. Lässt sich das erhoffte Resultat bei Übernahme eines außerhalb des eigenen Fachgebietes vorgefundenen Konzeptes nicht erzielen, so wechseln Forscher, wenn sie nicht aufgeben, auf weitere Theorien über, die ihnen neue Suchstrategien und Probiermöglichkeiten erschließen und so fort. Bei der „theoretischen Einordnung" der Anomalie „ändern die Wissenschaftler mehrfach ihre Erwartungen ab [...]", wie Kuhn sagt.[636] Innovationsprozesse kommen nicht allein dem Einbruch von radikal Neuem gleich, sondern schließen auch die Wirksamkeit schon bestehender Konzepte ein, nur dass diese aus ihrem angestammten Kontext herausgelöst und in einen anderen Kontext eingefügt werden. So werden Übergänge zwischen „Altem" und „Neuem" geschaffen.[637]

---

635 Dulbecco, R.: Die Plaquetechnik und die Entwicklung der quantitativen tierischen Virologie. – In: Phagen und die Entwicklung der Molekularbiologie, loc. cit., 273–277, S. 277.

636 Kuhn: Die historische Struktur wissenschaftlicher Entdeckungen, loc. cit., S. 248. Wenn eine empirisch fundierte Theorie über den Forschungsgegenstand noch nicht vorliege, verfahre man nach theoretischen und praktischen Vorkenntnissen. Man verfahre nach Konzepten, die lediglich die Funktion hätten, tentativ Fragen und Untersuchungsperspektiven zu generieren, wie Strübing meint. Strübing: Grounded Theory, loc. cit., S. 30 f.

637 Nach Hetzel schließen Innovationen Umwertungen von etwas schon Bestehendem ein. Es würden Elemente aus ihrem angestammten Kontext herausgelöst und in einen anderen Kontext versetzt, wo sie in einer neuen Weise sichtbar würden. So bestehe ein Übergang zwischen „Altem" und „Neuem". Hetzel, A.: Metapher und Einbildungskraft. Zur Darstellbarkeit des Neuen. – In: Dialektik. Zeitschrift für Kulturphilosophie (Hamburg). 16(2006)1, 77–91, S. 78. Siehe auch Luhmann: Die Wissenschaft der Gesellschaft, loc.cit., S. 220.

12. Wie Kontroversen zur Reorganisation wissenschaftlicher Gemeinschaften beitragen

Der Prozess der Konsensbildung in der Schar der Forscher, die sich mit dem Krebsvirus auseinandergesetzt hatten, kann nach Art des herkömmlichen Consensus-Modells nicht einsichtig gemacht werden, nach Maßgabe eines Modells, das Übereinkünfte im Verständnis eines Sachverhalts aus dessen Natur herzuleiten vorgibt. Dieses Konzept verführt zu dem Gedanken, dass es mit jenem Phänomen bereits ein einheitliches Beurteilungsobjekt gegeben habe, nur dass die Akteure widriger Umstände wegen nicht sogleich darauf gekommen wären. Die Akteure mögen unabhängig voneinander nach neuen Einsichten gegraben haben, doch schließlich wären die Gräben aufeinander getroffen und bei den gleichen Fragestellungen angekommen.[638] Im Folgenden geht es darum zu zeigen, dass sich mit der Interaktion der an einem wissenschaftlichen Innovationsprozess Beteiligten der Beurteilungskontext und mit ihm das Sachgebiet jedoch verändert, was wiederum heißt, dass sich die Bedeutungen des zu Beurteilenden in der Interaktion – in einem Prozess wechselseitiger Antizipationsleistungen – erst

---

638 „Während der ersten Phase der Entwicklung [...] untersuchen Forscher in verschiedenen Orten", so Mulkay, „oft ohne voneinander zu wissen, die gleichen oder eng zueinander in Beziehung stehende Probleme." In dieser Phase seien multiple Entdeckungen sehr wahrscheinlich. So würden „einige unabhängig voneinander an ähnlichen Problemen arbeitende Wissenschaftler auf ihre gemeinsamen Interessen aufmerksam und nehmen informelle Kontakte auf." Es komme dann zu einer immer effektiveren wissenschaftlichen Debatte, „die graduell zur Entwicklung eines allgemeinen Konsensus über solche Fragen wie die relative Signifikanz von Forschungsproblemen, die angemessene Definition von Variablen und die korrekte Anwendung von Techniken führt." Mulkay, M.J.: Drei Modelle der Wissenschaftsentwicklung. – In: Kölner Zeitschrift für Soziologie und Sozialpsychologie (Opladen). Sonderheft Wissenschaftssoziologie. Hrsg. v. R.König. (1975)18, 48–61, S. 56 f. Toulmin hatte beim Studium der Geschichte der Wassermann-Reaktion den Eindruck gewonnen, dass deren Entwicklung durch eine „substantielle Überlappung" von Forschungsprogrammen verschiedener Richtungen ermöglicht worden sei. An ihr hätten verschiedene Fachgebiete Anteil genommen, u.a. die Pathologie und Physiologie, geleitet eben von besagter Überlappung. Toulmin, St.: Ludwik Fleck and the Historical Interpretation of Science. – In: Cognition and Fact. Materials on Ludwik Fleck. Dordrecht et al.: Reidel 1986, S. 277 f.

entwickeln.[639] Die Bedeutungen bilden sich mit der Entwicklung des Forscherverkehrs heraus, in einem Prozess, wo Vertreter verschiedener Wissensgebiete einander begegnen und woraus neue Interaktionserfahrungen hervorgehen, Bedeutungen erzeugende Erfahrungen, die sich wandeln.[640]

Anstrengungen von Wissenschaftlern, die Forschung vor Auseinandersetzungen zu bewahren, führen noch nicht zu einem *wissenschaftlich* begründeten Konsens. Was sie um der Erfüllung praktischer Anforderungen willen tun, besteht lediglich darin, dass sie für einen Perspektivenpluralismus eintreten, der sich wohl in divergenten Sinnhorizonten äußert, aber dennoch ein Disziplingrenzen überschreitendes Zusammenwirken verschiedener Parteien im Forschungsprozess ermöglichen soll.[641] Und ein solcher Vorgang ist es, der eine Entwicklung hin zu einem allgemeingültigen, wissenschaftlich verpflichtenden Konsens befördert. Kay folgend, war die "theoretical construction of protein composition [...] based on convergent empirical evidence drawn from several supposedly independent lines of research."[642] Und unter Berufung auf Linus Pauling führt sie weiter aus: "[...] the new biology was the combinatorial and convergent effect of many technologies. The exploration in the new terrain could be accomplished only by combining the versatile tools of the physical sciences. Each approach – x-rays, ultracentrifuges, light-scattering techniques, biochemical assays, isotope tracers, or the electron microscope – contributed only one piece of the biomolecular

639 Diesem Ansatz tritt Siegrist mit dem Konzept der reflexiven Koorientierung (der Perspektivenkoordination) entgegen. Siegrist, J.: Das Consensus-Modell. Studien zur Interaktionstheorie und zur kognitiven Sozialisation. Stuttgart: Enke 1970, S. 7. Siehe auch Lüdtke, K./ Schulze, A.: Zur Interpretation von Ergebnissen in der mikrosoziologischen und sozialpsychologischen Wissenschaftsforschung. – In: Journal für Psychologie. Theorie - Forschung - Praxis (Heidelberg). 3(1995)3, 76–89. S. 86. Schulze, A./ Kahlow, A.: Innovationen in der Forschung aus sozialpsychologischer Sicht. – In: Europäische Hochschulschriften. Reihe 6, Psychologie, Bd. 417. Frankfurt a.M. et al.: Peter Lang 1993, S. 30 f.

640 Siehe Lüdtke, K.: Theoriebildung und interdisziplinärer Diskurs - dargestellt am Beispiel der früheren Geschichte der Virusforschung. – In: Wissenschaftsforschung. Jahrbuch 1998 „Wissenschaft und Digitale Bibliothek", op. cit., 153–194.

641 So vertrat Burnet in einem 1946 veröffentlichten Artikel die Meinung, dass zu pragmatischen Zwecken Mediziner, Mitarbeiter des Gesundheitswesens und auch experimentierende Biologen das sich selbst reproduzierende und variierende Virus so betrachten sollten, als handele es sich um gewöhnliche ansteckende Organismen. Burnet, F.M.: Virus as Organism. Cambridge/ Mass.: Havard University Press 1946, S. 127.

642 Kay, L.E.: The Molecular Vision of Life. Caltech. The Rockefeller Foundation and the Rise of the New Biology (New York - Oxford: Oxford University Press 1993, S. 115.

puzzle."[643] Es kam ein Verfahrens- und Methodentransfer zwischen den beteiligten Fachgebieten zustande, in dessen Ergebnis sich die auf verschiedenen Gebieten behandelten Effekte untersuchter Stoffe ineinander überführen ließen, so dass sich neue (molekularbiologische) Objekte herausbildeten, auf deren Grundlage dann ein theoretisch geordneter Wissenskorpus entstehen konnte. Die Differenzen zwischen den verschiedenen Vorgehensweisen verschwanden gleichsam in solchen Objekten, sie verschwanden im Ergebnis der Entwicklung eines interdisziplinären Verkehrs.

Damit es zu einer solchen Entwicklung kommt, muss etwas geschehen sein, dass die Stabilität vorhandener wissenschaftlicher Gemeinschaften erschüttert hat, was erst Ausgangsbedingungen für die Bildung neuer Gemeinschaften entstehen lässt. Und diese Funktion erfüllen eben wissenschaftliche Kontroversen. "A paradigm is what the members of a scientific community, and they alone, share. Conversely, it is their possession of a common paradigm that constitutes a scientific community of a group of otherwise disparate men", wie Kuhn diesen Begriff bestimmt.[644] So muss denn die Infragestellung eines Paradigmas auch zum Zerfall jener Gemeinschaft führen, in der dasselbe gilt. Und wenn die Entstehung fundamentaler Probleme zur Auflösung überkommener Strukturen des Forscherverkehrs treibt, kann die Problembewältigung in einem wesentlichen Sinne nur mit der Entwicklung neuer sozialer Strukturen des Forscherverkehrs einhergehen.[645]

Mit der Desorganisation von Gemeinschaftsstrukturen entstehen Bedingungen für die Bildung neuer Gemeinschaften, wobei eben jenen Forschern eine Schlüsselstellung zukommt, die bemüht sind, miteinander streitende Forscherparteien zur Zusammenarbeit zu bewegen. Wenn vorgeschlagene Kompromisse bei der Leserschaft „ankommen", dann kommt dies der Bildung eines Geflechts zugute, das die Adressaten miteinander verbindet, der Bildung einer Gesellung, die aber noch nicht über ein labiles, dezentrales, hybrides Strukturniveau hinausführt. Das „assoziative Zusammenlesen" von mehreren Standpunkten regt die Bildung

643 Ibid., S. 227.

644 Kuhn: Second Thoughts on Paradigms, loc. cit., S. 294.

645 Als Quelle für Anregungen zur Erörterung dieser Zusammenhänge auf den folgenden Seiten diente mir der folgende Marxsche Text: „Damit die Gemeinde fortexistiere in der alten Weise, als solche, ist die Reproduktion ihrer Glieder unter den vorausgesetzten objektiven Bedingungen nötig. Die Produktion selbst, Fortschritt der Bevölkerung […] hebt notwendig nach und nach diese Bedingungen auf; zerstört sie statt sie zu reproduzieren etc." Marx: Grundrisse der Kritik der Politischen Ökonomie, loc. cit., S. 386.

„gemischter Diskussions- und Entscheidungsöffentlichkeiten“[646] an.Texte von zu Kompromissen neigenden Forschern erinnern an das, was einem in der Sozialwissenschaft unter dem Terminus “story line” begegnet, Texte, in denen „Elemente aus vielen unterschiedlichen Gebieten miteinander verknüpft werden und die dabei den Akteuren ein Set symbolischer Assoziationen an die Hand geben, die so ein geteiltes Verständnis suggerieren“, wie M.A.Hajer ausführt.[647] Sie erfüllten eine zentrale Rolle in Clustern, in der Wissensstrukturierung und der Schaffung von Diskurs-Gemeinschaften/ Koalitionen zwischen den Akteuren einer gegebenen Domäne.[648] Story lines würden, so van Dyk, eine Annäherung an die Verschränkung von institutionellen Formen und diskursiven Zuschreibungen schaffen und die in dieser Verschränkung angelegte Komplexitätsreduktion als wesentlichen Mechanismus der Konstruktion von Wirklichkeit fassbar werden lassen. „Heterogene diskursive Kategorien werden als mehr oder weniger kohärenter Zusammenhang aktualisiert, der von einer Koalition unterschiedlicher Akteure als gemeinsame Grunderzählung verwendet wird und der die diskursive Komplexität verdeckt.“ Der Einfluss einer story line beruhe dabei weniger auf der inhaltlichen Konsistenz der Erzählung „als auf ihrer Multiinterpretabilität, die vielfältige Anknüpfungspunkte schafft.“[649]

Gemischte Diskussions- und Entscheidungsöffentlichkeiten „sind keine permanenten Einrichtungen […] In ihnen vollzieht sich die problemorientierte und zeitlich begrenzte Abstimmung von Interessen und Perspektiven, ohne die Notwendigkeit, aber auch Möglichkeit einer langfristigen und strategischen Verhaltensabstimmung. Sie sind flexibel und dezentralisiert […] Sie üben Druck auf die repräsentativen Öffentlichkeiten aus […]“ Mit diesen Worten kennzeichnet Engler Diskussionsöffentlichkeiten wie beispielsweise alternative Anliegen vertretende

---

646 Engler: Kommunikative Selbstreferenz und diffuse Angst. Niklas Luhmanns Gesellschafts- und Wissenschaftskonzept, loc. cit., S. 79 f.

647 Hajer, M.A.: Ökologische Modernisierung als Sprachspiel. Eine institutionell-konstruktivistische Perspektive zum Umweltdiskurs und zum institutionellen Wandel. – In: Soziale Welt. Zeitschrift für sozialwissenschaftliche Forschung und Praxis (Göttingen). 48(1997)2, 107–132, S. 113. Die Gruppe von Akteuren, die aus verschiedenen Gründen ein bestimmtes Set von story lines verwende, stelle eine Diskurs-Koalition dar. Hajer untersucht die Rolle von story lines im Hinblick auf Kontroversen zum Umgang mit dem „Sauren Regen“.

648 Hajer, M.A.: The Politics of Environmental Discourse: Ecological Modernization and the Policy Process. Oxford: Clarenton Press 2000, S. 63.

649 Dyk, van: Die Ordnung des Konsenses, loc. cit., S. 217.

soziale Bewegungen.[650] Sie geben eine Charakteristik zu erkennen, die auch ein zutreffendes Bild bestimmter Entwicklungsstadien von Strukturen wissenschaftlicher Partnerschaften vermittelt, solcher Stadien, in denen Neuerungen wissenschaftlichen Wissens aufkommen.

Das Verständnis der Entwicklung von Formen des Forscherverkehrs lässt sich im Lichte dessen vertiefen, was in der Sozialforschung mit „sozialen Netzwerken" gemeint ist. Sie stellten, so J.Weyer, „ein emergentes Phänomen dar [...], welches eigenen Regeln gehorcht, die keiner der Mitspieler exklusiv kontrollieren kann."[651] Sie weisen keinen zentralen Standort auf, von wo aus sich ein solches Beziehungsgeflecht insgesamt erfassen und beherrschen ließe. Quer zu verschiedenen Wissenskulturen stehende Beziehungen sind eben von keiner dieser Kulturen aus einheitlich steuerbar.[652] Eine oberste Hierarchie, die für dieselbe als Ganzes zu sprechen vermag, die eine Organisation als Einheit erscheinen lässt, kann es in einer solchen Assoziation nicht sogleich geben.[653]

---

650 Engler: Kommunikative Selbstreferenz und diffuse Angst. Niklas Luhmanns Gesellschafts- und Wissenschaftskonzept, loc. cit., S. 79 f.

651 Weyer, J.: System und Akteur. Zum Nutzen zweier soziologischer Paradigmen bei der Erklärung erfolgreichen Scheiterns. – In: Kölner Zeitschrift für Soziologie und Sozialpsychologie (Opladen). 45(1993)1, 1–22, S. 2. Durch soziale Interaktion würden permanent von „strategisch handelnden Akteuren" organisationale, interorganisationale oder institutionelle soziale Strukturen erzeugt werden, wenngleich das Resultat sich in der Regel nicht linear auf die Intentionen der Beteiligten abbilden lasse. „Spätestens dann, wenn die weitere Teilnahme am Spiel von der Existenz des Netzwerkes abhängt, kann die Aufrechterhaltung des Netzwerkes zum Sachzwang werden, der das Handeln der Beteiligten stärker determiniert als ihre singulären Interessen." Ibid., S. 2 f.

652 Innovationsprozesse lassen sich, Schulz-Schaeffer et al. folgend, als Problem der Etablierung und Aufrechterhaltung „intermediärer" Kooperation zwischen heterogenen Akteuren verstehen, womit ein Beziehungsgefüge gemeint ist, das Grenzen bestehender Institutionen überspannt und so der Übersicht und Kontrolle seitens dieser (Neuerungen mit Skepsis begegnender) Institutionen entzogen ist. Schulz-Schaeffer, I./Jonas, M./ Malsch, Th.: Intermediäre Kooperation zwischen akademischer Forschung und Industrie: ein innovationssoziologischer Ansatz. – In: 27. Kongress der Deutschen Gesellschaft für Soziologie - Gesellschaften im Umbruch: Sektionen und Arbeitsgruppen. Hrsg. v. H.Sahner und St.Schwendtner. Opladen: Westdeutscher Verlag 1995, 613–618.

653 Siehe Luhmann, N.: Die Gesellschaft der Gesellschaft, 2. Teilband. Frankfurt a.M.: Suhrkamp Taschenbuch Wissenschaft 1998, S. 834. Hinweis v. Tratschin, L.: Organisation und moderne Gesellschaft. Zum Verhältnis von Organisation und funktionaler Differenzierung in Niklas Luhmanns Systemtheorie. – In: Sociologia Internationalis.

Auf dieser Entwicklungsstufe wird sich auch keine Organisationsarbeit betreiben lassen, die darauf abzielt, informelle Seiten kooperativer Prozesse aufzudecken und sie in formalisierte Arbeitsbedingungen zu überführen, um so Spielräume bei der Auslegung zu erfüllender Anforderungen einzugrenzen und auf die Zeitökonomie oder andere Leistungsparameter Einfluss zu nehmen.[654] Gegenüber Anstrengungen von außen, in ihnen ablaufende Prozesse zu unterdrücken, sind sie weitgehend immun. Ihre schwach geordnete soziale Struktur, die dezentrale Organisation, die kennzeichnend für Anfangsstadien der Gemeinschaftsbildung ist, bietet dafür einfach keine klaren Angriffspunkte. Hier bringt der Prozess etwas hervor, das sich mit den Folgen sozialer Bewegungen vergleichen lässt, mit dem, was aus Bürgerinitiativen, Kommunen oder Gruppen der Jugendbewegung hervorgehen kann: Sie führen zu alternative Milieus, in denen sich Definitionen und Standards kultivieren lassen, die davon abweichen, was gemeinhin als begründet, als wertvoll, als gültige Parameter der Realitätswahrnehmung anerkannt ist.[655] Arenen bilden sich, die, wie H.Wilke ausführt, Abweichungen von Alltagsphilosophien zuließen, neue Interessen, Wahrnehmungen, Symbolisierungen von Umwelten begründeten – als Antwort auf gesellschaftliche Krisenkonstellationen.[656] Aus solchen Bewegungsnetzwerken

---

Internationale Zeitschrift für Soziologie, Kommunikations- und Kulturforschung (Berlin). 45(2007)1/2, 145–175, S. 157.

654 Siehe Kühl, St.: Formalität, Informalität und Illegalität in der Organisationsberatung. – In: Soziale Welt. Zeitschrift für sozialwissenschaftliche Forschung und Praxis (Göttingen). 58(2007)3, 271–293, S. 276.

655 Ich beziehe mich hier auf eine von Neidhardt getroffene Kennzeichnung informeller Gruppen in der Gesellschaft, die sich m.E. durchaus auf anfängliche Etappen der Bildung neuer Gruppierungen in der Wissenschaft übertragen lässt. Neidhardt, F.: Themen und Thesen zur Gruppensoziologie. – In: Zeitschrift für Soziologie und Sozialpsychologie. Sonderheft Gruppensoziologie. Perspektiven und Materialien, op. cit., 5–34.

656 Wilke, H.: Gesellschaftliche Wirkungen der Kommunebewegung. – In: Zeitschrift für Soziologie und Sozialpsychologie. Sonderheft Gruppensoziologie. Perspektiven und Materialien. Loc. cit., 156–171. Schäfers, B.: Gruppenbildung als Reflex auf gesamtgesellschaftliche Entwicklungen am Beispiel der deutschen Jugendbewegung. – In: Zeitschrift für Soziologie und Sozialpsychologie. Sonderheft Gruppensoziologie. Perspektiven und Materialien, op. cit., 108–121. Thurn, H.P.: Gruppen und Netzwerke in der Bildenden Kunst. – In: Zeitschrift für Soziologie und Sozialpsychologie. Sonderheft Gruppensoziologie. Perspektiven und Materialien, op. cit., 287–318. Die in den 1960er Jahren entstandenen Protest- und Alternativbewegungen siedelten sich „von vornherein entlang der Rissstellen und Kollisionen zwischen teilsystemspezifischen Operationsschemata an". Sie „thematisieren die Blindheit der Teilprozesse

gingen Formen des Austauschs und der kollektiven Entscheidungsfindung hervor, die sie auf vielen umstrittenen Politikfeldern als gegenhegemonialer Akteur im aktuellen Krisenmanagement wirksam werden ließen.[657]

Auch in der Industrie lassen sich Prozesse aufdecken, die für soziale Netzwerke kennzeichnend sind. "The success of an innovation project also depends on the coordination of actors from different institutional fields", wie Rammert hervorhebt. "Some technology projects can only win [...], if the actors in the field are able to mobilize actors from the other fields and to build a reliable network between them."[658] Das, was als technisches Problem betrachtet und als dessen Lösung anerkannt wird (vor allem dann, wenn dazu Grundlagenforschung nötig ist), ist von sozialen Aushandlungsprozessen abhängig, in denen Akteure aus Wissenschaft, Technik, Wirtschaft und Politik zusammenkommen. Sie sind abhängig von Prozessen, in denen verschiedene technische Entwürfe verhandelt werden, wobei das, was sich schließlich durchsetzt, nicht allein anhand technologischer Parameter erklärbar ist. Vielmehr verwandeln erst Koalitionen der Beteiligten und Auseinandersetzungen zwischen denselben um Auswahl und

---

für die Reproduktion der von ihnen nur als Ressourcen in Anspruch genommenen Umwelt am Leitfaden der eigenen, *unmittelbaren* Erfahrung. Sie überspringen damit die Objektivierungshürden der klassischen literarischen Diskussionsöffentlichkeiten [...] Entsprechend groß sind die Berührungsängste bei den Vertretern der kulturell etablierten Expertenkulturen, weil hier scheinbar nicht zu vermittelnde argumentative Standards aufeinanderprallen [...] Sie sind Schulen einer Kommunikationsweise, deren Objektivierungsschwellen im Vergleich zu den etablierten Formen der bewahrungswerten Kommunikation deutlich herabgesetzt und demokratisiert sind." Engler: Kommunikative Selbstreferenz und diffuse Angst. Niklas Luhmanns Gesellschafts- und Wissenschaftskonzept, loc. cit., S. 77 f. Das „soziokulturell Neue an diesen Bewegungen [...] hängt mit dem radikalen Verstoß gegen jene Regeln der kulturellen Objektivierung zusammen, denen sich Individuen unterwerfen müssen, um etwas zum Ausdruck zu bringen, das bedeutungsvoll ist und einen Bestandteil der bewahrenswerten Kommunikation bildet." Ibid., S. 78.

657 Ullrich, P.: Die Wissenschaft vom Protest. – In: Neues Deutschland vom 24./25. November 2012, S. 5. Roth, R.: Lokale Bewegungsnetzwerke und die Institutionalisierung von neuen sozialen Bewegungen. – In: Kölner Zeitschrift für Soziologie und Sozialpsychologie (Opladen). Sonderheft Gruppensoziologie. Perspektiven und Materialien, op. cit., 413–436.

658 Rammert, W.: New Rules of Sociological Method: Rethinking Technology Studies. – In: British Journal of Sociology (London).18(1997), 171–191, S. 183. Siehe auch id.: Innovation im Netz. Neue Zeiten für technische Innovationen: heterogen verteilt und interaktiv vernetzt.– In: Soziale Welt. Zeitschrift für sozialwissenschaftliche Forschung und Praxis (Göttingen). 48(1997)4, 397–415, S. 409.

Auslegung dieser Parameter eine Technik in eine gesellschaftlich erfolgreiche Technik.[659] Anerkannt wird weithin, dass sich, so Chr.Heath et al., vertikal integrierte Firmen immer mehr auflösten und zu „hybriden" Organisationsformen, zu verhältnismäßig locker geknüpften Netzwerken übergingen. "[…] we are witnessing the emergence of new organizational arrangements, which are replacing traditional bureaucratic models and even flexible arrangements such as the matrix organization based on project teams and the like with relatively loose networks of association with business function performed by independent cells which form temporary alliances […]"[660] So können laut Th.Stückemann biotechnische Innovationen „wegen ihrer Entwicklungsgeschwindigkeit und ihrer ‚Wissenschaftsnähe' nicht in einem festen organisatorischen Rahmen gehalten werden." In diesem Prozess bildeten sich Sozialsysteme heraus, die in der Lage seien, „Informationsaustausch dort zu gewährleisten, wo sowohl Märkte als auch stabile Organisationsstrukturen versagen müssen." Die Notwendigkeit zu wechselnden Arrangements mit ökonomischen Konkurrenten und staatlichen Akteuren „führt auch unabhängig von den in der Implementationsphase erzwungenen Beteiligungen von engagierten Betroffenen […] zu rasch wechselnden Allianzen im gesamten Innovationsprozess."[661] Auch U.Kowohl und Krohn heben die Bedeutung der Entstehung und Entfaltung von Netzwerken in innovativen Wirtschaftszweigen hervor, die sie als „Modellmärkte für Prototypen" charakterisieren.[662] Hier gilt ebenso, dass es zu den wesentlichen Seiten von

---

659 Siehe Rammert, W.: Aus dem Editorial „Konstruktion und Evolution von Technik". Tagungsberichte auf der Jahrestagung der Gesellschaft für Wissenschafts- und Technikforschung 1991. – In: Jahrbuch „Technik und Gesellschaft" (Frankfurt a.M.). 7(1994), S. 15. Siehe auch Mackay, Gillespie: Extending the Social Shaping of Technology Approach, loc. cit., S. 686.

660 Heath, Chr./ Knoblauch, H. / Luff, P.: Technology and Social Interaction: The Emergence of „Workplace Studies". – In: British Journal of Sociology (London). 51(2000)2, 299–320, S. 303. Siehe auch Weick, K.E.: Der Prozess des Organisierens. Frankfurt a.M.: Suhrkamp 1995. Siehe auch Wolf, H.: Das dezentrale Unternehmen als imaginäre Institution. – In: Soziale Welt. Zeitschrift für sozialwissenschaftliche Forschung und Praxis (Göttingen). 48(1997)2, 207–224, S. 210.

661 Stückemann, Th.: Reflexivität der Technikentwicklung. Über die Modernität der neuen Biotechniken. – In: Sociologia Internationalis. Internationale Zeitschrift für Soziologie, Kommunikations- und Kulturforschung (Berlin). 34(1996)2, 227–260, S. 252.

662 Kowohl, U./ Krohn, W.: Innovationsnetzwerke. Ein Modell der Technikgenese. – In: Theoriebausteine der Techniksoziologie (Technik und Gesellschaft, Jahrbuch 8). Hrsg. v. J.Halfmann, G.Bechmann und W.Rammert. Frankfurt a.M.: Campus Verlag 1995, 77–105. Hinweis v. Stückemann: Reflexivität der Technikentwicklung, loc. cit.,

Innovationsprozessen gehört, dass mit der Auflösung herkömmlicher institutioneller und disziplinärer Strukturen Netzwerke von Akteuren mit je besonderen fachlichen und institutionellen Hintergründen entstehen, aus deren Strukturierung eben neuartiges Wissen herrührt.[663] Informelle Beziehungen in komplexen Netzwerken sind es, die sich in einem begrenzten geografischen Raum entfalten und so ein innovatives Milieu hervorbringen. Netzwerke "enhance the local innovative capability through synergetic and collective learning processes [...]", wie R.Camagni darlegt.[664]

Für den Werdegang von Organisationen könne sogar ein gewisses Maß an Illegalität vonnöten sein, wie F.Weltz und R.G.Ortmann meinen. Entwicklungsprojekte würden oftmals durch subversive Initiativen und informelle Handlungen

---

S. 252 (ohne Seitenangabe). Id.: Technikentwicklung als reflexiver Modernisierungsprozess. (Dissertation) Dresden: Technische Universität Dresden 2000, S. 210, 232.

663 Siehe Kowohl, U./ Krohn, W.: Innovation und Vernetzung. Die Konzeption der Innovationsnetzwerke. – In: Soziale Netzwerke - Konzepte und Methoden der sozialwissenschaftlichen Netzwerkforschung. Hrsg. v. J. Weyer. München: Oldenbourg 2000, 135–160.

664 Camagni, R.: Introduction: From the Local 'Milieu' to Innovation through Cooperation Networks. – In: Innovation Networks: Spatial Perspectives. Hrsg. v. R. Camagni. London - New York: Bellhaven Press 1991, 1–18, S. 3. Gegenwärtig bilde sich „ein neues Innovationsregime heraus [...], welches sich im Wesentlichen auf den Typus ‚Innovation im Netz' gründet." Es sei eine „Innovation der Innovation in Gang gekommen und fordert ein neues institutionelles Arrangement [...]" Rammert: Innovation im Netz, loc. cit., S. 398 f. Mit der Vernetzung der Forschung durch das Internet, wofür die Selbstorganisation der Nutzerpopulation kennzeichnend ist, hat dieser Prozess eine dramatische Entwicklung erfahren. Wenn Forscher ihre Befunde an bestehendes Wissen anzuschließen bemüht sind, können sie sogleich rasch Möglichkeiten zu „delokaler" Zusammenarbeit mit anderen Forschern ausmachen und sich auf das Wissen weltweit wirkender Gemeinschaften beziehen. Nur ein Mausklick sei nötig, um neue Ergebnisse „in der bekannten Community zu verbreiten und deren Anregungen und Kritik [...] zu erfahren." Großmann, S. : Forschung vernetzt. – In: Gegenworte. Hefte für den Disput über Wissen (Berlin). (2011)26, 76–79, S. 77. Noch gar nicht richtig thematisiert sei die Frage, „wie diese Vernetzung der Forschungsarbeit und ihre vielfältigen neuen Möglichkeiten auf ebendiese Forschung selbst rückwirkt [...]" Ibid., S. 79. „Die Größe und Heterogenität der Autorenschaft sowie das Fehlen eines Projektmanagements und weitgehende Abwesenheit [...] von Regeln bereiten die Basis dafür, dass Kontroversen auf zwei Ebenen zu erwarten sind. Einmal auf der Metaebene, wenn es darum geht, was im Sinne des Projektes ist und was nicht. Und einmal eben auf fachlicher Ebene." Kohl, Chr./ Metten, Th.: Wissenskonstruktion durch kooperatives Schreiben in Netzwerkmedien. – In: Kontroversen als Schlüssel zur Wissenschaft? Loc. cit., 179–193, S. 184.

eingeleitet werden, unter Umgehung betrieblicher Festlegungen.[665] Die mit einer gegebenen Organisationsform verknüpften normativen Festlegungen müssen mitunter sehr weit ausgelegt werden, um Problemen gerecht zu werden, die in der Konfrontation mit neuen Anforderungen aufkommen.[666] Unternehmen stehen, wenn es gilt, Neuerungen zu entwickeln und einzuführen, oftmals einander wechselnden oder gar unverträglichen Anforderungen gegenüber, zu deren Bewältigung ein höheres Maß an Elastizität und Flexibilität bei der Suche nach Problemlösungen erforderlich ist. Dadurch, dass in einer Organisation auch informelle Wege zur Bewältigung von Anforderungen beschritten werden, werden Bedingungen für eine Angleichung an sich verändernde und mitunter widersprüchliche Situationen erfüllt.[667]

Wenden wir uns wieder Netzwerkbildungen in der wissenschaftlichen Forschung zu! Wissenschaftliche Institutionen „sind oft stumpfsinnig konformistisch: Sie sind nicht nur nicht in der Lage, anders zu denken, sondern weisen diejenigen, die es versuchen, auch noch zurück und grenzen sie aus", wie F. di Trocchio sie charakterisiert. Bemerkenswert sei, „wie sehr die unkritische und wenig demokratische Haltung der Wissenschaftsgemeinde gegenüber Dissidenten der Haltung ähnelt, die Theologen früher gegen Ketzer einnahmen."[668] Eine wohl sehr überspitzte Charakteristik, die aber doch etwas für sich hat: Sie stützt

---

665 Weltz, F./ Ortmann, R.G.: Das Softwareprojekt. Projektmanagement in der Praxis. Frankfurt a.M.: Campus Verlag 1992, S. 26. Im Amerikanischen nenne man solche Vorgänge „bootlegging". Bootlegging schaffe Freiräume und schütze Entwicklungsvorhaben vor bürokratischen Verkrustungen und hierarchischen Einengungen. Ibid. Wenn Mitglieder informell handelten, könnten sie sich dabei nicht auf Anweisungen des Vorgesetzten, auf offizielle Wenn-dann-Regeln oder Zielvorgaben berufen. Formalstrukturen müssten aber nicht unbedingt verletzt werden, häufig würden Anweisungen lediglich sehr frei ausgelegt werden. Luhmann, N.: Die Organisierbarkeit von Religionen und Kirchen. – In: Religion im Umbruch. Soziologische Beiträge zur Situation von Religion und Kirche in der gegenwärtigen Gesellschaft. Hrsg. v. J.Wössner. Stuttgart: Ferdinand Enke 1972, 245–285, S. 275.

666 Siehe Kühl: Formalität, Informalität und Illegalität in der Organisationsberatung, loc. cit., S. 273.

667 Keine Organisation sei in der Lage, das erforderliche Handeln umfassend formal zu regulieren. So differenzierten sich in Organisationen formale und informale Rollen und Situationen. Luhmann, N.: Funktionen und Folgen formaler Organisation. Berlin: Duncker & Humblot 1964, S. 283 ff. Auch Regeln verletzendes Handeln sei nicht einfach nur störend, sondern umfasse die Entwicklung von Formen einer „brauchbaren Illegalität." Ibid., S. 304 ff.

668 Trocchio, di F.: Newtons Koffer: Geniale Außenseiter, die die Wissenschaft blamierten. Frankfurt a.M.: Campus Verlag 1998, S. 13 u. 15.

die Behauptung, dass es Kontroversen sind, die zu einer Auflösung bestehender sozialer Gebilde in der Wissenschaft führen, was, wie weiter oben bereits angedeutet, der Beantwortung der Frage zugute kommt, „unter welchen Bedingungen und wie Wissenschaftler anstelle oder neben ihrer Mitgliedschaft in etablierten wissenschaftlichen Gemeinschaften mit anderen Wissenschaftlern neue bilden", solcher Gemeinschaften, die, so Gläser, „für sich einen neuen gemeinsamen Gegenstand definieren und an ihm arbeiten."[669]

Kontroverse Debatten treten in formell strukturierten Institutionen auf, in Gemeinschaften, deren Mitglieder auf Erklärungsprobleme gestoßen sind, die sich in die überlieferten Sichtweisen und Lesarten des Erforschten nicht einfügen lassen. Das behindert auch die Fortführung überkommener Gliederungen des Forscherverkehrs. Der Gesamtzusammenhang der Mitgliedertätigkeiten kann nicht mehr in gewohnter Art und Weise reguliert werden. Partnerschaften werden erschüttert, in denen zuvor bewährte Kombinationen von Teiltätigkeiten zur Erfüllung einer komplexen Gruppenaufgabe wirksam geworden waren. Es bilden sich antagonistische Gruppierungen oder gar einander entgegenwirkende wissenschaftliche Schulen auf einem Fachgebiet. So entsteht eine Lage, die die Voraussetzungen für die Fortführung gegebener organisatorischer Formen der Arbeitsprozesse schwächt. Sie greifen jene Bedingungen an, unter denen eine bestehende (disziplinäre, institutionelle) Organisation von Forscherbeziehungen reproduziert wird. Aber Vorgänge solcherart sind es, die Wandlungen wissenschaftlichen Wissens überhaupt erst ermöglichen, Wandlungen, die sonst (unter normalwissenschaftlichen Bedingungen) gar nicht eintreten. Nachdem sie Entwicklungen ausgelöst haben, die sich zunächst in der Auflösung überkommener sozialer Verbände der Wissenschaft äußern, führen sie im Weiteren zu Formen institutionelle und Disziplingrenzen überquerenden kooperativ-kommunikativen Zusammenwirkens, woraus dann wiederum geordnete, stabile Formen wissenschaftlicher Arbeit erwachsen. In einem solchen Vorgang, worin die Akteure zunächst außerhalb vertrauter Grenzen unübersichtliche, „weiche" Netzwerke bilden[670], entstehen also wiederum Bedingungen für die Etablierung geordneter, zentral regulierter Forschungseinrichtungen, wofür eine Einigkeit in den Interessen und Motivationen zustande gekommen sein muss, so dass sich Forscher über

669 Gläser: Wissenschaftliche Produktionsgemeinschaften: Die soziale Ordnung der Forschung, loc. cit., S. 188.

670 Siehe Edge, D.O., Mulkay, M.J.: Fallstudien zu wissenschaftlichen Spezialgebieten. – In: Kölner Zeitschrift für Soziologie und Sozialpsychologie (Opladen). Sonderheft Wissenschaftssoziologie, loc. cit., 197–230, S. 200.

die Wege zur Bewältigung von in der Forschung aufgetretenen grundlegenden Problemen zu verständigen wissen.

So ist den Prozessen sozialer Interaktion und den Formen, worin sie sich abspielen, bei der Erörterung von Themen der Wissenschaftsorganisation besonderes Gewicht einzuräumen, was jedoch, wie Heath et al. beklagen, nicht hinreichend berücksichtigt wird. "As yet there is little research concerned with the ways in which different forms of collaboration emerge, coalesce, evolve, and fragment, and how individuals in concert with each other use various tools and technologies to assemble temporary forms of co-operation [...]"[671] Besonders spürbar ist dieses Defizit, wenn man vorhat, sich der Genesis der Formen solcher Interaktionen zuzuwenden, worin die beteiligten Forscher nach Maßgabe von je fachspezifischen Perspektiven agieren und dennoch Wege finden, die zu einer wechselseitigen Verständigung und zu einvernehmlich geteilten Anschauungen führen, wie es bei interdisziplinären Wissensentwicklungen der Fall ist. Ein solcher Prozess deckt sich nicht damit, wovon man etwa im Falle multidisziplinär organisierter Projektforschung ausgehen kann, wo die Konvergenz von Forschungsrichtungen verschiedener Disziplinen dadurch zustande kommt, dass sie zielbewusst zusammengeführt werden, um ein allgemein interessierendes Problem nach all seinen Seiten hin zu klären. Th.Reinhold moniert, dass – wenn es gilt, die Mechanismen zu untersuchen, „auf deren Grundlage Multiagentensysteme in der Lage sind, Kommunikationsbeziehungen aufzubauen und zur Steuerung der Interaktion mit anderen Agenten, insbesondere bei in Konflikt zueinander stehenden Handlungszielen, einzusetzen" – die Bereitschaft der Agenten zur Kooperation (zumeist implizit) „als a priori gegeben vorausgesetzt und die Problemstellung dadurch auf die Koordination als die gegenseitige Abstimmung von Handlungen reduziert" werde.[672] Dem Prozess, wo Interaktionspartner ihre Handlungen zur Bewältigung gemeinsamer Aufgaben aufeinander abstimmten, werde schon eine grundsätzliche Einigkeit zwischen den Akteuren und ein gemeinsamer Wille zur Interaktion zugrunde gelegt.[673]

---

671 Heath/ Knoblauch/ Luff: Technology and Social Interaction: The Emergence of "Workplace Studies", loc. cit., S. 315. Für Drepper sind sie, wenigstens in der deutschen soziologischen Diskussion, noch Streitobjekt konkurrierender Theorieschulen. Drepper, Th.: Organisationssoziologie im Kontext sozialwissenschaftlicher Organisationsforschung. – In: Soziologische Revue (München). 31(2008)2, 47–159, S. 148.

672 Reinhold, Th.: Zur Modellierung symbolisch generalisierter Kommunikationsmedien. – In: Soziale Welt. Zeitschrift für sozialwissenschaftliche Forschung und Praxis (Göttingen). 12(2006)1, 121–156, S. 121.

673 Ibid., S. 123.

So gesehen, müsste also von den Forschungsgegenständen als solchen schon eine Koordinationswirkung auf die Austauschprozesse ausgegangen sein, und es gäbe keine reelle Grundlage für eine unvermeidliche Entstehung von Kontroversen, die nur aufkämen, wenn die Akteure noch nicht auf den „tatsächlichen Sinn" der umstrittenen Begriffe gekommen wären, auf etwas, das nicht erst in einem Lagergrenzen überschreitenden Verständigungsprozess entstanden, sondern bereits der – wenngleich nur unzureichend gewusste – Ausgangspunkt des Prozesses gewesen wäre. Es wird nicht danach gefragt, wie eine Interaktion von Akteuren zustande kommt, wenn dieselben nach unterschiedlichen Motivationen handeln und einander entgegengesetzte Eigeninteressen verfolgen.

Netzwerkbildungen in der Forschung lassen sich als Entwicklungen von Interaktionsformen beschreiben, mit deren Untersuchung sich der Werdegang wissenschaftlichen Wissens konkreter erfassen lässt.[674] Interaktionen sind es, die, wie es bei K. Knorr-Cetina heißt, die Bedeutungen erforschter Fakten konstituieren.[675] Weil Erfordernisse zur Erhaltung sozialer Strukturen des Wissenschaftlerverkehrs den Inhalt dessen mitbestimmen, womit sich Forscher in ihren Beobachtungen und Experimenten auseinandersetzen, spielt es für den Entwicklungsstand neuen Wissens auch eine Rolle, bis zu welchem Niveau sich das Netzwerk schon ausgebildet hat, ob es sich noch um einen schwach gefügtes, institutionelle und Disziplingrenzen überschreitendes Netz oder schon um eine festgefügte wissenschaftliche Gemeinschaft handelt. "Because social networks ramify across and between institutions they provide a means of examining the inter-relationships of the behavior of people in different contexts", wie J.C.Mitchell ausführt.[676] Die

674 Hier lässt sich eine Brücke zur *Theorie der Symbolischen Interaktion* schlagen, die das Augenmerk auf symbolische Formen und deren Wechselwirkung mit der Struktur sozialer Netzwerke lenkt und sich, so Gallant, vor allem mit der Frage auseinandersetzt, "how people socially construct and negotiate meaning." Gallant, M.J./ Kleinmann, S.: Symbolic Interactionism versus Ethnomethodology. – In: Symbolic Interaction (Berkeley/ Cal.). 6(1983)1, 1–18, S. 12 f.

675 Knorr-Cetina: Soziale und wissenschaftliche Methode oder: Wie halten wir es mit der Unterscheidung zwischen Natur- und Sozialwissenschaften? Loc. cit., S. 281.

676 Mitchell, J.C.: The Concept and Use of Social Networks. – In: Social Networks in Urban Situations. Hrsg. v. J.C.Mitchell. Manchester: University Press 1969, 1–50, S. 49. Siehe auch Jonas, M.: Erfolgsfaktoren heterogener Kooperation - Zur Entstehung einer neuartigen Wissenspraxis in einem kombitechnologisch orientierten Projektcluster. Wien: Department of Sociology, Institute for Advanced Studies (IHS) 2003 (Reihe Soziologie/ Sociological Series No. 55), 91–212. Fuhse, J.: Gibt es eine Phänomenologische Netzwerktheorie? Geschichte, Netzwerk und Identität. – In: Soziale Welt. Zeitschrift für sozialwissenschaftliche Forschung und Praxis (Göttingen). 59(2008)1,

Entwicklung der Form des Forscherverkehrs ist es, die schließlich die Synthese verschiedener Denkrichtungen ermöglicht, worin Erfahrungen und Vorgehensweisen verschiedener Gebiete verschmolzen sind.

Mit der Entwicklung der Struktur der Interaktionsprozesse, in der sich das Beziehungsgeflecht, worin Forscher eingebunden sind, ausweitet und verdichtet, verändern sich auch die Interaktionserfahrungen, aus deren Vergegenwärtigung ein über die individuellen Vorstellungen der Interagierenden hinausgreifendes Wissen hervorgeht. Die Akteure reflektieren die Interaktionsereignisse, was in ihr weiteres Verhalten einfließt. Vergangene Ereignisse werden memoriert, in Gesprächen vergegenwärtigt, woraus ein gegenüber dem jeweils aktuellen Sinn der Interaktionen „sekundärer Sinnzusammenhang“[677] bzw. ein Wissen resultiert, das qualitativ verschieden ist von den individuellen Fertigkeiten und Erfahrungen der am Interaktionsgeschehen Beteiligten und so geeignet ist, das Zusammenwirken der Akteure zu ordnen – mit dem Effekt, dass sich ein für sie gemeinsamer Kontext ergibt.

31–52, S. 32 ff. Dass die Wissensentwicklung mit der Neubildung von Kommunikations- und Kooperationsstrukturen über Disziplin- bzw. institutionelle Grenzen hinaus einhergeht, lässt auch eine Studie Babkovs erkennen, in der die Geschichte einer in den 1920er Jahren in der UdSSR tätigen wissenschaftlichen Schule geschildert wird, die sich in der Populationsgenetik hervorgetan hatte und deren Anhänger vor allem Zoologen und Botaniker gewesen sind. Es hatten sich damals mehrere Zentren gebildet, die populationsbiologisch tätig waren, ohne dass die Forschungen einheitlich und von einer zentralen Stelle aus reguliert worden wären. Babkov beschreibt einen Prozess, in dem sich auch die Organisationsform veränderte, was sich u.a. in der Kommunikation und im Ländergrenzen überschreitenden Wissenschaftleraustausch niederschlug. Babkov, V.V.: Moskovskaja shkola evol'juzionnoj genetiki. Moskva: Isdatelstvo Nauka 1985, S. 12 f., 48. Die anfängliche Geschmeidigkeit der Organisation in der Schule, die zumeist informeller Natur war, habe wissenschaftliche Fortschritte ermöglicht. Mit der Institutionalisierung sei es dann zu einer „Kanonisierung“ des neuen Wissens gekommen. Ibid., S. 152 ff., 160. Ein damit vergleichbarer Vorgang wird von Gaudillière beschrieben: Im Hinblick auf die frühe Geschichte der Molekulargenetik hatte er sich die Aufgabe gestellt “to examine the relations between molecular biologists and biochemists in the 1960s as interactions between actors living in different but connected social worlds.” Gaudillière, J.-P.: Molecular Biologists, Biochemists, and Messenger RNA: The Birth of a Scientific Network. Journal of the History of Biology (Dordrecht). 29(1996)3, 417–445, S. 419.

677 Bergmann, J.R.: Flüchtigkeit und methodische Fixierung sozialer Wirklichkeit. Aufzeichnungen als Daten der interpretativen Soziologie. – In: Entzauberte Wissenschaft, loc. cit., 299–320, S. 304 f.

In Frühstadien der Wissensentwicklung sind experimentelles Vorgehen und Umgang mit den gerätetechnischen Bedingungen noch weitgehend vom Geschick und Erfahrungsgut derjenigen abhängig, die als erste die neuentdeckten Phänomene untersucht haben. Neue Forschungstechniken bestehen vorerst nur als Prototyp, so dass sie sich auch nur über Personentransfer verbreiten können, weil sich die Funktionstüchtigkeit der Technik noch nicht getrennt vom technisch-handwerklichen Geschick als Schema fixieren lässt. Nicht um theoretisches Wissen handelt es sich in einem solchen Stadium.[678] Vielmehr äußert sich die Wissensentwicklung noch vorherrschend als Entwicklung eines praktischen Denkstils, der den Details praktischer Handlungsabläufe funktionale Notwendigkeit zuschreibt für Ergebnisse, die zunächst nur dadurch gerechtfertigt werden können, dass sie zum Fortbestand der Gruppe beitragen, der die Forscher angehören. Sie lassen sich im Grenzfall nur über lernendes Beobachten aneignen, wozu man aber zum intimen Kreis der Gemeinschaftsmitglieder bzw. zum Umfeld wissenschaftlicher Autoritäten gehören muss. Auf dieser Basis kann man sich noch nicht über jede im Handeln der Akteure mitschwingende und vom gegebenen Laborumfeld ausgehende Wirkungsbedingung im Klaren sein.[679] Im folgenden Abschnitt wird versucht, näher ins Auge zu fassen, wie die Entwicklung der Formen des Forscherverkehrs vor sich geht.

678 Knorr-Cetina: Die Fabrikation von Erkenntnis, loc. cit., S. 29.

679 „Etwas Neues gelernt wird in der Tat am ehesten dadurch, dass das Experiment zunächst einmal misslingt. Das heißt, das in Präparation und Start investierte vorgängige Wissen reicht nicht aus, einen Verlauf sicher zu reproduzieren", wie P. Janich ausführt. Janich, P.: Das Experiment in der Biologie. – In: Theorie in den Biowissenschaften (Jena). 116(1997)1, 33–64, S. 49.

13. Die Entwicklung der Objektivität errungenen Wissens im Verhältnis zur Herausbildung sozialer Ordnungen des Forscherverkehrs

Oevermann et al. verstehen unter „Bedeutung“ eine interaktiv emergente, objektiv soziale Struktur, die ihrerseits als Voraussetzung für die Konstitution von Intentionalität gelten müsse.[680] So muss die *Entwicklung* der Bedeutungen, die die Akteure den von ihnen erzeugten Tatsachen zusprechen, mit dem Formenwandel der sozialen Struktur des Forscherverkehrs zu tun haben, mit einem Prozess, der sich, eine Formulierung Laitkos aufgreifend, als „Transformation eines raumartigen Beziehungsgeflechtes – also eines Netzes von Beziehungen zwischen koexistierenden Momenten – in der Zeit“ auffassen lässt.[681] In der Formgenese der Interaktionen müsste ein Vorgang zu erkennen sein, der zu einer systematischen Abspaltung der Geltung des Konsensus der Akteure von der Genese desselben führt[682], ein Vorgang, von dem sich sagen lässt, dass die Institutionalisierung des Forscherverkehrs genau jener Prozess ist, der die Objektivierung dessen voranbringt, was die daran Beteiligten an neuem Wissen gewinnen.[683] Der Werdegang neuen Wissens, die Entwicklung dessen, was in der Forschung erzeugte Fakten wissenschaftlich

680 Oevermann, U. et al.: Die Methodologie einer „objektiven Hermeneutik“ und ihre allgemeine forschungslogische Bedeutung in den Sozialwissenschaften. – In: Interpretative Verfahren in den Sozial- und Textwissenschaften. Hrsg. v. H.-G. Soeffner. Stuttgart: Metzler 1979, 352–434, S. 379 f.

681 Laitko, H.: Betrachtungen über den Raum der Wissenschaft. – In: Fixpunkte. Wissenschaft in der Stadt und der Region. Festschrift für Hubert Laitko anlässlich seines 60. Geburtstages. Hrsg.v. H.Kant. Berlin: Verlag für Wissenschafts- und Regionalgeschichte Dr.Michael Engel 1996, 313–340, S. 316 f.

682 Siehe van Dyk: Die Ordnung des Konsenses, loc. cit., S. 225.

683 Siehe Zucker, L.G.: The Role of Institutionalization in Cultural Persistence. – In: The New Institutionalism in Organizational Analysis. Hrsg. v. W.W.Powell und P.J.DiMaggio. Chicago - London: University of Chicago Press 1991, 83–107, S. 85 ff. Id.: The Role of Institutionalization in Cultural Persistence. – In: American Sociological Review (Washington). 42(1977)5, 726–743, S. 726. Siehe auch Giddens, A.: Die Konstitution der Gesellschaft. Grundzüge einer Theorie der Strukturierung. Frankfurt a.M.: Campus Verlag 1992, S. 223 ff. Vollmer, H.: Die Institutionalisierung lernender Organisationen. Vom Neoinstitutionalismus zur wissenssoziologischen Aufarbeitung der Organisationsforschung. – In: Soziale Welt. Zeitschrift für sozialwissenschaftliche

bedeuten, setzt nicht an irgendeinem beliebigen Punkt ein, bis zu dem ein solcher Vorgang bereits gediehen ist. Bis zu welchem Niveau diese Entwicklung schon vorangeschritten ist, äußert sich darin, ob die Akteure in assoziative oder in autoritär regulierte soziale Gebilde oder bereits in festgefügte Einrichtungen eingegliedert sind. Für das Niveau dessen, was Forscher zu wissen meinen, ist es eben von Belang, ob sich das Interaktionsgeschehen noch in einem schwach geordneten, autoregulativ funktionierenden Netz von disziplinäre und institutionelle Ränder überschreitenden Partnerschaften vollzieht, ob es sich in so genannten invisible colleges[684], in Clustern realisiert, die sich im Umkreis wissenschaftlicher Autoritäten gebildet haben[685], oder ob die Entwicklung der Verhältnisse, die Forscher miteinander unterhalten, bereits zu einer zentral regulierten, arbeitsteilig geordneten Gemeinschaft geführt hat, in der sich die Akteure zu einem in sich gegliederten produktiven Gesamtkörper vereint haben. Je nachdem, in welcher dieser Formen Forscher zusammenwirken, werden ja Umfang und Struktur ihrer Interaktionserfahrungen bestimmt, welche ihrerseits Einfluss darauf haben, wie die Akteure die Relevanz des von ihnen Erforschten verstehen.[686] Mit dem Wandel der Interaktionsformen wandelt sich auch die Art und Weise, wie in Naturzusammenhänge eingegriffen, wie die beobachtete, experimentell traktierte Natur erfahren wird. Für in flüchtigen Netzwerken untersuchte Gegenstände und Erscheinungen ist

---

Forschung und Praxis (Göttingen). 47(1996)3, 315–343, S. 316 ff. Vgl. Laitko: Betrachtungen über den Raum der Wissenschaft, loc. cit., S. 325 f., 332 ff.

684 Siehe Crane, D.: Invisible Colleges: Diffusion of Knowledge in Scientific Communities. – In: Technology and Culture (Baltimore/ Md.). 15(1974)1, 139–142.

685 Siehe Lüdtke: Die Entwicklung wissenschaftlichen Wissens in interdisziplinären Diskursen, loc. cit., S. 85–88.

686 Wissen werde erst zu Wissen, „indem es qua Darstellung und Inszenierung, Wahrnehmung und Medialität, Interaktion und Autorisation als solches zur Erscheinung kommt." Peters: Der Vortrag als Performance, op. cit. Zitiert n. Kovce: Figurationen von Evidenz (Buchbesprechung), loc. cit., S. 81 (ohne Seitenangabe). „Dient die Einheit einer individuellen Person als Garant eines Zusammenhanges von Erwartungen, bleibt deren Integration auf einer relativ anschaulich zu machenden Sinnebene fixiert. Die Erwartungen beziehen sich auf das, was einem konkreten Menschen als Erleben und Handeln zugerechnet werden kann. Sie lassen sich nicht ohne weiteres auf andere Menschen übertragen. Um sicher und zuverlässig erwarten zu können, muss man diesen Menschen ‚persönlich' kennen. Das setzt eine Geschichte gemeinsamer Interaktion voraus, gemeinsames Leben, in dessen Verlauf der andere sich selbst darstellt und man ihn kennen gelernt hat. Die Interaktion darf nicht zu ‚unpersönlich' sein, sie muss Chancen für Selbstdarstellung bieten […]" Luhmann: Rechtssoziologie, loc. cit., S. 85 f.

ein Niveau diverser Sinnzuschreibungen kennzeichnend: Die Interaktionserfahrungen, die ein Akteur gewinnt, führen ihn lediglich zu einer schwach geordneten Menge an Versionen dessen, worin für ihn die Bedeutung der in seinen Forschungsergebnissen präsentierten Fakten besteht, Versionen, von denen es im äußersten Falle so viele gibt, wie es Interaktionspartner gibt, so dass die Ausweitung des Beziehungsgeflechtes in dieser Hinsicht nicht ohne Folgen bleiben kann.

Man kann sich denken, dass bei fortwährender Ausdehnung eines solchen Netzes irgendwann eine Grenze erreicht wird, hinter der es einem Beteiligten nicht mehr möglich ist, noch die Übersicht über diesen Vorgang der Bedeutungskonstitution zu behalten. Die Sinnzuschreibungen werden sich überdies nicht vollständig davon abkoppeln lassen, dass sie die Frucht persönlicher Beziehungen zu ganz verschiedenen Partnern sind, solcher Beziehungen, deren Zustandekommen sich nicht allein Neigungen zur Aufdeckung „objektiver Wahrheiten", sondern auch der Berücksichtigung privater Interessen (Statusbedürfnissen, Karrierewünschen u.a.m.) der Partner verdankt. Dieses Problem findet dann eine Lösung, wenn sich ein Netzwerk um renommierte Wissenschaftler gebildet hat. Dann sind die verschiedenen Versionen zu Tatsachenbedeutungen, auf die die Akteure gekommen sind, in der Sichtweise der Autoritäten aufgehoben und vereinheitlicht.[687] Sie bleiben noch gebunden an Beziehungen persönlichen Charakters, doch es sind nunmehr von Autoritäten dominierte Beziehungen. In einer um sie herum entstandenen Forschergruppierung ist die Kommunikation wohl dichter geworden, aber es bleibt noch dabei, dass es persönliche Beziehungen sind, die den Ausschlag

---

687 Das besagt nicht, dass sich Forscher, um sich einer Autoritätsperson zuzuordnen, schon von gleichen Ideen haben leiten lassen müssen, so als wäre dies eine Voraussetzung dafür, sich in die Anhängerschar jener Person einzufügen. Hawkins macht dies am Beispiel eines solchen Verhältnisses klar, wie es auf einem Gebiet der Mathematik zustande gekommen war. Er bezieht sich auf das Verhältnis, das Frobenius und Killing zu Weierstrass im Verlaufe der 1860er und 70er Jahre gefunden hatten: "Neither oft them [...] was primarily interested in mathematical analysis. Killing was a geometer at heart, while Frobenius' first love was algebra and the theory of numbers. Yet each made important contributions to their preferred areas of mathematics that were inspired by the spirit of Weierstrassian mathematics, particularly [...] as expressed in his theory of elementary divisors (1868). This theory represents Weierstrass' critical response to the contemporary practice of finite or algebra analysis and is less wellknown than his response to the practice of infinitesimal analyses." Hawkins, Th.: The Berlin School of Mathematics. – In: Social History of Nineteenth Century Mathematics.Hrsg. v. H.Mehrtens, H.Bos und I.Schneider. Boston et al.: Birkhauser 1981, 233–245, S. 236.

für die Gruppenbildung geliefert haben.[688] Es folgt dann die Herausbildung eines formell organisierten Beziehungsgeflechts, sobald sich das Netz an persönlichen Beziehungen soweit ausgedehnt und an Komplexität gewonnen hat, dass es nicht mehr von einer Autoritätsperson gesteuert werden kann. Hier lassen sich Individuen als austauschbare Rollenträger betrachten, denen abverlangt wird, sich der „Formalstruktur der Organisation [...] zu unterwerfen", so Luhmann.[689] In der Phase, wo sich ein allgemeines Wissen herauskristallisiert hat, sind auch in der Entwicklung alle Voraussetzungen dafür entstanden: Es ist zu einer systematischen Abspaltung der Geltung des Konsensus von der Genese desselben gekommen. Und nunmehr kann von *objektiv-realen* Bedeutungen dessen ausgegangen werden, was Forscher untersuchen.

So muss es sich, wie weiter oben schon erörtert, als unzureichend erweisen, Organisationsformen lediglich als eine feste Größe bei der Gestaltung des Zusammenwirkens von Forschern zu behandeln, wofür vorausgesetzt ist, dass die Akteure miteinander nach Maßgabe kanonisierten Wissens und technischer Standards umgehen, was sich aber erst im Endstadium der Formgenese des Forscherverkehrs einstellt, wo die Tatsachenbedeutungen einen von einer Forscherschar einmütig anerkannten Status besitzen, welcher auf einem fachöffentlich gewürdigten (und damit erst *wissenschaftlichen*) Niveau verharrt. Hier haben sich die Bedeutungen der Fakten gegenüber der empirischen Tätigkeit aller Akteure verselbständigt. Mit weiterer Differenzierung und Expansion des Forscherverkehrs vertieft sich die Trennung zwischen dem, was das Zusammenwirken der Beteiligten kognitiv orientiert, und den kooperativen Arbeitsprozessen.

So kommen die Verhältnisse des Forscherverkehrs schließlich in den technisch-technologischen Bedingungen zur Erscheinung, die als externe Voraussetzungen der Forschungsprozesse wahrgenommen werden. Persönliche Abhängigkeitsver-

---

688 Laut Arendt zeichnet sich eine Autorität dadurch aus, dass ihr ohne jegliches Hinterfragen oder Bezweifeln Folge geleistet wird. Arendt, H.: Macht und Gewalt. München: Piper 2006 (erstmals erschienen 1970), S. 46. Dies kann man vielleicht als etwas verstehen, worin sich schon ein weiterer Fortschritt in der Ausprägung von Objektivität im Verhältnis zu jener elementaren Objektivität erkennen lässt, zu der es in dyadischen Interaktionen kommt. Die subjektiven Momente, die in dem enthalten sind, was die Forscher in den Verkehr mit einer wissenschaftlichen Autoritätsperson einbringen, sind ja auch nicht mehr – weil darin miteinander verschmolzen, was dieselbe ihnen vorlebt – auszumachen.

689 Luhmann, N.: Organisation und Entscheidung. Opladen: Westdeutscher Verlag 2000, S. 101.

hältnisse gerinnen zu „in sich ruhenden Verhältnissen“[690], sie gewinnen den Charakter technischer Notwendigkeit. Es etabliert sich eine verfahrenstechnischen Bedingungen gehorchende, standardgemäß verlaufende Praxis, wo nach Maßgabe textsprachlich explizierter Regeln des Tuns und Deutens von Resultaten, nach festgelegten Parametern zu untersuchender Substanzen gearbeitet wird. Handlungen ihrer Partner und deren Wirkungen sind nunmehr für die Forscher eher voraussehbar und reproduzierbar, was Bedingungen für den Erhalt einer formellen Organisation bietet. In dieser Entwicklungsphase wird das Wissen, das die Akteure miteinander teilen, mit der Natur des Erforschten erklärt. Ihre neue Einigkeit sehen sie in einem objektiven Problemdruck begründet, und die Forschungssituation bietet sich ihnen so dar, als ginge von den Forschungsgegenständen als solchen schon ein Druck auf die Vernetzung der Forscherhandlungen und auf die von den Akteuren vertretenen Anliegen aus.

Im Folgenden sollen die aufeinanderfolgenden Abschnitte in der Formgenese der sozialen Interaktion noch etwas genauer skizziert werden: Wie weiter oben dargetan, gehen Forscher in der Hoffnung auf Anregungen zur Bewältigung von Anomalien verstärkt Außenkontakte ein, Partnerschaften bilden sich, die außerhalb des Bereiches wirksam sind, der von der Gemeinschaft reguliert und überwacht wird. Die Nutzbarmachung von Konzepten anderer Fachgebiete fördert die Anbahnung von Beziehungen zu Angehörigen dieser Gebiete, bei denen man womöglich auf Gegeninteressen stößt. „Für Interdisziplinarität [...] gilt häufig, was man als Legitimation auf Gegenseitigkeit bezeichnen könnte.“ Man habe erkannt, wie Mittelstraß meint, dass sich eine Wissenschaftspraxis,

690 Mit dieser Formulierung kennzeichnet Marx einen Entwicklungsstand gesellschaftlicher Verhältnisse, wie sie sich aus einem historisch gewachsenen System des Austausches, der Tauschwerte und des Geldes ergeben. Begegneten sich die Individuen bei einem unentwickelten Grad derselben „als Feudalherr und Vasal, Grundherr und Leibeigener etc. oder als Kastenglieder etc. oder als Standesangehörige etc.“, so würden im „Geldverhältnisse, im entwickelten Austauschsystem [...] in der Tat die Bande der persönlichen Abhängigkeit gesprengt, zerrissen [...] und die Individuen *scheinen* unabhängig, [...] frei aufeinander zu stoßen.“ Sie erschienen gleichsam als „*Naturbedingungen*, d.h. von den Individuen unkontrollierbare [...]“ Die Bestimmtheit, die im ersten Fall als eine persönliche Beschränkung des Individuums durch ein anderes erscheine, „erscheint im letzteren ausgebildet als eine sachliche Beschränkung des Individuums durch von ihm unabhängige und in sich selbst ruhende Verhältnisse.“ Marx: Grundrisse der Kritik der Politischen Ökonomie, loc. cit., S. 81.

die an ihre institutionellen Grenzen stoße und dabei unter Legitimationsdruck gerate, immer noch interdisziplinär ausweiten lasse.[691]

Von „Wechselseitigkeit" der Interessenlagen Kooperierender wird man dann sprechen dürfen, wenn – beispielsweise – ein Krebsforscher in der Hoffnung, auf seinem Gebiet entstandenen Problemen durch Bezugnahme auf genetische Konzepte Herr zu werden, auf Genetiker zugeht, die ebenfalls, aber auf ihrem eigenen Fachgebiet, mit Erklärungsschwierigkeiten zu tun haben und sich von Konzepten der Krebsforschung Anregungen zu deren Bewältigung versprechen. Fragen wir uns, warum sich eigentlich Theodor Boveri und David von Hansemann, die sich beide mit Chromosomen und Krebs auseinandergesetzt hatten, füreinander interessierten, wo doch ihre Anliegen sehr unterschiedlich waren! Boveris Interesse bezog sich auf gewisse Lebenserscheinungen der Zellen. In der Krebsforschung „war Boveri ein Außenseiter", wie Wunderlich ihn sieht. „Er irritierte die medizinische Fachwelt mit Untersuchungen an einem Objekt, für das keinerlei Geschwülste bekannt waren [...] und das deshalb für die Krebsforschung für nicht relevant gehalten wurde."[692] Er habe sich zu etwas geäußert, „das mit seinem Arbeitsgebiet nur marginal verwandt schien."[693] Aus an Seeigeleiern durchgeführten Forschungen, die er in Auseinandersetzung mit dem Problem der Chromosomen als Vererbungsträger angestellt hatte, leitete er bedeutsame biologische Zusammenhänge ab. Erkennen ließ er u.a. die Kontinuität der Chromosomen in der Generationenfolge sowie das unterschiedliche Vermögen einzelner Chromosomen, vererbbare Merkmale zu übertragen. Wie war er nun auf Tumorbildungen gekommen? „Das Geschwulstproblem ist ein Zellenproblem, und es ist wenigstens nicht unmöglich, dass man auf Eigenschaften geführt wird, die aus dem Studium der Tumoren selbst nicht entnommen werden können und doch deren Wesen ausmachen."[694] Von Hansemann hingegen, ein Pathologe, hatte bei seiner Auseinandersetzung mit medizinischen Fragen

691 Mittelstraß, J.: Wissenschaft als Lebensform. Reden über philosophische Orientierungen in Wissenschaft und Universität. Frankfurt a.M.: Suhrkamp Taschenbuch Wissenschaft 1982, S. 191.

692 Wunderlich: „Er korrigiert meine Anschauung und führt sie weiter fort." Loc. cit., S. 264. Siehe Hansemann, D. von: Über asymmetrische Zelltheilung in Epithelkrebsen und deren biologische Bedeutung. – In: Virchows Archiv für pathologische Anatomie und Physiologie und für klinische Medizin (Berlin). Bd. 119 (1890)2, 299–326, S. 299 f.

693 Wunderlich: „Er korrigiert meine Anschauung und führt sie weiter fort." Loc. cit., S. 267 f.

694 Boveri: Zur Frage der Entstehung maligner Tumoren, loc. cit., S. 2.

zu Krebszellen (wobei er auf den für bösartige Geschwülste kennzeichnenden Verlust der Differenzierungsfähigkeit von Zellen gestoßen und danach zu fragen war, wodurch dieser hervorgerufen wird) Interesse an zellbiologischem Wissen und an Boveris Arbeiten gewonnen, dies im Bewusstsein, dass allein von der histologischen Krebsforschung, die er vertrat, keine wesentlichen Fortschritte mehr zu erwarten waren.[695]

Dass die Entwicklung eines Netzwerkes damit anhebt, dass sich Akteure verschiedener Gebiete füreinander interessieren, obgleich sie dazu gar nicht von miteinander geteilten Fragestellungen und Zielen angehalten werden, lässt sich auch Ausführungen Rammerts zum Werdegang moderner Kommunikationstechnologien entnehmen: „Das kritische Ereignis für die Entstehung eines neuen Typs von Technologie war […] die wechselseitige Bezugnahme von zwei unterschiedlichen Forschungskulturen […] die Wissenschaftskultur der Quantenphysik und modernen Mathematik auf der einen Seite und die Ingenieurkultur der Nachrichten- und Fernmeldetechnik auf der anderen Seite." Dies sei nicht eine sequentielle Beziehung in dem Sinne, „dass die Nachrichtentechniker die mathematischen Theorien einfach anwandten oder dass die nachrichtentechnischen Probleme die Entwicklung der Mathematik bestimmten. Vielmehr handelte es sich dabei um einen reflexiven Bezug auf das, was in der jeweils anderen Forschungskultur vor sich ging. Entsprechend suchten die Akteure den Kontakt mit anderen Personen und Verfahrensweisen […], immer jedoch dabei die Ziele der eigenen Forschungskultur verfolgend. Aus der immer dichter werdenden Kooperation, wie sie in den industriellen und universitären Laboratorien dann zunehmend organisiert wurde, ging das gemeinsam geteilte Modell technischer Kommunikation und Kontrolle hervor […]"[696]

Dass die Akteure außerhalb ihrer eigenen Disziplin Arbeitskontakte herzustellen bemüht sind, rührt von der Erwartung her, dass sich ihre Forschungsergebnisse im Bezugssystem potentieller Partner bewerten und rekonstruieren lassen. Zunächst bildet sich ein Schwarm lose miteinander verknüpfter Partnerschaften heraus, was die Anfangsphase einer Entwicklung kennzeichnet, in

695 Siehe Hansemann, von: Über asymmetrische Zelltheilung in Epithelkrebsen und deren biologische Bedeutung, loc. cit., S. 299 f. Wunderlich: „Er korrigiert meine Anschauung und führt sie weiter fort." Loc. cit., S. 271.

696 Rammert, W.: Von der Kinematik zur Informatik. – In: Soziologie und künstliche Intelligenz. Produkte und Probleme einer Hochtechnologie. Hrsg. v. W. Rammert. Frankfurt a.M.: Campus Verlag 1995, 65–110, S. 101.

der ein Netzwerk von Forscherbeziehungen aufkommt.[697] Dabei macht es schon einen qualitativen Unterschied, ob es sich bei den Interaktionen um dyadische Beziehungen oder um Triaden handelt. Wenn ein Dritter in Zweier-Beziehungen eintrete, kämen, so G.Simmel, „Abstraktionen" zu einem „abgesonderten Leben".[698] Die Figur des Dritten ist, wie J.Fischer hervorhebt, „denknotwendig", um den Übergang zwischen Interaktion und Institution systematisch vorstellen zu können. „Zwei können eine Regel verabreden, nach der sie ihr Verhalten orientieren, nach der sie sich typisieren […] doch können sie die Regel, die Typisierung als personale Urheber verhandelnd auch ändern. Erst der Dritte, der ihre Regel übernimmt, löst dadurch die geregelte Beziehung von diesen Akteuren ab und objektiviert sie ihnen gegenüber."[699] So sehen dies auch P.L.Berger und Th.Luckmann: Durch das Hinzutreten des Dritten und weiterer Akteure erhielten soziale Formen den dinglichen Charakter sozialer Tatsachen, die vom Einzelnen hingenommen werden müssten.[700]

---

697 Ein solches Gebilde beschreibt N.C.Mullins am Beispiel der Geschichte der Phagenforschung, ein Gebilde, das aus „interagierenden Paaren und Triaden von zusammenarbeitenden oder in einem Kollegenkreis stehenden Wissenschaftlern mit wenigen, wenn überhaupt irgendwelchen größeren Gruppen" bestanden habe. Mullins, N.C.: Entwicklung eines wissenschaftlichen Spezialgebietes: die Phagengruppe und die Ursprünge der Molekularbiologie. – In: Wissenschaftssoziologie 2: Determinanten wissenschafttlicher Entwicklung. Hrsg. v. P.Weingart. Frankfurt a.M.: Fischer 1972, 184–222, S. 190.

698 Simmel, G.: Soziologie. Untersuchungen über die Formen der Vergesellschaftung. Berlin: Duncker & Humblot 1908 (1. Auflage). Kapitel „Die quantitative Bestimmtheit der Gruppe", 32–100, S. 56. In Triaden realisieren sich bestimmte Funktionen, in denen sich ein weiteres Vorankommen in der Objektivierung von Resultaten des Interaktionsgeschehens zeigt: Die Figur des Dritten lässt sich auf verschiedene Gruppierungsformen beziehen, unter ihnen die Form des Unparteiischen, des Vermittlers, des Richters und des Beobachters. Ibid. S. 47 ff., 62 ff., 106 f.

699 Fischer, J.: Der Dritte/ Tertiarität. Zu einer Theorieinnovation in den Kultur- und Sozialwissenschaften. – In: Philosophische Anthropologie des 21. Jahrhunderts. Hrsg. v. H.-P. Krüger und G.Lindemann. Berlin: Akademie Verlag 2006, 146–163, S. 154. So bilde sich „eine anonyme ‚Körperschaft', eine Institution […]" Ibid.

700 Berger/Luckmann: The Social Construction of Reality, loc. cit., S. 76. Wenn untersucht werde, „wie der Kreis der sozialen Akteure auf eine stabile situationsüberdauernde Weise geschlossen wird, kann die Dyade nicht als konstitutiver Ausgangspunkt angesehen werden […] Erst durch das Hinzutreten des Dritten gewinnt es ausreichend Konsistenz", wie es bei Lindemann heißt. Lindemann, G.: Die Emergenzfunktion und die konstitutive Funktion des Dritten. Perspektiven einer kritisch-systematischen Theorieentwicklung. – In: Zeitschrift für Soziologie (Stuttgart). 35(2006)2,

Die nächste Stufe in der Entwicklung der Formen des Forscherverkehrs zeichnet sich durch folgendes aus: Diejenigen Forscher, auf die sich besonders viele Partnerschaften vereinen, gewinnen die Stellung wissenschaftlicher Vorbilder[701], eine Stellung, deren „Legitimität", wie W.Siebel et al. zur Bestimmung des Charismabegriffs ausführen, „beschränkt (bleibt – K.L.) auf eine begeisterte Anhängerschaft", wobei aber zugleich „wütende Widerstände" bei anderen Personen aufkämen, mit denen man sich auseinandersetzen müsse.[702] Im Umkreis von Autoritätspersonen würden, wie D.Blutner et al. meinen, Freiräume für die

82–101, S. 84, 94 ff. Siehe dieselbe: Die dritte Person - das konstitutive Minimum der Sozialtheorie. – In: Philosophische Anthropologie des 21. Jahrhunderts, loc. cit., 125–144, S. 128 ff.

701 Vgl. Ausführungen Webers und Schumpeters zur Rolle charismatischer Persönlichkeiten für sozialen Wandel. Weber, M.: Wirtschaft und Gesellschaft. Grundriss einer verstehenden Soziologie. Tübingen: J.C.B. Mohr 1976 (5. Aufl.), S. 654. Schumpeter: Theorie der wirtschaftlichen Entwicklung. Eine Untersuchung über Unternehmergewinn, Kapital, Kredit, Zins und den Konjunkturzyklus, loc. cit., S. 138 f. Hinweise v. Siebel, W./ Ibers, O./ Mayer, H.-N.: Staatliche Organisation von Innovation: Die Planung des Unplanbaren unter widrigen Umständen durch einen unbegabten Akteur. – In: Leviathan. Zeitschrift für Sozialwissenschaft (Opladen). 29(2001)4, 526–543, S. 531 ff.

702 Siebel/ Ibers/ Mayer: Staatliche Organisation von Innovation: Die Planung des Unplanbaren unter widrigen Umständen durch einen unbegabten Akteur, loc. cit., S. 533. Bei einer Untersuchung der Entwicklung der Nanotechnologie stießen Heinze und Bauer darauf, dass für die Vermittlerrolle, wie sie von besonders innovativen Wissenschaftlern in einem wissenschaftlichen Netzwerk wahrgenommen wird, nicht die Menge der Veröffentlichungen ausschlaggebend ist, sondern das Vermögen, wirkungsvoll mit Kollegen zu kommunizieren, und zwar im Hinblick auf einen mehrere Disziplinen umfassenden Bereich. Heinze/ Bauer: Characterizing Creative Scientists in Nano-S&T: Productivity, Multidisciplinarity, and Network Brokerage in a Longitudinal Perspective, loc. cit., S. 812 f. Von Interesse sind auch Angaben, dass Personen, die maßgebende Positionen auf wirtschaftspolitischem Gebiet bekleiden und als „interorganisational leaders" fungieren, ein höheres Maß an politischem Einfluss haben. Dies geht mit der Ausbildung eines Ressourcennetzwerkes einher, das Personen mit prominenten Stellungen in nur einer einzigen Organisation nicht in demselben Maße zur Verfügung steht. Siehe Perrucci, R./ Pilisuk, M.: Leaders and Ruling Elites: The Interorganizational Bases of Community Power. – In: American Sociological Review (Washington). 35(1970)6, 1040–1057. Bei der Betrachtung der Rolle wissenschaftlicher Autoritäten solle man sich vor einer „heroisierenden Theorie des Akteurseins" hüten. „Helden werden aus heterogenen Netzwerken aufgebaut […]" Law: Monster, Maschinen und soziotechnische Beziehungen, loc. cit., S. 356.

Verfolgung von wissenschaftlich Neuem eröffnet und „eingehegt".[703] Auf dieser Stufe in der Entwicklung der Interaktionsform beurteilen die Forscher ihre individuellen Beiträge einheitlich im Lichte des Wissens solcher Personen[704], die eine Kombination von Ideen und Forschungsaktivitäten aller Beteiligten verkörpern, eine Kombination, die im Verhalten der Akteure über den Einfluss seitens der Bezugspersonen realisiert wird. Was wissenschaftliche Autoritäten ihren Mitarbeitern vorleben, ist nicht – in Anlehnung an J.Link ausgedrückt – „als Abbild von Realität, sondern genau umgekehrt als Vorgabe für Realität zu bestimmen."[705] Dass man sich an der Reputation prominenter Wissenschaftler orientiert, drückt sich u.a. in der Bevorzugung ihrer Arbeiten gegenüber jenen anderer Personen aus – laut O.Dimbath „entgegen der Vollständigkeitsregel", die dazu anhält, die einem Forscher gezollte Anerkennung der Häufigkeit der Zitation seiner Arbeiten zu entnehmen.[706]

Dass sich über den Einfluss von Autoritätspersonen die Koordinierung der Handlungen und die Erfahrungsübermittlung in einer Schar von Akteuren zu einem wesentlichen Teil sicherstellen lässt, dass über Interventionen solcher Autoritäten, über Nachahmung ihres Handelns und Urteilens, über deren Instruktionen am praktischen Beispiel Reproduktionsverläufe gemeinsamer Arbeit immer

---

703 Blutner, D./ Holtgrewe, U./ Wagner, G.: Charismatische Momente und Trajekte – Das Projekt als Plattform charismatischer Führung. – In: Managementforschung 9. Führung neu gesehen. Hrsg. v. G.Schreyögg und J.Sydow. Berlin - New York: de Gruyter, 199–237, S. 215. Hinweis v. Siebel/ Ibers/ Mayer: Staatliche Organisation von Innovation: Die Planung des Unplanbaren unter widrigen Umständen durch einen unbegabten Akteur, loc. cit., S. 533.

704 Von Interesse ist in diesem Zusammenhang die in der organisationssoziologischen Literatur über informelle Netzwerke beschriebene Rolle der so genannten „bridge-agents" oder "boundary-spanning individuals". Es handelt sich hierbei um einflussreiche und sozial hoch anerkannte Dolmetscher bzw. Informationstransformer zwischen verschiedenen Organisationen und Kulturen, aus denen ihre Netzwerkpartner stammen. Siehe Paul, G.: Softwareproduktion zwischen System- und Benutzererfordernissen. – In: Jahrbuch Sozialwissenschaftliche Technikberichterstattung 1993. Schwerpunkt: Produktionsarbeit. Berlin 1993, S. 197 f. Berlin: Edition Sigma 1993, S. 198.

705 Link behandelt dieses Thema allerdings im Hinblick auf Figuren in einem künstlerischen Diskurs, beispielsweise auf Starrollen in populären Filmen. Link.: Die Analyse der symbolischen Komponenten realer Ereignisse. Ein Beitrag der Diskurstheorie zur Analyse neorassistischer Äußerungen, loc. cit., S. 40.

706 Dimbath, O.: Das organisationale Vergessen der Forschung. – In: Institutionelle Erneuerungsfähigkeit der Forschung. Hrsg. v. Th. Heinze und G.Krücken. Wiesbaden: VS Verlag für Sozialwissenschaften.Springer Fachmedien 2012, 39–64, S. 45.

wieder gelingen, funktioniert nur solange, wie die kooperativen Prozesse noch überschaubar und wenig differenziert sind.[707] So wird es mit weiterer Netzausdehnung irgendwann nicht mehr möglich sein, dass eine Bezugsperson auf alle Forscherbeziehungen Einfluss nimmt.[708] Zur Lösung dieses Problems ist – wie man mit Toulmin sagen könnte – eine Ablösung der „Autorität der wissenschaftlichen Meister" von der „sachlichen Autorität einer Theorie" vonnöten.[709] Dass es

---

707 Vgl. Schumpeters Beschreibung der Rolle von Unternehmerpersönlichkeiten: Ihnen weist er die *Durchsetzung von neuen Kombinationen* von Produktionsmitteln zu, ein Vorgang, der nur diskontinuierlich auftreten könne und mit dem Niederkonkurrieren der alten einhergehe. Schumpeter: Theorie der wirtschaftlichen Entwicklung. Eine Untersuchung über Unternehmergewinn, Kapital, Kredit, Zins und den Konjunkturzyklus, loc. cit., S. 102 f., 110 f. Die Rolle, die Autoritäten für die Regulation der Struktur der auf eine Forscherschar verteilten Tätigkeiten spielen, lässt sich ähnlich beschreiben, wie es Marx im Hinblick auf die Funktion von Unternehmern in frühen Phasen der Industrialisierung getan hat: Der Zusammenhang der *kombinierten Teiltätigkeiten* trete „dem einzelnen Arbeiter [...] als *Wille*, persönliche Einheit, Commando und Oberaufsicht des Capitalisten" entgegen, was verdecke, dass die Arbeiter jenen Zusammenhang vorher erzeugt hätten. Marx: Zur Kritik der politischen Ökonomie (Manuskript 1861–1863), loc. cit., S. 285/286. Siehe auch Marx, K.: Kritik des Hegelschen Staatsrechts. – In: Marx, K./ Engels, F., Werke, Band 1. Berlin: Dietz Verlag 1956, S. 267.

708 Meinungsführer förderten den Fluss von Ideen vor allem dadurch, dass sie sich auf die Kommunikation innerhalb kleiner Gruppen bzw. dichter Netzwerke konzentrierten. Weimann, G.: The Importance of Marginality. One More Step into Two-Step-Flow of Communication. – In: American Sociological Review (Washington). 47(1982)6, 764–773. Hinweis v. Schenk, M.: Die Ego-zentrierten Netzwerke von Meinungsbildnern ("Opinion Leaders"). – In: Kölner Zeitschrift für Soziologie und Sozialpsychologie (Opladen). 45(1993)2, 254–269, S. 256.

709 Toulmin, St.: Kritik der kollektiven Vernunft. Frankfurt a.M.: Suhrkamp 1983, S. 135. Damit lässt sich das vergleichen, was sich nach Simmel im Hinblick auf die Vergesellschaftung der Arbeitsverhältnisse ergibt, wenn es zu einer Trennung zwischen persönlichen und sachlichen Seiten im Verhältnis zwischen Unternehmern und Beschäftigten kommt: Die Lösung der ursprünglich engen Bande zwischen Person und Leitung wirke befreiend, weil die hierarchischen Beziehungen den Charakter technischer Notwendigkeit gewännen, so dass mit einer untergeordneten Position nicht mehr das Gefühl persönlicher Abhängigkeit eintrete. „Es kommt darauf an, die Sache und die Person so zu scheiden, dass die Erfordernisse der ersteren, welche Stelle im gesellschaftlichen Produktions- oder Zirkulationsprozesse sie auch der letzteren anweisen, die Individualität, die Freiheit, das innerste Lebensgefühl derselben ganz unberührt lassen." Simmel, G.: Die Philosophie des Geldes. Berlin: Suhrkamp 1977, S. 364.

unter dem Druck weiterer Netzausdehnung und Spezifizierung von Gliederungen kooperativer Vorgänge zu einer Ablösung von autoritär regulierten Verkehrsverhältnissen kommt, stelle ich mir so vor: Zwischen den Forschern, mit denen eine Person, der wissenschaftliches Prestige zuerkannt wird, Beziehungen unterhält, entstehen auch untereinander Kontakte. Sie unterhalten ja gleichermaßen direkten persönlichen Kontakt zu derselben, was Gelegenheiten dafür schafft. So entstehen im Umkreis der Autoritäten in wachsendem Umfange Querverbindungen, das heißt, aus einem anfangs eher radialen Netz geht ein dichtes Beziehungsgeflecht hervor.[710]

Dass mit der Expansion des Netzes und mit verstärkter Differenzierung der Forschungsaktivitäten eine avantgardistisch geprägte Art der Steuerung des Zusammenwirkens der Beteiligten nicht mehr genügen kann, dass sich der Forscherverkehr nicht mehr allein über persönliche Kontakte beherrschen lässt, erzwingt qualitativ neue Formen der Widerspiegelung des inneren Milieus der von den Akteuren gebildeten Gemeinschaft, um deren Koordination auch weiterhin zu gewährleisten. Komplementär dazu entsteht ein einheitliches Objekt, denn nötig ist auch eine qualitativ neue Widerspiegelung des äußeren Milieus, um auf externe Einflüsse nach Maßgabe des Erhalts einer institutionell ausgereiften Gemeinschaft einzuwirken.[711] Mit dieser Entwicklung werden sich auch Bedingungen dafür angereichert haben, dass eine Abschwächung der Dominanz wissenschaftlicher Autoritäten möglich ist. In Worten Schumpeters ausgedrückt: „Je mehr der Entwicklungsprozess allen Beteiligten vertraut und eine Sache des

---

710 „Personen, denen ein hohes Prestige zugeschrieben wird, verfügen über ein asymmetrisches Verhältnis eingehender und ausgehender Beziehungen: sie werden häufiger durch Dritte gewählt als sie selbst Beziehungsofferten an andere richten." Blümel, C.: Institutionelle Muster der Wissensproduktion in den optischen Technologien: Feldtheoretische Perspektiven zur Interpretation von Netzwerkstrukturen. – In: Netzwerkanalyse und Netzwerktheorie. Ein neues Paradigma in den Sozialwissenschaften. Hrsg. v. Chr.Stegbauer. Wiesbaden: VS Verlag für Sozialwissenschaften 2010 (2. Aufl), 131–145, S. 138 Siehe auch Geißler: Zur Komplementarität von Individualität und Gruppenidentität, loc. cit., S. 162 ff.

711 In Anlehnung an Peter Franz ausgedrückt. Franz, P.: Evolution, Verhalten und Information. – In: VI. Kühlungsborner Kolloquium. Veranstaltet von der Gesellschaft für physikalische und mathematische Biologie der DDR und dem Forschungszentrum für Molekularbiologie und Medizin der Akademie der Wissenschaften der DDR vom 9.-12. Oktober 1977: Philosophische und ethische Probleme der modernen Verhaltensforschung. Hrsg.v. G.Tembrock, E.Geissler und W.Scheler. Berlin: Akademie-Verlag 1978, 207–233, S. 226. Dem Verfasser geht es hierbei allerdings um ganz allgemeine Fragen zur Evolution des Verhaltens biotischer Systeme.

Rechenstifts wird, je mehr Hindernisse im Lauf der Zeit schwächer werden, umso weniger ‚Führerschaft' wird es bedürfen, um Neues ins Leben zu rufen."[712]

Die Objektivierung des in der Zusammenarbeit einer Forscherschar gewonnenen Wissens greift nunmehr über besagte Schar hinaus, wofür formale Organisationen die angemessene Form sind. In einem formal organisierten Beziehungsgeflecht werden spezifische Erwartungen an darin eingebundene Akteure von den sonstigen persönlichen Bedürfnissen und Interessen derselben unterschieden. Es besteht nunmehr eine Sozialstruktur, die es den Akteuren erlaubt, mit hinreichender Sicherheit aus den Reden und Handlungen ihrer Partner auf deren weiteres Handeln in diesen und späteren Situationen zu schließen.

Es wäre nun angebracht, auf Prozesse der Reorganisation sozialer Gebilde in der Geschichte der Krebsforschung einzugehen – mit Bezug auf das oben behandelte Fallbeispiel. Doch steht eine diesem Thema gehorchende Studie noch aus. Wenigstens kann ich auf eine frühere Arbeit zu diesem Thema verweisen, woran ich beteiligt war, wenngleich sie sich auf ein anderes Fallbeispiel bezieht, auf einen Geschichtsabschnitt der Phagenforschung. In dieser Studie wird deren Entwicklung als Übergang von einer vorherrschend personabhängigen zu einer vorwiegend sachabhängigen Regulation kooperativer Prozesse geschildert.[713] Anfangs mussten die Akteure im Labor gleichsam einander auf die Finger schauen, um etwas mitzubekommen, weil zur Durchführung von Experimenten in den frühen Phasen ihrer Entwicklung Fertigkeiten gehörten, die nicht kommuniziert werden konnten[714], so dass es vor allem auf eine solche Zusammenarbeit ankam, in der sich die Forscher direkt begegneten. Stent kennzeichnet diese Zeit als Periode der Einführung neuer Standards des experimentellen Entwurfs und der Datenbewertung[715], wobei der Physiker Max Delbrück in der Entwicklung

712 Schumpeter beschreibt in diesem Zusammenhang, wie sich die Rolle von Unternehmerpersönlichkeiten im Verlaufe von Innovationsprozessen wandelt. Schumpeter: Theorie der wirtschaftlichen Entwicklung. Eine Untersuchung über Unternehmergewinn, Kapital, Kredit, Zins und den Konjunkturzyklus, loc. cit., S. 341.

713 Siehe Lüdtke, K.: Der Wandel von Formen kooperativ-kommunikativer Wissenschaftlerbeziehungen und die Wissenschaftsentwicklung. – In: Wissenschaft - Das Problem ihrer Entwicklung. Bd. 2, op. cit., 205–223.

714 Vgl. Stehr, N./ Grundmann, R.: Expertenwissen. Die Kultur und die Macht von Experten, Beratern und Ratgebern. Weilerswist: Velbrück Wissenschaft 2010, S. 24. Hinweis v. Korom, Ph.: Rezension. – In: Kölner Zeitschrift für Soziologie und Sozialpsychologie (Wiesbaden). 63(2011)4, 692–695, S. 693.

715 Stent, G.: That Was the Molecular Biology, that Was. – In: Science (Cambridge/ Mass.). 160(1968)3826, 390–395. Vgl. Anderson: Elektronenmikroskopie von Phagen, loc. cit., S. 82 f.

der Phagengenetik eine führende Rolle gespielt hatte. Es entstanden genaue Regeln des Experimentierens mit Phagen, Regeln zur Messung der Adsorption, zur Gestaltung von Wachstumsexperimenten. Es wurden Vorschriften zur Erfassung der Phagenausbeute einzelner Bakterien erlassen. So ließen sich die Resultate der Phagenforscher, obgleich sie an verschiedenen Orten wirkten, miteinander vergleichen, ohne dass es dazu noch der Eingriffe von Autoritäten bedurfte. Das Bedürfnis nach Schaffung solcher Tätigkeitsbedingungen wuchs in dem Maße, wie sich die Forscherschar durch Rekrutierung weiterer Personen vergrößerte und die fachspezifische Gliederung vertiefte.[716] Hier zeigten sich schon Tendenzen einer Institutionalisierung der Forschungsrichtung: In universitären Bereichen der Biologie wurden Stellen für die Phagenforschung eingerichtet, Journale vertrieben, reguläre Studienprogramme geschaffen, und die Rekrutierung von Mitarbeitern wurde formalisiert.[717] Die Phagengenetik gewann einen größeren Anteil an Vorlesungen in allgemeiner Genetik und Mikrobiologie.[718]

Auch aus diesem Entwicklungsprozess, der zu einer neuen Disziplin führen sollte, ging zunächst ein Netzwerk hervor, ohne dass die darin wirkenden Akteure dieselben Anliegen verfolgt und sich einem theoretischen Konsens verpflichtet gefühlt hätten: Genetiker wandten sich zur Lösung schwieriger Rätsel, die ihnen das Vererbungsgeschehen aufgab, der Physik (im Besonderen der Quantenphysik) zu, und zugleich fanden sich Physiker, die sich von der Beschäftigung mit der Genetik Anregungen dazu erhofften, dass sich auf diesem Wege eher Fragen zu den physikalischen Grundlagen des Lebens beantworten lassen, eine damals unter Physikern verbreitete Meinung. „Was die Physiker wirklich faszinierte, war“, so Stent, „die romantische Vorstellung, dass ‚andere Gesetze der Physik‘ beim Studium des Gens entdeckt werden könnten.“[719] Geglaubt habe man, so von Weizsäcker, „man werde die Physik […] erweitern müssen, um das Leben zu verstehen; es gebe spezifische Gesetzmäßigkeiten des Lebens, von denen die der unbelebten Materie ebenso ein Grenzfall wären wie die klassische Physik ein

716 „Das erste Phagen-Treffen im März 1947 […] lockte acht Personen an […] Heute ziehen die jährlichen Phagen-Kurse buchstäblich Hunderte von Teilnehmern an“, so Luria etwa Mitte der 1960er Jahre. Luria, S.E.: Mutationen von Bakterien und Bakteriophagen. – In: Phagen und die Entwicklung der Molekularbiologie, loc. cit., 172–177, S. 177.

717 Siehe Mullins: Entwicklung eines wissenschaftlichen Spezialgebietes: die Phagengruppe und die Ursprünge der Molekularbiologie, op. cit.

718 Siehe Luria: Mutationen von Bakterien und Bakteriophagen, loc. cit., S. 177.

719 Stent, G.S.: Einleitung: Warten auf das Paradoxon. – In: Phagen und die Entwicklung der Molekularbiologie, loc. cit., 13–18, S. 14.

Grenzfall der Quantentheorie ist."[720] Fassen wir einmal ins Auge, was eigentlich den Mediziner Elmory L.Ellis, den Physiker Max Delbrück sowie den Genetiker Salvador Luria, deren Arbeiten für die Formierung der „Phagen-Gruppe" von herausragender Bedeutung gewesen sind, zu kooperieren veranlasst hatte![721] Gemeinsam hatten Ellis und Delbrück Verfahren ersonnen, die dazu dienen sollten, Merkmale des Phagen-Vermehrungszyklus zu erforschen. Ellis ging es darum, die Krebsforschung voranzutreiben. Er ließ sich von der Idee leiten, dass man sich dem Krebsproblem aus der Ecke der Viren nähern könne. Ihm war aufgefallen, dass solche Vorgänge, die ablaufen, wenn Phagen auf Bakterien treffen, wenn eine Samenzelle ein Ei befruchtet und wenn Viren eine Erkrankung verursachen, miteinander formale Ähnlichkeiten aufwiesen. Und er überlegte sich, dass man bei deren Untersuchung mit lohnenden Daten rechnen könne, falls es da wirklich etwas Gemeinsames gebe, obwohl die Vorgänge in so unterschiedlichen Organismen wie in Menschen und Bakterien abliefen. Bei Delbrück hingegen gehörte dieser Gesichtspunkt gar nicht zu seinem Anliegen. Es interessierte ihn auch nicht allzu sehr, ob die Phagen nun aus Protein oder Nukleinsäure bestehen. Ihn beschäftigte der Vermehrungsprozess der Partikel in der bakteriellen Zelle selbst. Der Phagen-Replikation galt nur deshalb sein Interesse, weil er hier einen Weg vermutete, herauszufinden, ob dieser Vermehrungsvorgang auf das nach bekannten physikalischen Gesetzen Erklärbare reduzierbar ist oder ob ein „Rest" bleibt, der neue physikalische Gesetze zur Erklärung erforderte[722], Gesetze, denen die

720 So C.F. von Weizsäcker in einer 1948 gehaltenen Vorlesung. Weizsäcker, C.F. von: Die Geschichte der Natur. Zwölf Vorlesungen. Göttingen: Vandenhoeck & Ruprecht 1964 (6. Aufl.), S. 88. Er zweifelte jedoch „an der Notwendigkeit dieser Erweiterung", wenn man damit nicht die Einführung des Subjektes meine. „Die Erscheinungen des Lebens [...] werden uns gewiss noch zu neuen Fragestellungen, aber vielleicht nicht zur Einführung neuer Grundgesetze nötigen." Ibid.

721 Wir folgen hier vor allem Ausführungen Ernst Fischers zur Geschichte der Molekulargenetik. Fischer, E.: Das Atom der Biologen. M. Delbrück und der Ursprung der Molekulargenetik. München - Zürich: Piper 1988. Siehe auch Geißler: Zur Komplementarität von Individualität und Gruppenidentität, loc. cit., S. 159 ff.

722 Fischer: Das Atom der Biologen. M. Delbrück und der Ursprung der Molekulargenetik, loc. cit., S. 95 ff. Vgl. Ellis, E.L./ Delbrück, M.: The Growth of Bacteriophage. – In: The Journal of General Physiology (New York). 22(1939)3, 365–384. Siehe auch Schrödinger, E.: Was ist Leben? Die lebende Zelle mit den Augen des Physikers betrachtet. Einführung von Ernst Peter Fischer. München - Zürich: Piper 1987, S. 109. Watson, J.D.: Jugendjahre in der Phagengruppe. – In: Phagen und die Entwicklung der Molekularbiologie, loc. cit., 231–237, S. 232.

Autoreduplikation des Gens gehorcht, wobei Bakterienviren ihm lediglich als ein Werkzeug zum Studium genetischer Prozesse dienten.

Nun zur Zusammenarbeit Delbrücks mit dem Mikrobiologen Salvador Luria! Sie untersuchten, wie Phagen Bakterien zerstören konnten. Aufgefallen war ihnen, dass nach einer gewissen Zeit der Vermehrung einige Bakterien den Angriff überlebten, woraus sich die Frage ergab, ob sich die Bakterien den Phagen gezielt angepasst hatten oder ob ihnen eine zufällige Änderung des genetischen Materials gleichsam zu Hilfe gekommen war. Delbrück und Luria wiesen 1943 nach, dass die Bakterien tatsächlich auf Grund einer spontanen Mutation resistent geworden waren. Fischer führt zur Geschichte dieser Experimente aus, bei denen es darum gegangen war, die Einsicht in die intrazellulären Vorgänge beim Wachsen eines Virus zu schärfen: Obgleich beide „mit denselben Techniken denselben Viren auf die Spur kommen wollten […], hatten beide doch verschiedene Ziele im Auge. Max (Delbrück – K.L.) wollte die Vermehrung ‚biophysikalisch' fassen, Luria wollte zum Gen gelangen. Max wollte wissen, was ein Gen macht, Luria wollte wissen, was ein Gen ist."[723]

Dominanter Ausgangspunkt einer revolutionären Entwicklung in der Wissenschaft „ist nicht *eine* Entdeckung", wie J.Wolf ausführt, „auch nicht eine überschaubare Gesamtheit von Entdeckungen, sondern der Modus eines über lange Zeit sich selbststrukturierenden Raumes von konvergierenden, d.h. potentiell sich ergänzenden Entdeckungen und Erfindungen. Dieser Raum ist unsichtbar, […] solange er aus getrennten Diskursen besteht, deren Konvergenz noch keinen Beobachter hat […]"[724] Diesem Gedanken folgend, müsste nun eigentlich, um das, was die oben angeführten Beispiele lehren, wirklich auszuschöpfen, genauer ausgeführt werden, wieso eigentlich Krebsforscher im Zuge ihrer Auseinandersetzung mit dem als Tumorvirus verstandenen Phänomen darauf hoffen durften, bei organischen Chemikern, Genetikern und Wissenschaftlern anderer Gebiete auf Gegenliebe und Interesse an einer Partnerschaft zu stoßen, die dem Verständnis des in der Forschung Entdeckten förderlich sein könnte. Diese Arbeit steht noch aus. Doch konnte weiter oben bislang wenigstens angedeutet

723 Fischer: Das Atom der Biologen. M. Delbrück und der Ursprung der Molekulargenetik, loc. cit. S. 113. Siehe auch Luria, S.E./ Delbrück, M.: Mutations of Bacteria from Virus Sensitivity to Virus Resistance. – In: Genetics (Bethesda, Md.). 28(1943)6, 459–511.

724 Wolf, J.: Aspekte der selbstorganisierenden Gestaltbildung eines Zyklus von Invention und Innovation. – In: Wissenschaftsforschung. Jahrbuch 1999 „Wissenschaft und Innovation". Hrsg. v. M.Wölfling und S.Spur. Berlin: Gesellschaft für Wissenschaftsforschung 2003, 9–80, S. 47.

werden, dass es Partner waren, die sich nicht einfach dem spezifischen Anliegen der medizinisch orientierten Tumorforscher unterwarfen, sondern durchaus mit dem Zusammenwirken die Realisierung eigener Forschungsziele verbanden. Indem etwa Genetiker im Virus ein Modell für das Gen (ein „nacktes" Gen) sahen und Virusforscher das Gen als ein Äquivalent des Virus betrachteten, suchten Virologen den Kontakt zu Genetikern, Genetiker den Kontakt zu Virologen. Diese Beziehungen wurden nicht von einem einheitlichen Anliegen beherrscht. Gemeinsam war den Akteuren, Virus- und Vererbungsforschern, lediglich, dass sie es mit einer gleichartigen Forschungssituation zu tun hatten, weswegen sie Kontakte zueinander suchten: Die Auseinandersetzung zu kontrovers debattierten Fragestellungen und die Suche nach außerhalb der eigenen Disziplin entstandenen Konzepten, von deren Anwendung man sich eine Bewältigung der Probleme erhoffte – die Genetiker von der Anwendung des Virus-, die Virusforscher von der Anwendung des Gen-Konzeptes –, schuf ein wechselseitiges Interaktionsinteresse, woraus interdisziplinär strukturierte Netzwerke hervorgingen.

So gab es in der organischen Chemie zur Frage nach der Größe der Moleküle, ihres Aufbaus und den Reaktionsweisen in organischen Stoffen (wie Zellulose, Kautschuk und Eiweiß) zwei einander widersprechende Antworten. Zum einen wurde das von Staudinger geformte Konzept des „Riesenmoleküls" vertreten.[725] Es wurde aber von den meisten Organikern und Kolloidchemikern abgelehnt. Staudinger wurde eine niedermolekulare Sichtweise entgegengehalten, wonach Naturstoffe aus verhältnismäßig kleinen Molekülen zusammengesetzt sein sollten, die sich zu größeren Einheiten aggregierten, Einheiten, zu deren Untermauerung auf experimentelle Befunde verwiesen werden konnte, die man bei der Untersuchung des Kautschuks gewonnen hatte. Vor dem Hintergrund der vorherrschenden kolloidchemischen Theorien konnte man sich große Einheiten nur als Ansammlung kleinerer Grundkörper, als Folge der Aggregation einzelner Moleküle zu Molekülverbänden denken.[726] Bei der Auseinandersetzung mit dieser Fragestellung bot sich nun das Virus als Gegenstand dafür an, u.a. die Struktur organischer Moleküle – so die Struktur von Eiweißmolekülen

725 Siehe Staudinger, H.: Über Polymerisation. – In: Berichte der Deutschen Chemischen Gesellschaft (Weinheim). 53(1920)6, 1073–1085.

726 Siehe Harries, C.D.: Untersuchungen über die natürlichen und künstlichen Kautschukarten. Berlin: Springer 1919, S. 231. Hinweis v. Plikat, B.: Gibt es vorzeitige Entdeckungen? – In: Kolloquien. Schriftenreihe des Instituts für Theorie, Geschichte und Organisation der Wissenschaft an der Akademie der Wissenschaften der DDR (Berlin). Beiträge zum Institutskolloquium am 5. Juli und 6. September 1984, op. cit., 97–108.

und deren Bezug zur Lebendigkeit – zu erörtern. Auch über die Natur des Gens war man sich seinerzeit ganz und gar uneins. Es war noch fraglich, ob Gene überhaupt real oder bloße Fiktionen sind. „Gen“ als körperliche Erb- und Lebenseinheit war eine Hypothese.[727] Ebenso konnte die DNA seinerzeit noch ganz verschieden verstanden werden. Für R.D.Hotchkiss beispielsweise war es seinerzeit noch offen, ob DNA nur ein weiterer abstrakter Formalismus oder ein molekulares Fragment ist.[728] Avery legte auf die Feststellung Wert, „dass jede Interpretation über den Mechanismus der Transformation notwendigerweise rein theoretischer Art“ sei und dass man nicht ausschließen könne, dass die biologische Aktivität des dargestellten Stoffes vielleicht doch keine der Nukleinsäure innewohnende Eigenschaft sei.[729] Hier versprach die Beschäftigung mit der Virusforschung Fortschritte bei der Verfolgung dieser Fragestellung.

---

727 Siehe Morgan, T.H.: The Relation of Genetics to Physiology and Medicine. – In: Nobel Lectures: Physiology and Medicine 1922–1941. Amsterdam: Elsevier Publishing Company 1965, 313–328, S. 315. Siehe auch Lüdtke, K.: Wissensentwicklung und Interdisziplinarität. Wie Phänomene in interdisziplinärer Kommunikation wissenschaftlich bedeutsam werden. – In: Journal for General Philosophy (Heidelberg). 26(1995)2, 93–117, S. 93, 106 f.

728 Hotchkiss: Gen, transformierendes Prinzip und DNS, loc. cit., S. 185.

729 Avery/ MacLeod/ McCarty: Untersuchungen über die chemische Natur einer Substanz, die Transformation von Pneumokokken-Typen induziert, loc. cit., S. 59.

Schluss

Im Folgenden streife ich einige auf dem Felde der Wissenschaftsforschung verwendete theoretische Ansätze, die Entstehung und Austragung von Kontroversen in das Verständnis der Entwicklung wissenschaftlichen Wissens einbeziehen. Von ihnen hatte ich mir wichtige Anregungen versprochen, zum Teil auch gewonnen und genutzt. Dabei schienen mir Arbeiten von Thomas S. Kuhn von besonderem Interesse für die Behandlung dieses Themas zu sein, ein Interesse, das sich – wie der Leser erkennen konnte – in meinen Ausführungen niedergeschlagen hat.[730]

Eine der Schwierigkeiten, die sich Versuchen entgegenstellen, das Kuhnsche Konzept für die Entwicklung eines Verständnisses jener Rolle zu nutzen, die Auseinandersetzungen unter Wissenschaftlern für die Entwicklung ihres Wissens spielen, besteht darin, wie der Abschluss einer Kontroverse gesehen werden soll: Einleuchtend ist, wovon Kuhn in dieser Hinsicht ausgeht, dass, wenn Forscher einer wissenschaftlichen Gemeinschaft neuer, mit überliefertem Wissen nicht verträglicher Phänomene gewahr werden, mehrere miteinander nicht vereinbare Ideen beim Versuch zur Lösung der Erklärungsprobleme aufkommen. Die weitere Entwicklung wird dann aber in der Durchsetzung und Verbreitung einer dieser Ideen (die als Anwärter auf ein neues Paradigma bestimmt werden) gesehen. Der wissenschaftlichen Gemeinschaft wird dabei das Vermögen zugebilligt, sich rasch auf ein neues Regelsystem zum Rätsellösen zu einigen, um Konflikte zu vermeiden, „selbst um den Preis der Teilung des Spezialgebiets oder des Ausschlusses eines bisher produktiven Mitglieds".[731] Jener Anwärter, dem sie den Vorrang einräumt, gilt dann als das neue Paradigma. Dieser Vorgang gleicht nach Kuhn einer natürlichen Auslese, die unter den vorhandenen Alternativen die „lebensfähigste" herausfindet. Doch worin besteht die Basis einer solchen Auswahl, die es erlaubte, die verschiedenen Anwärter miteinander zu

730 Dass Studien Kuhns für eine Erörterung der Funktion von Kontroversen in der Wissenschaft von besonderem Gewicht sind, wird von Dascal wie folgt gewürdigt: Jene Arbeiten ermöglichten es, „das Wesen der Kuhn'schen Krisen, die typische Herde der Kontoversen sind, besser zu verstehen. Insbesondere werden wir dadurch in der Lage sein herauszufinden, inwieweit solche Krisen tatsächlich von ‚Inkommensurabilität' und ‚Irrationalität' bestimmt sind." Dascal: Die Dialektik in der kollektiven Konstruktion wissenschaftlichen Wissens, loc. cit., S. 34.

731 Kuhn: Logik oder Psychologie der Forschung? Loc. cit., S. 382. Id.: Bemerkungen zu meinen Kritikern, loc. cit., S. 261.

vergleichen?[732] Worin erweist sich eine Variante als besonders „lebensfähig" im Unterschied zu anderen Varianten, wenn das überlieferte Paradigma, das auch vorgibt, welche Versuchstechniken und Beobachtungsverfahren in der scientific community zulässig sind, nicht mehr als Beurteilungsbasis herangezogen werden kann?

Auf dieses Problem stößt man auch bei der Betrachtung des Empirical Programme of Relativism von Collins, das eine Stufenfolge in der Analyse von Kontroversen schildert und in einigen Zügen dem oben skizzierten Ansatz gleicht. Nach diesem Programm sollen die in einer Auseinandersetzung vertretenen Positionen, die mit ihnen verknüpften experimentellen Verfahrensweisen und Methoden, die verwendet werden, um das Umstrittene einer Lösung zuzuführen, in einer Weise beschrieben werden, die jegliche Parteinahme für eine der gegeneinander agierenden Seiten vermeidet. Bei der Beschreibung einer Kontroverse wird zunächst die Entstehung von experimentell oder in der Beobachtung gefundenen Ergebnissen ins Blickfeld gerückt, bei denen die „participants find that the taken-for-granted rules are thrown into question automatically by the discovery trat they no longer produce unproblematic outcomes."[733] Wenn zu deren Deutung kein gemeinsam geteiltes, als unproblematisch geltendes Wissen verfügbar sei, so kämen verschiedene Ideen zur Deutung auf, die nur gegeneinander geltend gemacht werden könnten, da die Möglichkeit experimenteller Nachweise als Mittel zur Fällung einer einvernehmlichen Entscheidung nicht bestehe.[734] Weil keine experimentell begründete Auswahl möglich ist, kann nach Collins die Beendigung

732 Diese Problemstellung führt Kuhn zu der Überzeugung, dass die Entscheidung von Wissenschaftlern für eine Theorie „eher Bekehrung als Wahl" sei. Kuhn: Die Struktur wissenschaftlicher Revolutionen, loc. cit., S. 226. Id.: Objektivität, Werturteil und Theoriewahl, loc. cit., S. 443.

733 Collins: An Empirical Relativist Programme in the Sociology of Scientific Knowledge, loc. cit., S. 94.

734 Gefordert wird, dass in der Forschung ermittelte Angaben, wenn sie noch keinen gesicherten wissenschaftlichen Status aufweisen, mittels sachkundig durchgeführter Versuche und Messungen belegt werden. Ob man hinreichend sachkundig vorgegangen ist, kann aber nur nach Maßgabe richtiger Ergebnisse beurteilt werden, was aber wiederum von besagter Sachkunde abhängt. Einen solchen Zirkel beschreibt Collins am Beispiel des in den 1960er Jahren aufgekommenen Streites um die Messung der Gravitationswellen, deren Existenz aus der Allgemeinen Relativitätstheorie hergeleitet werden kann. Es ging um die Frage, ob das von dem Physiker Joseph Weber entwickelte Anzeigegerät diese Wellen wirklich messen würde. Die Debatte war in einem solchen Zirkel gefangen, weil die Kalibrierung des Gerätes davon abhing, ob es die Gravitationswellen auch wirklich gab, und umgekehrt hing deren Nachweis

der Auseinandersetzung nur in einer sozialen Aushandlung im Hinblick auf die konkurrierenden Wahrheitsansprüche bestehen. Ausgehandelt würde sie von einer verhältnismäßig kleinen Anzahl von an der Debatte beteiligten Wissenschaftlern, in deren Ergebnis feststehe, was als sachlich begründetes Experiment und somit als Entscheidungsmaßstab gelte.[735] Am Ende wird sich, wie weiter gedacht werden soll, nur eine der Ideen durchsetzen können, weil zwei miteinander unvereinbare wissenschaftliche Aussagen nicht zugleich korrekt sein können. In diesem Prozess gelangen gewisse Mechanismen zur Wirkung, die jene „interpretative Flexibilität" reduzieren. Sie bestehen nicht allein in der Kompetenz der Experimentatoren, sondern auch in den rhetorischen Strategien, im Zugriff auf Fachorgane, in Koalitionsbildungen usw.[736] Die Verhandlungen finden dadurch ihr Ende, dass sich Gruppen darauf verständigen, dass die Probleme gelöst seien.[737] Schließlich werden diese Mechanismen kausal mit der „wider social and political structure" verknüpft, sie gehören damit zu den Bedingungen, die die weitere Wissensproduktion bestimmen.[738]

---

davon ab, dass das Gerät sie korrekt messen würde. Collins: Changing Order. Replication and Induction in Scientific Practice, loc. cit., S. 89.

735 Collins, H.M.: The Place of the 'Core-Set' in Modern Science: Social Contingency with Methodological Propriety in Science. – In: History of Science (Cambridge/ U.K.). 19(1981)1, 6–19, S. 13.

736 Siehe Collins, H.M.: The Seven Sexes: A Study in the Sociology of a Phenomenon or the Replication of Experiments in Physics. – In: Sociology (London). 9(1975)2, 205–224.

737 Bijker und Pinch unterscheiden zwei Varianten der Schließung von Kontroversen. "To close a technological 'controversy', one need not solve the problems in the common sense of the word. The key point is whether the relevant social groups see the problem as being solved." Zum anderen würden Kontroversen auf dem Wege der "redefinition of the problem" geschlossen. So sei die Erfindung des luftgefüllten Fahrradreifens erst angenommen worden, nachdem das mit dem Reifen zu bewältigende Problem von „Vibrationsdämpfung" zu „Geschwindigkeitssteigerung" umgedeutet worden sei. Pinch/ Bijker: The Social Construction of Facts and Artifacts: Or How the Sociology of Science and the Sociology of Technology Might Benefit Each Other, loc. cit., S. 44.

738 Siehe Collins, H.M.: Stages in the Empirical Programme of Relativism. – In: Social Studies of Science (London et al.). 11(1981)1, 3–10. Weingart: Wissenschaftssoziologie, loc. cit., S. 63: „Für die soziologische Analyse eröffnet Collins' Programm eine wichtige Perspektive. Sie besteht in der Wahl wissenschaftlicher Kontroversen als strategischen Forschungsgegenstand, wenn immer es um die Frage der ‚Schließung' von Diskursen geht, die sich nicht durch experimentell erzeugte Evidenzen erklären lässt, und/oder in denen der experimentelle Zirkel so offenkundig zutage tritt, wie im

Dass die Erklärung, wie Kontroversen bewältigt werden und die Wissensentwicklung vorantreiben, auf die Überlegung reduziert wird, wie es zur Bevorzugung einer Idee im Resultat von Wahlen aus einer Reihe miteinander wetteifernder Vorschläge kommt und was die Wahlen beeinflusst haben mag, zeigt sich auch im Toulminschen Ansatz, wonach der Ablauf der Wissenschaftsgeschichte in Analogie zum Darwinschen Modell als Variation und Selektion wissenschaftlicher Ideen beschrieben wird: Aus einer stets verfügbaren Menge von Ideen zur theoretischen Bewältigung neuer Probleme – Ideen, die letztlich der „Neugierde und Nachdenklichkeit einzelner" entsprängen[739] – würden diejenigen herausgefunden, die eine „bessere Erklärungsleistung" ermöglichten, wobei die Auswahl nach Fachidealen und Erklärungszielen der betreffenden Disziplin erfolgte. Die Disziplin sei als Profession so organisiert, dass „neue Ideen einzelner anhand einer kollektiven Menge von Erklärungsidealen beurteilt werden können […]"[740], wenngleich auf solche Entscheidungen auch außerwissenschaftliche Faktoren, Vorurteile, modebedingte Vorlieben usw. Einfluss hätten.[741] Aber wenn sich nach Maßgabe solcher Ideale aus einer Menge von einander widersprechenden Ideen eine begründete Auswahl treffen lässt, wieso kann es dann eigentlich zu mitunter Jahrzehnte währenden Streitigkeiten in der Wissenschaft kommen? Und wonach kann entschieden werden, welche der Varianten eine „bessere Erklärung" leisten, wenn nach Maßgabe jeder Idee auf eine je besondere Weise in die Untersuchung der Forschungsgegenstände und Erscheinungen eingegriffen wird? Wie kommt es dazu, dass sich Gruppen darüber zu verständigen wissen, dass ein Problem, das zuvor Gegenstand eines Streites gewesen ist, nunmehr gelöst sei?

---

beschriebenen Fall (im Fall der Gravitationswellen-These – K.L.). Die vorgängige Behauptung, dass Rationalität dabei bestenfalls nur eine untergeordnete Rolle spielt, ist jedoch weder notwendig noch sinnvoll […] Die radikale Soziologisierung ‚vorweg' unterstellt nicht zuletzt einen Gegensatz zwischen sozialen und rationalen Gründen, als ob Rationalität nicht selbst sozialen Ursprungs ist. Aufgrund dieser Grenzziehung wird implizit unterstellt, dass die Schließung einer Kontroverse zugleich auch das vollständige ‚soziale Aus' der einen Partei ist. Tatsächlich bedeutet sie oft genug nur deren Marginalisierung in der wissenschaftlichen Kommunikation, ohne sie daran zu hindern, ihre Position weiter zu vertreten. Forschung über die ‚Kalte Fusion' wird auch viele Jahre nach der ‚Schließung' der kurzlebigen Debatte weiter betrieben (und finanziert!). Dessen ungeachtet bleibt das Problem, unter welchen Bedingungen es zur ‚Schließung' wissenschaftlicher Kontroversen kommt, von zentraler Bedeutung." Ibid., S. 81.

739 Toulmin: Kritik der kollektiven Vernunft, loc. cit., S. 246.

740 Ibid., S. 247.

741 Ibid., S. 264, 266.

Und wenn es so ist, dass wir, wie es bei C.U.Moulines heißt, unter mehreren rivalisierenden Theorien diejenige auswählen, „die global am besten mit den bereits etablierten Theorien verbunden werden kann“[742], dann muss besagte Rivalität etwas sein, das bei hinreichender Kenntnis schon etablierten Wissens gar nicht hätte aufkommen können. Doch hier stellt sich wiederum die Frage, worauf sich denn Bewertungen von miteinander wetteifernden Theorieanwärtern durch eine Fachgemeinschaft gründen sollen, wie sich denn in fraglicher Hinsicht ein Konsens von Mitgliedern einer Gemeinschaft herausbilden kann, wenn das, was einst Voraussetzung für einvernehmliche Entscheidungen gewesen war, angesichts neuer Phänomene versagt hat. Die in wissenschaftlichen Auseinandersetzungen vertretenen Positionen folgen ja je eigenen, miteinander unverträglichen Richtlinien der Forschung. Damit wird auch die Frage nach der Herkunft der in Kontroversen gegeneinander vertretenen Standpunkte aufgeworfen, für deren Widerstreit keine vom Konfliktgegenstand ausgehende Zwangsläufigkeit haftbar gemacht wird.

M.E. verliert die Frage, wie eine Gemeinschaft als Instanz zur Bewertung von einander widersprechenden Theorieentwürfen funktionieren kann – von Entwürfen, mit denen beansprucht wird, Probleme zu lösen, die sich auf der Grundlage überlieferter Theorien nicht bewältigen lassen –, ihren Sinn, wenn man den interdisziplinären Grundzug der Wissensentwicklung in Rechnung stellt. Davon ausgehend, ist es nicht vonnöten, in die Überlegungen eine bestimmte Wissenschaftlergemeinschaft als Forum zur Bewertung von neuen Ideen einzuführen. *Vielmehr gilt es, ein solches Forum als Resultat des gleichen Prozesses auszuweisen, woraus auch eine neue Theorie hervorgeht, mit der aufgekommene Kontroversen gegenstandslos geworden sind.*

Die Bedeutungen dessen, was in der Forschung neu entdeckt wird und was sich an herkömmliches Wissen nicht sogleich anschließen lässt, konstituieren sich erst im wissenschaftlichen Diskurs, erst über die Entfaltung kontrovers geführter Debatten bis hin zum Konsens, wenngleich sie von den Beteiligten in der Rückschau als „gegeben“, als „natürlich“ wahrgenommen werden. Sie werden im Ergebnis von Kooperationsprozessen objektiviert, das heißt, sie resultieren gar nicht unmittelbar aus der empirischen Forschungstätigkeit, weil es zur Regulation von in der Strukturierung verhältnismäßig weit fortgeschrittenen Kooperationsprozessen eines Wissens von anderer Qualität bedarf, als es die der empirischen Erfahrungen der Kooperierenden ist. Gemeint ist ein Wissen, das nicht von den empirischen Erfahrungen der Akteure bzw. von ihren Tätigkeiten selbst gesteuert

742 Moulines: Die Entstehung der Wissenschaftstheorie als interdisziplinäres Fach (1885–1914), loc. cit., S. 18.

wird, sondern ein solches, das mit der Reflexion des Zusammenhanges von Tätigkeiten und Erfahrungen in einem Netzwerk entsteht und geeignet ist, die Ordnung kooperativer Arbeitsprozesse zu regulieren. Von „wissenschaftlicher Bedeutung" gewonnener Fakten lässt sich folglich nur reden, wenn sie die Arbeit der Fachöffentlichkeit regulieren, das heißt, eine Koordinierung in Trennung von kooperativen Prozessen ihrer Erzeuger leisten. Indem Forscher ihre Aufzeichnungen mit Referenzen, Zitaten usw. ausstatten, wenn sie Artikel schreiben, wirken sie ja genau auf die Bildung eines Netzwerkes hin in der Art von Kooperationsnetzen, die eine von Prozessen der Zusammenarbeit etwa in Laboratorien getrennte Koordinierung leisten. So lassen sich Forscherinteressen auch an entfernten Standorten vertreten. Wissenschaftliche Bedeutungen bieten sich nun so dar, als ob sie in den mitgeteilten Fakten bereits enthalten und den Forschern unverrückbar vorgegeben wären, so dass der Diskurs nur als Kommentierung, als sprachliche Erfassung außerdiskursiver, prädiskursiv gegebener Sachverhalte aufgefasst werden dürfte. Damit wird verdeckt, dass die Bestimmung, was ein Fakt oder ein Artefakt „ist" oder „nicht ist", darin verwurzelt ist, wie Menschen, im Besonderen Gruppen, Sinn und Bedeutung von Objekten und Artefakten beschreiben und in ihren Meinungen dazu übereinkommen.[743] Damit Entdeckungen als wissenschaftlich bedeutsam gelten können, muss die Öffentlichkeit (die „gemischte" Öffentlichkeit) einen Prozess durchlaufen haben, in dem sie von Meinungsgegensätzen zu einer Einheit in der Beurteilung der Entdeckung fortgeschritten ist.[744]

---

743 Siehe Bijker: Sociohistorical Technology Studies, op. cit., 241–242. Gottweis, H.: German Politics of Genetic Engineering and his Deconstruction. – In: Social Studies of Science (London et al.). 25(1995)2, 195–235, S. 197.

744 Von Interesse sind in diesem Zusammenhang Ausführungen Englers zur Funktionsweise sozial gemischter Diskussions- und Entscheidungsöffentlichkeiten, Ausführungen, die etwas zum „Objektivierungsmodus gemischter Öffentlichkeiten" aussagen. Engler: Kommunikative Selbstreferenz und diffuse Angst. Niklas Luhmanns Gesellschafts- und Wissenschaftskonzept, loc. cit., S. 76 ff. Diese Prozesse untersucht er wohl im Hinblick darauf, inwieweit solche Öffentlichkeiten noch als Vorfelder der gesamtgesellschaftlichen Orientierung und Steuerung gesellschaftlicher Teilprozesse in der modernen kapitalistischen Gesellschaft wirksam sind, aber den Ausführungen lässt sich einiges für Überlegungen abgewinnen, welche Rolle der Entwicklung interdisziplinär bzw. interinstitutionell gemischter Öffentlichkeiten in der Wissenschaft zukommt.

Quellenverzeichnis

Abbe, E.: Beiträge zur Theorie des Mikroskops und der mikroskopischen Wahrnehmung. – In: Archiv für mikroskopische Anatomie (Berlin). 13(1873)1, 413–418.

Abel, G.: Die Transformation der Wissensordnungen und die Herausforderungen der Philosophie. – In: Allgemeine Zeitschrift für Philosophie (Hildesheim). 34(20098)1, 5–28.

Abramowski, H.: Disposition und Irritation bei Krebs. – In: Zeitschrift für Krebsforschung (Berlin). 10(1911) 2, 235–246.

Ahlström, C.G.: Virus Tumours in Mammals. – In: Acta pathologica et microbiologica scandinavica (Kopenhagen). 38(1938)1, 37–46, Suppl.-Bd.

Ahlström, C.G./ Andrewes, C.H.: Fibroma Virus Infection in Tarred Rabbits. – In: Journal of Pathology and Bacteriology (Edinburgh). 47(1938)1, 65–86.

Alexander, J.: Physico-Chemical Determinism in Life and Disease: As Viewed by the Physical Chemist. – In: Journal of Heredity (Washington - Baltimore/ Md.). 27(1936)4, 139–150.

Alloway, J.L.: The Transformation in Vitro of r Pneumococci into s Form of Different Specific Types by the Use of Filtered Pneumococcus Extracts. – In: Journal of Experimental Medicine (New York). 55(1932)1, 91–99.

Altmann, R.: Die Elementarorganismen und ihre Beziehung zu den Zellen. Leipzig: Veit & Co. 1894.

Amann, K.: Menschen, Mäuse, Fliegen. Eine wissenssoziologische Analyse der Transformation von Organismen in epistemische Objekte. – In: Zeitschrift für Soziologie (Stuttgart). 23(1994)1, 22–40.

Amann, K./ Hirschauer, St.: Soziologie treiben. Für eine Kultur der Forschung. – In: Soziale Welt. Zeitschrift für sozialwissenschaftliche Forschung und Praxis (Göttingen). 50(1999)4, 495–506.

Amies, C.R.: The Particulate Nature of Avian Sarcoma Agents. – In: Journal of Pathology and Bacteriology (Edinburgh). 44(1937)1, 141–166.

Anderson, Th.F.: Elektronenmikroskopie von Phagen. – In: Phagen und die Entwicklung der Molekularbiologie. Hrsg. v. J.Cairns, G.S. Stent und J.D.Watson. Herausgeber der deutschen Ausgabe: E.Geissler. Berlin: Akademie-Verlag 1972, 72–87.

Andrewes, C.H.: Evidence for the Presence of Virus in a Non-Filterable Tar Sarcoma of the Fowl. – In: Journal of Pathology and Bacteriology (Edinburgh). 43(1936)1, 23–33.

Andrewes, C.H.: Latent Virus Infections and Their Possible Relevance to the Cancer Problem. – In: Proceedings of the Royal Society of Medicine (London). 33(1939)2, 75–86.

Andrewes, C.H.: The Bearing of Recent Work on the Virus Theory of Cancer. – In: The British Medical Journal (London). 1(1950)4645, 81–85.

Andrewes, C.H.: Viruses as Organisms. – In: Poliomyelitis. Papers and Discussions Presented at the Second International Poliomyelitis Conference. Philadelphia/Pa: Lippincott Williams & Wilkins 1952, 3–5.

Andrewes, C.H.: Classification and Nomenclature of Viruses. – In: Annual Review of Microbiology (Palo Alto/ Cal.). 6(1952)1, 119–138.

Andrewes, C.H.: Introduction: Viruses Yesterday, Today and Tomorrow. – In: British Medical Bulletin (London). 9(1953)2, 69–171.

Andrewes, C.H.: Discussion of Dr.Luria's Paper. – In: Cancer Research (Philadelphia/Pa.). 20(1960)5, 689–694.

Andrewes, C.H.: Francis Peyton Rous 1879–1970. – In: Biographical Memoirs of Fellows of the Royal Society. 17(1971)1, 643–662.

Apolant, H./ Embden, G.: Ueber die Natur einiger Zelleinschlüsse in Carcinomen. – In: Zeitschrift für Hygiene und Infektionskrankheiten (Berlin et al.). 42(1903)1, 353–361.

Ardenne, M. von / Rieger, F.: Zu den Wegen der Krebstherapie und möglichen Ursachen der Krebsentstehung sowie ihre wechselseitigen Beziehungen. – In: Zeitschrift für Naturforschung (Tübingen). 236(1968)3, 357–368.

Arendt, H.: Vita activa oder Vom tätigen Leben. München - Zürich: Pieper 2007 (6. Aufl.).

Arendt, H.: Macht und Gewalt. München: Piper 2006 (erstmals erschienen 1970).

Armstrong, H.E.: The Nature of Solutions. – In: Nature (London). 121(1928)3037, 48–51.

Asdal, K.: Versions of Milk and Versions of Care: The Emergence of Mother's Milk as an Interested Object and Medicine as a Form of Dispassionate Care. – In: Science in Context (Cambridge/ U.K.). 27(2014)2, 307–331.

Atkins, H.J.B.: Surgery. – In: The British Encyclopaedia of Medical Practice. Medical Progress 1960. Editor in Chief: The Lord Cohen of Birkenhead. London: Butterworth & Co. (Publishers), Ltd. 1960, 27–51.

Autorenkollektiv unter Leitung von F.Jürss: Geschichte des wissenschaftlichen Denkens im Altertum. Berlin (DDR): Akademie-Verlag 1982.

Avery, O.Th./ MacLeod, C.M./ McCarty, M.: Studies on the Chemical Nature of the Substance Inducing Transformation by a Desoxyribonucleic Acid Fraction

Isolated from Pneumococcus Type III. – In: Journal of Experimental Medicine (New York). 79(1944)2, 137–158. Deutsche Ausgabe: Avery, O.Th./ MacLeod, C.M./ McCarty, M.: Untersuchungen über die chemische Natur einer Substanz, die Transformation von Pneumokokken-Typen induziert. – In: Molekulargenetik. Beiträge zu ihrer Entwicklung. – In: Ostwalds Klassiker der exakten Wissenschaften. Bd. 254. Leipzig: Akademische Verlagsgesellschaft Geest und Portig 1975, 35–63.

Babkov, V.V.: Moskovskaja shkola evol'juzionnoj genetiki. Moskva: Isdatelstvo Nauka 1985.

Bail, O.: Der Stand und die Ergebnisse der Bakteriophagenforschung. – In: Deutsche Medizinische Wochenschrift (Leipzig). 51(1925)1, 13–16.

Bang, F.B.: History of Tissue Culture at Johns Hopkins. – In: Bulletin of the History of Medicine (Baltimore, Md.). 51(1977)4, 516–537.

Barnard, J.E.: Presidential Address. I. Towards the Smallest Living Things. – In: Journal of the Royal Microscopical Society (London). 59(1939)1, 1–10.

Barnard, J.E.: The Microscopical Examination of Filterable Viruses. – In: The Lancet (London). 209(1925)5316, 117–122.

Barnes, B.S.: Über den konventionellen Charakter von Wissen und Erkenntnis. – In: Kölner Zeitschrift für Soziologie und Sozialpsychologie (Opladen). Sonderheft Wissenssoziologie. Hrsg. v. N.Stehr und V.Meja. (1981)22, 163–190.

Barret, R.W./ Tatum, E.L.: Carcinogenic Mutagens. – In: Annals of the New York Academy of Sciences (New York). 71(1958)6, 1072–1084.

Bateson, G./ Jackson, D.D: Some Varieties of Pathogenic Organization. – In: Disorders of Communication, Band 42. Hrsg. v. D.McK. Rioch. New York: Association for Research in Nervous and Mental Disease 1964, 270–283.

Bauer, K.H.: Mutationstheorie der Geschwulstentstehung: Übergang von Körperzellen in Geschwulstzellen durch Gen-Änderung. Berlin: Springer 1928.

Bauer, K.H.: Die Mutationstheorie der Krebsentstehung im Lichte ihrer physikalischen und chemischen Beweismittel. – In: Münchner Medizinische Wochenschrift (München). 90(1943)48/49, 681–687.

Bauer, K.H.: Das Krebsproblem. Einführung in die allgemeine Geschwulstlehre für Studierende, Ärzte und Naturwissenschaftler. Berlin et al.: Springer 1949.

Bauer, K.H.: Über neuere Ergebnisse der Krebsforschung. Vortrag im Rahmen einer Sitzung der Medizinischen Gesellschaft Frankfurt vom 7. Juli 1948. – In: Klinische Wochenschrift (Berlin). 27(1949)33/34, 582–583.

Bawden, F.C. et al.: Liquid-Crystalline Substances from Virus Infected Plants. – In: Nature (London). 138(1936)3503, 1051–1052.

Bawden, F.C./Pirie, N.W.: The Isolation and Some Properties of Liquid Crystalline Substances from Solanaceous Plants Infected with Three Strains of

Tobacco Mosaic Virus. – In: Proceedings of the Royal Society of Medicine (London). Ser. B. 123(1937)3, 274–320.

Bawden, F.C.: Some Effects of Host-Plant Physiology on Resistance to Viruses. – In: Proceedings of the Royal Society of London (London). 135(1948)879, Series B, 187–195.

Bawden, F.C.: Some Reflexions on Thirty Years of Research on Plant Viruses. – In: The Annals of Applied Biology (London). 58(1966)1, 1–11.

Beard, J.W./ Wyckoff, R.W.G.: The pH Stability of the Papilloma Virus Protein. – In: Journal of Biological Chemistry (Baltimore/ Md.). 123(1938)2, 461–470.

Beard, J.W./ Wyckoff, R.W.G.: The Isolation of a Homogeneous Heavy Protein from Virus-Induced Rabbit Papillomas. – In: Science (New York). 85(1937)2199, 201–202.

Behring, E. von: Die Bekämpfung der Infektionskrankheiten. Leipzig: G.Thieme 1894.

Benda, C.: Ueber die Spermatogenese der Vertebraten und höherer Evertebraten, II. Theil: Die Histogenese der Spermien. Vortrag. – In: Archiv für Physiologie. Physiologische Abtheilung des Archives für Anatomie und Physiologie und wissenschaftliche Medicin (Leipzig). 73(1898), 393–398.

Benda, C.: Referat (zu einer Veröffentlichung von R. Borrmann: Die Entstehung und das Wachstum des Hautkarzinoms nebst Bemerkungen über die Entstehung der Geschwülste im allgemeinen. – In: Zeitschrift für Krebsforschung (Berlin). 2(1904)1/2, 1–170). – In: Zeitschrift für ärztliche Fortbildung (Jena). 2(1905)18, 582–584.

Bender, G.: Technologieentwicklung als Institutionalisierungsprozess. Zur Entstehung einer soziotechnischen Welt. Berlin: edition sigma 2006.

Berenblum, I.: Man against Cancer: The Story of Cancer Research. Baltimore: John Hopkins University Press 1952.

Berenblum, I.: Infektionstumoren und Krebs. – In: Archiv für Geschwulstforschung. Organ für Krebsforschung, -bekämpfung und -statistik, 4. Band. Dresden: Steinkopff 1952.

Berenblum, I.: Changing Trends in Carcinogenesis. – In: Theories and Models in Cellular Transformation. Hrsg. v. L.Santi und L. Zardi. London: Academic Press 1985.

Berg, K.C. de: The Development of the Theory of Electrolytic Dissociation. – In: Science and Education. Contributions from History, Philosophy and Sociology of Science and Education (Dordrecht). 12(2003)4, 397–419.

Berg, M.: Turning a Practice into Science: Reconceptualizing Postwar Medical Practice. – In: Social Studies of Science (London et al.). 25(1995)3, 437–476.

Berger, P./Luckmann, Th.: The Social Construction of Reality. New York: Doubleday 1966.

Bergmann, J.R.: Flüchtigkeit und methodische Fixierung sozialer Wirklichkeit. Aufzeichnungen als Daten der interpretativen Soziologie. – In: Soziale Welt, Zeitschrift für sozialwissenschaftliche Forschung und Praxis (Göttingen). Sonderband 3: Entzauberte Wissenschaft. Zur Relativität und Geltung soziologischer Forschung. Hrsg. v. W.Bonß und H.Hartmann. Göttingen: Otto Schwartz & Co. 1985, 299–320.

Bernal, J.D.: Die Wissenschaft in der Geschichte. Berlin: VEB Deutscher Verlag der Wissenschaften 1961.

Bernhardt, G.: Über Variabilität pathogener Bakterien. – In: Zeitschrift für Hygiene und Infektionskrankheiten (Berlin et al.). 79(1915)2, 179–248.

Best, R. J.: Precipitation of the Tobacco Mosaic Virus Complex at Its Isoelectric Point. – In: Australian Journal of Experimental Biology and Medical Science (Adelaide). 14(1936), 1–13.

Best, R.J./ Samuel, G./ Bald, J.G.: Further Studies on Quantitative Methods with Two Plants Viruses. – In: Annals of the Applied Biology (London). 22(1935)3, 508–524.

Beurton, P.: Darwins Beitrag zum Gen-Begriff. – In: Charles Darwin und seine Wirkung. Hrsg. v. E.-M. Engels. Frankfurt a.M.: Suhrkamp 2009, 255–275.

Biedermann, W.: Referat (zu einer Veröffentlichung von Ahlström, C.G.: Virus Tumours in Mammals. – In: Acta pathologica et microbiologica scandinavica (Kopenhagen). 38(1938)1, 37–46). – In: Referateteil der Zeitschrift für Krebsforschung (Berlin). 48(1939)4, 259.

Bijker, W.E.: Sociohistorical Technology Studies. – In: Handbook of Science and Technology Studies. Hrsg. v. Sh.Jasanoff et al. London et al.: Sage 1994, 229–257.

Bijker, W.E.: Of Bicycles, Bakelites and Bulbs. Toward a Theory of Sociotechnical Change. Cambridge/ Mass.: MIT Press 1995.

Bijker, W.E.: The Social Construction of Bakelite: Toward a Theory of Invention. – In: The Social Construction of Technological Systems: New Directions in the Sociology and History of Technology. Hrsg. v. W.Bijker, Th.Hughes und T.Pinch. Cambridge/Mass.: MIT Press 1987, 159–187.

Bishop, J.M.: Krebsgene. – In: Krebs - Tumoren, Zellen, Gene. Mit einem Vorwort von V.Schirrmacher. – In: Spektrum der Wissenschaft: Verständliche Forschung. Deutsche Ausgabe von Scientific American. Heidelberg: Spektrum der Wissenschaft - Verlagsgesellschaft 1990, 52–64.

Bittner, J.J.: The Breeding Behavior and Tumor Incidence of a Black Agouti Stock of Mice. – In: American Journal of Cancer (New York). 25(1935)2, 614–620.

Bittner, J.J.: Some Possible Effects of Nursing on the Mammary Gland Tumor Incidence in Mice. – In: Science (Washington). 84(1936)2172, 162–163.

Bittner, J.J.: The Spontaneous Tumor Incidence in Mice. – In: Journal of Hereditary (Oxford - Washington). 27(1936)10, 391–393.

Bittner, J.J./ Little, C.C.: The Transmission of Breast and Lung Cancer in Mice. – In: Journal of Heredity (Oxford - Washington). 28(1937)3, 117–121.

Bittner, J.J.: Breast Cancer and Mother's Milk in Relation of Nursing to the Theory of Extra-chromosomal Causation of Breast Cancer in Mice. A Preliminary Report. – In: Journal of Hereditary (Oxford - Washington). 28(1937)11, 363–365.

Bittner, J.J.: Further Studies on Active Milk Influence in Breast Cancer Production in Mice. – In: Proceedings of the Society for Experimental Biology and Medicine (Cambridge/ Mass. et al.). 45(1940)3, 805–810.

Bittner, J.J.: Foster Nursing and Lung Cancer in „A" Stock Mice. – In: American Journal of Cancer (New York). 38(1940)1, 95–102.

Bittner, J.J.: Possible Relationship of the Estrogenic Hormones, Genetic Susceptibility, and Milk Influence in the Production of Mammary Cancer in Mice. – In: Cancer Research (Philadelphia/Pa.). 2(1942)11, 710–721.

Blond, K.: The Liver and Cancer - a New Cancer Theory. Mit einem Vorwort von E.Stanley Lee. Bristol: John Wright & Sons 1955.

Bloor, D.: Klassifikation und Wissenssoziologie. Durkheim und Mauss neu betrachtet. – In: Kölner Zeitschrift für Soziologie und Sozialpsychologie (Opladen). Sonderheft Wissenssoziologie. Hrsg. v. N.Stehr und V.Meja. (1981)22, 20–51.

Blümel, C.: Institutionelle Muster der Wissensproduktion in den optischen Technologien: Feldtheoretische Perspektiven zur Interpretation von Netzwerkstrukturen. – In: Netzwerkanalyse und Netzwerktheorie. Ein neues Paradigma in den Sozialwissenschaften. Hrsg. v. Chr.Stegbauer. Wiesbaden: VS Verlag für Sozialwissenschaften 2010, 131–145 (2. Aufl).

Blumenthal, F.: Das Problem der Bösartigkeit beim Krebs. – In: Zeitschrift für Krebsforschung (Berlin). 16(1918)3, 357–373.

Blumenthal, F./ Auler, H./ Solecka, M.: Erzeugung maligner Tumoren durch Milzbrei eines Rattensarkoms. – In: Zeitschrift für Krebsforschung (Berlin). 25(1927)1–2, 229–234.

Blumenthal, F.: Wesen und Bedeutung des Canceragens. – In: Acta cancrologica (Budapest). 1(1935), 193–204.

Blutner, D./ Holtgrewe, U./ Wagner, G.: Charismatische Momente und Trajekte - Das Projekt als Plattform charismatischer Führung. – In: Managementforschung 9. Führung neu gesehen. Hrsg. v. G.Schreyögg und J.Sydow. Berlin - New York: de Gruyter, 199–237.

Böhme, G.: Die Frage nach einem neuen Naturverständnis. – In: Soziale Naturwissenschaft. Wege zu einer Erweiterung der Ökologie. Hrsg. v. G.Böhme und E.Schramm. Frankfurt a.M.: 1985, 123–139.

Bohr, N.: Atomphysik und menschliche Erkenntnis. Aufsätze und Vorträge aus den Jahren 1930–1961. Mit einem Vorwort zur Neuausgabe von K. von Meyen. Braunschweig - Wiesbaden: Vieweg 1985.

Borck, C.: Vivarium des Wissens. Kleine Ontologie des Schnupfens. – In: Virus! Mutationen einer Metapher. Hrsg. v. R. Mayer und B.Weingart. Bielefeld: Transcript Verlag 2004, 34–60.

Bordieu, P.: Die Regeln der Kunst. Frankfurt a.M.: Suhrkamp 1999.

Bornmann, L.: Grundlegende Kommunikationsprozesse und stabilisierte Mechanismen für die Erzeugung gesicherter Erkenntnisse. – In: Sociologia Internationalis. Internationale Zeitschrift für Soziologie, Kommunikations- und Kulturforschung (Berlin). 45(2007)1/2, 177–200.

Borrel, A.: Le probléme étiologique des Cancer. – In: Zeitschrift für Krebsforschung (Berlin). 7(1909)1–3, 265–275.

Borries, B. von/ Ruska, E./ Ruska, H.: Bakterien und Viren in übermikroskopischer Aufnahme (mit einer Einführung in die Technik des Übermikroskops). – In: Klinische Wochenschrift (Berlin). 17(1938)27, 921–925.

Borrmann, R.: Die Entstehung und das Wachstum des Hautkarzinoms nebst Bemerkungen über die Entstehung der Geschwülste im allgemeinen. – In: Zeitschrift für Krebsforschung (Berlin). 2(1904)1–2, 1–170.

Borst, M.: Mutationen durch Röntgenstrahlen. – In: Münchner Medizinische Wochenschrift (München). 78(1928)1, 11–13.

Borst, M.: Über Kleinzellen in Tumoren. Ein Beitrag zur Frage der zellfreien Geschwulstübertragung. – In: Zeitschrift für Krebsforschung (Berlin). 44(1936)1, 145–156.

Borst, M.: Krebs und Virus. – In: Orvosképzés (Budapest). 28(1938), 145–148.

Borst, M.: Krebstheorie und die Mischgeschwülste. – In: Schweizerische Medizinische Wochenschrift (Basel). 68(1938), 811.

Boveri, Th.: Ueber mehrpolige Mitosen als Mittel zur Analyse des Zellkerns. – In: Verhandlungen der Physikalisch-Medizinischen Gesellschaft zu Würzburg (1902). Neue Folge, Bd. 35 (Würzburg), 67–90.

Boveri, Th.: Ergebnisse über die Konstitution der chromatischen Struktur des Zellkerns. Jena: Fischer 1904.

Boveri, Th.: Zur Frage der Entstehung maligner Tumoren. Jena: Fischer 1914.

Boycott, A.E.: President's Address: The Transition from Live to Dead: the Nature of Filtrable Viruses. – In: Proceedings of the Royal Society of Medicine (London). 22(1928)1, 55–69.

Boyd, R.: Metaphor and Theory Change: What is ‚Metaphor' a Metaphor for. – In: Metaphor and Thought. Hrsg. v. A.Ortony. Cambridge/Mass.: Cambridge University Press 1979, 481–532.

Brockmann, Chr.: Die Selbstdarstellung eines Arztes in seinen wissenschaftlichen Werken. – In: Medizinhistorisches Journal (Stuttgart). 44(2009)2, 109–129.

Brockmeier, J./ Rohbeck, J.: Beobachten, Kalkulieren, Eingreifen. Zusammenhänge zwischen Gesellschaftstheorie und Naturtheorie bei der Entstehung der rechnend-experimentellen Wissenschaft im 17. Jahrhundert. – In: Rechensteine, Experiment, Sprache. Historische Fallstudien zur Entstehung der exakten Wissenschaften. Hrsg. v. P.Damerow und W.Lefévre. Stuttgart: Klett-Cotta 1981, 171–221.

Bröer, R.: Bericht über einen internationalen medizinhistorischen Kongress im Deutschen Krebsforschungszentrum in Heidelberg, 18.–20. Februar 2000. – In: Berichte zur Wissenschaftsgeschichte (Weinheim). 24(2001)1, 52–54.

Bublitz, H.: Diskurs. Bielefeld: Transcript Verlag 2007.

Bublitz, H.: Foucaults Archäologie des kulturellen Unbewussten: Zum Wissensarchiv und Wissensbegehren moderner Gesellschaften. Frankfurt a.M.: Campus Verlag 1999.

Büngeler, W.: Geschwulsttransplantation am gespeicherten Tier. – In: Frankfurter Zeitschrift für Pathologie (Frankfurt a.M.). 35(1927)1, 67–82.

Burnet, F.M./ Andrewes, C.H.: Über die Natur der filtrierbaren Vira. Überblick über neuere Virusuntersuchungen, unter besonderer Berücksichtigung der einschlägigen Arbeiten aus dem National Institute for Medical Research, London. – In: Zentralblatt für Bakteriologie, Parasitenkunde und Infektionskrankheiten (Jena). 1933, Abt.I, Orig., Bd. 130, 161–183.

Burnet, F.M.: Virus as Organism. Cambridge/ Mass.: Havard University Press 1946.

Burnet, F.M.: Cancer - a Biological Approach. I. The Processes of Control. – In: British Medical Journal (London). 1(1957)5022, 779–786.

Burns, E.L. et al.: On the Relation between the Incidence of Mammary Cancer and the Nature of the Sexual Cycle in Various Strains of Mice. – In: American Journal of Cancer (New York). 26(1936)1, 56–68.

Burren, S.: Die Wissenskultur der Betriebswirtschaftslehre. Aufstieg und Dilemma einer hybriden Disziplin. Bielefeld: Transcript Verlag 2010.

Bury, M.: Illness Narratives: Fact or Fiction? – In: Sociology of Health & Illness (Oxford). 23(2001)3, 263–285.

Busch, H./ Seeber, S.: Klinische Onkologie. Stuttgart - New York: Georg Thieme 1985.

Butenandt, A.: Die moderne Virusforschung in ihrer Bedeutung für Chemie, Biologie und Medizin. – In: Deutsche Medizinische Wochenschrift (Leipzig). 70(1944)27/28, 379–384.

Butenandt, A.: Biochemische Untersuchungen zum Problem der Krebsentstehung. – In: Verhandlungen der Deutschen Gesellschaft für innere Medizin. 55. Kongress, gehalten zu Wiesbaden vom 25. bis 28. April 1949. München: J.K.Bergmann 1949, 342–364.

Butenandt, A.: Beitrag auf dem 5. Internationalen Krebskongress in Paris. Nach einem Bericht von Hinsberg, K./ Berendt, H.W.: Bericht über den 5. Internationalen Krebskongress in Paris vom 16- bis 22. Juli 1950. – In: Zeitschrift für Krebsforschung (Berlin). 57(1950)2, 191–213.

Butenandt, A.: Biochemie der Gene und Genwirkungen. – In: Die Naturwissenschaften (Berlin). 40(1953)3, 91–100.

Butenandt, A.: Was bedeutet Leben unter dem Gesichtspunkt der biologischen Chemie? – In: Universitas. Orientierung in der Wissenschaft (Stuttgart). 10(1955)1, 475–482.

Butenandt, A.: Neuartige Probleme und Ergebnisse der biologischen Chemie. – In: Die Naturwissenschaften (Berlin). 42(1955)6, 141–149.

Butenandt, A./ Dannenberg, H.: Die Biochemie der Geschwülste. – In: Handbuch der allgemeinen Pathologie, 6. Bd., III.Teil: Geschwülste. Hrsg. v. F.Büchner, E.Letterer und F. Roulet. Berlin - Göttingen - Heidelberg: Springer 1956, 107–241.

Cairns, J.: Cancer: Science and Society. San Francisco: W.H.Freeman 1978.

Calcar, R.P. van: Die Ursache des Carcinoms. Leiden: S.C. van Doesburgh 1926.

Callon, M./ Latour, B.: Don't Throw the Baby out with the Bath school! a Reply to Collins and Yearley. – In: Science as Practice and Culture. Hrsg. v. A.Pickering. Chicago/Ill.: University of Chicago Press 1992, 343–368.

Camagni, R.: Introduction: From the Local 'Milieu' to Innovation through Cooperation Networks. – In: Innovation Networks: Spatial Perspectives. Hrsg. v. R. Camagni. London - New York: Bellhaven Press 1991, 1 18.

Canguilhem, G.: Wissenschaftsgeschichte und Epistemologie. Frankfurt a.M.: Suhrkamp 1979.

Cappai, G.: Kulturrelativismus und die Übersetzbarkeit des kulturell Fremden in der Sicht von Quine und Davidson. Eine Beobachtung aus sozialwissenschaftlicher Perspektive. – In: Zeitschrift für Soziologie (Stuttgart). 29(2000)4, 253–274.

Carrel, A.: Die Kultur der Gewebe außerhalb des Organismus. – In: Berliner klinische Wochenschrift (Berlin). 48(1911)30, 1364–1367.

Carrel, A.: On the Permanent Life of Tissues Outside of the Organism. – In: Journal of Experimental Medicine (New York). 15(1912)5, 516–528.

Carrel, A.: Neue Fortschritte in der Kultivierung der Gewebe außerhalb des Organismus. – In: Berliner klinische Wochenschrift (Berlin). 49(1912)12, 533–536.

Carrel, A.: Neue Untersuchungen über das selbständige Leben der Gewebe und Organe. – In: Berliner klinische Wochenschrift (Berlin). 50(1913)24, 1097–1101.

Carrel, A.: Essential Characteristics of a Malignant Cell. – In: The Journal of the American Medical Association (Chicago). 84(1925)3, 157–158.

Carruthers, Ch.: The Biochemistry of Neoplastic Tissue. – In: Annual Review of Biochemistry (Palo Alto/ Cal.). 19(1950), 389–408.

Casey, B.P.: The Surgical Elimination of Violence? Conflicting Attitudes towards Technology and Science during the Psychosurgery Controversy of the 1970s. – In: Science in Context (Cambridge/ U.K.). 28(2015)1, 99–129.

Chen, X.: Thomas S. Kuhn's Latest Notion of Incommensurability. – In: Journal for General Philosophy of Science (Dordrecht). 28(1997)2, 257–273.

Chester, K.S.: Nature and Prevention of Plant Diseases. Philadelphia: Blakiston 1947.

Clarke, A.: Social Worlds/Arenas Theory as Organizational Theory. – In: Social Organization and Social Process: Essays in Honor of Anselm Strauss. Hrsg. v. D.R. Maines. New York: Aldine de Gruyter 1991, 119–158.

Claude, A.: Preparation of an Active Agent from Inactive Tumor Extracts. – In: Science (Washington). 85(1937)2203, 294–295.

Claude, A.: A Fraction from Normal Chicken Embryo Similar to the Tumor Producing Fraction of Chicken Tumor I. – In: Proceedings of the Society for Experimental Biology and Medicine (Cambridge/ Mass. et al.). 40(1938)2, 398–403.

Claude, A.: Beitrag auf dem 5. Internationalen Krebskongress in Paris. Nach einem Bericht von Hinsberg, K./ Berendt, H.W.: Bericht über den 5. Internationalen Krebskongress in Paris vom 16- bis 22. Juli 1950. – In: Zeitschrift für Krebsforschung (Berlin). 57(1950)2, 191–213.

Cole, S.: Making Science: Between Nature and Society. Cambridge/ Mass.: Havard University Press 1992.

Coleman, W.: The Cognitive Basis of the Discipline: Claude Bernard on Physiology. – In: ISIS (Philadelphia). 76(1985)1, 49–70.

Collins, H.M.: The Seven Sexes: A Study in the Sociology of a Phenomenon or the Replication of Experiments in Physics. – In: Sociology (London). 9(1975)2, 205–224.

Collins, H.M.: Stages in the Empirical Programme of Relativism. – In: Social Studies of Science (London et al.). 11(1981)1, 3–10.

Collins, H.M.: The Place of the 'Core-Set' in Modern Science: Social Contingency with Methodological Propriety in Science. – In: History of Science (Cambridge/ U.K.). 19(1981)1, 6–19.

Collins, H.M.: An Empirical Relativist Programme in the Sociology of Scientific Knowledge. – In: Science Observed. Perspectives on the Social Study of Science. Hrsg. v. K.D.Knorr-Cetina und M.Mulkay. London et al.: Sage 1983, 85–113.

Collins, H.M.: Changing Order. Replication and Induction in Scientific Practice. London et al.: Sage 1985.

Collins H.M.: Die Soziologie des wissenschaftlichen Wissens: Studien zur gegenwärtigen Wissenschaft. – In: Soziale Welt. Zeitschrift für sozialwissenschaftliche Forschung und Praxis (Göttingen). Sonderband 3: Entzauberte Wissenschaft. Zur Relativität und Geltung soziologischer Forschung. Hrsg. v. W.Bonß und H.Hartmann. Göttingen: Otto Schwartz & Co. 1985, 129–149.

Collins, R.: Über die Schärfe in intellektuellen Kontroversen. – In: Leviathan. Zeitschrift für Sozialwissenschaft (Opladen). 31(2003)2, 258–285.

Crane, D.: Invisible Colleges: Diffusion of Knowledge in Scientific Communities. – In: Technology and Culture (Baltimore/ Md.). 15(1974)1, 139–142.

Crellin, J.K.: The Problem of Heat Resistance of Micro-Organisms in the British Spontaneous Generation Controversies of 1860–1880. – In: Medical History (London). 10(1966)1, 50–58.

Damerow, P.: Repräsentanz und Bedeutung. – In: Arbeit und Reflexion. Zur materialistischen Theorie der Dialektik - Perspektiven der Hegelschen ‚Logik'. Hrsg. v. P. Furth. Köln: Pahl-Rugenstein 1980, 188–233.

Danneel, R.: Theorien der Krebsentstehung und ihre Unterlagen. – In: Deutsche Medizinische Wochenschrift (Leipzig). 71(1946)5, 52–56.

Danneel, R.: Grundprobleme der Krebsforschung. – In: Zeitschrift für Krebsforschung (Berlin). 59(1953)2, 167–179.

Darányi, A.H.: Biologischer Zusammenhang zwischen Virus, Bakteriophag, Gen und Krebserreger. – In: Deutsche Medizinische Wochenschrift (Leipzig). 63(1937)33, 1266–1267.

Darlington, C.D.: Heredity, Development and Infection. – In: Nature (London). 154(1944)3901, 164–169.

Darlington, C.D.: Mendel and the Determinants. – In: Genetics in the 20th Century. Essays on the Progress of Genetics during its First 50 Years. Hrsg. v. C.C.Dunn. New York: The MacMillan Company 1951, 315–331.

Dascal, M.: Die Dialektik in der kollektiven Konstruktion wissenschaftlichen Wissens. – In: Kontroversen als Schlüssel zur Wissenschaft? Wissenskulturen in sprachlicher Interaktion. Reihe Science Studies. Hrsg. v. W.-A. Liebert und M.-D. Weitze. Bielefeld: Transcript Verlag 2006, 19–38.

Davis, J.E.: The Production of Tumour and Tumour-Like Growths in Rats. – In: Canadian Medical Association Journal (Ottawa). 36(1937)3, 237–241.

Degen, H.: Krebsentstehung durch Virusinfektion. – In: Naturwissenschaftliche Rundschau (Stuttgart). 10(1957)3, 106.

Deich, F.: Bericht zum Deutschen Krebskongress 1959. – In: Naturwissenschaftliche Rundschau (Stuttgart). 12(1959)5, 192.

Deich, F.: Neue medizinische Erkenntnisse. Berichte von der 77. Tagung der Deutschen Gesellschaft für Chirurgie in München, 20.-23. April 1960, und der 66. Tagung der Deutschen Gesellschaft für Innere Medizin in Wiesbaden, 25.-28. April 1960. – In: Naturwissenschaftliche Rundschau (Stuttgart). 13(1960)7, 264–266.

D'Herelle, F.: Das bakteriophage Virus. Seine Rolle in der Immunität. – In: Zeitschrift für ärztliche Fortbildung (Jena). 18(1921), 664–667.

Diaz-Bone, R.: Diskursive Kulturproduktion. – In: Sociologia Internationalis. Internationale Zeitschrift für Soziologie, Kommunikations- und Kulturforschung (Berlin). 42(2004)1, 37–70.

Dieckmann, H.: Methoden der analytischen Psychologie. Eine Einführung. Freiburg i.Br.: Walter Verlag 1979.

Dimbath, O.: Das organisationale Vergessen der Forschung. – In: Institutionelle Erneuerungsfähigkeit der Forschung. Hrsg. v. Th.Heinze und G.Krücken. Wiesbaden: VS Verlag für Sozialwissenschaften. Springer Fachmedien 2012, 39–64.

Doerr, R.: Die invisiblen Ansteckungsstoffe und ihre Beziehungen zu Problemen der allgemeinen Biologie. – In: Klinische Wochenschrift (Berlin). 2(1923)20, 909–912.

Doerr, R.: Die Entwicklung der Virusforschung und ihre Problematik. – In: Handbuch der Virusforschung. Erste Hälfte. Hrsg. v. R.Doerr und C.Hallauer. Wien: Julius Springer 1938.

Doerr, R.: Die Natur der Virusarten. – In: Handbuch der Virusforschung. 1. Ergänzungsband. Hrsg. v. R.Doerr und C.Hallauer. Wien: Julius Springer 1944.

Domagk, G.: Die experimentelle Geschwulstforschung. – In: Handbuch der allgemeinen Pathologie, 6. Bd., III.Teil: Geschwülste. Hrsg. v. F.Büchner, E.Letterer und F. Roulet. Berlin - Göttingen - Heidelberg: Springer 1956, 242–367.

Drepper, Th.: Organisationssoziologie im Kontext sozialwissenschaftlicher Organisationsforschung. – In: Soziologische Revue (München). 31(2008)2, 47–159.

Druckrey, H./ Altmann, H.-W./ Schmähl, D.: Der Gewebsstoffwechsel als innere Krankheitsursache für die Krebsentstehung. – In: Zeitschrift für Krebsforschung (Berlin). 56(1950)6, 601–614.

Druckrey, H.: Buchbesprechung zu Blond, K.: The Liver and Cancer - a New Cancer Theory. Bristol: John Wright & Sons 1955. – In: Klinische Wochenschrift (Berlin). 33(1955)31/32, 774–775.

Dulbecco, R.: A Consideration of Virus-Host Relationship in Virus-Induced Neoplasia at the Cellular Level. – In: Cancer Research (Philadelphia/Pa.). 20(1960)5, 751–761.

Dulbecco, R.: Die Plaquetechnik und die Entwicklung der quantitativen tierischen Virologie. – In: Phagen und die Entwicklung der Molekularbiologie. Hrsg. v. J.Cairns, G.S. Stent und J.D.Watson. Herausgeber der deutschen Ausgabe: E.Geissler. Berlin: Akademie-Verlag 1972, 273–277.

Duncker, K.: Zur Psychologie des produktiven Denkens. Berlin: Julius Springer 1935.

Dyk, S. van: Die Ordnung des Konsenses. Das niederländische Poldermodell ‚revisited'. – In: Berliner Journal für Soziologie (Berlin). 17(2007)2, 211–230.

Eco, U.: Zeichen. Einführung in einen Begriff und seine Geschichte. Frankfurt a.M.: Suhrkamp 1977.

Edge, D.O., Mulkay, M.J.: Fallstudien zu wissenschaftlichen Spezialgebieten. – In: Kölner Zeitschrift für Soziologie und Sozialpsychologie (Opladen). Sonderheft Wissenschaftssoziologie. Hrsg. v. R.König. (1975)18, 197–230.

Edge, D.: Reinventing the Wheel. – In: Handbook of Science and Technology Studies. Hrsg. v. Sh.Jasanoff et al. London et al.: Sage 1994, 3–34.

Eigen, M.: Das Urgen. – In: Nova Acta Leopoldina. Neue Folge (Halle). 52(1980)243, 5–40.

Elford, W.J./ Andrewes, C.H.: Estimation of the Size of a Fowl Tumour Virus by Filtration through Graded Membranes. – In: British Journal of Experimental Pathology (London). 16(1935)1, 61–66.

Elford, W.J./ Andrewes, C.H.: Centrifugation Studies: II. The Viruses of Vaccinia, Influenza and Rous Sarcoma. – In: British Journal of Experimental Pathology (London). 17(1936)5, 422–430.

Elford, W.J.: The Sizes of Viruses and Bacteriophages, and Methods of Their Determination. – In: Handbuch der Virusforschung. Erste Hälfte. Hrsg. v. R.Doerr und C.Hallauer. Wien: Julius Springer 1938, 126–231.

Elias, C.: The Way of the Sign. Cultural Text Theory in Two Steps. Milton Keynes (UK): EyeCorner Press 2011.

Ellermann, W.: Die übertragbare Hühnerleukose (Leukämie, Pseudoleukämie, Anämie u.a.). Berlin: J. Springer 1918.

Ellermann, W./ Bang, O.: Experimentelle Leukämie bei Hühnern. – In: Centralblatt für Bakteriologie, Parasitenkunde und Infektionskrankheiten (Jena). 46(1908), Abt.I, Orig., 595–609.

Ellis, E.L./ Delbrück, M.: The Growth of Bacteriophage. – In: The Journal of General Physiology (New York). 22(1939)3, 365–384.

Ellis, E.L.: Bakteriophagen: Einstufenvermehrung. – In: Phagen und die Entwicklung der Molekularbiologie. Hrsg. v. J.Cairns, G.S. Stent und J.D.Watson. Herausgeber der deutschen Ausgabe: E.Geissler. Berlin: Akademie-Verlag 1972, 61–71.

Ellrich, L.: Was heißt ‚Wissensgesellschaft'? – In: Gegenworte. Hefte für den Disput über Wissen (Berlin). (2008)19, 25–28.

Engelbreth-Holm, J./ Frederiksen, O.: Transmission de la leucose des souris à des animaux neufs au moyen d'une substance exempte de cellules. – In: Comptes rendus hebdomadaires des séances et mémoires de la société de Biologie (Paris). 1938, Bd. 129, 101–104.

Engels, E.-M.: Charles Darwin und seine Wirkung. Frankfurt a.M.: Suhrkamp 2009.

Engels, E.-M.: Charles Darwin. München: H.Beck 2007.

Engels, F.: Dialektik der Natur. Berlin: Dietz Verlag 1959.

Engels, F.: Karl Marx „Zur Kritik der Politischen Ökonomie". – In: K.Marx/ F.Engels, Werke, Band 13. Berlin: Dietz Verlag 1961.

Engler, W.: Konkurrenz als Entwicklungsform der Wissenschaft? Zu den entwicklungstheoretischen Grenzen der Wissenssoziologie Karl Mannheims. – In: Wissenschaft – Das Problem ihrer Entwicklung. Bd. 1: Kritische Studien zu bürgerlichen Wissenschaftskonzeptionen. Hrsg. v. G.Kröber und H.-P. Krüger. Berlin: Akademie-Verlag 1987, 120–151.

Engler, W.: Kommunikative Selbstreferenz und diffuse Angst. Niklas Luhmanns Gesellschafts- und Wissenschaftskonzept. – In: Objekt- und Selbsterkenntnis. Zum Wandel im Verständnis moderner Wissenschaften. Hrsg. v. H.-P. Krüger. Berlin: Akademie-Verlag 1991, 61–82.

Engler, W. Docta Ignorantia. Pierre Bourdieus soziologische Kritik der wissenschaftlichen Vernunft. – In: Objekt- und Selbsterkenntnis. Zum Wandel im Verständnis moderner Wissenschaften. Hrsg. v. H.-P. Krüger. Berlin: Akademie-Verlag 1991, 175–196.

Eriksson-Quensel, I.-B./ Svedberg, Th.: Sedimentation and Electrophoresis of the Tobacco Mosaic Virus Protein. – In: Journal of the American Chemical Society (Washington). 58(1936)10, 1863–1867.

Ernst, G.: Radikaler Kontextualismus. – In: Zeitschrift für philosophische Forschung (Frankfurt a.M.). 59(2005)2, 159–178.

Fajertag, G./ Pochet, Ph.: A New Era for Social Pacts in Europe. – In: Social Pacts in Europe - New Dynamics. Hrsg. v. G.Fajertag und Ph.Pochet. Brüssel: Etui 2000, 9–40.

Fehleisen, F.: Die Aetiologie des Erysipels. Berlin: Theodor Fischer 1883.

Feinberg, L.: Ueber die Erreger der Krebsgeschwülste der Menschen und Säugetiere. Teil 1. – In: Wiener klinische Wochenschrift (Wien). 16(1903)45, 1235–1244.

Feinberg, L.: Ueber die Erreger der Krebsgeschwülste der Menschen und Säugetiere. Teil 2. – In: Wiener klinische Wochenschrift (Wien). 16(1903)46, 1272–1282.

Feinberg, L.: Ueber das Gewebe und die Ursache der Krebsgeschwülste. – In: Deutsche Medizinische Wochenschrift (Leipzig). 29(1903)4, 834–847.

Fey, F.: Viren als krebserregende Agenzien. – In: Biologische Rundschau (Jena). Bd. 1(1963/64)2, 76–87.

Fibiger, J.A.: Untersuchungen über eine Nematode (Spiroptera sp.n.) und deren Fähigkeit, papillomatöse und carcinomatöse Geschwulstbildungen im Magen einer Ratte hervorzurufen. – In: Zeitschrift für Krebsforschung (Berlin). 13(1913)2, 217–280.

Fibiger, J.A.: Virchows Reiztheorie und die heutige experimentelle Geschwulstforschung. – In: Deutsche Medizinische Wochenschrift (Leipzig). 47(1921)48/49, 1449–1452 und 1481–1483.

Figueroa, S./ Dreher, J./ Müller, M.: Tagungsbericht über die Internationale Konferenz „Neue Perspektiven der Wissenssoziologie. Zur Aktualität eines Forschungsparadigmas“ – Thomas Luckmann zum 75. Geburtstag. – In: Soziologie. Forum der Deutschen Gesellschaft für Soziologie (Opladen). (2003)1, 79–90.

Fischer, A./ Laser, H.: Relatives Wachstum von normalen und bösartigen Geweben in vitro. – In: Zeitschrift für Krebsforschung (Berlin). 26(1928)1, 81–87.

Fischer, E.: Das Atom der Biologen. M. Delbrück und der Ursprung der Molekulargenetik. München - Zürich: Piper 1988.

Fischer, J.: Der Dritte/ Tertiarität. Zu einer Theorieinnovation in den Kultur- und Sozialwissenschaften. – In: Philosophische Anthropologie des 21. Jahrhunderts. Hrsg. v. H.-P.Krüger und G.Lindemann. Berlin: Akademie Verlag 2006, 146–163.

Fischer, W.: Die Krebsforschung in den letzten 100 Jahren. Antrittsvorlesung in der Aula der Universität Jena am 4. Juli 1946. Jena: Gustav Fischer 1947.

Fischer, W.: Die Ätiologie der Geschwülste. – In: Handbuch der allgemeinen Pathologie, 6. Bd., III. Teil: Geschwülste. Hrsg. v. F.Büchner, E.Letterer und F. Roulet. Berlin - Göttingen - Heidelberg: Springer 1956, 368–442.

Fischer-Wasels, B.: Versuche zum Nachweis des spezifischen Agens (Virusenzyms) bei bösartigen Geschwülsten. – In: Zeitschrift für Krebsforschung (Berlin). 44(1936)1, 157–159.

Fleck, L.: Zur Frage der Grundlagen der medizinischen Erkenntnis. – In: Klinische Wochenschrift (Berlin). 14(1935)35, 1255–1259.

Fleck, L.: Über einige besondere Merkmale des ärztlichen Denkens [1927]. – In: Ludwik Fleck. Erfahrung und Tatsache. Gesammelte Aufsätze. Hrsg. v. L. Schäfer und Th. Schnelle. Frankfurt a.M.: Suhrkamp Taschenbuch Wissenschaft 1983, 37–45.

Fleck, L.: Entstehung und Entwicklung einer wissenschaftlichen Tatsache. Einführung in die Lehre vom Denkstil und Denkkollektiv. Hrsg. v. L.Schäfer und Th.Schnelle. Frankfurt a.M.: Suhrkamp 1994 (3. Aufl.).

Flu, P.G.: Untersuchungen über das Roussarkom in Beziehung zu den Gye'schen Arbeiten. – In: Nederlandsch Tijdschrift voor Geneeskunde (Harlem). (1926)1, 1630–1637.

Flu, P.G.: Untersuchungen über das Roussarkom in Beziehung zu den Gye'schen Veröffentlichungen über die Ursache bösartiger Geschwülste. – In: Nederlandsch Tijdschrift voor Geneeskunde (Harlem). (1926)2, 366–389.

Fortunato, S.: Growing Time Lag Threatens Nobels. – In: Nature (London). (2014)508, 186.

Foucault, M.: Was ist ein Autor? – In: M. Foucault: Schriften zur Literatur. Frankfurt a.M.: Fischer 1993, 7–31.

Foucault, M.: Archäologie des Wissens. Frankfurt a.M.: Suhrkamp 1995.

Foucault, M.: Botschaften der Macht. Reader Diskurs und Medien. Stuttgart: Deutsche Verlags-Anstalt 1999.

Fränkel, E./ Klein, W.: Studien über die chemische Ätiologie des Carcinoms nach Nowell. – In: Zeitschrift für Krebsforschung (Berlin). 15(1916)1, 76–84.

Fraenkel-Conrat, H.: Chemie und Biologie der Viren. Jena: VEB Gustav Fischer Verlag 1974.

Fraenkel-Conrat, H.: Portraits of Viruses. Tobacco Mosaic Virus. – In: Intervirology (Basel). 15(1981)4, 177–189.

Franck, J./ Hertz, G.: Über Zusammenstöße zwischen Elektronen und den Molekülen des Quecksilberdampfes und die Ionisierungsspannung desselben. –

In: Verhandlungen der Deutschen Physikalischen Gesellschaft. 16(1914)6, 457–467.

Franck, J.: Niels Bohrs Persönlichkeit. – In: Die Naturwissenschaften (Berlin). 50(1963)9, 341–343.

Franz, P.: Evolution, Verhalten und Information. – In: VI. Kühlungsborner Kolloquium. Veranstaltet von der Gesellschaft für physikalische und mathematische Biologie der DDR und dem Forschungszentrum für Molekularbiologie und Medizin der Akademie der Wissenschaften der DDR vom 9.-12. Oktober 1977: Philosophische und ethische Probleme der modernen Verhaltensforschung. Hrsg.v. G.Tembrock, E.Geissler und W.Scheler. Berlin: Akademie-Verlag 1978, 207–233.

Frey, B.S.: Gutachten im Wissenschaftsprozess. – In: Soziologie. Forum der Deutschen Gesellschaft für Soziologie (Wiesbaden). 34(2005)4, 166–173.

Friedrich-Freska, H.: Die stammesgeschichtliche Stellung der Virusarten und das Problem der Urzeugung. – Die Evolution der Organismen. Jena: Gustav Fischer 1954 (2. Aufl.).

Friedrich-Freska, H.: Erkenntnisse und Probleme der Virusforschung. Hauptreferat auf der 61. Tagung der Deutschen Gesellschaft für innere Medizin vom 18. bis 21.4.55 in Wiesbaden (Bericht). – In: Klinische Wochenschrift (Berlin). 33(1955)27/28, 682.

Frisch-Niggemeyer, W.: Probleme der Biochemie von heute. – In: Naturwissenschaftliche Rundschau (Stuttgart). 12(1959)1, 254–257.

Fuchs, H.J./ Kowarzyk, H.: Maligne Zelle und Embryonalzelle. – In: Zeitschrift für Krebsforschung (Berlin). 42(1935)1, 449–473.

Fuchs, H.J.: Die Bedeutung der „CaR" für das Krebsproblem und andere Forschungsgebiete. – In: Zeitschrift für Krebsforschung (Berlin). 44(1936)1, 384–404.

Fuhse, J.: Gibt es eine Phänomenologische Netzwerktheorie? Geschichte, Netzwerk und Identität. – In: Soziale Welt. Zeitschrift für sozialwissenschaftliche Forschung und Praxis (Göttingen). 59(2008)1, 31–52.

Fujimura, J.H.: The Molecular Biological Bandwagon in Cancer Research: Where Social Worlds Meet. – In: Social Problems (Berkeley/Cal.). 35(1988)3, 261–283.

Fujimura, J.H.: Standardizing Practices: A Socio-History of Experimental Systems in Classical Genetic and Virological Cancer Research, ca. 1920–1978. – In: History and Philosophy of Life Sciences (London). 18(1996)1, 3–54.

Fujimura, J.H.: Crafting Science: A Sociohistory of the Quest for the Genetics of Cancer. Cambridge/Mass. - London: Harvard University Press 1996.

Fujinami, A./ Inamoto, K.: Geschwülste bei japanischen Haushühnern. – In: Zeitschrift für Krebsforschung (Berlin). 14(1914)1–3, 94–119.

Furth, J.: A Meeting of Ways in Cancer Research: Thoughts on the Evolution and Nature of Neoplasms – In: Cancer Research (Philadelphia/Pa.). 19(1959)3, 241–258.

Gallant, M.J./ Kleinmann, S.: Symbolic Interactionism versus Ethnomethodology. – In: Symbolic Interaction (Berkeley/ Cal.). 6(1983)1, 1–18.

Gaudilliére, J.-P.: Molecular Biologists, Biochemists, and Messenger RNA: The Birth of a Scientific Network. Journal of the History of Biology (Dordrecht). 29(1996)3, 417–445.

Gaudilliére, J.-P.: The Molecularization of Cancer Etiology in the Postwar United States: Instruments, Politics and Management. – In: Molecularizing Biology and Medicine: New Practices and Alliances, 1910s-1970s. Hrsg. v. S. de Chadarevian und H. Kamminga. Amsterdam: Harwood Academic Publishers 1998, 139–170.

Gaudilliére, J.-P.: Cancer. –In: The Cambridge History of Sciences. Vol. 6: The Modern Biological and Earth Scienes. Hrsg. v. P.J.Bowler und J.V.Pickstone. Cambridge et al.: Cambridge University Press 2009, 486–503.

Geißler, U.: Zur Komplementarität von Individualität und Gruppenidentität. – In: Objekt- und Selbsterkenntnis. Zum Wandel im Verständnis moderner Wissenschaften. Hrsg. v. H.-P.Krüger. Berlin: Akademie-Verlag 1991, 156–174.

Gentz-Werner, P.: Otto Heinrich Warburg - ein egozentrisches Genie? Versuch eines Essays. – In: Wissenschaftliche Zeitschrift der Friedrich-Schiller-Universität Jena. Naturwissenschaftliche Reihe (Jena). 37(1988)2, 289–293.

Giddens, A.: Die Konstitution der Gesellschaft. Grundzüge einer Theorie der Strukturierung. Frankfurt a.M.: Campus Verlag 1992.

Gilbert, G.N.: Referencing as Persuasion. – In: Social Studies of Science (London et al.). 7(1977)1, 113–122.

Gilbert, G.N./ Mulkay, M.: Opening Pandora's Box: A Sociological Analysis of Scientists' Discourse. Cambridge/Mass.: Cambridge University Press 1984.

Gildemeister, E.: Weitere Mitteilungen über Variabilitätserscheinungen bei Bakterien, die bereits bei ihrer Isolierung aus dem Organismus zu beobachten sind. – In: Centralblatt für Bakteriologie, Parasitenkunde und Infektionskrankheiten (Jena). Abt.I., Orig., 79(1917)2, 49–62.

Gildemeister, E.: Historische Entwicklung der experimentellen Virusforschung. – In: Handbuch der Viruskrankheiten in zwei Bänden. Hrsg. v. E. Gildemeister, E.Haagen und O.Waldmann. Erster Band. Jena: Gustav Fischer 1939.

Gläser, J.: Wissenschaftliche Produktionsgemeinschaften: Die soziale Ordnung der Forschung. Frankfurt a.M.: Campus Verlag 2006.

Glasmacher, S./ Hecker, E./ Schlesinger, M.: Krebsforschung und Kooperation. Deutsch-Israelische Zusammenarbeit in der Krebsforschung. Die ersten 20 Jahre. Hrsg. v. Deutschen Krebsforschungszentrum Heidelberg und dem Ministry of Science Jerusalem 1999.

Glazersfeld, E. von: Abschied von der Objektivität. – In: Das Auge des Betrachters. Beiträge zum Konstruktivismus. Festschrift von Heinz von Foerster. Hrsg. v. P.Watzlawik und P.Krieg. München - Zürich: Piper 1991.

Goldberg, S.C.: Reductionism and the Distinctiveness of Testimonial Knowledge. – In: The Epistemology of Testimony. Hrsg. v. J.Lackey und E.Sosa. Oxford: Clarendon Press 2006, 127–144.

Gottweis, H.: German Politics of Genetic Engineering and his Deconstruction. – In: Social Studies of Science (London et al.). 25(1995)2, 195–235.

Graffi, A.: Intracelluläre Benzpyrenspeicherung in lebenden Normal- und Tumorzellen (II.Mitteilung). – In: Zeitschrift für Krebsforschung (Berlin). 50(1940)2, 196–218.

Graffi, A.: Zelluläre Speicherung cancerogener Kohlenwasserstoffe. (Vorläufige Mitteilung). – In: Zeitschrift für Krebsforschung (Berlin). 49(1939)5, 477–495.

Graffi, A.: Einige Betrachtungen zur Ätiologie der Geschwülste, speziell zur Natur des wirksamen Agens der zellfrei übertragbaren Hühnertumoren. – In: Zeitschrift für Krebsforschung (Berlin). 50(1940)6, 501–551.

Graffi, A. et al.: Gehäuftes Auftreten von Leukämien nach Injektion von Sarkom-Filtraten. – In: Die Naturwissenschaften (Berlin). 41(1954)21, 503–504.

Graffi, A./ Fey, F./ Bielka, H.: Experimentelle Leukämieerzeugung durch zellfreie Geschwulstfiltrate. – In: Klinische Wochenschrift (Berlin). 34(1956)1/2, 15 19.

Graffi, A./ Fey, F./ Bielka, H.: Versuche zur Klärung des Mechanismus der Leukämiebildung nach Injektion von zellfreien Tumorfiltraten. – In: Die Naturwissenschaften (Berlin). 42(1955)14, 421–422.

Graffi, A.: Experimente und Betrachtungen zur Natur und Ursache des Krebses. Berlin: Akademie Verlag 1964.

Graumann, C.F.: Interaktion und Kommunikation. – In: Handbuch der Psychologie in 12 Bänden. Bd. 7, 2. Halbband: Sozialpsychologie. Hrsg: v. C.F.Graumann. Göttingen: Hogrefe Verlag 1972, 1109–1262.

Greshoff, R.: Wie kann Interdisziplinarität gefördert werden? – In: Ethik und Sozialwissenschaften. Streitforum für Erwägungsliteratur (Opladen). 8(1997)4, 543–546.

Greshoff, R.: Interdisziplinarität und Vergleichen. –In: Vergleichende Wissenschaften. Interdisziplinarität und Interkulturalität in den Komparatistiken. Hrsg. v. P.Zima.Tübingen: Gunter Narr Verlag 2000, 29–60.

Griffith, F.: The Significance of Pneumococcal Types. – In: Journal of Hygiene (London). 27(1928)2, 113–159.

Gross, L: Viral (Egg-Borne) Etiology of Mouse Leukemia. Filtered Extracts from Leukemic C58 Mice, Causing Leukemia (or Parotid Tumors) after Inoculation into Newborn C57 Brown or C3H Mice. – In: Cancer. A Journal of the American Cancer Society (Philadelphia). 9(1956)4, 778–791.

Gross, L.: „Spontaneous" Leukemia Developing in C3H Mice Following Inoculation, in Infancy, with AK-Leukemia Extracts, or AK-Embryos. – In: Proceedings of the Society for Experimental Biology and Medicine (Cambridge/ Mass. et al.). 76(1951)1, 27–32.

Gross, L.: Pathogenic Properties, and „Vertical" Transmission of the Mouse Leukemia Agent. – In: Proceedings of the Society for Experimental Biology and Medicine (Cambridge/ Mass. et al.). 78(1951)1, 342–348.

Gross, L.: Delayed Effects of Inoculation of AK-Leukemic Cells in Mice of the C3H Line. – In: Proceedings of the Society for Experimental Biology and Medicine (Cambridge/ Mass. et al.). 5(1952)3, 620–624.

Gross, L.: Electron Microscopic Examination of Human Milk Particulary from Women Having Family Record of Breast Cancer. – In: Proceedings of the Society of Experimental Biology and Medicine (Cambridge/ Mass. et al.). 75(1950)1, 270–276.

Gross, Chr./ Jungbauer-Gans, M.: Erfolg durch Leistung? Ein Forschungsüberblick zum Thema Wissenschaftskarrieren. – In: Soziale Welt. Zeitschrift für sozialwissenschaftliche Forschung und Praxis (Göttingen). 58(2007)4, 453–471.

Großmann, S.: Forschung vernetzt. – In: Gegenworte. Hefte für den Disput über Wissen (Berlin). (2011)26, 76–79.

Grunwald, A.: Von der Kommunikation über „Promising Technologies" zu koordinierter Technikentwicklung. Rezension zu Bender, G.: Technologieentwicklung als Institutionalisierungsprozess. Zur Entstehung einer soziotechnischen Welt. – In: Technikfolgenabschätzung - Theorie und Praxis (Karlsruhe). 16(2007)2, 98–102.

Gutfeld, F. von: Über Fachausdrücke in Bakteriologie und Serologie. – In: Zeitschrift für ärztliche Fortbildung (Jena). 20(1923)4, 110–114.

Gye, W.E.: The Aetiology of Malignant New Growths. – In: Lancet (London). 209(1925)5316, 109–116.

Gye, W.E.: Vaccinia Virus. – In: The British Journal of Experimental Pathology (London). 12(1931)2, 90–97.

Gye, W.E.: The Propagation of Fujinami's Fowl Myxosarcoma in Ducklings. – In: The British Journal of Experimental Pathology (London). 13(1932)5, 458–460.

Gye, W.E.: The Propagation of Mouse Tumours by Means of Dried Tissue. Successful Experiments Reported. – In: British Medical Journal (London). 1(1949)4603, 511–515 (Bericht über eine Vorlesung Gyes am Royal College of Surgeons, 22. März 1949 - ohne Angabe des Berichterstatters).

Haagen, E.: Die Bedeutung der Monozyten in der ätiologischen Tumorforschung. – In: Archiv für experimentelle Zellforschung, besonders Gewebezüchtung (Explantation). (Jena). 4(1928), 433–437.

Haagen, E.: Das Krebsproblem. – In: Deutsche Medizinische Wochenschrift (Leipzig). 62(1936)49, 1997–2001.

Haagen, E.: Referat zu einer Veröffentlichung von Engelbreth-Holm, J./ Frederiksen, O.: Transmission de la leucose des souris à des animaux neufs au moyen d'une substance exempte de cellules. – In: Comptes rendus hebdomadaires des séances et mémoires de la société de Biologie (Paris). 1938, Bd. 129, 101–104. – In: Referateteil der Zeitschrift für Krebsforschung (Berlin). 48(1939)4, 262.

Haagen, E.: Referat zu einer Veröffentlichung von Herzberg, K.: Das Virusproblem. – In: Medizinische Klinik (Greifswald). 34(1938)1-3, 729–733. – In: Referateteil der Zeitschrift für Krebsforschung (Berlin). 48(1939)3, 164.

Haaland, M.: Les tumeurs de la souris. – In: Annales de l'Institut Pasteur (Paris). 19(1905)1, 165–207.

Haaland, M./ Haaland, M.: On Transference of Mouse Sarcoma Without Cells. – In: Acta pathologica et microbiologica scandinavica (Kopenhagen). 4(1927)1, 39–44.

Habermas, J.: Theorie des kommunikativen Handelns. Erster Band, Handlungsrationalität und gesellschaftliche Realisierung. Frankfurt a.M.: Suhrkamp 1988.

Habermas, J.: Erläuterungen zum Begriff des kommunikativen Handelns (1982). – In: Denken, das die Welt veränderte. Schlüsseltexte der europäischen Geistes- und Wissenschaftsgeschichte. Band 2: Vom 18. Jahrhundert bis zur Ggenwart. Hrsg. v. R.G.Renner. Freiburg i.Br. – Basel – Wien: Verlag Herder 1991, 348–369.

Hadjiolov, A.A.: Über die Atmungsveränderungen bei der Lebercancerogenese im Vergleich zu Veränderungen in der Desoxyribonucleinsäure. – In: Die Naturwissenschaften (Berlin). 45(1958)6, 136–137.

Hahn, A.: Konsensfiktionen in Kleingruppen. Dargestellt am Beispiel von jungen Ehen. – In: Kölner Zeitschrift für Soziologie und Sozialpsychologie. (Opladen). Sonderheft Gruppensoziologie. Perspektiven und Materialien. Hrsg. v. F.Neidhardt (1983)25, 210–232.

Hajer, M.A.: Ökologische Modernisierung als Sprachspiel. Eine institutionell-konstruktivistische Perspektive zum Umweltdiskurs und zum institutionellen Wandel. – In: Soziale Welt. Zeitschrift für sozialwissenschaftliche Forschung und Praxis (Göttingen). 48(1997)2, 107–132.

Hajer, M.A.: The Politics of Environmental Discourse: Ecological Modernization and the Policy Process. Oxford: Clarenton Press 2000.

Halberstädter, L./ Prowazek von, S.: Zur Aetiologie des Trachoma. – In: Deutsche Medizinische Wochenschrift (Stuttgart). 33(1907)1, 1285–1287.

Haldane, J.B.S.: The Origins of Life. – In: The New Biology (New York). (1954)16, 12–27.

Hallauer, C.: Die Viruszüchtung im Gewebsexplantat. – In: Handbuch der Virusforschung. Erste Hälfte. Hrsg. v. R.Doerr und C.Hallauer. Wien: Julius Springer 1938.

Hamp, A.: Bericht über die Tagung „Vergleich der Theorienvergleiche in der deutschen Soziologie". – In: Soziologie. Forum der Deutschen Gesellschaft für Soziologie (Wiesbaden). 34(2005)4, 485–487.

Hansemann, D. von: Über asymmetrische Zelltheilung in Epithelkrebsen und deren biologische Bedeutung. – In: Virchows Archiv für pathologische Anatomie und Physiologie und für klinische Medizin (Berlin). Bd. 119 (1890)2, 299–326.

Hansemann, D. von: Buchbesprechung zu Ellermann, W.: Die übertragbare Hühnerleukose (Leukämie, Pseudoleukämie, Anämie u.a.). Berlin: J. Springer 1918. – In: Zeitschrift für Krebsforschung (Berlin). 16(1919), 472–473.

Harbers, E.: Zur Frage der „Virusgenese" von Neoplasmen. – In: Deutsche Medizinische Wochenschrift (Stuttgart). 85(1960)53, 2309–2315.

Harkinezhad, T./ Geens, T./ Varonrompay, D.: Chlamydophila Psittaci Infections in Birds: A Review with Emphasis on Zoonotic Consequences. – In: Veterinary Microbiology (New York - Oxford - Amsterdam). 135(2009)1–2, 68–77.

Harries, C.D.: Untersuchungen über die natürlichen und künstlichen Kautschukarten. Berlin: Springer 1919.

Harwood, J.: Gesellschaftsstruktur als Analogie: Genetiker stellen sich die Zelle vor. Zusammenfassung eines Vortrags, gehalten auf dem XXVI. Symposium der Gesellschaft für Wissenschaftsgeschichte. „Analogien in den Wissenschaften", 12. bis 14. Mai 1988 in Stuttgart. – In: Berichte zur Wissenschaftsgeschichte (Weinheim). 12(1989)3, 157–158.

Hausen, H. zur: Referat (Kurzfassung), enthalten im Bericht über einen medizinhistorischen Kongress im Deutschen Krebsforschungszentrum in Heidelberg, 18. bis 20. Februar 2000: "100 Years of Organized Cancer Research"

(Berichterstatter R.Bröer). – In: Berichte zur Wissenschaftsgeschichte (Weinheim). 24(2001)1, 53–54.

Hausen, H. zur: Infections Causing Human Cancer. Hoboken (New Jersey/USA): Wiley - VCH 2007.

Hawkins, Th.: The Berlin School of Mathematics. – In: Social History of Nineteenth Century Mathematics.Hrsg. v. H.Mehrtens, H.Bos und I.Schneider. Boston et al.: Birkhauser 1981, 233–245.

Heath, Chr./ Knoblauch, H. / Luff, P.: Technology and Social Interaction: The Emergence of "Workplace Studies". – In: British Journal of Sociology (London). 51(2000)2, 299–320.

Heimrath, J.: Die Post-Kollaps-Gesellschaft. Wie wir mit viel weniger viel besser leben werden und wie wir uns heute schon darauf vorbereiten können. Berlin - München: Scorpio Verlag GmbH & Co. KG 2012.

Heinze, Th./ Bauer, G.: Characterizing Creative Scientists in Nano-S&T: Productivity, Multidisciplinarity, and Network Brokerage in a Longitudinal Perspective. – In: Scientometrics (Netherland). 70(2007)3, 811–830.

Heisenberg, W.: Das Naturbild der heutigen Physik. Hamburg: Rowohlt 1968.

Heisenberg, W.: Schritte über Grenzen. Gesammelte Reden und Aufsätze. München: Piper & Co. 1971.

Heisenberg, W.: Der Teil und das Ganze. Gespräche im Umkreis der Atomphysik. München: Piper & Co. 1969.

Hellman, H.: Zoff im Elfenbeinturm. Große Wissenschaftsdispute. Weinheim et al.: Wiley-VCH Verlag 2000.

Helmholtz, H. von: Vorrede. – In: Handbuch der theoretischen Physik, 2. Teil des 1. Bandes. Hrsg. v. W.Thomson und P.G.Tait. Autorisierte Übersetzung von H.Helmholtz und G.Wertheim. Braunschweig: F.Vieweg 1874.

Helmholtz, H. von: Das Denken in der Medicin. – In: Vorträge und Reden. 2. Band. Braunschweig: Friedrich Vieweg und Sohn 1903, 165–190, 384–386 (5. Aufl.).

Helvoort, T. van: The Controversy between John H.Northrop and Max Delbrück on the Formation of Bacteriophage: Bacterial Synthesis or Autonomous Multiplication? – In: Annals of Science (New York et al.). 449(1992)6, 545–575.

Helvoort, T. van: Research Styles in Virus Studies in the Twentieth Century: Controversies and the Formation of Consensus. (Dissertation) Maastricht: Rijksuniversiteit Limburg 1993.

Helvoort, T. van: History of Virus Research in the Twentieth Century: The Problem of Conceptual Continuity. – In: History of Science (Cambridge/ U.K.). 32(1994)96, 185–235.

Helvoort, T. van: The Construction of Bacteriophage as Bacterial Virus. Linking Endogenous and Exogenous Thought Styles. – In: Journal of the History of Biology (Dordrecht). 27(1994)1, 91–139.

Helvoort, T. van: The Early Study of Tobacco Mosaic Virus. – In: Microbe Hunters - Then and Now. Hrsg. v. H.Koprowski und M.B.A.Oldstone. Bloomington (Ill.): Medi-Ed Press 1996, 21–29.

Helvoort, T. van: A Century of Research into the Cause of Cancer: Is the New Oncogene Paradigm Revolutionary? – In: History and Philosophy of the Life Sciences (London). 21(1999)3, 293–330.

Helvoort, T. van: Viren, Wissenschaft und Geschichte. – In: Virus! Mutationen einer Metapher. Hrsg. v. R. Mayer und B.Weingart. Bielefeld: Transcript Verlag 2004, 61–77.

Henke, F./ Schwarz, E.: Uebertragung von Mäusekarzinomen durch filtriertes Ausgangsmaterial. – In: Deutsche Medizinische Wochenschrift (Leipzig). 40(1914)6, 267–268.

Henneberg, G.: Entwicklung und Stand der Virusforschung. – In: Universitas. Orientierung in der Wissenschaft (Stuttgart). 12(1957)6, 1. Bd., 591–600.

Henschke, U.: Über Geschwulsttheorien und die Möglichkeit der Entstehung der Geschwulstzelle durch Spontanmutation. – In: Zeitschrift für Krebsforschung (Berlin). 54(1944)1, 11–25.

Herbold, R./ Krohn, W.: Realexperiment und Gesellschaft. – In: Nachrichten aus der Wissensgesellschaft. Analysen zur Veränderung von Wissenschaft. Hrsg. v. P.Weingart, M.Carrier und W.Krohn. Weilerswist: Velbrück Wissenschaft 2007, 266–291.

Hershey, A.D./ Chase, M.: Independent Functions of Viral Protein and Nucleic Acid in Growth of Bacteriophage. – In: Journal of General Physiology (New York). 36(1952)1, 39–56.

Hertz, G.: Bohrsche Theorie und Elektronenstoß. – In: Die Naturwissenschaften (Berlin). 11(1923)27, 564–567.

Herzberg, K.: Das Virusproblem. – In: Medizinische Klinik (Greifswald). 34(1938)1–3, 729–733.

Herzberg, K.: Virusarten und Ansteckungsstoffe. – In: Klinische Wochenschrift (Berlin). 20(1941)36, 897–902.

Herzog, M.: On Tumor Transplantation and Inoculation. Preliminary Report. – In: Journal of Medical Research. New Series (Boston/Mass.). 8(1902)1, 74–82.3.

Hetzel, A.: Metapher und Einbildungskraft. Zur Darstellbarkeit des Neuen. – In: Dialektik. Zeitschrift für Kulturphilosophie (Hamburg). 16(2006)1, 77–91.

Hillier, J.: Electron Microscopy of Microorganisms and Viruses. – In: Annual Review of Microbiology (Palo Alto/Cal.). 4(1950)1, 1–20.

Hinsberg, K./ Berendt, H.W.: Bericht über den 5. Internationalen Krebskongress in Paris vom 16. bis 22. Juli 1950. – In: Zeitschrift für Krebsforschung (Berlin). 57(1950)2, 191–213.

Hinz-Wessels, A.: Konjunkturen der deutschen Gelbfieberforschung in der ersten Hälfte des 20. Jahrhunderts: Akteure und Interessen. – In: Medizinhistorisches Journal (Stuttgart). 43(2008)3+4, 294–326.

Hirschauer, St.: Publizierte Fachurteile. Lektüre und Bewertungspraxis im Peer Review. – In: Soziale Systeme (Stuttgart): „Wissenschaftliches Publizieren: Stand und Perspektiven“. Hrsg. v. E. Esposito. 11(2005)1, 52–82.

Hoder, F.: Bakterienveränderung durch Bakteriophagenwirkung. Jena: Gustav Fischer 1932.

Hoppe, B.: Naturkunde und Biologie in ihrer Wechselwirkung zur Technik. – In: Technik und Kultur in 10 Bänden. Bd. III: Technik und Wissenschaft. Hrsg.v. A.Herrmann und Ch.Schönbek. Düsseldorf: VDI-Verlag 1991.

Horowitz, I. L.: Mannheims Wissenssoziologie und C.W.Mills’ soziologisches Wissen. – In: Kölner Zeitschrift für Soziologie und Sozialpsychologie (Opladen). Sonderheft Wissenssoziologie. Hrsg. v. N.Stehr und V.Meja. (1981)22, 360–383.

Hotchkiss, R.D.: Gen, transformierendes Prinzip und DNS. – In: Phagen und die Entwicklung der Molekularbiologie. Hrsg. v. J.Cairns, G.S. Stent und J.D.Watson. Herausgeber der deutschen Ausgabe: E.Geissler. Berlin: Akademie-Verlag 1972, 178–187.

Hoyningen-Huene, P.: Thomas S. Kuhn und die Wissenschaftsgeschichte. – In: Berichte zur Wissenschaftsgeschichte (Weinheim). 24(2001)1, 1–12.

Hüntelmann, A.C.: The Dynamics of Wertbestimmung. – In: Science in Context (Cambridge/ U.K.). 21(2008)2, 229–252.

Huggins, Ch.B./ Hodges, C.V.: Studies on Prostatic Cancer. I. The Effect of Castration, of Estrogen and of Androgen Injection on Serum Phosphatases in Metastatic Carcinoma of the Prostate. – In: Cancer Research (Philadelphia/ Pa.). 1(1941)4, 293–297.

Huxley, J.: Evolution: the Modern Synthesis. London: Allan & Unwin 1974 (3. Aufl.).

Ibarra, P.R./ Kitsuse, J.I.: Vernacular Constituents of Moral Discourse: An Interactionist Proposal for the Study of Social Problems. – In: Constructionism. Controversies. Issues in Social Problems Theory. Hrsg. v. G. Miller und J.A.Holstein. New York: Aldine de Gruyter 1993, 21–54.

Iser, W.: Die Appellstruktur der Texte. Unbestimmtheit als Wirkungsbedingung literarischer Prosa. Konstanz: Universitätsverlag 1970.

Iser, W.: Der Lesevorgang. Eine phänomenologische Perspektive. – In: Rezeptionsästhetik. Theorie und Praxis. Hrsg. v. R.Warning. München: Fink 1975, 253–276.

Iser, W.: Der Akt des Lesens: Theorie der ästhetischen Wirkung. München: Fink 1994 (UTB, Nr. 636).

Jäger, S.: Diskurs und Wissen. Theoretische und methodische Aspekte einer Kritischen Diskurs- und Dispositivanalyse. – In: Handbuch Sozialwissenschaftliche Diskursanalyse, Bd. 1: Theorien und Methoden. Hrsg. v. R.Keller et al. Opladen: Leske+Budrich 2000, 81–112.

Jäger, S.: Kritische Diskursanalyse. Eine Einführung. Münster: Unrast-Verlag 2012 (6.überarb. Aufl.).

Jahr, S.: Naturwissenschaften versus Geisteswissenschaften. – In: Philosophia naturalis (Frankfurt a.M.). 42(2005)2, 159–182.

Jakobsen, O.: Hereditary in Breast Cancer. Kopenhagen - London: HK Lewis & Co. 1946.

Janich, P.: Das Experiment in der Biologie. – In: Theorie in den Biowissenschaften (Jena). 116(1997)1, 33–64.

Jasen, P.: Breast Cancer and the Language of Risk, 1750–1950. – In: Social History of Medicine (Oxford). 15(2002)1, 17–43.

Jonas, M.: Erfolgsfaktoren heterogener Kooperation - Zur Entstehung einer neuartigen Wissenspraxis in einem kombitechnologisch orientierten Projektcluster. Wien: Department of Sociology, Institute for Advanced Studies (IHS) 2003 (Reihe Soziologie/ Sociological Series No. 55), 91–212.

Jones, D.S.: Virions of a Cure: Visualization, Clinical Trials, and Controversies in Cardiac Therapeutics, 1968–1998. – In: ISIS (Philadelphia). 91(2000)3, 504–541.

Jordan, P.: Die Stellung der Quantenphysik zu den aktuellen Problemen der Biologie. – In: Archiv für die gesamte Virusforschung. Hrsg. v. R.Doerr. Wien: Julius Springer 1939, Bd. I, Heft 21, 1–20.

Jordan, P.: Die Physik und das Geheimnis des organischen Lebens. Braunschweig: Vieweg 1949 (6. Aufl.).

Judson, H.E.: Der 8. Tag der Schöpfung. Sternstunden der neuen Biologie. Wien - München: Meyster Verlag 1980. Originalausgabe: The Eight Day of Creation. Makers of the Revolution in Biology. London: Simon & Schuster 1979.

Jung, G.: Carcinombildung an den Geschlechtsorganen bei einem jugendlichen weiblichen Affen. – In: Zeitschrift für Krebsforschung (Berlin). 21(1924)1–2, 227–229.

Kaiser, W.: Das Problem der „entscheidenden Experimente". – In: Beiträge zur Wissenschaftsgeschichte (Weinheim). 9(1986)1, 109–125.

Kaplan, W.: Die Mutation als fundamentaler Lebensprozess. – In: Naturwissenschaftliche Rundschau (Stuttgart). 9(1956)11, 430–435.

Kappeler, F.: Die Ordnung des Wissens. Was leistet Michel Foucaults Diskursanalyse für eine kritische Gesellschaftstheorie? – In: Prokla. Zeitschrift für kritische Sozialwissenschaft (Münster). 38(2008)2, 255–270.

Karlson, P.: Wie entstehen Krebszellen? – In: Naturwissenschaftliche Rundschau (Stuttgart). 35(1982)9, 356–365.

Kaufmann, F.-X.: Interdisziplinäre Wissenschaftspraxis. Erfahrungen und Kriterien. – In: Interdisziplinarität. Praxis - Herausforderung - Ideologie. Hrsg. v. J.Kocka. Frankfurt a.M.: Suhrkamp 1987, 65–81.

Kausche, G.A.: Viruskrankheiten bei Mensch, Tier und Pflanze. – In: Wissenschaft und Praxis, Band 2. Berlin: Nicolaische Verlagsbuchhandlung 1939.

Kausche, G.A./ Pfankuch, E./ Ruska, H.: Die Sichtbarmachung von pflanzlichem Virus im Übermikroskop. – In: Die Naturwissenschaften (Berlin). 27(1939), 292–299.

Kay, L.: Molecules, Cells, and Life: An Annotated Bibliography of Manuscript Sources on Physiology, Biochemistry, and Biophysics, 1900–1960, in the Library of the American Philosophical Society. Philadelphia: American Philosophical Society Library 1989.

Kay, L.E.: The Molecular Vision of Life. Caltech, The Rockefeller Foundation and the Rise of the New Biology. New York - Oxford: Oxford University Press 1993.

Keating, P./ Cambrosio, A.: From Screening to Clinical Research: The Cure of Leukemia and the Early Development of the Cooperative Oncology Groups, 1955–1966. – In: Bulletin of the History of Medicine (Baltimore/ Md.). 76(2002)2, 299–334.

Keller, D.: Rezension zu M.Spörri: Reines und gemischtes Blut. Zur Kulturgeschichte der Blutgruppenforschung. Bielefeld: Transcript Verlag 2013. – In: Berichte zur Wissenschaftsgeschichte (Weinheim). 37(2014)2, 174–176.

Keller, R.: Wissenschaftliche Kontroversen und die politische Epistemologie der Ungewissheit: Diskurstheoretische und diskursanalytische Perspektiven. – In: Kontroversen als Schlüssel zur Wissenschaft? Wissenskulturen in sprachlicher Interaktion. Reihe Science Studies. Hrsg. v. W.-A.Liebert und M.-D. Weitze. Bielefeld: Transcript Verlag 2006, 39–55.

Kemp, R.: Controversy in Scientific Research and Tactics of Communication. – In: The Sociological Review (Oxford et al.). 25(1977)2, 515–534.

Kessel, N.: Umstrittene Expertise. Der Beirat „Arzneimittelsicherheit“ in der bundesdeutschen Arzneimittelregulierung 1968–1976. – In: Medizinhistorisches Journal (Stuttgart). 44(2009)1, 61–93.

Kevles, D.J.: Forschungen gegen den Strom: Eine Geschichte von Mut, Viren und Krebs. – In: Verborgene Geschichten der Wissenschaft. Hrsg. v. R.Silvers. Berlin: Berlin Verlag 1996, 73–109. Originalausgabe: Hidden Histories of Science. Hrsg. v. R.Silvers. New York: The New York Review of Books 1995.

Keysser, F.: Beiträge zur experimentellen Karzinomforschung. – In: Wiener klinische Wochenschrift (Wien). 26(1913)41, 1664–1667.

Kidd, J.G./ Rous, P.: The Carcinogenic Effect of a Papilloma Virus on the Tarred Skin of Rabbits. II. Major Factors Determining the Phenomenon: The Manifold Effects of Tarring. – In: Journal of Experimental Medicine (New York). 68(1938)4, 529–562.

Klebs, A.C.: Die wissenschaftlichen Arbeiten von Edwin K. – In: Verhandlungen der Deutschen Pathologischen Gesellschaft (Berlin). 17(1914), 590–597.

Klebs, E.: Die Ursache der infectiösen Wundkrankheiten. Bern: Francke Verlag 1871.

Knauer, R./ Viering, K.: Charles Brenton Huggins. Francis Peyton Rous. – In: Nobelpreise. Chronik herausragender Leistungen. Mannheim - Leipzig: F.A. Brockhaus GmbH 2001, 616–617.

Knorr-Cetina, K.D.: Die Fabrikation von Erkenntnis. Zur Anthropologie der Naturwissenschaft. Frankfurt a.M.: Suhrkamp 1984. Originalausgabe: The Manufacture of Knowledge: An Essay on the Constructivist and Contextual Nature of Science. Oxford: Pergamon Press 1981.

Knorr-Cetina, K.: Scientific Communities or Transepistemic Arenas of Research? A Critique of Quasi-Economic Models of Science. – In: Social Studies of Science (London). 12(1982)2, 101–130.

Knorr-Cetina, K.D.: Zur Produktion und Reproduktion von Wissen: Ein deskriptiver oder ein konstruktiver Vorgang? – In: Soziale Welt. Zeitschrift für sozialwissenschaftliche Forschung und Praxis (Göttingen). Sonderband 3: Entzauberte Wissenschaft. Zur Relativität und Geltung soziologischer Forschung. Hrsg. v. W.Bonß und H.Hartmann. Göttingen: Otto Schwartz & Co. 1985, 151–177.

Knorr-Cetina, K.D.: Soziale und wissenschaftliche Methode oder: Wie halten wir es mit der Unterscheidung zwischen Natur- und Sozialwissenschaften? – In: Soziale Welt. Zeitschrift für sozialwissenschaftliche Forschung und Praxis (Göttingen). Sonderband 3: Entzauberte Wissenschaft. Zur Relativität und Geltung soziologischer Forschung. Hrsg. v. W.Bonß und H.Hartmann. Göttingen: Otto Schwartz & Co. 1985, 275–297.

Knorr-Cetina, K.D.: Wissenskulturen. Ein Vergleich naturwissenschaftlicher Wissensformen. Frankfurt a.M.: Suhrkamp 2002.

Koch, R.: Zur Untersuchung von pathogenen Organismen. Mittheilungen aus dem Kaiserlichen Gesundheitsamte. – In: Gesammelte Werke. Bd. 1. Berlin: Georg Thieme 1881, 1–48.

Koch, R.: Ueber bakteriologische Forschung. – In: Deutsche medizinische Wochenschrift (Leipzig). 16(1890)33, 756–757.

Köhler, E.: Fortschritte in der Virusforschung bei Pflanzen. – In: Naturwissenschaftliche Rundschau (Stuttgart). 8(1955)9, 337–344.

Koehler, O.: Die Frage der Verursachung des Krebses im Lichte der Erbforschung. – In: Deutsche Medizinische Wochenschrift (Leipzig). 61(1935)2, 1791–1796.

Köhler, W./ Mochmann, H.: Meilensteine der Bakteriologie. Von Entdeckungen und Entdeckern aus den Gründerjahren der Medizinischen Mikrobiologie. Jena: VEB Gustav Fischer Verlag 1980.

Königsfeld, H./ Prausnitz, C.: Filtrierbares, transplantables Mäusekarzinom. – In: Centralblatt für Bakteriologie, Parasitenkunde und Infektionskrankheiten (Jena). 74(1914), Abt.I, Orig., 70–81.

Kogge, W.: Technologie des 21. Jahrhunderts. Perspektiven der Technikphilosophie. – In: Deutsche Zeitschrift für Philosophie (Berlin). 56(2008)6, 935–956.

Kohl, Chr./ Metten, Th.: Wissenskonstruktion durch kooperatives Schreiben in Netzwerkmedien. – In: Kontroversen als Schlüssel zur Wissenschaft? Wissenskulturen in sprachlicher Interaktion. Reihe Science Studies. Hrsg. v. W.-A. Liebert und M.-D.Weitze. Bielefeld: Transcript Verlag 2006, 179–193.

Kollek, R./ Lemke, Th.: Der medizinische Blick in die Zukunft. Gesellschaftliche Implikationen prädiktiver Gentests. Frankfurt a. M.: Campus Verlag 2008.

Koole, R./ Daalder, H.: The Consociational Democracy Model and the Netherlands: Ambivalent Allies? – In: Acta Politica (Niederlande). 37(2002)2, 23–43.

Korthner, F.: Das Rätsel der Krebskrankheit. Energetische Zusammenhänge zwischen Altern und Krebs. Wien: Verlag Wilhelm Mandrich 1952.

Kotsovsky, D.: Buchbesprechung zu F.Korthner: Das Rätsel der Krebskrankheit. Energetische Zusammenhänge zwischen Altern und Krebs. Wien: Verlag Wilhelm Mandrich 1952. – In: Universitas. Orientierung in der Wissenschaft (Stuttgart). 7(1952)8, 2. Bd., 758–759.

Kovce, Ph.: Figurationen von Evidenz. Buchbesprechung zu Peters, S.: Der Vortrag als Performance. Bielefeld: Transcript Verlag 2011. – In: Die Drei (Frankfurt a.M.). 84(2014)9, 80–81.

Kowohl, U./ Krohn, W.: Innovationsnetzwerke. Ein Modell der Technikgenese. – In: Theoriebausteine der Techniksoziologie (Technik und Gesellschaft, Jahrbuch 8). Hrsg. v. J.Halfmann, G.Bechmann und W.Rammert. Frankfurt a.M.: Campus Verlag 1995, 77–105.

Kowohl, U./ Krohn, W.: Innovation und Vernetzung. Die Konzeption der Innovationsnetzwerke. – In: Soziale Netzwerke - Konzepte und Methoden der sozialwissenschaftlichen Netzwerkforschung. Hrsg. v. J. Weyer. München: Oldenbourg 2000, 135–160.

Kray, Th. R.: Metapher und Sozialwissenschaftliche Terminologie. Anmerkungen zur räumlichen Metaphorik bei Bruno Latour. – In: Sociologia Internationalis. Internationale Zeitschrift für Soziologie, Kommunikations- und Kulturforschung (Berlin). 48(2010)1, 113–142.

Krohn, W./ Küppers, G.: Die Selbstorganisation der Wissenschaft. Frankfurt a.M.: Suhrkamp 1989.

Krüger, H.-P.: Kritik der kommunikativen Vernunft. Kommunikationsorientierte Wissenschaftsforschung im Streit mit Sohn-Rethel, Toulmin und Habermas. Berlin: Akademie-Verlag 1990.

Krüger, L.: Einheit der Welt - Vielheit der Wissenschaft. – In: Interdisziplinarität. Praxis - Herausforderung - Ideologie. Hrsg. v. J.Kocka. Frankfurt a.M.: Suhrkamp 1987, 106–125.

Kruif, P.de: Mikrobenjäger. Zürich - Leipzig: Orell Füssli Verlag 1941. Originalausgabe: Microbe Hunters. New York: Harcourt, Brace & Co. 1926.

Kruif, P.de: Kämpfer für das Leben. Ruhmestaten großer Naturforscher und Ärzte. Berlin: Verlag Ullstein 1936. Originalausgabe: Men against Death. New York: Harcourt 1932.

Kühl, St.: Formalität, Informalität und Illegalität in der Organisationsberatung. – In: Soziale Welt. Zeitschrift für sozialwissenschaftliche Forschung und Praxis (Göttingen). 58(2007)3, 271–293.

Kühn, R.: Zur Kritik der modernen Biologie. – In: Berichte zur Wissenschaftsgeschichte (Weinheim). 11(1988)1, 35–41.

Kümmel, W.F.: Krebs - die „Leitkrankheit" unserer Zeit im Lichte der Geschichte. – In: Acta Historica Leopoldina (Halle). 39(2004), 41–58.

Kuhn, Th. S.: Die Struktur wissenschaftlicher Revolutionen. Frankfurt a.M.: Suhrkamp 1967.

Kuhn, Th.S.: Postscript - 1969. – In: Thomas S.Kuhn: The Structure of Scientific Revolutions. Chicago - London: University of Chicago Press 1970, 174–210.

Kuhn, Th.S.: Postskript - 1969 zur Analyse der Struktur wissenschaftlicher Revolutionen. – In: Wissenschaftssoziologie 1. Wissenschaftliche Entwicklung als sozialer Prozess. Hrsg. v. P.Weingart. Frankfurt a.M.: Fischer 1972, 287–319.

Kuhn, Th. S.: Logic of Discovery or Psychology of Research? – In: Criticism and the Growth of Knowledge. Hrsg. v. I.Lakatos und A.Musgrave. Cambridge/Mass.: Cambridge University Press 1970, 1–23.

Kuhn, Th. S.: Bemerkungen zu meinen Kritikern. – In: Kritik und Erkenntnisfortschritt. Hrsg. v. I.Lakatos und A.Musgrave. Braunschweig: Vieweg 1974, 223–69.

Kuhn, Th.S.: Theory-Change and Structure-Change: Comments on the Sneed Formalism. – In: Erkenntnis - an International Journal of Analytical Philosophy (Dordrecht). 10(1976)2, 179–199.

Kuhn, Th.S.: Objectivity, Value Judgments, and Theory Choose. – In: The Essential Tension. Selected Studies in Scientific Tradition and Change. Hrsg.v. Th.S.Kuhn. Chicago: University of Chicago Press 1977, 320–339.

Kuhn, Th.S.: Second Thoughts on Paradigms. – In: The Essential Tension. Selected Studies in Scientific Tradition and Change. Hrsg.v. Th.S.Kuhn. Chicago: University of Chicago Press 1977, 293–319.

Kuhn, Th.S.: The Essential Tension. Tradition and Innovation in Scientific Research. – In: The Essential Tension. Selected Studies in Scientific Tradition and Change. Hrsg. v. Th.S.Kuhn. Chicago: University of Chicago Press 1977, 225–239.

Kuhn, Th.S.: Possible Worlds in History of Sciences. – In: Possible Worlds in Humanities, Arts, and Sciences. Hrsg. v. S.Allen. Berlin: Walter de Gruyter 1989, 9–32.

Kuhn, Th.S.: Objektivität, Werturteil und Theoriewahl. – In: Thomas S. Kuhn. Die Entstehung des Neuen. Studien zur Struktur der Wissenschaftsgeschichte. Hrsg. v. L.Krüger. Frankfurt a.M.: Suhrkamp 1992, 421–445.

Kuhn, Th.S.: Die historische Struktur wissenschaftlicher Entdeckungen. – In: Thomas S. Kuhn. Die Entstehung des Neuen. Studien zur Struktur der Wissenschaftsgeschichte. Hrsg. v. L.Krüger. Frankfurt a.M.: Suhrkamp 1992, 239–253.

Kuhn, Th. S.: Die Funktion des Messens in der Entwicklung der physikalischen Wissenschaften. – In: Thomas S. Kuhn. Die Entstehung des Neuen. Studien zur Struktur der Wissenschaftsgeschichte. Hrsg. v. L.Krüger. Frankfurt a.M.: Suhrkamp 1992, 254–307.

Kuhn, Th.S.: Die grundlegende Spannung: Tradition und Neuerung in der wissenschaftlichen Forschung. – In: Thomas S. Kuhn. Die Entstehung des Neuen. Studien zur Struktur der Wissenschaftsgeschichte. Hrsg. v. L.Krüger. Frankfurt a.M.: Suhrkamp 1992, 308–326.

Lacassagne, A./ Nyka, W.: A propos d'une pathogéne de l'adénocarcinome mammaire: recherche de la folliculine dans le collostrum. – In: Comptes rendus hebdomadaires des séances et mémoires de la société de Biologie (Paris). 116(1937), 844–845.

Ladewig, P.: Beiträge zur Kenntnis des Shopeschen Cottontail-Rabbit-Papilloms und seines „filtrierbaren Erregers". V. Ergebnisse der Herzbergschen Virusfärbung am Material vom Shopeschen Cottontail-Kaninchen-Papillom. – In: Schweizer Zeitschrift für allgemeine Pathologie und Bakteriologie (Basel). 1(1938)1–6, 240–244.

Läsker, L.: Zur Vermittlung der Wissenschaftsentwicklung im gesellschaftlichen Reproduktionsprozess. – In: Wissenschaft - Das Problem ihrer Entwicklung. Bd. 2: Komplementäre Studien zur marxistisch-leninistischen Wissenschaftstheorie. Hrsg. v. G. Kröber. Berlin: Akademie-Verlag 1988, 137–154.

Läsker, L.: Was sind Ergebnisse wissenschaftlicher Arbeit? – In: Beiträge zum Institutskolloquium am 25. Februar 1982 in Berlin: Was sind Ergebnisse wissenschaftlicher Arbeit? Kolloquien. Schriftenreihe des Instituts für Theorie, Geschichte und Organisation der Wissenschaft an der Akademie der Wissenschaften der DDR (Berlin). (1983)31, 1–13 (Manuskriptdruck).

Läsker, L.: Gibt es vorzeitige Entdeckungen? – In: Kolloquien. Schriftenreihe des Instituts für Theorie, Geschichte und Organisation der Wissenschaft an der Akademie der Wissenschaften der DDR (Berlin). Beiträge zum Institutskolloquium am 5. Juli und 6. September 1984 in Berlin. (1985)47, 1–29 (Manuskriptdruck).

Läsker, L: Neue Forschungsrichtungen - reproduktions-, kulturtheoretische Aspekte. Bedingungen für die Entstehung und Entwicklung neuer Forschungsrichtungen. – In: Kolloquien. Schriftenreihe des Instituts für Theorie, Geschichte und Organisation der Wissenschaft an der Akademie der Wissenschaften der DDR (Berlin). Teil II: Beiträge zum 2. internationalen Symposium vom 23. bis 25. November 1988 in Berlin. (1989)69, 6–32 (Manuskriptdruck).

Läsker, L.: Das Realismusproblem in der Diskussion über „Bedeutungen". Hilary Putnams Wende. – In: Objekt- und Selbsterkenntnis. Zum Wandel im Verständnis moderner Wissenschaften. Hrsg. v. H.-P. Krüger. Berlin: Akademie Verlag 1991, 83–106.

Läsker, L.: Objective Knowledge and the Social Structure of Transformations in Its Production. – In: Science Studies - an Interdisciplinary Journal for Science and Technology Studies (Finland). 5(1992)1, 13–28.

Laitko, H.: Thomas S.Kuhn und das Problem der Entstehung neuen Wissens. – In: Wissenschaftsgeschichte und wissenschaftliche Revolution. Hrsg. v. K.Bayertz. Bonn: Pahl-Rugenstein 1981, 184–191.

Laitko, H.: Das Buch in der Wissenschaft. Betrachtungen eines Wissenschaftshistorikers. – In: Wissenschaftsforschung. Jahrbuch 1998 „Wissenschaft und

Digitale Bibliothek“. Hrsg. v. K.Fuchs-Kittowski et al. Berlin: Gesellschaft für Wissenschaftsforschung 2000, 91–105.

Laitko, H.: Betrachtungen über den Raum der Wissenschaft. – In: Fixpunkte. Wissenschaft in der Stadt und der Region. Festschrift für Hubert Laitko anläßlich seines 60. Geburtstages. Hrsg.v. H.Kant. Berlin: Verlag für Wissenschafts- und Regionalgeschichte Dr.Michael Engel 1996, 313–340.

Lakatos, I.: Die Methodologie der wissenschaftlichen Forschungsprogramme. Braunschweig: Vieweg 1982.

Langen, P.: Stoffwechsel der Tumoren. – In: Die Bedeutung Otto Warburgs für die Entwicklung der Biochemie, Zellbiologie und Medizin. Sitzungsberichte der Akademie der Wissenschaften der DDR (Berlin). Mathematik - Naturwissenschaften - Technik: (1985)3 N. Hrsg. v. S.M. Rapoport, P.Langen und E.Hofmann, 15–24.

Latour, B./ Woolgar, St.: Laboratory Life. The Social Construction of Scientific Facts. Introduction by J.Falk. London et al.: Sage 1980.

Latour, B.: From the World of Science to the World of Research? – In: Science (Washington). 280(1983)5361, 208–209.

Latour, B.: Give me a Laboratory and I will Raise the World. – In: Science Observed. Perspectives on the Social Study of Science. Hrsg. v. K.D.Knorr-Cetina und M. Mulkay. London et al.: Sage 1983, 141–170.

Latour, B.: Science in Action. How to Follow Scientists and Engineers through Society. Milton Keynes: Open University Press 1987.

Latour, B./ Mauguin, P./ Teil, G.: A Note on Socio-Technical Graphs. – In: Social Studies of Science (London). 22(1992)1, 33–57.

Latour, B.: Von der „wissenschaftlichen Wahrheit“ zur Kartographie von Kontroversen. – In: Kontroversen als Schlüssel zur Wissenschaft? Wissenskulturen in sprachlicher Interaktion. Reihe Science Studies. Hrsg. v. Liebert, W.-A. und Weitze, M.-D. Bielefeld: Transcript Verlag 2006, 195–202.

Latour, B.: Eine neue Soziologie für eine neue Gesellschaft. Einführung in die Akteur-Netzwerk-Theorie. Frankfurt a.M.: Suhrkamp Verlag 2007. Originalausgabe: Reassembling the Social. An Introduction to Actor-Network-Theory. Oxford: Oxford University Press 2006.

Lauffer, M.: Viruses: From the Twentieth Annual Priestley Lectures. Pennsylvania: State College 1946.

Lauffer, M.: Contributions of Early Research of Tobacco Mosaic Virus. – In: Trends in Biochemical Sciences (London et al.). 21(1984)9, 369–371.

Law, J.: Monster, Maschinen und soziotechnische Beziehungen. – In: Anthology. Ein einführendes Handbuch zur Akteur-Netzwerk-Theorie. Hrsg. v. A.Belliger und D.J. Krieger. Bielefeld: Transcript Verlag 2006, 343–367.

Ledingham, J.C.G./ Gye, W.E.: On the Nature of the Filterable Tumour-Exciting Agent in Avian Sarcomata. – In: The Lancet (London). 225(1935)5816, 376–377.

Legendre, M. et al.: Thirty-thousand-year-old Distant Relative of Giant Icosahedral DNA Viruses with a Pandoravirus Morphology. – In: Proceedings of the National Academy of Sciences of the U.S.A. (Washington). 111(2014)8, 1–6.

Lehmann, E.: Zur Kenntnis des Paratyphus A II. Das Verhalten und die Variabilität des B.parathyphosus A in Manitnutroselösung. – In: Centralblatt für Bakteriologie, Parasitenkunde und Infektionskrankheiten (Jena). Abt.I., Orig., 79(1917)2, 97–113.

Lettré, H.: Krebsforschung in den USA. – In: Zeitschrift für Krebsforschung (Berlin). 59(1953)5, 594–599.

Lettré, H.: Neuere Ergebnisse der Krebsforschung. – In: Naturwissenschaftliche Rundschau (Stuttgart). 7(1954)3, 101–110.

Leupold, E.: Der Zell- und Gewebsstoffwechsel als innere Krankheitsbedingung. Leipzig: Thieme 1945.

Levinthal, W.: Die Aetiologie der Psittacosis. – In: Medizinische Welt (Berlin). 4(1930)17, 588.

Levinthal, W.: Die Aetiologie der Psittacosis. – In: Klinische Wochenschrift (Berlin). 9(1930)14, 654.

Lévy-Strauss, C.: Das wilde Denken. Frankfurt a.M.: Suhrkamp Taschenbuch Wissenschaft 1973.

Lewin, C.: Invisibles Virus und maligne Geschwülste. – In: Zeitschrift für Krebsforschung (Berlin). 22(1925)6, 455–471.

Lindemann, G.: Die Emergenzfunktion und die konstitutive Funktion des Dritten. Perspektiven einer kritisch-systematischen Theorieentwicklung. – In: Zeitschrift für Soziologie (Stuttgart). 35(2006)2, 82–101.

Lindemann, G. Die dritte Person - das konstitutive Minimum der Sozialtheorie. – In: Philosophische Anthropologie des 21. Jahrhunderts. Hrsg. v. H.-P.Krüger und G.Lindemann. Berlin: Akademie Verlag 2006, 125–145.

Lindenmann, J.: Die Anfänge der Virologie vor hundert Jahren. – In: Naturwissenschaftliche Rundschau (Stuttgart). 48(1995)2, 43–45.

Link, J.: Die Analyse der symbolischen Komponenten realer Ereignisse. Ein Beitrag der Diskurstheorie zur Analyse neorassistischer Äußerungen.– In: Der Diskurs des Rassismus. Hrsg. v. S.Jäger und F.Januschek. Osnabrück: OBST. Osnabrücker Beiträge zur Sprachtheorie (Osnabrück). (1992)46, 37–52.

Locke, S.: Sociology and the Public Understanding of Science: From Rationalization to Rhetoric. – In: British Journal of Sociology (London). 52(2001)1, 1–18.

Loeb, L.: On Translation of Tumors. – In: Journal of Medical Research. New Series (Boston/Mass.). 6(1901)1, 28–38.

Loeb, L.: Über Transplantationen von Tumoren. – In: Virchows Archiv für pathologische Anatomie und Physiologie und für klinische Medizin (Berlin). Bd. 172, 17. Folge, Bd. II (1903)3, 345–368.

Loeb, L.: Development of a Sarcoma and Carcinoma after the Inoculation of a Carcinomatous Tumor of the Salivary Gland of Japanese Mouse. – In: Medical School Bulletin of the University of Pennsylvania (Philadelphia/Pa.). 19(1906)6, 113–116.

Loeb, L.: Further Experimental Investigations into the Growth of Tumors: Development of Sarcoma and Carcinoma after the Inoculation of a Carcinomatous Tumor of the Submaxillary Gland in a Japanese mouse. – In: Medical School Bulletin of the University of Pennsylvania (Philadelphia/Pa.). 19(1906)7, 223.

Lubarsch, O.: Pathologie der Geschwulstzelle. – In: Ergebnisse der allgemeinen Pathologie und pathologischen Anatomie (Wiesbaden). 35(1902), 884–893.

Lucké, B.: A Neoplastic Disease of the Kidney of the Frog Rana pipiens. On the Occurrence of Metastasis. – In: American Journal of Cancer (New York). 20(1934), 352–379.

Lüdtke, K.: Der Unterschied zwischen der Entstehung von Entdeckungen und ihrer Anerkennung. Die Darstellung dieses Unterschiedes an einigen Aspekten der DNS-Struktur-Aufklärung. – In: Kolloquien. Schriftenreihe des Instituts für Theorie, Geschichte und Organisation der Wissenschaft an der Akademie der Wissenschaften der DDR (Berlin). Beiträge zum Institutskolloquium am 5. Juli und 6. September 1984 in Berlin, (1985)47, 56–71(Manuskriptdruck).

Lüdtke, K.: Der Wandel von Formen kooperativ-kommunikativer Wissenschaftlerbeziehungen und die Wissenschaftsentwicklung. – In: Wissenschaft - Das Problem ihrer Entwicklung. Bd. 2. Hrsg. v. G.Kröber. Berlin: Akademie-Verlag 1988, 205–223.

Lüdtke, K./ Schulze, A.: Zur Interpretation von Ergebnissen in der mikrosoziologischen und sozialpsychologischen Wissenschaftsforschung. – In: Journal für Psychologie. Theorie - Forschung - Praxis (Heidelberg). 3(1995)3, 76–89.

Lüdtke, K.: Wissensentwicklung und Interdisziplinarität. Wie Phänomene in interdisziplinärer Kommunikation wissenschaftlich bedeutsam werden. – In: Journal for General Philosophy of Science (Dordrecht). 26(1995)2, 93–117.

Lüdtke, K.: Wissenschaftsentwicklung und der Wandel disziplinärer Strukturen. – In: Ethik und Sozialwissenschaften. Streitforum für Erwägungsliteratur (Opladen). 8(1997)4, 562–564.

Lüdtke, K.: Die Entwicklung wissenschaftlichen Wissens in interdisziplinären Diskursen. – In: Interdisziplinarität - Herausforderung an die Wissenschaftlerinnen und Wissenschaftler. Festschrift zum 60. Geburtstag von Heinrich Parthey. Hrsg. v. W.Umstätter und K-F. Wessel. In: Berliner Studien zur Wissenschaftsphilosophie & Humanontogenetik. Schriftenreihe des Interdisziplinären Instituts für Wissenschaftsphilosophie und Humanontogenetik der Humboldt-Universität zu Berlin, Bd. 15. Bielefeld: Kleine Verlag 1999, 62–107.

Lüdtke, K.: Theoriebildung und interdisziplinärer Diskurs - dargestellt am Beispiel der früheren Geschichte der Virusforschung. – In: Wissenschaftsforschung. Jahrbuch 1998 „Wissenschaft und Digitale Bibliothek". Hrsg. v. K.Fuchs-Kittowski et al. Berlin: Gesellschaft für Wissenschaftsforschung 2000, 153–194.

Lüdtke, K.: Zur Entscheidbarkeit wissenschaftlicher Kontroversen - erörtert am Beispiel einer Auseinandersetzung in der früheren Geschwulstforschung. – In: Preprint. Schriftenreihe des Max-Planck-Instituts für Wissenschaftsgeschichte (Berlin). 214(2002), 1–79.

Lüdtke, K.: Entscheidbarkeit wissenschaftlicher Kontroversen. Studie eines Streites in der früheren Geschwulstforschung. Berlin: Verlag Gesellschaft für Wissenschaftsforschung 2003.

Lüdtke, K.: Wirksamkeit wissenschaftlicher Kontroversen für die Entwicklung wissenschaftlichen Wissens: zur Geschichte der Geschwulstforschung. – In: Wissenschaftsforschung. Jahrbuch 2006: Wissenschaft und Technik in theoretischer Reflexion. Hrsg. v. H.Parthey und G.Spur. Frankfurt a.M. et al.: Peter Lang 2007, 79–101.

Lüdtke, K.: Wissenschaftliche Kontroversen und die Entwicklung neuen Wissens in der Geschichte der Krebsforschung. Berlin: Gesellschaft für Wissenschaftsforschung 2007.

Lüdtke, K.: Zum Verhältnis von Selbst- und Fremdorganisation in interdisziplinären Prozessen der Wissenschaftsentwicklung. – In: Wissenschaftsforschung. Jahrbuch 2008: Selbstorganisation in Wissenschaft und Technik. Hrsg. v. W.Ebeling und H.Parthey. Berlin: Wissenschaftlicher Verlag Berlin 2009, 81–106.

Luhmann, N.: Funktionen und Folgen formaler Organisation. Berlin: Duncker & Humblot 1964.

Luhmann, N.: Die Organisierbarkeit von Religionen und Kirchen. – In: Religion im Umbruch. Soziologische Beiträge zur Situation von Religion und Kirche in der gegenwärtigen Gesellschaft. Hrsg. v. J.Wössner. Stuttgart: Ferdinand Enke 1972, 245–285.

Luhmann, N.: Die Wissenschaft der Gesellschaft. Frankfurt a.M.: Suhrkamp Taschenbuch Wissenschaft 1992 (2. Aufl.).

Luhmann, N.: Die Gesellschaft der Gesellschaft. 2. Teilband. Frankfurt a.M.: Suhrkamp Taschenbuch Wissenschaft 1998.

Luhmann, N.: Organisation und Entscheidung. Opladen: Westdeutscher Verlag 2000.

Luhmann, N.: Soziologische Aufklärung 6. Die Soziologie und der Mensch. Wiesbaden: VS Verlag für Sozialwissenschaften 2008.

Luhmann, N.: Rechtssoziologie. Wiesbaden: VS Verlag für Sozialwissenschaften 2008 (4. Aufl.).

Luhmann, N.: Strukturauflösung durch Interaktion. Ein analytischer Bezugsrahmen. – In: Soziale Systeme. Zeitschrift für soziale Theorie (Stuttgart). 17(2011)1, 3–30.

Luria, S.E./Delbrück, M.: Mutations of Bacteria from Virus Sensitivity to Virus Resistance. – In: Genetics (Bethesda/ Md.). 28(1943)6, 459–511.

Luria, S.E.: Viruses, Cancer Cells, and the Genetic Concept of Virus Infection. – In: Cancer Research (Philadelphia/Pa.). 20(1960)5, 677–688.

Luria, S.E.: Mutationen von Bakterien und Bakteriophagen. – In: Phagen und die Entwicklung der Molekularbiologie. Hrsg. v. J.Cairns, G.S. Stent und J.D.Watson. Herausgeber der deutschen Ausgabe: E.Geissler. Berlin: Akademie-Verlag 1972, 172–177.

Lyotard, J.-F.: Postmodern Condition: A Report on Knowledge. Minneapolis: Minnesota University Press 1984.

Lyotard, J.-F.: Das postmoderne Wissen. Ein Bericht. Wien: Passagen Verlag 1994.

Mackay, H./ Gillespie, G.: Extending the Social Shaping of Technology Approach. – In: Social Studies of Science (London). 22(1992)4, 685–716.

Maffucci, A./ Sirleo, L.: Ueber die Blastomyceten als Infectionserreger bei bösartigen Tumoren. – In: Zeitschrift für Hygiene und Infektionskrankheiten (Berlin et al.). 27(1898), 1–30.

Maines, D.R.: Culture and Meaning. The Social Costruction of Meaning. – In: Contemporary Sociology. A Journal of Reviews (New York). 29(2000)4, 577–584.

Malinckrodt, E. von: Die Krebstheorie Theodor Boveris und ihre Bedeutung für die Tumortheorien im 20. Jahrhundert. (Dissertation) Bochum: Universität, St.Joseph - Hospital, Medizinische Klinik 1988.

Man, P. de: Allegorien des Lesens. Frankfurt a.M.: Edition Suhrkamp 1988.

Man, P. de: Die Ideologie des Ästhetischen. Hrsg. v. Chr. Menke und K.H.Bohrer. Frankfurt a.M.: Edition Suhrkamp 1993, 231–262.

Mannheim, K.: Ideologie und Utopie. Frankfurt a.M.: Klostermann 1985. Originalausgabe: Ideologie und Utopie. Bonn: Cohen 1929.

Marquardt, H.: Die somatischen Mutationen. Neuere Probleme der experimentellen Mutationsforschung. – In: Deutsche Medizinische Wochenschrift (Stuttgart). 83(1958)39, 1721–1725.

Martin, B./ Richards, E.: Scientific Knowledge, Controversy and Public Decision Making. – In: Handbook of Science and Technology Studies. Hrsg. v. Sh.Jasanoff et al. London et al.: Sage 1994, 506–526.

Marx, K.: Kritik des Hegelschen Staatsrechts. – In: K.Marx/ F.Engels, Werke, Band 1. Berlin: Dietz Verlag 1956.

Marx, K.: Das Kapital. Kritik der Politischen Ökonomie. Erster Band: Buch I. Der Produktionsprozess des Kapitals. Berlin: Dietz Verlag 1959.

Marx, K.: Das Kapital. Kritik der Politischen Ökonomie. Erster Band. – In: K. Marx/ F.Engels, Werke, Band 23. Berlin: Dietz Verlag 1962.

Marx, K.: Theorien über den Mehrwert (Vierter Band des „Kapitals“). Erster Teil. – In: K. Marx/ F.Engels, Werke, Band 26.1. Berlin: Dietz Verlag 1973.

Marx, K.: Zur Kritik der politischen Ökonomie (Manuskript 1861–1863). – In: K.Marx/ F.Engels, Gesamtausgabe (MEGA). Berlin: Dietz Verlag 1976.

Marx, K.: Theorien über den Mehrwert (Vierter Band des „Kapitals“). Dritter Teil. – In: K. Marx/ F.Engels, Werke, Band 26.3. Berlin: Dietz Verlag 1976.

Marx, K.: Grundrisse der Kritik der Politischen Ökonomie. Berlin: Dietz Verlag 1974.

Marx, K.: Brief vom 10. Oktober 1868 an Friedrich Engels. – In: K.Marx/ F.Engels, Werke, Band 32: Briefe. Erster Teil: Briefwechsel zwischen Marx und Engels (Januar 1868 bis Mitte Juli 1870). Berlin: Dietz Verlag 1974.

Maschmann, E.: Beiträge zur Kenntnis des carcinogenen Agens des Hühnersarkoms von P.Rous. – In: Klinische Wochenschrift (Berlin). 10(1931)8, 358–359.

Massini, R.: In biologischer Beziehung interessierender Kolibacillen-Stamm (Bacterium coli mutabile). – In: Archiv für Hygiene (Leipzig - München). 61(1907), 250–292.

Mayer, R./Weingart, B.: Viren zirkulieren: Eine Einleitung. – In: Virus! Mutationen einer Metapher. Hrsg. v. R. Mayer und B.Weingart. Bielefeld: Transcript Verlag 2004, 7–41.

Mazouz, N.: Krankheit, Gesundheit, gutes Leben und liberale Ethik. – In: Dialektik. Zeitschrift für Kulturphilosophie (Hamburg). 14(2004)1, 97–116.

McIntosh, J.: Virus Infections in Tar-Induced Tumours (Sarcomata) of the Fowl. – In: Second International Congress for Microbiology. London 1936. Reports of Proceedings. London: John-Brooks 1937.

McIntosh, J./ Selbie, F.R.: Further Observations on Filterable Tumours Induced in Fowls by Injection of Tar. – In: British Journal of Experimental Pathology (London). 20(1939)1, 49–63.

Mead, G.H.: Philosophie der Sozialität. Aufsätze zur Erkenntnisanthropologie. Frankfurt a.M.: Suhrkamp 1969.

Mead, G.H.: Die objektive Realität der Perspektiven. – In: Georg Herbert Mead: Gesammelte Aufsätze, Bd. 1. Hrsg. v. H. Joas. Frankfurt a.M.: Suhrkamp 1969, 213–228.

Mehrtens, H.: Social History of Mathematics. – In: Social History of Nineteenth Century Mathematics. Hrsg. v. H. Mehrtens, H. Bos und I. Schneider. Boston et al.: Birkhauser 1981, 257–280.

Melchers, G.: Warum interessiert den Biologen das Tabakmosaikvirus? – In: Jahrbuch 1960 der Max-Planck-Gesellschaft zur Förderung der Wissenschaften e.V. München: Generalverwaltung der Max-Planck-Gesellschaft 1960, 85–113.

Melchers, G.: Tumoren als Folge von Mutation, Infektion oder Modifikation der Entwicklung. – In: Biologie in unserer Zeit (Weinheim). 1(1971)3, 77–85.

Mevissen, N./ Simon, D.: „Vielfältige" Organisationen. Der Wissens- und Technologietransfer als Herausforderung für die außeruniversitäre Forschung. – In: Soziale Welt. Zeitschrift für sozialwissenschaftliche Forschung und Praxis (Göttingen). 64(2013)4, 361–380.

Michaelis, P.: Zur Theorie der Krebsentstehung. – In: Zeitschrift für Krebsforschung (Berlin). 56(1948/1950)2, 165–170.

Michaelis, P.: Über die Beziehungen zwischen Krebsentstehung und plasmatischer Vererbung. – Zeitschrift für Krebsforschung (Berlin). 56(1949)3, 225–233.

Mikulić, B.: Der Abgesang der Metapher? Eine Übersicht der neueren philosophischen Metaphern- und Modellforschung. – In: Zeitschrift für philosophische Forschung (Frankfurt a.M.). 33(1999)1, 131–139.

Mitchell, J.C.: The Concept and Use of Social Networks. – In: Social Networks in Urban Situations. Hrsg. v. J.C.Mitchell. Manchester: University Press 1969, 1–50.

Mittelstraß, J.: Die Stunde der Interdisziplinarität? – In: Interdisziplinarität. Praxis - Herausforderung - Ideologie. Hrsg. v. J.Kocka. Frankfurt a.M.: Suhrkamp 1987, 152–158.

Mittelstraß, J.: Wissenschaft als Lebensform. Reden über philosophische Orientierungen in Wissenschaft und Universität. Frankfurt a.M.: Suhrkamp Taschenbuch Wissenschaft 1982.

Modrow, S./ Falke, D.: Molekulare Virologie. Heidelberg - Berlin - Oxford: Spektrum Akademischer Verlag GmbH 1997.

Mößner, N.: Das Zeugnis anderer als Untersuchungsgegenstand der sozialen Erkenntnistheorie. Ein Literaturbericht. – In: Zeitschrift für philosophische Forschung (Frankfurt a.M.). 63(2009)3, 466–485.

Mohr, H.: Referat zu einer Veröffentlichung von Loeb, L.: Further Experimental Investigations into the Growth of Tumors: Development of Sarcoma and Carcinoma after the Inoculation of a Carcinomatous Tumor of the Submaxillary Gland in a Japanese Mouse. – In: Medical School Bulletin of the University of Pennsylvania (Philadelphia/Pa.). 19(1906)7, 223. – In: Referateteil der Zeitschrift für Krebsforschung (Berlin). 6(1907)3, 495.

Moore, R.: Die Lebensspirale. Die großen Entdeckungen der Naturwissenschaften. Stuttgart: Gustav Fischer Verlag 1967.

Morange, M.: From the Regulatory Vision of Cancer to the Oncogene Paradigm. – In: Journal of the History of Biology (Dordrecht). 30(1997)1, 1–29.

Morange, M.: A History of Molecular Biology. Cambridge/ Mass.: Havard University Press 1998.

Morgan, T.H.: The Relation of Genetics to Physiology and Medicine. – In: Nobel Lectures: Physiology and Medicine 1922–1941. Amsterdam: Elsevier Publishing Company 1965, 313–328.

Mormann, Th.: A Place for Pragmatism in the Dynamics of Reason? – In: Studies in the History and Philosophy of Science (Amsterdam et al.). 43(2012)1, 27–37.

Morris, H.P.: Studies on the Development, Biochemistry and Biology of Experimental Hepatomas. – In: Advances in Cancer Research (San Diego - New York - Berkely). 9(1965), 227–302.

Morse, St.S.: Evolving Views of Viral Evolution. Towards an Evolutionary Biology of Viruses. – In: History and Philosophy of the Life Sciences (London). 14(1992)2, 215–248.

Moulines, C. U.: Die Entstehung der Wissenschaftstheorie als interdisziplinäres Fach (1885–1914). Vorgetragen in der Sitzung vom 1. Juni 2007. – In: Sitzungsberichte der Bayerischen Akademie der Wissenschaften. Jahrgang 2007, Heft 2. München: C.H. Beck 2008.

Mühlhölzer, F.: Die Debatte um die Objektivität der Wissenschaft. – In: Deutsche Zeitschrift für Philosophie (Berlin). 49(2001)1, 151–166.

Müller, J.: Ueber den feineren Bau und die Formen der krankhaften Geschwülste. Berlin: G. Reimer 1838.

Mulkay, M.J.: Drei Modelle der Wissenschaftsentwicklung. – In: Kölner Zeitschrift für Soziologie und Sozialpsychologie (Opladen). Sonderheft Wissenschaftssoziologie. Hrsg. v. R.König. (1975)18, 48–61.

Mulkay, M.J.: Science and the Sociology of Knowledge. Boston: Allen & Unwin, 1979.

Mulkay, M.J./ Potter, J./ Yearly, St.: Why an Analysis of Scientific Discourse is Needed. – In: Science Observed. Perspectives on the Social Study of Science. Hrsg. v. K.D.Knorr-Cetina und M. Mulkay. London et al.: Sage 1983, 171–203.

Muller, H.J.: Variation due to Change in the Individual Gene. – In: The American Naturalist (Chicago). 56(1922)642, 32–50.

Muller, H.J.: Physics in the Attack on the Fundamental Problems of Genetics. – In: Scientific Monthly (New York). (1936)44, 210–214.

Mullins, N.C.: Entwicklung eines wissenschaftlichen Spezialgebietes: die Phagengruppe und die Ursprünge der Molekularbiologie. – In: Wissenschaftssoziologie 2: Determinanten wissenschaftlicher Entwicklung. Hrsg. v. P.Weingart. Frankfurt a.M.: Fischer 1972, 184–222. Originalausgabe: The Development of a Scientific Specialty: The Phage Group and the Origins of Molecular Biology. – In: Minerva. A Review of the Science, Learning and Policy (Berlin).10(1972)1, 51–82.

Murphy, J.B.: Experimental Approach to the Cancer Problem. – In: Bulletin of the John Hopkins Hospital (Baltimore/ Md.). 56(1935), 1–31.

Murphy, J.B./ Sturm, E.: Further Observations on Experimentally Produced Sarcoma of Chicken. – In: Journal of Experimental Medicine (New York). 47(1928)4, 493–502.

Murray, J.A.: Spontaneous Cancer in the Mouse, Histology, Metastasis etc. Third Scientific Report. Imperial Cancer Research Fund. London: Taylor and Francis 1908, 69–114.

Murray, J.A.: Cancerous Ancestry and the Incidence of Cancer in Mice. Fourth Scientific Report Imperial Cancer Research Fund. London: Taylor and Francis 1911, 104–130.

Nakahara, W.: A Critical Study on the Question of the so-called Causative Agent of Chicken Sarcoma. – In: Scientific Reports from the Government Institute for Infectious Diseases (Tokyo). 5(1927), 287–302.

Nakahara, W.: Effect of Mechanical Injury on Desiccated Chicken Sarcoma. – In: Proceedings oft he Society of the Imperial Academy of Japan (Tokyo). 4(1928)2, 73–75.

Nassehi, A.: Die Theorie funktionaler Differenzierung im Horizont ihrer Kritik. – In: Zeitschrift für Soziologie (Stuttgart). 33(2004)2, 98–118.

Neidhardt, F.: Themen und Thesen zur Gruppensoziologie. – In: Kölner Zeitschrift für Soziologie und Sozialpsychologie (Opladen). Sonderheft Gruppensoziologie. Perspektiven und Materialien. Hrsg. v. F.Neidhardt. (1983)25, 5–34.

Neisser, M.: Die Mutation nach de Vries bei Bakterien. – In: Centralblatt für Bakteriologie, Parasitenkunde und Infektionskrankheiten (Jena). 38(1906), Abt.I, Referate, 98.

Nickerson, R. S.: Confirmation Bias: A Ubiquitous Phenomenon in Many Guises. – In Review of General Psychology (New York). 2(1998)2, 175–220.

Nieden, A. zur: Buchbesprechung zu Kollek, R./ Lemke, Th.: Der medizinische Blick in die Zukunft. Gesellschaftliche Implikationen prädiktiver Gentests. Frankfurt a. M.: Campus Verlag 2008. – In: Soziologische Revue (Oldenburg). 34(2011)2, 202–206.

Noeldechen, E.: Blutveränderungen beim übertragbaren Sarkom der Hühner. – In: Zeitschrift für Krebsforschung (Berlin). 18(1922)1/2, 367–382.

Northrop, J.H.: Concentration and Purification of Bacteriophage. – In: Journal of General Physiology (New York). 21(1938)3, 335–366.

Nothdurft, H.: Zur Theorie der primären Geschwulstursachen. – In: Zeitschrift für Krebsforschung (Berlin). 56(1949)3, 176–204.

Nothdurft, H.: Über ein Modell der Geschwulstzellentstehung und über die experimentelle Erzeugung plasmatisch vererbter Tomatenmerkmale mittels cancerogener Kohlenwasserstoffe. – In: Zeitschrift für Krebsforschung (Berlin). 56(1949)3, 234–241.

Nowell, H.W.: Experimentelle Krebsforschungen. – In: Centralblatt für allgemeine Pathologie und pathologische Anatomie (Jena). 24(1913)15, 682–686.

Nowotny, H.: Vom Definieren, vom Lösen und vom Verwalten sozialer Probleme: Der Beitrag der Armutsforschung. – In: Soziale Welt. Zeitschrift für sozialwissenschaftliche Forschung und Praxis (Göttingen). Sonderband 1: Soziologie und Praxis. Erfahrungen, Konflikte, Perspektiven. Hrsg. v. U.Beck. Göttingen: Verlag Otto Schwarz & Co. 1982, 115–134.

Oberling, Ch.: Krebs, das Rätsel seiner Entstehung. Hamburg: Rowohlt Taschenbuch Verlag GmbH 1959.

Oberling, Ch.: Ausblicke der Cellularpathologie. – In: Virchows Archiv für Pathologie und Physiologie und für klinische Medizin (Berlin - Göttingen - Heidelberg). 332. Bd.(1959)1, 6–16.

Oberling, Ch.: Vortrag zum Verhältnis zwischen Virus und Krebs auf dem Deutschen Krebskongress vom 12. bis 14. März 1959 in Berlin. – In: Forschungen und Fortschritte (Berlin). 33(1959)8, 228–242.

Oberling, Ch.: Vortrag auf einem Symposion von Krebsforschern 1969 in Berlin (DDR). Tagungsbericht. – In: Universitas. Orientierung in der Wissenschaft (Stuttgart). 115(1960)2, 1. Bd., 232–233.

Oevermann, U. et al.: Die Methodologie einer „objektiven Hermeneutik“ und ihre allgemeine forschungslogische Bedeutung in den Sozialwissenschaften. – In: Interpretative Verfahren in den Sozial- und Textwissenschaften. Hrsg. v. H.-G.Soeffner. Stuttgart: Metzler 1979, 352–434.

Oevermann, U.: Genetischer Strukturalismus und das sozialwissenschaftliche Problem der Erklärung des Neuen. – In: Jenseits der Utopie. Theoriekritik der Gegenwart. Hrsg. v. St. Müller-Dohm. Frankfurt a.M.: Suhrkamp 1991, 267–335.

Ostertag, H.: Fortschritte in der Krebsforschung. I. Mikrobiologische Probleme in der ätiologischen Geschwulstforschung. – In: Naturwissenschaftliche Rundschau (Stuttgart). 11(1958)4, 121–128.

Ostertag, H.: Fortschritte in der Krebsforschung. II. Mikrobiologische Probleme der experimentellen Krebstherapie. – In: Naturwissenschaftliche Rundschau (Stuttgart). 11(1958)11, 409–419.

Otto, R./ Munter, H.: Bakteriophagie. – In: Handbuch der pathogenen Mikroorganismen, Bd. 1. Jena: Gustav Fischer 1928.

Parnes, V.S.: Krebsviren. Suche, Gedanken, Theorien, Ausblick. Berlin: Akademie-Verlag 1983.

Parthey, H.: Forschungssituation und Forschungsinstitut - Analyse ihrer Formen und Beziehungen. – In: Wissenschaftsforschung. Jahrbuch 2006: Wissenschaft und Technik in theoretischer Reflexion. Hrsg. v. H.Parthey und G.Spur. Frankfurt a.M. et al.: Peter Lang 2007, 9–29.

Paschen, E.: Über das Shopesche infectious fibroma of rabbits. – In: Zentralblatt für Bakteriologie, Parasitenkunde und Infektionskrankheiten (Jena). 138(1936) Abt.I, Orig., 1–14.

Passey, R.D.: Beitrag auf dem 5. Internationalen Krebskongress in Paris. Nach einem Bericht von Hinsberg, K./ Berendt, H.W.: Bericht über den 5. Internationalen Krebskongress in Paris vom 16- bis 22. Juli 1950. – In: Zeitschrift für Krebsforschung (Berlin). 57(1950)2, 191–213.

Paul, G.: Softwareproduktion zwischen System- und Benutzerfordernissen. – In: Jahrbuch Sozialwissenschaftliche Technikberichterstattung 1993. Schwerpunkt: Produktionsarbeit. Berlin: Edition Sigma 1993.

Pauling, L./ Cameron, E.: Cancer and Vitamin C: A Discussion of the Nature, Causes, Prevention, and Treatment of Cancer. With Special Reference to the Value of Vitamin C. Milton Park Abingdon: CRC Press Taylor and Francis Group 1993.

Pentimalli, F.: Über die Geschwülste bei Hühnern. I. Mitteilung. Allgemeine Morphologie der spontanen und der transplantablen Hühnergeschwülste. – In: Zeitschrift für Krebsforschung (Berlin). 15(1916)1, 111–153.

Perrucci, R./ Pilisuk, M.: Leaders and Ruling Elites: The Interorganizational Bases of Community Power. – In: American Sociological Review (Washington). 35(1970)6, 1040–1057.

Peters, S.: Der Vortrag als Performance. Bielefeld: Transcript Verlag 2011.

Pinch, T.J./ Bijker, W.E.: The Social Construction of Facts and Artifacts: Or How the Sociology of Science and the Sociology of Technology Might Benefit Each Other. – In: The Social Construction of Technological Systems: New Directions in the Sociology and History of Technology. Hrsg. v. W.Bijker, T.Hughes und T.Pinch. Cambridge/ Mass.: MIT Press 1987, 17–50.

Pirie, N.W.: A Biochemical Approach to Viruses. – In: Nature (London). 166(1950)4221, 495–496.

Pirie, N.W.: Retrospect on the Biochemistry of Plant Viruses. – In: Biochemical Society Symposium (London). 30(1970), 43–56.

Plikat, B.: Gibt es vorzeitige Entdeckungen? – In: Kolloquien. Schriftenreihe des Instituts für Theorie, Geschichte und Organisation der Wissenschaft an der Akademie der Wissenschaften der DDR (Berlin). (1985)47: Beiträge zum Institutskolloquium am 5. Juli und 6. September 1984, 97–108 (Manuskriptdruck).

Plimmer, H.G.: The Parasitic Theory of Cancer. – In: The British Medical Journal (London). 2(1903)2241, 1511–1515.

Podach, E.F.: Robert Koch. – In: Kurzbiographien, Leben und Schaffen. Berlin - Leipzig: Volk und Wissen 1947.

Podolsky, S.: The Role of the Virus in Origin-of-Life Theorizing. – In: Journal of the History of Biology (Dordrecht et al.). 29(1996)1, 79–126.

Pollack, M.: Verhandlungsberichte. Zwölfte Deutsche Therapiewoche in Karlsruhe vom 28. August bis 3. September 1960. – In: Deutsche Medizinische Wochenschrift (Stuttgart). 85(1960)42, 1859–1860.

Pongratz, H.J.: Konkurrenz und Integration in Reorganisationsprozessen. Zur Problematik „schöpferischer Zerstörung" innerhalb von Organisationen. – In: Soziale Welt. Zeitschrift für sozialwissenschaftliche Forschung und Praxis (Göttingen). 59(2009)2, 179–197.

Potter, J.: Representing Reality: Discourse, Rhetoric and Social Construction. London et al.: Sage 1996.

Price, R.H.: Abnormal Behaviour: Perspectives in Conflict. New York: International Thomson Publishing 1972.

Proppe, A.: Der Ekzembegriff als Beispiel für die Schwierigkeiten einer Verständigung zwischen verschiedenen medizinischen Auffassungen. Bericht über ein Referat auf einer Sitzung der Medizinischen Gesellschaft Frankfurt vom 23. Februar 1949. – In: Klinische Wochenschrift (Berlin). 27(1949)33/34, 582.

Rajewsky, B.: Zur Mutationstheorie der Krebsentstehung. – In: Zeitschrift für Krebsforschung (Berlin). 56(1949)3, 274–284.

Rammert, W.: Aus dem Editorial „Konstruktion und Evolution von Technik". Tagungsberichte auf der Jahrestagung der Gesellschaft für Wissenschafts- und Technikforschung 1991. – In: Jahrbuch „Technik und Gesellschaft" (Frankfurt a.M.). 7(1994).

Rammert, W.: Von der Kinematik zur Informatik. – In: Soziologie und künstliche Intelligenz. Produkte und Probleme einer Hochtechnologie. Hrsg. v. W. Rammert. Frankfurt a.M.: Campus Verlag 1995, 65–110.

Rammert, W.: Innovation im Netz. Neue Zeiten für technische Innovationen: heterogen verteilt und interaktiv vernetzt. – In: Soziale Welt. Zeitschrift für sozialwissenschaftliche Forschung und Praxis (Göttingen). 48(1997)4, 397–415.

Rammert, W.: New Rules of Sociological Method: Rethinking Technology Studies. – In: British Journal of Sociology /London). 18(1997)2, 171–191.

Rammert, W.: Weder festes Faktum noch kontingentes Konstrukt: Natur als Produkt experimenteller Interaktivität. – In: Soziale Welt. Zeitschrift für sozialwissenschaftliche Forschung und Praxis (Göttingen). 50(1999)3, 281–296.

Rammert, W.: Die Techniken der Gesellschaft: in Aktion, in Interaktivität und in hybriden Konstellationen. – In: Technical University Technology Studies. Working Papers (Berlin). (2007)4, 1–27 (Arbeitspapier der Technischen Universität Berlin, Institut für Soziologie, Fachgebiet Techniksoziologie).

Rapp, E.-H.: Wachstum und Differenzierung von Lebermetastasen des Adenocarcinoms des Magens. – In: Zeitschrift für Krebsforschung (Berlin). 44(1936)1, 405–414.

Rather, L.J.: The Genesis of Cancer: A Study in the History of Ideas. Baltimore London: John Hopkins University Press 1978.

Rehberg, K.-S.: Institutionen als symbolische Ordnungen. Leitfragen und Grundkategorien zur Theorie und Analyse institutioneller Mechanismen. – In: Die Eigenart der Institutionen. Zum Profil politischer Institutionentheorie. Hrsg. v. G.Göhler. Baden-Baden: Nomos 1994, 47–84.

Rehberg, K.-S.: Institutionenwandel und die Funktionsveränderung des Symbolischen. – In: Leviathan. Zeitschrift für Sozialwissenschaft (Opladen). Sonderheft Institutionenwandel. Hrsg. v. G. Göhler. (1996)16, 94–118.

Reinhold, Th.: Zur Modellierung symbolisch generalisierter Kommunikationsmedien. – In: Soziale Welt. Zeitschrift für sozialwissenschaftliche Forschung und Praxis (Göttingen). 12(2006)1, 121–156.

Renneberg, R./ Tricolor, J.: Bakterien-Erbgut als Krebsquelle? – In: Neues Deutschland vom 03./04. August 2013, 28.

Rheinberger, H.-J.: Von Rous' ‚filtrierbarem Agens' zum Mikrosom. Eine Geschichte der Virologie und Zytomorphologie. – In: Tumult. Schriften zur Verkehrswissenschaft (Berlin). 19(1994), 102–118.

Rheinberger, H.-J./ Hagner, M.: Plädoyer für eine Wissenschaftsgeschichte des Experiments. – In: Theorie in den Biowissenschaften (Jena). 116(1997)1, 11–31.

Rheinberger, H.-J.: Experimentalsysteme und epistemische Dinge. Eine Geschichte der Proteinsynthese im Reagenzglas. Göttingen: Wallstein Verlag 2002 (2. Aufl.).

Rheinwald, R.: Dispositionen als Ursachen. – In: Zeitschrift für philosophische Forschung (Frankfurt a.M.). 63(2009)3, 365–391.

Richards, E.: Vitamin C and Cancer: Medicine or Politics? London: MacMillan 1991.

Rigler, R.: Probleme der Krebsforschung. – In: Universitas. Orientierung in der Wissenschaft (Stuttgart). 9(1954)1, 1. Bd., 45–49.

Riha, O.: Subjektivität und Objektivität, Semiotik und Diagnostik. Eine Annäherung an den mittelalterlichen Krankheitsbegriff. – In: Sudhoffs Archiv. Zeitschrift für Wissenschaftsgeschichte (Leipzig) 80(1996)2, 139–149.

Riley, D.R. et al.: Bacteria-Human Somatic Cell Lateral Gene Transfer Is Enriched in Cancer Samples. – In: PlOS Computional Biology (Cambridge/UK et al.). 9(2013)6.

Rivers, T.M.: The Nature of Viruses. – In: Physiological Review (Baltimore/ Md.). 12(1932)2, 423–452.

Rivers, T.M.: Viruses and the Diseases Caused by Them. – In: Annals of Internal Medicine (Philadelphia). 9(1936)11, 1466–1474.

Rivers, T.M.: Virus Infections. – In: Bulletin of the New York Medicine (New York). 17(1941)4, 245–258.

Rodnyi, N.I./ Solowjew, J.I.: Wilhelm Ostwald. – In: Biographien hervorragender Naturwissenschaftler, Techniker und Mediziner, Bd. 30. Leipzig: BSB B.G. Teubner Verlagsgesellschaft 1977, 91–117.

Rösl, F.: Visuelle Evidenz in der Biomedizin. – In: Gegenworte. Hefte für den Disput über Wissen (Berlin). (2008)20, 16–19.

Rössle, R.: Über die Metastasierung bösartiger Geschwülste auf dem Schleimhautwege und ihre Bedeutung für das Problem der Malignität. – In: Virchows Archiv für pathologische Anatomie und Physiologie und für klinische Medizin (Berlin). Bd. 316 (1949), 501–524.

Roll-Hansen, N.: Experimental Method and Spontaneous Generation: the Controversy between Pasteur and Pouchet, 1859–64. – In: Journal of the History of Medicine and Allied Sciences (Oxford). 34(1979)3, 273–281.

Rorty, R.: Sind Aussagen universelle Geltungsansprüche? – In: Deutsche Zeitschrift für Philosophie (Berlin). 42(1994)6, 975–988.

Rose, H.M./ Morgan, C.: Fine Structure of Virus-Infected Cells. – In: Annual Review of Microbiology (Palo Alto/ Cal.). 14(1960)1, 217–240.

Rosenmayr, L.: Wider die Harmonie-Illusion. Praxis-Beziehung als Herausforderung zur Neubestimmung der Soziologie (mit Beispielen aus Lebenslaufforschung und Sozialgerontologie). – In: Soziale Welt. Zeitschrift für sozialwissenschaftliche Forschung und Praxis (Göttingen). Sonderband 1: Soziologie und Praxis. Erfahrungen, Konflikte, Perspektiven. Hrsg. v. U.Beck. Göttingen: Verlag Otto Schwarz & Co. 1982, 27–58.

Rosov, M.A.: Puti naučnych otkrytii (ko kritike istoriko-naučnoj konzepzii T.Kuna). – In: Voprocy filosofii (Moskva). 35(1981)8, 138–147.

Roth, G.: Der „Antimonstreit" und die Wiener medizinische Fakultät. Statuten und Eidesformeln. – In: Gesnerus. Schweizerische Zeitschrift für Geschichte der Medizin und der Naturwissenschaften (Basel). 20(1963)1/2, 165–169.

Roth, R.: Lokale Bewegungsnetzwerke und die Institutionalisierung von neuen sozialen Bewegungen. – In: Kölner Zeitschrift für Soziologie und Sozialpsychologie. (Opladen). Sonderheft Gruppensoziologie. Perspektiven und Materialien. Hrsg. v. F.Neidhardt (1983)25, 413–436.

Rous, P.: Transmission of a Malignant New Growth by Means of a Cell-Free Filtrate. – In: The Journal of the American Medical Association (Chicago). 56(1911), 198–200.

Rous, P.: A Sarcoma of the Fowl Transmissible by an Agent Separable from the Tumor Cells. – In: Journal of Experimental Medicine (New York). 13(1911), 397–411.

Rous, P.: The Influence of Ultra-Violet Light on a Tumor Caused by a Filterable Agent. – In: Zeitschrift für Krebsforschung (Berlin). 13(1913)1–3, 555–556.

Rous, P./ Murphy, J.B.: Beobachtungen an einem Hühnersarkom und seiner filtrierbaren Ursache. – In: Berliner klinische Wochenschrift (Berlin). 50(1913)14, 637–639.

Rous, P./ Beard, J.W.: The Progression to Carcinoma of Virus-Induced Rabbit Papillomas (Shope). – In: Journal of Experimental Medicine (New York). 62(1935)4, 523–548.

Rous, P./ Kidd, J.G./ Beard, J.W.: Observations on the Relation of the Virus Causing Rabbit Papillomas to the Cancers Deriving from. I. The Influence of the Host Species and of the Pathogenic Activity and Concentration of the Virus. – In: Journal of Experimental Medicine (New York). 64(1936)3, 385–400.

Rous, P.: Viruses and Tumors. – In: Virus Diseases - By Members of the Rockefeller Institute for Medical Research. Ithaca, N.A.: Cornell University Press 1943.

Rous, P.: Rous-Papers - APS, folder: Muller, Herman J., Letter from Peyton Rous to Herman J. Muller, October 19, 1948.

Rous, P.: Surmise and Fact on the Nature of Cancer. – In: Nature (London). 183(1959)4672, 1357–1361.

Rous, P.: Summary of Informal Discussions. – In: Cancer Research (Philadelphia/ Pa.). 20(1960)5, 707–711.

Roux, E./ Yersin, A.: Contribution á l'étude de la diphtérie. Troisiéme mémoire. – In: Annales de l'Ìnstitut Pasteur (Paris). 3(1890)7, 385–426.

Ruben, P./ Warnke, C.: Arbeit - Telosrealisation oder Selbsterzeugung der menschlichen Gattung? – In: Deutsche Zeitschrift für Philosophie (Berlin). 27(1979)1, 20–30.

Rubin, H.: Quantitative Tumor-Virologie. – In: Phagen und die Entwicklung der Molekularbiologie. Hrsg. v. J.Cairns, G.S. Stent und J.D.Watson. Herausgeber der deutschen Ausgabe: E.Geissler. Berlin: Akademie-Verlag 1972, 277–286.

Rubin, H.: Letter to the Editor. – In: Science (Washington). 219(1983)4587, 1170–1171.

Ruhrmann, G./ Zillich, A.F./ Milde, J.: Von der wissenschaftsdominierten zur gesellschaftlich kontextualisierten Wissenschaftskommunikation? Ausblick und Perspektiven. – In: Molekulare Medizin und Medien: Zur Darstellung und Wirkung eines kontroversen Wissenschaftsthemas. Hrsg. v. G.Ruhrmann, J.Milde und A.F. Zillich. Wiesbaden: VS Verlag für Sozialwissenschaften 2011, 209–220.

Rusch, H.P.: Changing Horizons in Cancer Research. – In: Aktuelle Probleme aus dem Gebiet der Cancerologie. Symposium anlässlich des 75. Geburtstages von K.H.Bauer. Hrsg. v. R.Doerr, F.Linder und G.Wagner. Berlin et al.: Springer-Verlag 1966.

Ruska, H.: Fragen der Virusforschung. – In: Forschungen und Fortschritte (Berlin). 17(1941)33/34, 363–365.

Ruska, H.: Die Elektronenmikroskopie in der Virusforschung. – In: Handbuch der Virusforschung. II. Ergänzungsband. Hrsg. v. R.Doerr und C.Hallauer. Wien: Springer Verlag 1950, 223–417.

Ruska, H.: Virus. Eine kurze Zusammenfassung der Kenntnisse über das Virusproblem. Potsdam: Akademische Verlagsgesellschaft Athenaion 1950.

Sachs, H.: Fragen der Krebsforschung. – In: Beihefte zur „Medizinischen Klinik" (Berlin - Wien). 6(1931)2, 37–66.

Sarasin, Ph.: Die Visualisierung des Feindes. Über metaphorische Technologien der frühen Bakteriologie. – In: Geschichte und Gesellschaft. Zeitschrift für Historische Sozialwissenschaft (Göttingen). 30(2004)2, 250–276.

Schäfer, M.S.: Korrespondenzanalyse von Mediendiskursen. Zur empirischen Verbindung von Öffentlichkeitstheorie und Diskursanalyse. – In: Molekulare Medizin und Medien: Zur Darstellung und Wirkung eines kontroversen Wissenschaftsthemas. Hrsg. v. G. Ruhrmann, A. Zillich und J.Milde. Wiesbaden: VS Verlag für Sozialwissenschaften 2011, 121–146.

Schäfers, B.: Gruppenbildung als Reflex auf gesamtgesellschaftliche Entwicklungen am Beispiel der deutschen Jugendbewegung. – In: Kölner Zeitschrift für

Soziologie und Sozialpsychologie (Opladen). Sonderheft Gruppensoziologie. Perspektiven und Materialien. Hrsg. v. F.Neidhardt. (1983)25, 108–121.

Schaffer, F.L./ Schwerdt, C.E.: Some Physical and Chemical Properties of Purified Poliomyelitis Virus Preparations. – In: Annals of the New York Academy of Sciences (New York). 61(1955)4, 740–750.

Schaffer, F.L./ Schwerdt, C.E.: Crystallization of Purified MEF-1 Poliomyelitis Virus Particles. – In: Proceedings of the National Academy of Sciences of the U.S.A. (Washington). 41(1955)12, 1020–1023.

Schatzmann, L.: Dimensional Analysis: Notes on an Alternative Approach to the Grounding of Theory in Qualitative Research. – In: Social Organisation and Social Processes. Essays in Honour of Anselm Strauss. Hrsg. v. D.R. Maines. New York: Aldine de Gruyter 1991, 303–314.

Schegloff, E.A.: Notes on a Conservational Practice. Formulating Place. – In: Studies in Social Interaction. Hrsg. v. D. Sudnow. New York: Free Press 1993, 75–119.

Schenk, M.: Die Ego-zentrierten Netzwerke von Meinungsbildnern ("Opinion Leaders"). – In: Kölner Zeitschrift für Soziologie und Sozialpsychologie (Opladen). 45(1993)2, 254–269.

Schimank, U.: Spezifische Interessenkonsense trotz generellem Orientierungsdissens. Ein Integrationsmechanismus polyzentrischer Gesellschaften. – In: Kommunikation und Konsens in modernen Gesellschaften. Hrsg. v. H.-J. Giegel. Frankfurt a. M.: Suhrkamp 1992, 236–275.

Schirrmacher, A.: Die Entwicklung der Sozialgeschichte der modernen Mathematik und Naturwissenschaft und die Frage nach dem sozialen Raum zwischen Disziplin und Wissenschaftler. – In: Berichte zur Wissenschaftsgeschichte (Weinheim), 26(2003)1, 17–33.

Schlumberger, H.G./ Lucké, B.: Serial Intraocular Transplantation of Frog Carcinoma of Fourteen Generations. – In: Cancer Research (Philadelphia/Pa.). 9(1949)1, 52–60.

Schlumberger, H.G./ Lucké, B.: Effects of Roentgen Rays on Cancer. I. Direct Microscopic Observations on Living Intraocular Transplants of Frog Carcinoma. – In: Journal of the National Cancer Institute (Bethesda, Md.). 11(1951)3, 511–544.

Schmidt, C.G.: Über die biologische Oxydation und Glykolyse in Tumoren. – In: Klinische Wochenschrift (Berlin). 33(1955)17/18, 409–419.

Schmidt, F.: Über die Virustheorie - Induktionstheorie - der Krebsentstehung (Beiträge zur Krebsforschung, Bd. 3). Dresden - Leipzig: Theodor Steinkopff 1953.

Schmidt, F.: Über Filtratversuche von Mäusetumoren mittels bakteriendichter Filter. – In: Die Naturwissenschaften (Berlin). 42(1955)11, 347–348.

Schmidt, L.: Varianten des Konstruktivismus in der Soziologie sozialer Probleme. – In: Soziale Welt. Zeitschrift für sozialwissenschaftliche Forschung und Praxis (Göttingen). 51(2000)2, 153–172.

Schmidt, P.: Über filtrierbares, ultravisibles Virus. – In: Klinische Wochenschrift (Berlin). 14(1935)46, 1661.

Schmidt-Lange, W.: Fortschritte der Virusforschung. – In: Münchner Medizinische Wochenschrift (München). 90(1943)50/51, 709–712.

Schneider, F.: Die aerobe Glykolyse der Tumorzelle. – In: Die Naturwissenschaften (Berlin). 68(1981)1, 20–27.

Schnelle, Th./ Schäfer, L.: Die Aktualität Ludwik Flecks in Wissenschaftssoziologie und Erkenntnistheorie. – In: Ludwik Fleck. Erfahrung und Tatsache. Gesammelte Aufsätze. Hrsg. v. L. Schäfer und Th. Schnelle. Frankfurt a.M.: Suhrkamp Taschenbuch Wissenschaft 1983, 9–43.

Schramm, G.: Neuere Ergebnisse und Probleme in der Untersuchung der Virusarten. – In: Medizinische Welt (Berlin). 16(1942)15, 379–382.

Schramm, G.: Beitrag auf einer Sitzung der Berliner medizinischen Gesellschaft vom 25. Februar 1942. Mitteilung unter der Rubrik „Aus ärztlichen Gesellschaften". – In: Zeitschrift für ärztliche Fortbildung (Jena). 39(1942)11, 257–258.

Schramm, G.: Neuere Ergebnisse und Probleme in der Untersuchung der Virusarten. – In: Deutsche Medizinische Wochenschrift (Leipzig). 68(1942)32, 791–794.

Schramm, G.: Chemie der Viren. – In: Klinische Wochenschrift (Berlin). 31(1953)9/10, 198–205.

Schrödinger, E.: Was ist Leben? Die lebende Zelle mit den Augen des Physikers betrachtet. Einführung von Ernst Peter Fischer. München - Zürich: Piper 1987. Originalausgabe: What is Life? The Physical Aspect of the Living Cell. Cambridge - London - New York 1944.

Schütz, A.: Über die mannigfaltigen Wirklichkeiten. – In: Das Problem der sozialen Wirklichkeit. Hrsg. v. A.Schütz. Gesammelte Aufsätze, Bd. 1. Den Haag: Martinus Nijhoff Publishers 1971, 237–298.

Schulze, A./ Wenzel, V.: Faszination Licht. Portrait einer wissenschaftlichen Gemeinschaft. Münster - New York: Waxmann Verlag GmbH 1996.

Schulze, A./ Kahlow, A.: Innovationen in der Forschung aus sozialpsychologischer Sicht. – In: Europäische Hochschulschriften. Reihe 6, Psychologie, Bd. 417. Frankfurt a.M. et al.: Peter Lang 1993.

Schulze, T.N.: Vom Ursprung der Fiktionen. Evolution und Literaturtheorie. – In: Gegenworte. Hefte für den Disput über Wissen (Berlin). (2011)25, 62–63.

Schulz-Schaeffer, I./Jonas, M./ Malsch, Th.: Intermediäre Kooperation zwischen akademischer Forschung und Industrie: ein innovationssoziologischer Ansatz. – In: 27. Kongress der Deutschen Gesellschaft für Soziologie - Gesellschaften im Umbruch: Sektionen und Arbeitsgruppen. Hrsg. v. H.Sahner und St.Schwendtner. Opladen: Westdeutscher Verlag 1995, 613–618.

Schumpeter, J.A.: Theorie der wirtschaftlichen Entwicklung. Eine Untersuchung über Unternehmergewinn, Kapital, Kredit, Zins und den Konjunkturzyklus. Berlin: Duncker & Humblot 1993, 8. Aufl.

Schumpeter, J.A.: Kapitalismus, Sozialismus und Demokratie. Tübingen: A.Francke 2005, 8. Aufl. (UTB, Nr. 172). Originalausgabe: Capitalism, Socialism and Democracy. New York: Harper & Brothers 1942.

Schumpeter, J.A.: Unternehmer. – In: Handwörterbuch der Staatswissenschaften, 8. Band. Hrsg. v. L.Elster, A.Weber und F.Wieser. Jena: G.Fischer 1928, 476–487 (4. umgearbeitete Aufl.).

Schuurman, O.J.: Der Bakteriophage, eine Ultramikrobe. Das d'Herellesche Phänomen. Bonn: P. Rohrmoser 1927.

Schuurman, O.J.: Forschungen über Geschichte und Aetiologie der Papageienkrankheit, der Psittacosis. – In: Zeitschrift für angewandte Chemie (Berlin). 44(1931)29, 293.

Schwinn, Th.: Konvergenz, Divergenz oder Hybridisierung? Voraussetzungen und Erscheinungsformen von Weltkultur. – In: Kölner Zeitschrift für Soziologie und Sozialpsychologie (Wiesbaden). 58(2006)2, 201–232.

Seale, C.: Cancer Heroics: A Study of New Reports with Particular Reference to Gender. – In: Sociology. A Journal of the British Sociological Association (London et al.). 36(2001)1, 107–126.

Seiffert, G.: Virus und Viruskrankheiten bei Menschen, Tieren und Pflanzen. Biologische Einführung in die allgemeinen Forschungsergebnisse, praktischen Anwendungen und Arbeitsmethoden. – In: Wissenschaftliche Forschungsberichte. Naturwissenschaftliche Reihe, Bd. 46. Hrsg. v. E.D.Liesegang. Dresden-Leipzig: Steinkopff 1938.

Seyfarth, W.: Mitochondrien in Tumorzellen als Eigenkörper. – In: Die Naturwissenschaften (Berlin). 39(1952)4, 91–92.

Seyfarth, W.: Über das Studium der Mitochondrien der Tumorzelle. 2. Mitteilung. – In: Die Naturwissenschaften (Berlin). 39(1952)8, 192.

Sharp, D.: Prostate Cancer: Hopes and Controversies. – In: Lancet (London). 361(2003)9360, 798.

Shope, R.E.: A Filtrable Virus Causing a Tumor-Like Condition in Rabbits and Its Relationship to Virus myxomatosum. – In: Journal of Experimental Medicine (New York). 56(1932)6, 803–822.

Shope, R.E./ Hurst, E.W.: Infectious Papillomatosis of Rabbits: With a Note on the Histopathology. – In: Journal of Experimental Medicine (New York). 58(1933)5, 607–624.

Shrigley, E.W.: Virus-Induced Tumors of Animals. – In: Annual Review of Microbiology (Palo Alto/ Cal.). 5(1951), 241–264.

Siebel, W./ Ibers, O./ Mayer, H.-N.: Staatliche Organisation von Innovation: Die Planung des Unplanbaren unter widrigen Umständen durch einen unbegabten Akteur. – In: Leviathan. Zeitschrift für Sozialwissenschaft (Opladen). 29(2001)4, 526–543.

Siegmund, H.: Wesen und Ursachen bösartiger Geschwulsterkrankung. – In: Naturwissenschaftliche Rundschau (Stuttgart). 8(1955)9, 347–352.

Siegrist, J.: Das Consensus-Modell. Studien zur Interaktionstheorie und zur kognitiven Sozialisation. Stuttgart: Enke 1970.

Simmel, G.: Die Philosophie des Geldes. Berlin: Suhrkamp 1977.

Simmel, G.: Soziologie. Untersuchungen über die Formen der Vergesellschaftung. Berlin: Duncker & Humblot 1908 (1. Auflage).

Simon, K.H.: Neues zum Krebsproblem. – In: Naturwissenschaftliche Rundschau (Stuttgart). 17(1964)2, 63–64.

Simons, H.: Was ist Tollwut? – In: Kosmos. Handweiser für Naturfreunde und Zentralblatt für das naturwissenschaftliche Bildungs- und Sammelwesen (Stuttgart). 22(1925)7, 232–234.

Smith Hughes, S.: The Virus - A History of a Concept. London - New York: Heinemann Educational Books 1977.

Smith, K.M.: Some Aspects of the Plant Virus Problem. – In: Smithsonian Report (Washington). 31(1936), 345–352.

Smithers, D.W.: Family Histories of 459 Patients with Cancer of the Breast – In: British Journal of Cancer (London). 2(1948)2, 163–167.

Spector, M./ Kitsuse, J.I.: Constructing Social Problems. New York: Aldine de Gruyter 1977.

Spörri, M.: Reines und gemischtes Blut. Zur Kulturgeschichte der Blutgruppenforschung. Bielefeld: Transcript Verlag 2013.

Stadlinger, J./ Sauer, D.: Marx & Moderne: Dialektik der Befreiung oder Paradoxien der Individualisierung? – In: Prokla. Zeitschrift für kritische Sozialwissenschaft (Berlin). 40(2010)2, 195–215.

Stäheli, U.: Sinnzusammenbrüche. Eine dekonstruktive Lektüre von Niklas Luhmanns Systemtheorie. Weilerswist: Velbrück Wissenschaft 2000.

Stanley, W.M.: Isolation of a Crystalline Protein Possessing the Properties of Tobacco Mosaic Virus. – In: Science (Washington). 81(1935)2113, 644–645.

Stanley, W.M./ Wyckoff, R.W.G.: Isolation of Tobacco Ring Spot and Other Virus Proteins by Ultracentrifugation. – In: Science (Washington). 85(1937)2198, 181–183.

Stanley, W.M.: Comparative Study of some Effects of Several Different Viruses on Turkish Tobacco Plants. – In: Studies from the Rockefeller Institute (New York). 106(1938), 587–596.

Stanley, W.M.: Virus Proteins - A New Group of Macromolecules. – In: Studies from the Rockefeller Institute (New York). 106(1938), 597–612.

Stanley, W.M.: Virus Proteins – A New Group of Macromolecules. – In: Journal of Physical Chemistry (USA). 42(1938)1, 55–70.

Stanley, W.M.: The Reproduction of Virus Proteins. – In: American Naturalist (Chicago). 72(1938)739, 110–127.

Stanley, W.M.: Virus Proteins – A New Group of Macromolecules. – In: Journal of Physical Chemistry (USA). 42(1938)1, 55–70.

Stanley, W.M.: Bericht über die Jahreskonferenz der Amerikanischen Gesellschaft für Krebsforschung im Jahre 1956. – In: Universitas. Orientierung in der Wissenschaft (Stuttgart). 11(1956)9, 2. Bd., 994.

Stanley, W.M.: Beziehungen zwischen Viren und Krebs. – In: Naturwissenschaftliche Rundschau (Stuttgart). 10(1957)11, 401–408.

Stanley, W.M.: Die Virusätiologie des Karzinoms. – In: Der Krebsarzt (Wien). 12(1957)1, 31–32.

Stanley, W.M.: Penrose Memorial Lecture: On the Nature of Viruses, Cancer, Genes, and Life - a Declaration of Dependence. – In: Proceedings of the American Society (Philadelphia). 101(1957)4, 317–324.

Stanley, W.M.: Virus-Induced Neoplasia. Outlook for the Future. – In: Cancer Research (Chicago). 20(1960)5, 798–804.

Star, S.L./ Griesemer, R.: Institutional Ecology, "Translation" and Boundary Object: Amateurs and Professionals in Berkely's Museum of Vertebrate Zoology. – In: Social Studies of Science (London et al.). 19(1989)3, 387–420.

Staudinger, H.: Über Polymerisation. – In: Berichte der Deutschen Chemischen Gesellschaft (Weinheim). 53(1920)6, 1073–1085.

Staudinger, H.: Zum Stand der Virusforschung. – In: Universitas. Orientierung in der Wissenschaft (Stuttgart). 2(1947)9, 1069–1076.

Steere, R.L./ Williams, R.C.: Identification of Crystalline Inclusion Bodies Extracted Intact from Plant Cells Infected with Tobacco Mosaic Virus. – In: American Journal of Botany (St. Louis/ Miss.). 40(1953)2, 81–84.

Stehr, N./ Grundmann, R.: Expertenwissen. Die Kultur und die Macht von Experten, Beratern und Ratgebern. Weilerswist: Velbrück Wissenschaft 2010.

Steinert, H.: Zur Professionalität des Gutachtens. – In: Soziologie. Forum der Deutschen Gesellschaft für Soziologie (Wiesbaden). 33(2004)4, 36–43.

Stent, G.: That Was the Molecular Biology, that Was. – In: Science (Cambridge/ Mass.). 160(1968)3826, 390–395.

Stent, G.S.: DNA. – In: Dädalus. Journal of the American Academy of Arts and Sciences (Cambridge/ Mass.). 99(1970)4, 909–937.

Stent, G.S.: Prematurity and Uniqueness in Scientific Discovery. – In: Scientific American (Washington). (1972)227, 84–93.

Stent, G.S.: Einleitung: Warten auf das Paradoxon. – In: Phagen und die Entwicklung der Molekularbiologie. Hrsg. v. J.Cairns, G.S. Stent und J.D.Watson. Herausgeber der deutschen Ausgabe: E.Geissler. Berlin: Akademie-Verlag 1972, 13–18.

Stewart, S.E. et al.: The Induction of Neoplasms with a Substance Released from Mouse Tumors by Tissue Culture. – In: Virology (New York). 3(1957)2, 380–400.

Stichweh, R.: Wissenschaftliche Instrumente und die Entwicklung der Elektrizitätslehre. – In: Kölner Zeitschrift für Soziologie und Sozialpsychologie (Opladen). 40(1988)4, 684–705.

Stichweh, R.: The Sociology of Scientific Disciplines: On the Genesis and Stability of the Disciplinary Structure of Modern Science. – In: Science in Context (Tel Aviv). 5(1992)1, 3–15.

Strauss, A.: Social Worlds Perspective. – In: Studies in Symbolic Interaction, Band I. Hrsg. v. N.Denzin. Greenwich: JAI Press 1978, 119–128.

Strong, L.C.: The Genetic Appearance of Spontaneous Carcinoma of a Mammary Gland in the C_3H Mice. – In: American Journal of Cancer (New York). 25(1935)2, 599–606.

Strong, L.C.: Eine neue Theorie über Mutation und Krebsentstehung. – In: Zeitschrift für Krebsforschung (Berlin). 56(1949)3, 290–296.

Strong, L.C.: Genetik und Krebs. – In: Zeitschrift für Krebsforschung (Berlin). 56(1949)3, 208–224.

Strübing, J.: Symbolischer Interaktionismus revisited: Konzepte für die Wissenschafts- und Technikforschung. – In: Zeitschrift für Soziologie (Stuttgart). 26(1997)5, 368–386.

Strübing, J.: Grounded Theory. Zur sozialtheoretischen und epistemologischen Fundierung des Verfahrens der empirisch begründeten Theoriebildung. Wiesbaden: VS Verlag der Sozialwissenschaften 2008 (2. überarb. Aufl.).

Stubbe, H.: Kurze Geschichte der Genetik bis zur Wiederentdeckung der Vererbungsregeln Gregor Mendel's. Jena: Fischer 1963.

Studer, K.E./ Chubin, D.E.: The Cancer Mission: Social Contexts of Biomedical Research. London et al.: Sage 1980.

Stückemann, Th.: Reflexivität der Technikentwicklung. Über die Modernität der neuen Biotechniken. – In: Sociologia Internationalis. Internationale Zeitschrift für Soziologie, Kommunikations- und Kulturforschung (Berlin). 34(1996)2, 227–260.

Stückemann, Th.: Technikentwicklung als reflexiver Modernisierungsprozess. (Dissertation) Dresden: Technische Universität Dresden 2000.

Stukenbrock, K.: Der Krieg in der Heimat: „Kriegsamenorrhöe“ im Ersten Weltkrieg. – In: Medizinhistorisches Journal (Stuttgart). 43(2008) 3+4, 264–293.

Suttle, C.A. et al.: Giant virus with a remarkable complement of genes infects marine zooplankton. Proceedings of the National Academy of Sciences of the USA (Washington). 107(2010)45, 19508–19513.

Syverton, J.T.: Comments. – In: Cancer Research (Chicago). 20(1960)5, 805.

Tanneberger, St./ Matthes, Th./ Graffi, A.: Grenzen und Möglichkeiten der experimentellen und klinischen Onkologie. – In: Spektrum (Berlin). 5(1974)8, 21–24.

Taylor, M.C.: The Moment of Complexity: Emerging Network Culture. Chicago: Chicago University Press 2001.

Teutschlaender, O.: Infektion und Krebs. – Zeitschrift für Krebsforschung (Berlin). 24(1927), 223–251.

Thurn, H.P.: Gruppen und Netzwerke in der Bildenden Kunst. – In: Kölner Zeitschrift für Soziologie und Sozialpsychologie (Opladen). Sonderheft Gruppensoziologie. Perspektiven und Materialien. Hrsg. v. F.Neidhardt. (1983)25, 287–318.

Timofeeff-Ressovsky, N.V./ Voroncov, N.N./ Jablokov, A.N.: Kurzer Grundriss der Evolutionstheorie. – In: Genetik. Grundlagen, Ergebnisse und Probleme in Einzeldarstellungen. Hrsg. v. H.Stubbe (Beitrag 7). Jena: VEB Gustav Fischer Verlag 1975.

Toulmin, St.: Kritik der kollektiven Vernunft. Frankfurt a.M.: Suhrkamp 1983.

Toulmin, St.: Ludwik Fleck and the Historical Interpretation of Science. – In: Cognition and Fact. Materials on Ludwik Fleck. Dordrecht et al.: Reidel 1986.

Townsend, P.: Poverty in the United Kingdom. A Survey of Household Resources and Standards of Living. London: Penguin Books 1979.

Trappe, T.: Kranker Mensch. Vorüberlegungen zur Substanzanthropologie. – In: Allgemeine Zeitschrift für Philosophie (Hildesheim). 28(2003)1, 5–19.

Tratschin, L.: Organisation und moderne Gesellschaft. Zum Verhältnis von Organisation und funktionaler Differenzierung in Niklas Luhmanns Systemtheorie. – In: Sociologia Internationalis. Internationale Zeitschrift für Soziologie, Kommunikations- und Kulturforschung (Berlin). 45(2007)1/2, 145–175.

Traweek, Sh.: Beamtimes and Lifetimes. The World of High Energy Physicists. Cambridge/ Mass. – London: Havard University Press 1988.

Trenckmann, U./ Ortmann, F.: Das psychodynamische Krankheitskonzept der Romantik – Testfall für die Anwendung des Kuhnschen Paradigmabegriffs in einer Humanwissenschaft. – In: Zeitschrift für Psychologie mit Zeitschrift für angewandte Psychologie (Leipzig). 188(1980)3, 331–339.

Tripoczky, J.: Über vorzeitige Entdeckungen. – In: Kolloquien. Beiträge zum Institutskolloquium am 25. Februar 1982 in Berlin: Was sind Ergebnisse wissenschaftlicher Arbeit? Schriftenreihe des Instituts für Theorie, Geschichte und Organisation der Wissenschaft an der Akademie der Wissenschaften der DDR (Berlin). (1983)31. 14–25 (Manuskriptdruck).

Trocchio, di F.: Newtons Koffer: Geniale Außenseiter, die die Wissenschaft blamierten. Frankfurt a.M.: Campus Verlag 1998.

Twort, F.W.: An Investigation on the Nature of Ultramicroscopic Viruses. – In: The Lancet (London). 2(1915), 1241–1243.

Uchtenhagen, A. et al.: Betäubungsmittelverschreibung an Heroinabhängige. Wichtigste Resultate der Schweizerischen Kohortenstudie. Basel: Karger Verlag 2000.

Ueberschär, K.: Der Einfluss von reduktiver und integrativer Methode auf die Veränderung der methodologischen Struktur der modernen Genetik. – In: Deutsche Zeitschrift für Philosophie (Berlin). 26(1978)6, 750–768.

Ullrich, P.: Die Wissenschaft vom Protest. – In: Neues Deutschland vom 24./25. November 2012.

Vaihinger, H.: Die Philosophie des Als Ob. System der theoretischen, praktischen und religiösen Fiktionen der Menschheit auf Grund eines idealistischen Positivismus. Mit einem Anhang über Kant und Nietzsche. Leipzig: Felix Meiner 1911.

Venzmer, G.: Wie wir alt werden. Alt werden und jung bleiben. Band 1. Stuttgart: Francksche Verlagshandlung 1936.

Vetter, J.: Introduction: Lay Participation in the History of Scientific Observation. – In: Science in Context (Cambridge/ U.K.). 24(2011)2, 127–141.

Vimieiro Gomes, A.C.: "Too Good to Be True": The Controversy over the Use of Permanganate of Potash as an Antidote to Snake Poison and the Circulation of Brazilian Physiology in the Nineteenth Century. – In: Bulletin of the History of Medicine (Baltimore, Md.). 86(2012)2, 153–177.

Virchow, R.: Zur Diagnose und Prognose des Carcinoms. – In: Archiv für pathologische Anatomie und Physiologie und für klinische Medicin (Berlin). Bd. 11, 10. Folge, Bd. 1 (1888), 1–24.

Vogd, W.: Medizinsystem und Gesundheitswissenschaften - Rekonstruktion einer schwierigen Beziehung. – In: Soziale Systeme. Zeitschrift für soziologische Theorie (Stuttgart). 11(2005)2, 236–270.

Vollmer, H.: Die Institutionalisierung lernender Organisationen. Vom Neoinstitutionalismus zur wissenssoziologischen Aufarbeitung der Organisationsforschung. – In: Soziale Welt. Zeitschrift für sozialwissenschaftliche Forschung und Praxis (Göttingen). 47(1996)3, 315–343.

Vygotsky, L.S.: Thought and Language. Cambridge/ Mass.): MIT Press 1962.

Wachholder, K.: Das Problem der Entstehung des Lebens auf der Erde. – In: Universitas. Orientierung in der Wissenschaft (Stuttgart). 11(1956)6, 1. Bd., 613–623.

Wallgren, A.: Über geschwulsterzeugendes Agens im zellfreien Geschwulstextrakt. – In: Finska Läkaresällskapets Handlingar (Helsinki). 79(1936), 109–123.

Walstad, A.: Science as a Market Process. – In: The Independent Review (Washington). 7(2002)1, 5–45.

Warburg, O.H.: Über den Stoffwechsel der Tumoren. Berlin: Springer 1926.

Warburg, O.H.: Krebsforschung. – In: Die Naturwissenschaften (Berlin). 41(1954)21, 485–486.

Warburg, O.H.: Über die Entstehung der Krebszellen. – In: Die Naturwissenschaften (Berlin). 42(1955)14, 401–406.

Warburg, O.H.: Über die Entstehung der Krebszellen. – In: Krebsforschung und Krebsbekämpfung. Vierte Jahrestagung des Deutschen Zentralausschusses für Krebsbekämpfung und Krebsforschung in Stuttgart vom 24. bis 27. Mai 1955. Hrsg. v. A.Dietrich. München - Berlin: Verlag von Urban & Schwarzenberg 1956, 3–13.

Warburg, O.H. (unter Mitwirkung von K.Gawehn et al.): Partielle Anaerobiose der Krebszellen und Wirkung der Röntgenstrahlen auf Krebszellen. – In: Die Naturwissenschaften (Berlin). 46(1959)2, 25–29.

Waterson, A.P./ Wilkinson, L.: An Introduction to the History of Virology. Cambridge/ Mass.: Cambridge University Press 1978.

Waterson, A.P.: Aims, Possibilities and Objectives. – In: An Introduction to the History of Virology. Hrsg. v. A.P.Waterson und L.Wilkinson. Cambridge/ Mass.: Cambridge University Press 1978, 9–13.

Watson, J.D.: Die Doppel-Helix. Reinbek bei Hamburg: Rowohlt 1969.

Watson, J.D.: Molecular Biology of the Gene. New York: W.A.Benjamin 1970.

Watson, J.D.: Jugendjahre in der Phagengruppe. – In: Phagen und die Entwicklung der Molekularbiologie. Hrsg. v. J.Cairns, G.S. Stent und J.D.Watson. Herausgeber der deutschen Ausgabe: E.Geissler. Berlin: Akademie-Verlag 1972, 231–237.

Watzlawik, P.: Wie wirklich ist die Wirklichkeit? Wahn, Täuschung, Verstehen. München – Zürich: Piper 2013 (erstmals erschienen 2005).

Weber, M.: Wirtschaft und Gesellschaft. Grundriß einer verstehenden Soziologie. Tübingen: J.C.B. Mohr 1976 (5. Aufl.).

Wehling, P./ Viehöver, W./ Keller, R.: Wo endet die Natur, wo beginnt die Gesellschaft? Doping, Genfood, Klimawandel und Lebensbeginn: die Entstehung kosmopolitischer Hybride. – In: Soziale Welt. Zeitschrift für sozialwissenschaftliche Forschung und Praxis (Baden-Baden): Theorie und Empirie reflexiver Modernisierung. 56(20005)2/3, 137–158.

Weick, K.E.: Der Prozess des Organisierens. Frankfurt a.M.: Suhrkamp1995.

Weidel, W.: Entwicklung und Problematik der Virusforschung. Vortrag anlässlich der Tagung deutscher Naturforscher und Ärzte 1952 in Essen. – In: Klinische Wochenschrift (Berlin). 31(1953)9/10, 193–198.

Weimann, G.: The Importance of Marginality. One More Step into Two-Step-Flow of Communication. – In: American Sociological Review (Washington). 47(1982)6, 764–773.

Weindling, P./ Meldrum, M.: Johannes Andreas Grib Fibiger, 1926. – In: Nobel Laureates in Medicine or Physiology: A Biographical Dictionary. Hrsg. v. D.A.Fox, M.Meldrum und I.Rezak. New York: Garland Publishing Co.: 1990, 177–181.

Weingart, P.: Interdisziplinarität - der paradoxe Diskurs. – In: Ethik und Sozialwissenschaften. Streitforum für Erwägungsliteratur (Opladen). 8(1997)4, 521–529.

Weingart, P.: Wissenschaftssoziologie. Bielefeld: Transcript Verlag 2003.

Weingart, P.: Strukturen technologischen Wandels. Zu einer soziologischen Analyse der Technik. – In: Techniksoziologie. Hrsg. v. R.Jokisch. Frankfurt a.M.: Suhrkamp 1982, 112–141.

Weingart, P./Schwechheimer, H.: Institutionelle Verschiebungen der Wissensproduktion - Zum Wandel der Struktur wissenschaftlicher Disziplinen. – In: Nachrichten aus der Wissensgesellschaft. Analysen zur Veränderung von Wissenschaft. Hrsg. v. P.Weingart, M.Carrier und W.Krohn. Weilerswist: Velbrück Wissenschaft 2007, 41–54.

Weinhouse, S. et al.: Glucose Metabolism in a Low-Glycolysing Tumour, the Morris Hepatoma 5123. – In: Nature (London). 195(1962)4837, 153–155.

Weinhouse, S.: The Warburg Hypothesis Fifty Years Later. – In: Zeitschrift für Krebsforschung (Berlin). 87(1976)2, 115–126.

Weitze, M.-D.: Keine Wissenschaft ohne Kontroversen. – In: Universitas. Orientierung in der Wissenschaft (Stuttgart). 61(2006)6, 607–612.

Weizsäcker, C.F. von: Die Geschichte der Natur. Zwölf Vorlesungen. Göttingen: Vandenhoeck & Ruprecht 1964 (6. Aufl.).

Weizsäcker, C.F. von: Voraussetzungen des naturwissenschaftlichen Denkens. Über einige Begriffe aus der Naturwissenschaft Goethes. Freiburg i.Br.: Herder Verlag 1972.

Weltz, F./ Ortmann, R.G.: Das Softwareprojekt. Projektmanagement in der Praxis. Frankfurt a.M.: Campus Verlag 1992.

Wenzel, V.: Zur Entstehung des Neuen in der Wissenschaft: das Chaos-Konzept in der Mechanik. – In: Deutsche Zeitschrift für Philosophie (Berlin). 40(1992)10, 1179–1190.

Werner, P.: Berichtswelten. Zum Streit um Patente und Prioritäten in der Vitaminforschung. – In: Wissenschaftsforschung. Jahrbuch 1998 „Wissenschaft und Digitale Bibliothek". Hrsg. v. K.Fuchs-Kittowski et al. Berlin: Gesellschaft für Wissenschaftsforschung 2000, 195–205.

Wernich, A.: Die Entwicklung der organisierten Krankheitsgifte. Nebst einem offenen Brief an Herrn Professor Klebs in Prag. Berlin: G.Reimer 1880.

Wertheimer, M.: Productive Thinking. New York: J.Harper 1945.

Wettersten, J.: Welche wissenschaftstheoretischen Probleme stellen ad-hoc-Hypothesen heute? – In: Zeitschrift für philosophische Forschung (Frankfurt a.M.). 52(1998)4, 589–609.

Wetzler-Ligeti, C./ Willheim, R.: Koktosstabile Atmungskatalysatoren und Carcinom. – In: Klinische Wochenschrift (Berlin). 14(1935)35, 1255.

Weyer, J.: System und Akteur. Zum Nutzen zweier soziologischer Paradigmen bei der Erklärung erfolgreichen Scheiterns. – In: Kölner Zeitschrift für Soziologie und Sozialpsychologie (Opladen). 45(1993)1, 1–22.

Whetham, W.C.D.: The Theory of Dissociation into Ions. – In: Nature (London). 55(1897)1435, 606–607.

White, P.: Korrespondenz als Medium der Rezeption und Aneignung. – In: Charles Darwin und seine Wirkung. Hrsg. v. E.-M. Engels. Frankfurt a.M.: Suhrkamp 2009, 58–79.

Wilke, H.: Gesellschaftliche Wirkungen der Kommunebewegung. – In: Kölner Zeitschrift für Soziologie und Sozialpsychologie (Opladen). Sonderheft Gruppensoziologie. Perspektiven und Materialien. Hrsg. v. F.Neidhardt. (1983)25, 156–171.

Wilkinson, L./ Waterson, A.P.: The Development of the Virus Concept as Reflected in Corpora of Studies on Individual Pathogens. 2. The Agent of Fowl Plague - a Model Virus? – In: Medical History (London). 19(1975)1, 52–72.

Wilson, A.: What is a Text? – In: Studies in the History and Philosophy of Science. Part A (Amsterdam et al.). 43(2012)2, 341–358.

Wilson, Th.P.: Qualitative „oder" quantitative Methoden in der Sozialforschung. – In: Kölner Zeitschrift für Soziologie und Sozialpsychologie (Opladen). Sonderheft Gruppensoziologie. Perspektiven und Materialien. Hrsg. v. F.Neidhardt. (1983)25, 487–507.

Wimmer, A.: Kultur als Prozess. Zur Dynamik des Aushandelns von Bedeutungen. Wiesbaden: VS Verlag für Sozialwissenschaften 2005.

Windstosser, K.: Polymorphe Symbionten in Blut und Körpergewebe als potentielle Kofaktoren des Krebsgeschehens. – In: Sanum-Post. Zeitschrift für Isopathie und Regulationsmedizin (Hoya). (2004)66, 2–5.

Witkowski, J.A.: Alexis Carrel and the Mysticism of Tissue Culture. – In: Medical History (London). 23(1979)3, 279–296.

Witkowski, J.A.: Dr.Carrel's Immortal Cells. – In: Medical History (London). 24(1980)2, 129–142.

Witkowski, J.A.: The Myth of Cell Immortality. – In: Trends in Biochemical Sciences. 10(1985)7, 258–260.

Wolf, H.: Das dezentrale Unternehmen als imaginäre Institution. – In: Soziale Welt. Zeitschrift für sozialwissenschaftliche Forschung und Praxis (Göttingen). 48(1997)2, 207–224.

Wolf, J.: Aspekte der selbstorganisierenden Gestaltbildung eines Zyklus von Invention und Innovation. – In: Wissenschaftsforschung. Jahrbuch 1999 „Wissenschaft und Innovation". Hrsg. v. M.Wölfling und G.Spur. Berlin: Gesellschaft für Wissenschaftsforschung 2003, 9–80.

Wolff, E.: Perspectives on Patients' History: Methodological Considerations on the Example of Recent German-Speaking Literature. – In: Canadian Bulletin of Medical History (Montreal). 15(1998)1, 207–228.

Wunderlich, V.: „Er korrigiert meine Anschauung und führt sie weiter fort." Kommentare von David von Hansemann zu der Schrift von Theodor Boveri „Zur Frage der Entstehung maligner Tumoren" (1914). – In: Berichte zur Wissenschaftsgeschichte (Weinheim). 34(2011)3, 263–283.

Wyke, J.: Viruses and Cancer. – In: Introduction to the Cellular and Molecular Biology of Cancer. Hrsg. v. C.M.Franks und N.M.Teich. Oxford - New York - Tokyo: Oxford University Press 1997, 151–168.

Zeehulsen, H.: Rezension zu zwei Aufsätzen von P.G.Flu: Untersuchungen über das Roussarkom in Beziehung zu den Gye'schen Veröffentlichungen über die

Ursache bösartiger Geschwülste. – In: Nederlandsch Tijdschrift voor Geneeskunde (Harlem). (1926)2, 366–389. Untersuchungen über das Roussarkom in Beziehung zu den Gye'schen Arbeiten. – In: Nederlandsch Tijdschrift voor Geneeskunde (Harlem). (1926)1, 1630–1637. – In: Zentralblatt für innere Medizin (Leipzig). 48(1927)52, 1251–1252.

Zeiss, H./ Bieling, R.: Behring. Gestalt und Werk. Berlin: Bruno Schultz Verlag 1941.

Zucker, L.G.: The Role of Institutionalization in Cultural Persistence. – In: The New Institutionalism in Organizational Analysis. Hrsg. v. W.W.Powell und P.J.DiMaggio. Chicago - London: University of Chicago Press 1991, 83–107.

Zucker, L.G.: The Role of Institutionalization in Cultural Persistence. – In: American Sociological Review (Washington). 42(1977)5, 726–743.

Personenregister

Sachwortregister